JN238286

デジタルゲームの教科書

知っておくべきゲーム業界最新トレンド

デジタルゲームの教科書制作委員会 著

igda Japan chapter　SoftBank Creative

本書に記載されている会社名、商品名、製品名などは一般に各社の登録商標または商標です。
本書中では ®、™マークは明記しておりません。

本書の出版にあたっては正確な記述に努めましたが、本書の内容に基づく運用結果について、著者、ソフトバンク クリエイティブ株式会社は一切の責任を負いかねますので、ご了承ください。

本書の内容は著作権上の保護を受けています。著作権者・出版権者の文書による許諾を得ずに、本書の一部または全部を無断で複写・複製・転載することは禁じられております。

はじめに

『デジタルゲームの教科書』——この新しく生まれた「教科書」は、未来に向けた書籍である。未来に華を開く種であることを願って執筆・編纂された書籍である。

これは、ゲーム産業を志す人のみならず、今という時代だからこそ、現役のゲーム開発者にとって価値のあるさまざまな視点を提供する目的で書かれた書籍である。

ゲーム産業全体を理解するための「教科書」の価値

個人的に日本のゲーム産業に、長く欠けていると感じられているものがあった。その不足に対して危機感をずっと抱いていた。それは、ゲームについての基礎情報をまとめた「教科書」である。1冊の本を読めば、そもそも、ゲーム産業がどのように形成され、現在はどのような状態にあり、そして、将来はどこに向かうのか。しかも、その情報は日本のことだけでなく、海外の情報も網羅している必要がある。

しかし、過去日本では、それらの情報を、一覧的に読み通すことができる書籍が成立したことがなかった。

一方で、欧米圏では、*Introduction to Game Development*（直訳：ゲーム開発の紹介）という教科書書籍が発売されている。この書籍は、ゲーム開発者個人を対象とした国際NPO組織である「国際ゲーム開発者協会（IGDA）」の「Game Education SIG（ゲーム教育研究部会）」を構成する、ゲーム開発者と教育関係者が中心となって書かれた書籍だ。

IGDAは、ゲームの教育にとって必要な要素とは何かという議論をまとめて、2003年に「IGDAカリキュラムフレームワーク」を発表している。この議論を土台として、前述の書籍が、2005年に発売されている。2008年に「カリキュラムフレームワーム」の中身がアップデートされたことを受けて、2009年に内容が更新された「Second Edition（第2版）」が発売になっている。

この5年あまり、欧米のゲーム産業は、急成長を続けていたこともあり、多数のゲーム産業やゲーム開発に関する書籍が発売されてきている。これらの情報が、急激に発展してきた欧米のゲーム開発者の基礎力を支えていることは間違いない。技術だけでなく、書籍でも、着実に差をつけられている。そういう焦りにも似た気持ちを、毎年春に行われるゲーム開発者向けの世界最大の国際会議「Game

はじめに

Developers Conference」で開かれるゲーム専門書籍を扱う本屋で感じさせられてきた。

ここ数年、日本でも、ゲーム開発に関する書籍は、多数登場するようになってきており、数年前に比べて状況はずいぶんと良くなったと感じている。しかし、個別の情報は断片的になりがちであり、それらのものを全体的に俯瞰することができる「教科書」的な書籍は存在していなかった。

この本は、それらの断片的な情報を接着剤のようにつなげる役割を持たされている。産業として登場して約30年という若いメディアであるゲームに対して、各章を通じて、さまざまな視点を提供することで、曖昧模糊と広がりつつあるゲームの姿を、なんとか実感として手に触ることができるレベルにまで引き下ろしている。

扱っているトピックは、IGDAの全世界30ヶ所以上存在する支部の1つであり、最大規模の活動をしている、「国際ゲーム開発者協会日本（IGDA日本）」の主催するセミナーで、過去にトピックとして扱ってきた内容だったり、毎年9月ごろに開催される日本国内のゲーム開発者向けカンファレンスである「CEDEC」で取り上げられてきた内容であるものも多い。執筆も多くは、セミナー企画者や講演者自身が行っている。つまり、その分野の情報についての第一人者が書いている。

それぞれの分野を通して理解するために、十分な量の情報が濃縮されている。海外の状況も理解している日本の論客が論じることで、日本人に理解しやすいように構成されている。

基礎であるからといって、決して内容が薄いということを意味してはいない。平易に書かれていても、個々の情報密度は高い。「教科書」として、必要十分な情報で構成されている。

この本は未来に向けて書かれた本である

2010年現在のゲーム産業は、世界的に見ても、日本国内だけに絞っても、大きな転換点を迎えようとしている。

最大の変化は、ゲームが、家庭用ゲーム機とゲームソフトだけで成り立つ存在であると一般的に定義されていた時代が、完全に終わりつつあるということだ。ゲームの持つ個々の要素は、一部は日常の生活の中に入り込み始め、さらに人間のコミュニケーションの形さえ再定義しようとしている。

変化は、既存のゲーム産業を構成していた日米欧内の地域変化だけでなく、韓

国・中国に代表される発展途上国も重要なプレイヤーとして存在感をますます増している。国境の意味を超えて進むグローバル化の津波が、ゲーム産業全体を覆い尽くしている。

　世界レベルの競争は、今まで考えられなかった多数の参入者の登場を促し、新技術の新陳代謝の速度が引き上がっている。そして、ゲームはデータであるために、世界中に張り巡らされた光ファイバー回線を通じて、全世界のユーザーの手元に、ものすごい速度で広がっていく。毎年のように、くるくると状況が変わる難しい時代でもある。

　この変化が、どこまで進むのか、また、どういう結末を迎えていくのかを、今の時点で、予測することは極めて難しい。しかし、まず、ゲームの過去に立ち返り、現在を冷静に分析することで、前に進む道標を得ることができる。

　過去を理解することは、ゲームの持つ本質に立ち返って理解をするという意味を持つ。そのために、ゲームの本質だけをそぎ落として理解するために「ボードゲーム」について1章を割いている。

　また、現在のゲーム産業の中心をしっかりと理解するために、第1部から第2部が割かれている。

　そして、今、生まれつつある未来の種を理解することによって、将来を考えることができる。第3部に「シリアスゲーム」「e-sports」「インディーズゲーム」「ブラウザゲーム」など、新しい個別分野について多くの章を割いているのは、そういう理由による。

　すべての現象は、過去に起きたことからつながっていることであり、それはゲーム産業でも、何ひとつ変わることはない。

　この本は、扱っている特定分野の成功を予測する本ではない。しかし、過去、現在、未来を俯瞰的に見つめることによって、ゲームがどこから生まれて、どこに行こうとしているのか、そのパターンを読まれたあなたなりの理解の仕方で、読みとることができるだろう。

　この本を通読して、まるで関心を喚起しないということはまずあり得ない。本のさまざまな情報から、多くの知見を得られるだろう。さらに、好奇心を喚起させるものを見つけることだろう。

　大切なのは、この本の中で、読者であるあなたが感じた何かなのである。その何かこそが、次のゲーム産業の種そのものであるからだ。その何かを鍵として、自らの

はじめに

感性と実力を育てていかなければならない。より大きく広げるように努力しなければならない。

　繰り返し記す。この本は、単なる教科書ではない。その実態は、未来に向けた書籍である。未来のゲーム産業を牽引していく人たちに向けて書かれた書籍なのである。じっくりと考えてほしい。ゲーム産業がどこに向かうのか。何ができるのか。

　そのために、この大部な本の情報にどっぷりとつかってほしい。

国際ゲーム開発者協会日本（IGDA日本）代表　新 清士

目次

はじめに iii

第1部 ゲーム産業の基本構造　　1

第1章 ゲーム産業の全体像　　3
- 1.1 ゲームのプラットフォームとその特徴 4
- 1.2 ゲーム産業の現状：統計から 7
- 1.3 ゲーム産業と他の産業との関わり 10

第2章 ゲームが消費者に届くまで　　13
- 2.1 流通構造 14
- 2.2 ゲーム価格の内訳 17
- 2.3 企業間の関係 24
- 2.4 ゲームはどう作られるのか 27

第3章 ゲームとゲーム産業の歴史　　37
- 3.1 コンシューマーゲーム産業の歴史 38
- 3.2 ゲームジャンルの歴史 47

第1部の参考文献 57

第2部 世界のゲームシーン　　59

第4章 転換期を迎える国内ゲーム市場　　61
- 4.1 国内コンシューマーゲーム市場の歴史 62
- 4.2 2007～2009年の国内コンシューマーゲーム市場動向 65
- 4.3 ゼロ年代に起こったパラダイムシフト 70
- 4.4 まとめ 74

第5章 北米ゲーム市場　　75
- 5.1 北米市場概況 76
- 5.2 ハード別に見た北米市場概況（2007～2009年） 78
- 5.3 北米におけるソフトトレンド（2007～2009年） 87

5.4	RPGとJRPG	92
5.5	北米市場まとめ（2007〜2009年）	93
5.6	ソフトの二極分化と中古対策	96

第6章 アジア圏のゲームシーン　99

6.1	海賊版市場が横行していることを前提とした市場形成	100
6.2	アジアの代表的なパッケージPCゲームパブリッシャー	102
6.3	オンラインゲーム市場	103
6.4	韓国のゲームシーン	104
6.5	台湾のゲームシーン	106
6.6	中国のゲームシーン	108
6.7	東南アジア地域のゲームシーン	113
6.8	e-sports：アジア全体を熱狂へと誘い込む新トレンド	115
6.9	参考文献	116

第3部　ゲーム業界のトレンドシーン　117

第7章 ネットワークゲームの技術　119

7.1	ネットワークゲームの範囲	120
7.2	ネットワークゲームのインフラストラクチャ	120
7.3	ネットワークゲームの技術史	125
7.4	ネットワークゲームの技術要素	129
7.5	新種のネットワークゲーム	134
7.6	参考文献、関連文献	138

第8章 PCゲームとオンラインゲームの潮流　139

8.1	先オンライン時代（1980〜1995）	140
8.2	オンライン時代の幕開け（1996〜2002）	144
8.3	アジア市場の勃興（2003〜2009）	146
8.4	PCゲーム市場の新時代	149

第9章 アイテム課金制による無料オンラインPCゲーム　151

9.1	無料オンラインPCゲームの成り立ち	152
9.2	アイテム課金制の特性	154
9.3	課金アイテムのタイプ	156
9.4	アイテム課金ビジネスの今後	159
9.5	参考資料	160

第10章　ソーシャルゲーム　161
- 10.1　ソーシャルゲームとは何か　162
- 10.2　ソーシャルゲームの歴史　163
- 10.3　日本におけるソーシャルゲームの歴史　165
- 10.4　ソーシャルゲームの特徴　167
- 10.5　ソーシャルゲームの収益パターン　171
- 10.6　ソーシャルゲームの問題点　173
- 10.7　ソーシャルゲームと社会活動　174
- 10.8　ソーシャルゲームのこれから　175

第11章　携帯ゲーム　177
- 11.1　スマートフォンとは　178
- 11.2　スマートフォンでのゲームアプリケーション　179
- 11.3　コンソールゲーム分野への影響　189
- 11.4　まとめ　190
- 11.5　参考文献　191

第12章　日本タイトルの海外へのローカライズ　193
- 12.1　ローカライズとは何か　194
- 12.2　ローカライズの中身　194
- 12.3　ローカライズからカスタマイズへ　200
- 12.4　カスタマイズを超えてカルチャライズへ　202
- 12.5　まとめ　206

第13章　海外産のゲームの日本展開における課題　207
- 13.1　海外諸国発のビッグタイトルは日本で受け入れられてきたか　208
- 13.2　消費者に気づかせないローカライズ手法　215
- 13.3　オンラインゲームとローカライズ ── 販売・PR・運営　219
- 13.4　まとめ ── 日本向けローカライズの理想　224
- 13.5　出典資料、参考文献　226

第14章　シリアスゲーム　229
- 14.1　シリアスゲームとは　230
- 14.2　シリアスゲームの主な事例と現状　235
- 14.3　シリアスゲームの可能性　240
- 14.4　おわりに　245
- 14.5　参考文献　245

目次

第15章 デジタルゲームを競技として捉える「e-sports」 247
- 15.1 スポーツとは何か 248
- 15.2 e-sportsとは何か 249
- 15.3 e-sportsの歴史 250
- 15.4 e-sportsとビジネス 256
- 15.5 コミュニティから見たe-sportsとゲームメーカーの関係 259
- 15.6 e-sportsのマーケティング的な活用 264
- 15.7 まとめ 265
- 15.8 参考文献 266

第16章 アーケードゲーム業界の歴史と現況 267
- 16.1 アーケードゲームのジャンル・区分 268
- 16.2 現在のアーケードゲームのトレンド 269
- 16.3 アーケードゲームの歴史 272
- 16.4 アーケードゲームのビジネス形態 276
- 16.5 ゲームセンターの歴史 277
- 16.6 近年のアーケードゲーム市場概況 280
- 16.7 かつてない苦境を迎えたアーケードゲーム業界の課題 281
- 16.8 まとめ 286
- 16.9 参考文献 287

第17章 ゲーム業界に広がるインディペンデントの流れ 289
- 17.1 同人・インディーズゲームとは 290
- 17.2 同人・インディーズゲーム制作の特徴 293
- 17.3 同人・インディーズシーンと制作作品の関係 302
- 17.4 同人・インディーズシーンの動向 303
- 17.5 謝辞、参考文献 308

第18章 ノベルゲーム 309
- 18.1 ノベルゲームの特徴 310
- 18.2 ノベルゲームの潮流 312
- 18.3 ノベルゲームの表現上の可能性 318
- 18.4 参考文献 320

第19章 ボードゲームからデジタルゲームを捉える 321
- 19.1 ボードゲームとデジタルゲーム 322
- 19.2 日本と欧州におけるボードゲームの現状 323
- 19.3 ボードゲームと作家性 324

19.4 ボードゲームとデジタルゲームの本質的な相違点 325
19.5 ボードゲーム制作とデジタルゲーム制作 326
19.6 テーブルゲームの歴史 328
19.7 ボードゲーム開発とゲームデザインの学習・研修 329
19.8 ゲームデザインについての概念・モデル 330
19.9 テーブルゲームから学びデジタルゲーム開発に活かす 334
19.10 テーブル型ディスプレイとボードゲームの未来 335
19.11 デジタルゲームの未来、ボードゲームの未来 336
19.12 ボードゲームに関する参考資料 338

第20章 ARG(Alternate Reality Game) 341
20.1 ARGとは 342
20.2 ARGの要素 344
20.3 ARGのタイプ 347
20.4 ARGの構造 350
20.5 ARGの歴史と現状 357
20.6 ARGのビジネス展開 362
20.7 まとめ 365
20.8 参考文献 366

第4部 ゲーム開発の技術と人材 367

第21章 ミドルウェア 369
21.1 ミドルウェアとは 370
21.2 ゲーム向けミドルウェアの歴史 375
21.3 近年のミドルウェア事情 378
21.4 ミドルウェアの今後 392
21.5 まとめ 393
21.6 参考文献 393

第22章 プロシージャル技術 395
22.1 プロシージャル技術とは 396
22.2 地形自動生成とリアルタイムストラテジー 400
22.3 プロシージャル技術とFPS 406
22.4 都市生成とシミュレーションゲーム 408
22.5 マップ自動生成とアクションゲーム 411
22.6 社会シミュレーションとAIの協調 412
22.7 音楽の自動生成とゲーム内エディト画面 416

目次

22.8 会話の実現と会話ゲーム ... 417
22.9 プロシージャルアニメーションとゲームキャラクター生成 ... 420
22.10 展望 ... 421
22.11 プロシージャル技術に関する参考資料 ... 423

第 23 章　デジタルゲーム AI　431

23.1 デジタルゲーム AI とは ... 432
23.2 デジタルゲーム AI の発展 ... 435
23.3 デジタルゲーム AI 分野と他のゲーム AI 分野との比較 ... 450
23.4 デジタルゲーム AI の基礎技術 ... 453
23.5 エージェントアーキテクチャ ... 467
23.6 メタ AI ... 469
23.7 集団の知性 ... 470
23.8 まとめ ... 474
23.9 デジタルゲーム AI に関する参考資料 ... 475

第 24 章　ゲーム開発者のキャリア形成　483

24.1 職業情報の非対称性 ... 484
24.2 ゲーム会社における人材マネジメント ... 492
24.3 ゲーム開発者のキャリア発達 ... 497
24.4 ゲーム開発者のキャリア形成の展望 ... 501
24.5 参考文献 ... 505

あとがき ... 507
索引 ... 509

第1部

ゲーム産業の基本構造

第1章
ゲーム産業の全体像

小山友介

この章の概要

　一口に「ゲーム」と言っても、さまざまなタイプのゲームが存在します。本書の冒頭に当たる本章では、1.1節でゲームの各プラットフォームを紹介し、歴史あるプラットフォームであるアーケード・PC・コンシューマーの3つのプラットフォームの特徴を概括します。1.2節では、ゲーム産業の状況を統計データを元に、日本の家庭用ゲーム産業が苦戦していることを述べます。1.3節では、ゲーム企業のコンシューマー以外への市場進出状況を確認します。

1.1
ゲームのプラットフォームとその特徴

本書で扱うゲームの範囲

　私たちが「ゲーム」という単語を耳にしたとき、頭に浮かぶのは家庭用専用機で遊ぶコンピュータゲームだと思います。しかしゲームには、ボードゲームやカードゲームといったコンピュータを使わないものもありますし、コンピュータゲームも最近では携帯電話やiPod（iPhone）上で動作するものまでさまざまです。

　ゲームが提供される媒体や場のことを**プラットフォーム**と呼びます。WiiやPS3、Xbox 360などはハードウェアがそのままプラットフォームですし、アーケードゲームはゲームセンターがプラットフォームです。

　さまざまなプラットフォームで展開されているゲームのうち、どのプラットフォームで提供されるゲームを本章で扱うかを先に示しておきましょう。図1.1に、コンピュータゲームのプラットフォームの全体を示します。本章では主に網掛けの濃い部分、すなわちコンシューマーゲーム機向けのゲームについて扱います。薄く網掛けしてある部分であるアーケードゲーム、PCのスタンドアロンゲーム（非ネットゲーム）も、コンシューマー向けのゲームとの結び付きが強いため、取り上げる回数が多くなるでしょう。それ以外の項目やボードゲームなどの非コンピュータゲームは、必要に応じて取り上げます。

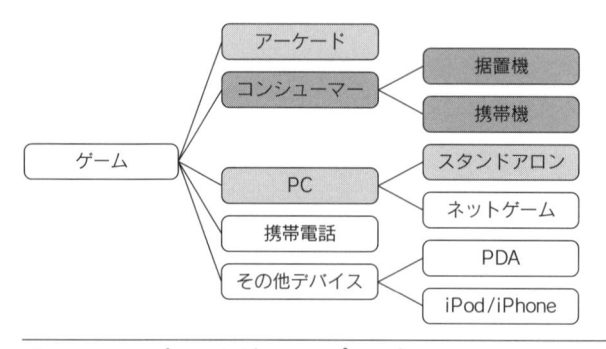

図1.1　コンピュータゲームのプラットフォーム

3つのプラットフォームの特徴：過去と現在

　2000年以降は携帯電話とネットゲームが台頭し、ゲームのプラットフォームは多様化しましたが、それまでの約20年間、ゲームは**アーケード・PC・コンシューマー**の3つのプラットフォームで展開されてきました。ゲームがビジネスとして軌道に乗った1980年代はまだコンピュータの性能は低く、高解像度の画面と高速な画面処理を両立させることができませんでした。そのため、文書作成のために高解像度の画面とデータ保存機能が必要だったPCと、反射神経型のゲームのために高速描画が必要だったアーケード、折衷型のコンシューマー、それぞれの分野で重要と思われる機能に特化したマシンが生まれ、独自のゲーム文化が花開きました。

　アーケードでは、プレイ代金として1プレイごとにコインを投入してもらう**コインオペレーション**が基本ビジネスモデルです。そのため、

- 初心者の1プレイが3分程度になること
- その3分で、それなりの満足感と、もう1回チャレンジしたくなる感覚の両方を与えること

を目安としてゲームがデザインされます。過去のアクションゲームやシューティングゲームに「最初のステージ1は比較的簡単にクリアできるけど、ステージ2から急に難しくなる」ゲームが多いのはそのためです。アーケードゲームに多いのは**短いプレイ時間で強い満足感が得られやすい、反射神経を要求されるゲーム**です。具体的なジャンルは、シューティングや対戦格闘、音楽ゲームなどです。反射神経があまり必要とされないゲームでは、クイズや麻雀などがあります。

　アーケードゲームは常に、「コンシューマーゲーム機では体験できない楽しさ」を売りの1つにしています。大型筐体による「体感ゲーム」はその典型例で、古くは「ハング・オン」や「スペースハリアー」（ともにセガ）にまでさかのぼります。最近だと、「機動戦士ガンダム 戦場の絆」（バンダイナムコゲームス）や、「ビートマニア」（コナミ）や「太鼓の達人」（バンダイナムコゲームス）などの音楽ゲームがその例にあたります。

　インターネットが一般化してからは、全国のゲームセンターをネット接続してリアルタイムで対戦するサービスが一般化しています。大型筐体やネットワーク化に伴う投資負担は小規模のゲームセンターには厳しいため、近年はショッピングモールの片

隅にある小規模なゲームコーナーや街中の小規模なゲームセンターが淘汰され、大規模店に集約されていく傾向があります。

　PCゲームの代表的なジャンルは、**長時間かけてじっくり遊ぶアドベンチャー、ロールプレイング、シミュレーション**です。昔のPCは画面上でキャラクターを高速に動かすことが苦手だったため、アクションゲームは苦手でした。その代わり、画面の解像度はアーケードゲームやコンシューマーゲームよりも高く、高精細な静止画の表示や画面上に多くの文章を表示することに向いていました。また、昔から保存可能な大容量メディアを安価に利用できたため、途中でゲームデータを保存する必要がある3ジャンルには最も適したプラットフォームだったのです。PC本体を買う人がプレイヤーとなるため、プレイヤーの平均年齢はやや高めで、マニアックなゲームが好まれたことも、PCゲームに独特の文化的な特徴となっています。マニア向けのプラットフォームという特徴は現在でも同じで、日本だとアドベンチャーのノベルゲーム、海外だとFPS（First Person Shooter、一人称視点のシューティング）やRTS（リアルタイムストラテジー）がPCで盛んなジャンルです。

　コンシューマーゲーム機は、多様な人が多様なジャンルで遊びます。さまざまな領域からコンシューマーゲーム開発に進出してきたこともあり、遊ばれているゲームは何でもありの折衷型・万能型です。他のプラットフォームにない特徴を挙げるとすると、**小さな子供が遊ぶ唯一のプラットフォーム**であることがあります。そのため、マリオシリーズのような子供から大人まで楽しめるタイプのゲームが発売されます。また、子供向け玩具のメーカーが参入したことによって、アニメの人気キャラクターを用いたゲームがファミコン時代から多数発売されてきました。

　現在では3つのプラットフォームで動いているコンピュータの性能差はほとんどなく、どんなジャンルのゲームも普通に動作させることは可能なはずですが、今でもプラットフォームごとのゲーム文化はある程度残っています。

　プラットフォームの特徴は、各ゲーム会社の得意ジャンルに一部残っています。スクウェア・エニックスの前身であるスクウェアとエニックスはいずれも設立当初はPCゲームを開発しており、今でもRPGが同社の得意ジャンルです。同じくPCゲーム出身のコーエー（現コーエーテクモ）は今でも「信長の野望」「三国志」といった歴史シミュレーションゲームが看板タイトルです。逆に、ナムコ（現バンダイナムコゲームス）、コナミ、セガ（現セガサミー）、タイトーといったアーケード出身の企業は、RPGも含めた多様なジャンルで活躍しています。

1.2
ゲーム産業の現状：統計から

いくつかのデータから、ゲーム産業の現在の状態を確認しておきます。どの産業でも同じですが、その産業がスタートしようというときの統計は存在しないか、あってもかなり不正確です。コンシューマーゲーム産業の場合、業界団体である**CESA**（Computer Entertainment Software Association：コンピュータエンターテインメント協会）が設立されたのが1996年とかなり遅く、『CESAゲーム白書』として「公式」の統計が発表され始めたのもそれ以降となります。本書では、ある程度信頼のできる1990年代以降の数字だけを紹介します。

図1.2は、コンシューマーゲームソフトの市場規模（ハードは含まない）の推移です。1995年と1996年の間にすき間が空いているのは、1996年以降を『CESAゲーム白書』から、それ以前をおもちゃ業界の業界紙『トイジャーナル』から採ったためです。頂点が2つある形状のためわかりにくいですが、いずれにせよ1995年から1997年ごろがピークで、今はそれよりも低迷していることがわかります。特に2002年から2005年ごろの落ち込みが顕著です。2006年以降の回復は、ニンテンドーDSによって市場が再活性化されたためですが、全盛期の勢いは戻らず、ピークの3分の2である4,000億円程度で推移しています。

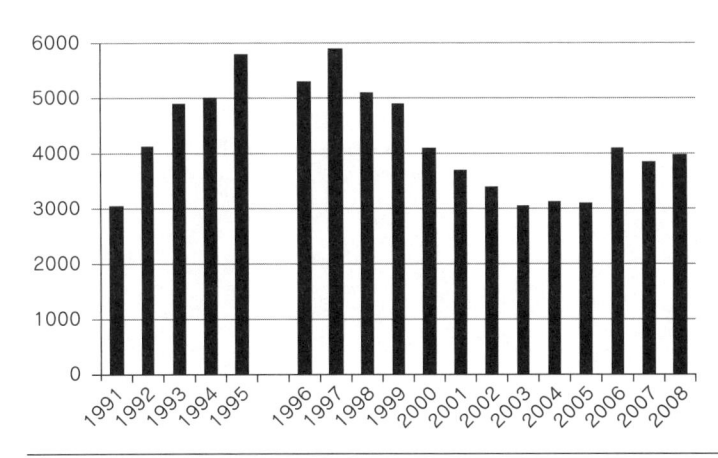

図1.2　国内のコンシューマーゲームソフトウェアの市場規模推移

（単位：億円）（1991〜2008年）　出典：『トイジャーナル』各年度版、『CESAゲーム白書』各年度版

第1章　ゲーム産業の全体像

　2001年以降の海外市場の推移を示したのが図1.3です。日本市場が低迷している間に、海外では市場規模が急速に拡大しています。日本ゲーム産業が低迷している理由の1つは、この海外市場急拡大の波に乗れていないことです。表1.1は2005年以降の北米トップ100タイトル中の日本製タイトル数の推移です。これは純粋に日本のデベロッパーが開発したタイトルのみをカウントした結果で、ソニー・コンピュータエンタテインメントの海外スタジオで開発したタイトルや、スクウェア・エニックスが買収したエイドスが開発したタイトルは含めていません。

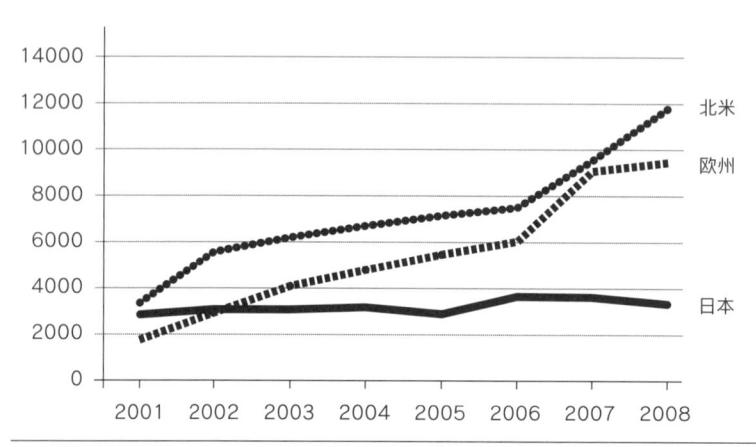

図1.3　世界のコンシューマーゲームソフトウェアの市場規模推移
　　　　（単位：億円）（2001～2008年）

出典：『ファミ通ゲーム白書』各年度版

表1.1　北米トップ100タイトル中の日本製タイトル数

	任天堂	任天堂以外	合計
2005	14	16	30
2006	20	15	35
2007	25	9	34
2008	22	13	35
2009	25	10	35

出典：http://www.vgchartz.comより著者作成

Wiiが発売された年である2006年以降の任天堂がコンスタントに20タイトル以上をランクインしていますが、他の企業は年に1から2タイトルくらいしかランクインしていません。また、任天堂のタイトルは「脳トレ」のようなライトユーザー向けから「メトロイド」のようなヘビーユーザー向けまで多彩ですが、「マリオ」「ゼルダ」といった子供からファミリー向けの作品が看板で、他の日本勢と同様にFPSなどのマニア・ヘビーユーザー向けタイトルは強くありません。

逆に、日本のトップ100中の海外製タイトルは表1.2のとおりです。4タイトルしかないので全部名前を挙げてしまうと、2005年が「ラチェット・アンド・クランク4」(ソニー・コンピュータエンタテインメント・アメリカが開発)、2007年が「Grand Theft Auto: San Andreas」(Rockstar Games、日本での発売はカプコン)と「シムシティDS」(EA)、2008年が「シムシティDS2」(EA)です。海外製のゲームタイトルの中にはコアゲーマーに支持されているタイトルもあるのですが、多くの消費者は日本製タイトルが好きなようです。

表1.2　日本トップ100タイトル中の海外製タイトル数

	海外製タイトル
2005	1
2006	0
2007	2
2008	1
2009	0

出典:http://vgchartz.comより著者作成

　海外のゲーム会社には、ゲームが売れにくい日本での発売を回避する傾向が昔からありました。最近では、世界全体で日本市場の占める割合が小さくなっているため、日本での発売を回避するタイトルは増える傾向にあります。自国の市場が守れることは日本のゲーム会社にとって良いことではありますが、国内市場に安住している間に海外で大差をつけられた、とも言えます。

1.3
ゲーム産業と他の産業との関わり

　ゲームビジネスはリスクが高いため、大手企業でコンシューマーゲーム機向けのゲームの開発と販売のみを行っている企業はありません。アーケードゲーム出身の企業にとっては、ゲームセンターの運営は試作品の**ロケテスト**（一般の人に試作品を遊んでもらい、コメントのフィードバックを受ける）の場所としても重要なだけでなく、収益面でも重要な柱の1つとなっています。

　ゲームが遊ばれる環境は多様化が進み、携帯電話やネットゲームも無視できない市場規模にまで拡大しました。多くのゲーム企業が新しい市場である両市場に挑戦しています。また、1990年代後半からは、パチンコ・パチスロ産業との関わりが深まりました。パチンコ・パチスロ機器の中央に比較的大型の液晶ディスプレイが搭載され、ゲーム内のアクションに応じてアニメーションが流れます。アニメーションを作成する企業として、またはキャラクターの版権供給先として、パチンコ・パチスロ産業からゲーム企業は注目されました。事実、セガとSNKが経営危機となったときに救済合併したのは、パチンコ・パチスロの制作会社（それぞれサミーとアルゼ）です。

　表1.3は、コンシューマーゲーム機向けゲームを販売している大手ゲーム会社（任天堂、バンダイナムコゲームス、スクウェア・エニックス、コナミ、セガサミー、カプコン、コーエーテクモ）と、携帯電話・ネットゲーム事業で急成長した企業（ドワンゴ、ガンホー、ハンゲーム）の、コンシューマー、PC（スタンドアロンとネットゲーム）、アーケード（ゲームの開発・販売と、ゲームセンターの運営）、携帯電話、パチンコ・パチスロ機器製造の各市場への参入状況をまとめたものです。多くの企業がさまざまな市場に進出しているのがわかります。

　多くのゲーム企業の中で、一番ストイックに経営資源を集中させているのは、任天堂とハンゲームです。任天堂は、開発しているゲームはすべてコンシューマーゲーム機向けのみで、携帯電話では着メロと待ち受け画面用にキャラクター映像の配信は行っていますが、ゲームの開発・提供の予定はないとWebページで断言しています。マリオやポケモンなど、小学生に愛されるキャラクターが多いためか、パチンコ・パチスロからも距離を置いています。ハンゲームも、「PCと携帯電話のネットゲーム」という形でシナジー効果（相乗効果）が利く2つの市場に経営資源を集

中させています。

アーケードゲームの開発・運営をしているのは、元はアーケードゲームメーカーだった企業です（ただし、コナミはゲームセンターの運営からは撤退しています）。スクウェア・エニックスはタイトーを買収したことで、アーケードゲーム市場に進出しました。

表1.3 主なゲーム企業の各市場への参入状況

	コンシューマー	PC スタンドアロン	PC ネットゲーム	アーケード 開発	アーケード 運営	携帯電話	パチンコ／パチスロ
任天堂	○	×	×	×	×	△	×
バンダイナムコゲームス	○	×	○	○	○	○	○
スクウェア・エニックス	○	×	○	○	○	○	×
コナミ	○	×	○	○	×	○	※
セガサミー	○	△	○	○	○	○	○
カプコン	○	△	○	○	○	○	×
コーエーテクモ	○	○	○	×	×	○	×
ドワンゴ	○	×	○	×	×	○	×
ガンホー	○	×	○	×	×	○	×
NHN（ハンゲーム）	×	×	○	×	×	○	×

※コナミのパチンコ／パチスロは海外カジノ機器

PCゲーム市場は、Windows 95が発売された直後は多くの企業が参入し、既存作品の移植版が発売されました（意外な例としては、「ときめきメモリアル」のWindows 95版があります）。日本では18禁とネットゲーム以外のPCゲーム市場は発達しなかったので、非ネットゲームではほとんどの企業が撤退しています。継続して新作（18禁以外）を発売しているのは、日本企業ではPCゲーム出身のコーエー（現コーエーテクモ）と、この表にない日本ファルコム、工画堂スタジオくらいです。セガサミーとカプコンは現在でもヒット作品の移植版タイトルを発売していますが、活発ではありません。ネットゲームには多くの企業が参入していますが、海外のネットゲーム専業企業に押されています。

パチンコ・パチスロ機の液晶の解像度は320×240が主流で、昔のコンシューマーゲーム機程度です。アニメーションの3D化はあまり進んでなく、ゲーム中のリー

第1章 ゲーム産業の全体像

チアクションなどはドット絵で描かれたキャラクターのアニメーションが主流です。フィーバー時のアニメーションでは、2D ムービーが流れます。ゲーム開発を行ってきた企業にとっては、過去の技術ノウハウがそのまま使えるのが魅力です。パチンコ・パチスロ産業は台の入れ替わりが早く、継続的に需要が見込めるため、中小企業も含めた多くのゲーム企業がパチンコ・パチスロ台向けのアプリケーションを開発しています。

表1.3にない事業で重要なものの1つに、**ライセンス事業**があります。これはゲームに登場するキャラクターのグッズを企画・製造・販売するものです。バンダイナムコゲームスのように自社内に強力な玩具販売部門がある企業を例外として、自社だけで魅力のある商品を作り出すのは難しいため、外部の企業と提携して開発することが多くなります。

変わったところでは、スクウェア・エニックスの出版業とコナミのスポーツクラブ経営があります。ゲームの攻略本やファンブックを出版しているゲーム会社はいくつかありますが、スクウェア・エニックスはマンガ雑誌（コミックガンガン、ヤングガンガンなど）を発行し、単行本も出版する本格的なものです。「鋼の錬金術師」を筆頭に、多くのアニメ化作品も生み出しています。コナミのスポーツクラブ経営はマイカルグループのスポーツクラブ「エグザス」を買収したものですが、ゲーム Dance Dance Revolution のプレイにダイエット効果がある、ということでスポーツクラブに取り入れられたことがきっかけだと言われています。

第2章
ゲームが消費者に届くまで

小山友介

> **この章の概要**
>
> 　この章では、ゲームが開発されてから消費者に届くまでの過程について説明します。2.1節ではダウンロード販売や同人ゲームの委託販売などの最近の流れにも触れつつ、ゲーム流通の概要をコンシューマー中心に概観します。2.2節では、ゲームの価格のうちどれだけがゲーム企業の収入になるのかといった内訳を明らかにします。
> 　2.3節では、デベロッパーとパブリッシャーの関係について述べ、2.4節でゲームソフトウェアの開発プロセス、開発に必要な費用、資金の調達方法について見ていきます。

第2章 ゲームが消費者に届くまで

2.1
流通構造

　商品が生産者から消費者に渡る仕組みを**流通**と言います。ここでは、ゲームが完成（**マスターアップ**）してから消費者の手に届くまでを見てみます。コンシューマーゲーム流通の全体像は、図2.1のようになります。

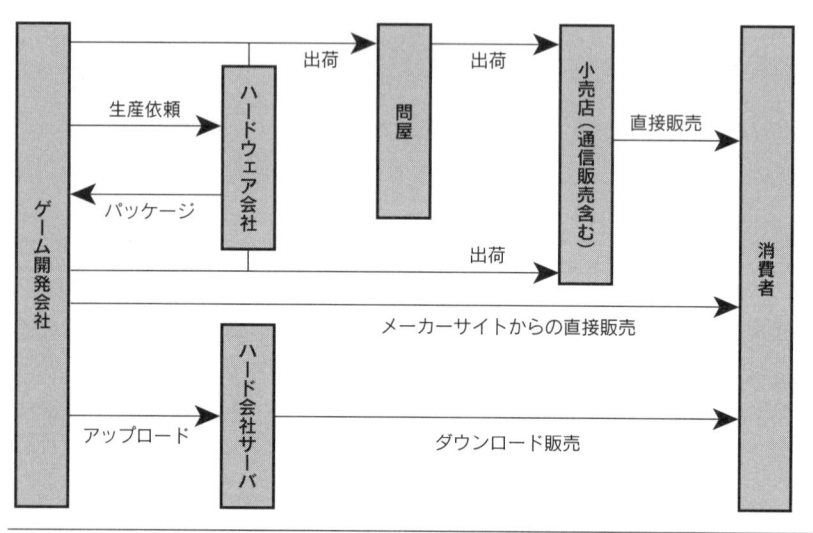

図2.1　ゲーム流通の全体像（コンシューマーゲームの場合）

パッケージ流通

パッケージ流通の流れ

　パッケージ販売の場合、完成したゲームが消費者の手に届くまでの大まかなプロセスは次のようになります。

① ゲームがマスターアップしたら、開発会社はハードウェア会社にパッケージの生産を依頼する

② ハードウェア会社は工場でプレス（もしくはROM焼き）をした後に、ゲーム開発会社に納品する

③ 開発会社は、納品されたパッケージの一部を在庫として社内に残し、それぞれの発注量に応じた数のパッケージを小売店（もしくは問屋）に出荷する
④ （途中に問屋を経由する場合）問屋は、小売店に出荷する
⑤ 消費者は小売店からゲームを購入する

通常、任天堂ハード向けのゲームは、小売店は問屋を経由して発注します。これはファミリーコンピュータのころから変わりません。一方、ソニーハード向けゲームは、それぞれのゲームを制作した会社に小売店から直接発注します。

流通の中間段階に問屋が入ると、その分だけ流通マージンが多くかかりますが、自社ですべての小売店からの注文を受ける場合に比べて、大幅に手間を減らせる利点があります。ゲーム産業が生まれる以前から任天堂は玩具を販売しており、問屋とはその当時からの関係が続いています。当時は今と比べて街のおもちゃ屋さんが多数あったため、細かい出荷は問屋にお願いしたほうが効率的だったのです。かつては、初心会と呼ばれる任天堂から直接取引する一次問屋の親睦会があり、任天堂との間に強力な結び付きがありましたが、1998年に解散しています。

最近の動きとしては、ネットによる通信販売の拡大があります。通信販売の拡大は、マイナーな作品を制作している会社にはプラス要因です。実際の小売店では棚に陳列できる本数に限りがあるため、一部の人にしか評価されないマイナーなタイトルは発注されないことがあります。店舗面積に余裕がある大手量販店にはそういったタイトルも棚に置けますが、商圏が大都市圏のみに限られてしまいます。通信販売では全国どこからでも注文ができますし、スペースの問題がありません。そのため、マイナーなタイトルが少しずつ売れた結果、店の売上の大きな割合をマイナーなタイトル群の売上が占める、といったケースもあります（こういった売上パターンを**ロングテール**と呼びます）。

また、消費者にとって、通信販売は「誰かに買っている瞬間を見られると恥ずかしい」商品が買いやすい方法でもあります。この「マイナーな作品も売りやすい」「恥ずかしい商品が買いやすい」という制作者と消費者の利害が一致したゲームジャンルとして、美少女ゲームがあります。そういったジャンルのゲームは、消費者に社会人が多く大手量販店に行く時間がないことも重なって、タイトル全体の売上の中でアマゾンなどの大手通販サイトでの売上が占める割合が、他のジャンルのゲームより高くなっています。

発注量の決め方

あるゲームがどれだけ出荷されるかは、小売店や問屋の発注量で決まります。工場での製造ラインの調整があるため、小売店が新作タイトルを発注するのは発売日からかなり前です（約3ヶ月前）。ゲームが完成して（マスターアップして）マスターディスクが工場に送られるのが発売日の約3週間前なので、発注時点ではまだゲームが完成していません。

そのため、ゲーム開発会社はゲーム内容をアピールする流通向け説明会を定期的に行い、開発途中のゲームを出展します。この説明会を一般の人にまで拡大したのが東京ゲームショウです。東京ゲームショウも業界関係者のみのビジネスデーがあるのはそのためです。

最終的に、小売店は説明会でのゲームの出来、シリーズものなら過去の販売実績、会社の評判やメディアでの評判（ゲーム雑誌のレビュー得点は重要な要素の1つです）、ユーザーコミュニティでの評判（ネットでの評判）などを参考にして発注数を決定します。最近のゲーム市場は低調で売上上位の大半をシリーズものが占めるため、まったくのオリジナルタイトルをヒットさせるのは難しくなっています。

ダウンロード販売の流れ

コンシューマーゲーム機向けのダウンロード販売の場合、マスターアップした作品はそれぞれのハードウェア会社に送られ、そこで販売可能な形にセットアップされます。ダウンロード販売の場合は工場でパッケージを製造する必要がないため、マスターアップは発売日の直前（数日前）です。発売後にゲームに不具合が見つかった場合にはダウンロードされるファイルの差し替えを行ったり、修正パッチを配布したりすることも可能です。

最近では、「アイドルマスター」シリーズ（バンダイナムコゲームス）のキャラクター衣装や「戦場のヴァルキュリア」（セガサミー）の追加シナリオなど、ゲーム本体をパッケージで発売して、追加要素をダウンロード販売するゲームも登場しています。

ダウンロード販売の場合、料金は販売しているサイトが代理で徴収します。売上の中から所定の手数料が差し引かれた後に、ゲーム開発会社に支払われます。クレジットカードの残金不足や不正利用などによって代金を徴収できないリスク（貸し倒れリスク）は、販売サイトではなく、それぞれのゲーム開発会社が負担するケースが多くなっています。

(参考) 同人ゲームの委託販売の流れ

　PCの同人ゲームの場合、まず、それぞれのゲーム制作者がパッケージ化まで行います。その後、「とらのあな」「メロンブックス」「アニメイト」などマンガ同人誌・同人ゲームを扱っているショップと個別に掛け合って、店で一定期間陳列してもらいます。これを**委託販売**と言います。2006年からはアマゾンも委託販売をスタートしたので、全国どこからでも同人ゲームが購入できるようになりました。

　ショップ側は売れた本数に応じたマージン料を売上から引いた後に、ゲーム制作者に入金します。一定期間が経って売れ残った分は返品されます。

　通常、マージン料は30%です。この数字はコンシューマーゲームよりやや高めですが、売れ残った場合ショップは返品できるので、ショップ側が値引き販売を行わないのが最大の違いです。一見、利益率が高い分ショップ側としては旨みが大きいシステムですが、同人ゲームは1本あたりの単価が1,500円程度と、コンシューマーの廉価版タイトル以下の価格設定であるため、販売管理費を考えると、数をこなさないことには利益になりません。そのため、ショップ側がどのゲームを仕入れるのかの「目利き」の厳しさはコンシューマーゲームと同じです。

2.2 ゲーム価格の内訳

　店頭で販売されている6,000円のゲームソフトが1本売れたからといって、ゲーム開発会社にそのまま6,000円が入るわけではありません。店と問屋の取り分や工場での製造原価、ハードウェア会社へのライセンス料も価格に含まれており、それを除いた残りが開発会社の取り分です。ここでは、それぞれの内訳を見てみます。

それぞれの取り分

　ゲーム開発会社にとって1本あたりの出荷額（店側から見ると仕入価格）は店との交渉に必要な重要な数字です。そのため、公開されている情報は非常に少ないのが現状です。ここでは、ARCS（テレビゲームソフトウェア流通協会）が中古ゲーム裁判のために公開した資料を中心に、小売側のゲーム価格の内訳を見てみます。

　一般的なゲームタイトルのハードウェア会社、ゲーム販売会社、流通の取り分を示

したのが図2.2のグラフです。わかりやすくするため、数字はすべて切りのいい値に揃えています。実際は、それぞれの取り分については、契約やどのハードのソフトなのかなどによって異なります。

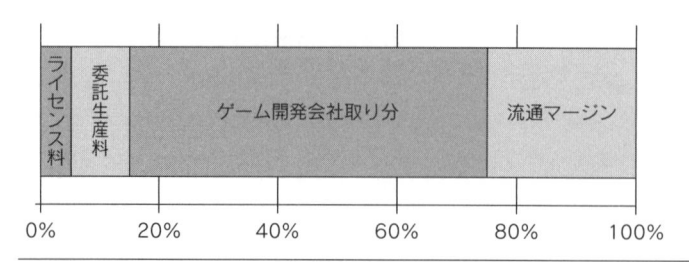

```
|ライセンス料|委託生産料|ゲーム開発会社取り分|流通マージン|
 0%    20%   40%   60%   80%   100%
```

図2.2　ゲーム価格の内訳（概算）

　ゲームソフトの場合、定価（希望小売価格）の大まかに6割から7割5分がゲーム開発会社の取り分とハードウェア会社のライセンス料となり、残りが流通の取り分（マージン）となります。

　一方、ゲーム機本体の仕入れ値は非常に高く、定価の9割程度と言われています。一見すごく高額なようですが、一部のハードはゲーム機を普及させるために製造原価割れの価格で出荷しているため、仕方のない面もあります。いずれにせよ、小売店はゲーム機本体を販売しても利益はほとんど出ません。売れ残ったときの仕入れリスクだけが大きく、小売店からすると「旨み」がない商材です。

ハードウェア会社とゲーム開発会社の収入

　コンシューマーゲームでは、各開発会社はハードウェア会社に「1本あたりいくら」という形でライセンス料を支払います。ゲームソフトはハードウェア会社が管理する工場で製造され、そのまま出荷されるか（販売を委託しているケース）、一度開発会社の倉庫に収められた後に出荷されます（ソフト会社が直接販売しているケース）。製造されたゲームソフトはすべて買い切りとなっており、販売会社は製造した本数分のライセンス料と委託生産料をハードウェア会社に払い込みます。これは、ハードウェア会社に販売を委託し、ゲームソフトの在庫がハードウェア会社に保管されているケースでも同じです。

　CD-ROMやDVD-ROMなどのディスクメディアの場合、ライセンス料と委託生

産料の合計は、定価の15%程度です。ニンテンドーDSのようなROMメディアでは、ゲームの容量が増すとそれに合わせて大容量ROMを用いる必要が出るため、製造原価が上がります。また、ゲーム内のセーブ機能にはフラッシュメモリを用いているため、その有無やセーブ領域の容量によっても製造原価が変わります。いずれにせよ、ROMメディアはディスクメディアより製造原価が高く、その分だけ委託生産料も高くなります。ゲーム開発会社の取り分は、出荷価格とハードウェア会社に支払う価格の差額になります。

　ゲームソフトの製造をハードウェア会社が管理するのは、製造工程でコピー対策のプロテクトを施す必要があることと、何本製造したかを正確に把握するためです。委託生産料は一定ではなく、一気に大量生産すると安くなることもあるようです。ただし、その場合は発注したゲーム開発会社側が在庫を抱えるリスクが大きくなります。

　これらの要素が組み合わさって、ゲーム開発会社とハードウェア会社の取り分が決まります。大まかに、ゲーム開発会社の取り分は定価の45〜60%程度となります。

　一方、PCゲーム流通は問屋が間に入るため、流通のマージン率が高くなります。ゲームをPCプラットフォームから発売した場合には、通常のフルプライス版（8,800円＋税）のゲームの場合、出荷価格は定価の50%（4,400円）とコンシューマーゲーム機向けタイトルより低くなります。その代わり、ライセンス料と委託生産料が発生せず、自前でゲームのプレスやパッケージ製造費を支出します。コピー対策のための特殊な記録フォーマットを行ったり、パッケージに凝ったりしない限り、プレス料とパッケージ製造費の合計が10%に届くことはありません。PCゲームの特徴は、ゲームを生産する最小単位（**ロット**）をゲーム開発会社が自由に決められることです。コンシューマーゲーム機の場合、ハードウェア会社とのライセンス契約で最初の発売時の生産本数や追加生産の本数のロットが決められており、あまりに少量の生産は不可能ですが、PCゲームの場合にはそういった制約がありません（もちろん、生産を依頼する工場側の指定する最小ロットは存在します）。そのため、売上が読めない実験作をPCで少数生産して様子を見る、ということが可能です。

問屋と小売店の収入

　問屋が途中で入るケース（任天堂系）と企業から小売店に直売されるケース（ソニー・コンピュータエンタテインメント系）の違いがありますが、小売店での仕入れ価格は双方ともにほぼ共通です。定価6,000円のタイトルでは、7割5分の4,500円

くらいです。小売店が値下げ販売をする場合、定価との差額である1,500円から自分の取り分を削ります。普通、小売店は定価の1割程度値引きして販売（5,400円で販売）していることが多く、その場合の小売店の取り分は900円となります。また、売れ残ったタイトルは、そのまま在庫として保有しても今後売れる可能性が少ないなら、ワゴンセールとして定価の半額やそれ以下の価格で赤字販売して処分されます。

ここまでの話をまとめると、小売店のマージン率（（販売価格−仕入価格）÷販売価格）は900÷5400＝約17％となります。5本仕入れて1本売れ残ると赤字ですから（4,500円で5本仕入れると22,500円、5,400円で4本販売すると21,600円）、小売店の仕入れはかなりシビアです。売れ残るリスクが高いゲームの仕入れが厳しくなる理由がわかります。

また、商業統計によると小売業全般のマージン率は29.7％ですから（2007年度）、ゲーム産業の小売店の利益率は他の小売業と比べても相当低いと言えます。実際、いわゆる街のゲームショップのような小規模店で、新品販売で黒字を出している店はほとんどありません。ゲーム専門の小売店は年々減少しており、『テレビゲーム産業白書』によると、1999年末に全国で6,555店舗あったのが2009年1月には981店舗にまで減少しています。

カメラ系量販店のような大規模店舗は、大量に仕入れることで仕入れ値を下げています。そのため、定価の10％値引き＋販売価格の10％のポイント（実質上、定価の19％の値下げ）といった、街のゲームショップよりも安い価格設定をすることが可能ですので、競争上かなり有利となっています。ゲームの事例ではありませんが、家電製品では、量販店の小売価格が地方のメーカー系列小売店の仕入れ値より安いというケースがあり、公正取引委員会が調査に入ったことがありました。

アマゾンのような大手の通販サイトも、大規模店舗と同様に安価に大量に仕入れることで価格競争力を手にしています。特にアマゾンは、地方在住のユーザーにとって、大都市の量販店でしか扱っていないタイトルを買う貴重な場所となっています。また、ゲーム開発会社が流通に支払うマージン分も自社の収入とするために、Webサイトで通信販売を行うケースも増えています。

ダウンロード販売の収入

今後、大きく伸びると考えられているのがゲームのダウンロード販売です。ダウン

ロード販売の利点は、在庫を持たずに済むことにあります。在庫を持たないことの利点は次の2つです。

① パッケージを製造する時点での巨額の出費がないため、資金繰りが楽
② 会計上はゲームのパッケージ在庫は棚卸資産として扱われ、償却資産として課税対象となる。ダウンロード販売では消費者がゲームを購入してダウンロードした瞬間に商品が生産・出荷されたことになるため、在庫への課税が発生しない

しかし、ダウンロード販売には利点だけでなく、問題点も多数あります。

① ダウンロード販売ではパッケージが存在しないので、店舗で販売するときのような「衝動買い」「ついで買い」が期待できない
② 決済はクレジットカード中心となるが、ゲームの主な消費者層である10代後半〜20代前半はクレジットカードを持っていない人が多い
③ PCのフリーウェアやシェアウェアの慣習から、ダウンロードされるのは無料もしくは安価なタイトルが大半で、高額なタイトルはあまり売れない
④ ダウンロード販売は、これまでゲームを売ってくれた小売店を無視する仕組みであるため、ゲームの大半が小売店で売れる現状では、積極的に導入しづらい

こういった状況を踏まえ、コンシューマーゲームのダウンロード販売は、現在では、パッケージ販売するほどでもないミニタイトルと古いハードウェアでヒットした作品のエミュレーションがほとんどです。

ダウンロード販売では、消費者の支払った価格のうち、販売会社（Webサイト）がサーバー管理料、システム使用料などの名目でマージンを回収し、残りがゲーム開発会社の取り分となります。コンシューマーゲーム機のダウンロード販売のマージン率は不明ですが、PCゲームのダウンロード販売大手のベクター（www.vector.co.jp）では25%です。また、個人や小規模ゲーム開発会社向けにマイクロソフトが提供しているXbox LIVEコミュニティゲームでは、ロイヤリティ（制作者の取り分）を最大で70%としています。

（参考）中古流通と廉価版タイトル

　新品販売とは直接関係しませんが、中古ゲームの流通についても議論しておきます。

　中古ゲームとは、消費者が一度遊んだゲームを小売店が買い取り、パッケージをきれいにしたり、ディスクに傷があった場合は研磨したりして、店頭で再発売されるゲームのことを指します。2008年の新品ゲームソフトの市場規模が3,321億円であるのに対し、中古ゲームソフトの市場規模は994億円と、売上額ベースで新品市場の4分の1を少し超える程度です。しかし販売本数ベースだと新品ゲームソフトの販売本数の50%を超えており、安い中古ソフトに需要があることがわかります。中古ゲームの粗利益率は5割程度と言われており、新品ゲームの販売だけで利益を上げるのはかなり厳しい状態において、中小のゲーム店を収支面で支えています。

　特にロールプレイングゲームの場合、「一度エンディングまで行けば満足」というプレイヤーがかなりの数いるため、新作の発売から1週間も経たないうちに中古が活発に流通します。消費者と店の間で同じゲームが何度も売買された結果、新品で売れた以上の本数が売れるタイトルもあります（表2.1）。ゲーム開発会社はゲームが中古市場に流出するのを少しでも遅らせるために、一度ゲームをクリアした後に挑戦できる隠しダンジョンなどの「やり込み要素」を充実させたりしていますが、効果は限定的なようです。

　過去に、中古ゲームの販売が違法かどうかについてゲーム開発会社と中古ゲームショップの間で複数の裁判が行われましたが、2002年に結審し、いずれもゲームショップ側の全面勝訴となっています。そのため、ゲームを制作・販売した会社は中古ゲームの売買からは利益が得られません。

　中古ゲーム裁判が与えた影響として、廉価版が発売されるタイトル数が増えたことと、その発売時期が早まったことがあります。廉価版の発売自体はそれ以前からありましたが、過去のヒットタイトル主体のラインナップで、発売時期も新作の発売日から1年以上経った後でした。原告側（ゲーム開発会社側）の敗訴となった後は、新作の発売時期とは関係なく、中古ゲーム価格が廉価版の価格と同じ2,980～1,980円となったころを見計らって発売されるようになりました。極端な場合では、オリジナルの発売から3ヶ月後に廉価版が出たケースまであります。また、中古との差別化を図るため、廉価版の発売時に、オリジナル版が発売されたときにはなかった新要素を加えるケース（いわゆる**ディレクターズカット版**）も多くなっています。

2.2 ゲーム価格の内訳

表2.1 2008年中古ゲームソフト販売本数上位10タイトル

順位	プラットフォーム	タイトル	開発会社	2008年新品販売本数	2008年中古販売本数
1	PSP	モンスターハンターポータブル 2nd G	カプコン	2,452,111	382,736 (382,736)
2	PSP	モンスターハンターポータブル 2nd	カプコン	1,720,397	350,013 (1,004,636)
3	DS	ポケットモンスターダイヤモンド・パール	任天堂	5,624,430	320,047 (863,076)
4	DS	ドラゴンクエストⅣ 導かれし者たち	SQEN	1,214,610	315,919 (513,855)
5	DS	おいでよ どうぶつの森	任天堂	4,852,053	215,058 (733,714)
6	DS	ドラゴンクエストモンスターズ ジョーカー	SQEN	1,467,179	211,632 (618,887)
7	DS	Newスーパーマリオブラザーズ	任天堂	5,372,187	209,460 (763,028)
8	DS	ファイナルファンタジーⅣ	SQEN	622,475	205,482 (286,858)
9	PSP	クライシスコア ファイナルファンタジーⅦ	SQEN	802,719	193,014 (424,170)
10	DS	ドラゴンクエストⅤ 天空の花嫁	SQEN	1,176,082	180,848 (180,848)

SQENはスクウェア・エニックスの略，中古販売本数の( )は累計販売本数
出典：『ファミ通ゲーム白書2009』

　中古ゲーム流通には、すでに発売が終了した古いハード向けのゲームを提供する、というもう1つの役割があります。現在では、ダウンロード販売で古いハードのゲームが現行機で遊べる形で提供されるようになり、徐々にそのラインナップが増えています。そのため、旧ハードの作品でも制作者への利益還元の動きが進んでいると言えます。

　旧作のダウンロード販売が一般化すれば中古は不要になりそうですが、①パッケージを重要視する消費者が多いこと、②いわゆる「版権もの」と呼ばれるアニメや映画などのキャラクターを用いた作品には、契約の関係からダウンロード版が発売できないケースも多いこと、などから、中古ゲームの需要がまったくなくなることはなさそうです。

2.3 企業間の関係

ハードウェア会社とサードパーティ

　ゲーム産業にはさまざまな企業が関わっていますが、「ハードウェア会社とライセンス契約を結んでゲームを開発・販売する企業」を**サードパーティ**と呼びます。ハードウェア会社を**ファーストパーティ**、プラットフォームを保持する会社が発売するタイトルを企画・開発する企業を**セカンドパーティ**、ハードウェア会社と資本関係がない企業をサードパーティと呼ぶこともあります。

　1970年代の米国ではアタリ社のAtari VCSが普及していましたが、当時のアタリ社はライセンス制をとらず、サードパーティがAtari VCS向けのゲームを自由に開発するのに任せていました。その結果、質の低いゲームが大量に発売され、**アタリショック**とも呼ばれる市場崩壊が発生しました。そのため、任天堂のファミコン以降のコンシューマーゲーム機では、ハードウェア会社とライセンス契約を結んだサードパーティのみが開発可能で、さらに発売前にハードウェア会社の内容チェックをクリアしたゲームのみが発売可能な仕組みが作られました。

　サードパーティの「サード」の本来の意味は、ハードウェア会社でも顧客でもない「第三者」のことです。コンピュータ業界では「ハードウェア会社の純正品と互換性があるパーツを販売する企業」のことを指します。この意味では、HORIのようなゲーム機の周辺機器メーカーもサードパーティに含まれますが、ゲーム産業ではあまりこういった使い方はしないようです。

パブリッシャーとデベロッパー

基本構造

　ゲームのエンディングでは、よくスタッフロールが流れます。そのスタッフロールの最後に表示されるのは企業名です。そこでは、「制作△△、販売○○」と別の企業名が並んでいる場合と、「制作○○、販売○○」と同じ企業名が並んでいる場合があります。この「制作」にあたるのがデベロッパー（Developer）、「販売」にあたるのがパブリッシャー（Publisher）です。

　正確には、**デベロッパー**とは「開発の中心となり、（ときには外注を含む）開発チームを束ね、最後まで責任を持ってゲームを開発する」企業のことを言います。一

方、**パブリッシャー**とは「デベロッパーが開発したゲームのマーケティングや広告などの販売戦略を担当し、製造本数を決め、在庫に対するリスクを負って責任を持って自社のブランドで販売する」企業のことを言います。

　パブリッシャーの訳語に「出版社」とあるように、もとは出版業の用語です。出版の世界では、本の中身を作る人と本を出版（販売）する人は違うケースがほとんどです。たとえば、小説『涼宮ハルヒの憂鬱』を書いたのは谷川流ですが、出版は角川書店です。小説家は優れた小説を生み出すことに専念し、出版社は1冊でも多く売ることを目指します。パブリッシャーとデベロッパーの関係はこういった「**作り手－売り手**」の関係です。同様の「作り手－売り手」の関係は、音楽産業のアーティストとレコード会社の関係や、映画産業での制作と配給など、ゲームに限らずコンテンツ産業全般に見られます。

　ゲーム開発会社でも大手と呼ばれる会社では、社内にデベロッパーとパブリッシャーの両方の機能を持っており、自社開発のタイトル以外にデベロッパーが開発したタイトルも自社ブランドで販売しています。デベロッパーとパブリッシャーが異なるゲームの中で有名な例としては、「スターオーシャン」シリーズ（制作：トライエース、販売：スクウェア・エニックス）や「ゼノサーガ」シリーズ（制作：モノリスソフト、販売：ナムコ）などがあります。

　デベロッパーの強みは、他のデベロッパーが真似のできないオリジナリティあふれるゲームを開発する力です。高い評価を得られるゲームを開発するデベロッパーは、さまざまな会社から自社ブランドでのゲームの開発を委託されるようになります（最近の顕著な例としては、コナミが自社の有力シューティングゲームである「グラディウス」のシリーズ最新作をトレジャーに委託した事例があります）。デベロッパーは中小規模の会社が多いのですが、東証一部上場企業であるトーセのように、社内の人的資源を開発に集中させ、さまざまな企業からの開発委託を受けられるように、あえて自社ブランドでの販売を行わない企業もあります。

　パブリッシャーの強みは、デベロッパーだけでは実現不可能な資金面の余裕や販売計画のノウハウです。ゲームの制作には巨額の開発費がかかりますが、製造と販売にはさらにその数倍の資金が必要です。ゲームを製造・販売するためには、ライセンス料と生産委託料を事前にハードウェア会社へ払い込む必要があります。1本6,000円のゲームを10万本販売する場合、払い込む金額は1本あたり1,000円×10万本＝1億円となります。ゲームを販売するために必要な費用は製造費だけでは

ありません。広告宣伝費もかかります。広告も、雑誌への広告や攻略記事の依頼、Webへのバナー広告、TVCMなど、さまざまな手法を組み合わせて行う必要があります。パブリッシャーは、これらゲームの販売にかかるさまざまな費用を負担し、販売計画を担当します。

パブリッシャーとデベロッパーの関係

　パブリッシャーとデベロッパーの関係は、ほぼ対等な関係から完全な上下関係が存在する場合までケースバイケースです。

　上下関係が明確なのは、パブリッシャーがデベロッパーの開発資金の一部もしくは全部を負担するケースです。パブリッシャーが完全に上位の場合は、開発したデベロッパーの名前を広告やパッケージに出さず、開発したゲームの知的財産権も全部パブリッシャーが買い取るケースもあります。ハードウェア会社がパブリッシャーの場合には、開発したゲームを一定期間他社ハードで発売しないことを契約条件としてデベロッパーの開発資金を負担するケースが少なくありません。また、ドラゴンクエストシリーズのように、旧エニックス時代からパブリッシャー側が企画し、表現したい内容を実現できる技術力を持つデベロッパーと協力して開発するようなケースや、「テイルズ」シリーズを開発しているテイルズスタジオとバンダイナムコゲームスのように、企業内の開発チームだけをデベロッパーとして独立した子会社としているケースもあります。

　中堅クラスのゲーム開発会社は、作品によってデベロッパーにもパブリッシャーにもなります。例としてアクワイアとフロム・ソフトウェアを取り上げてみましょう。アクワイアの場合、「剣闘士　グラディエータービギンズ」は他のデベロッパー（有限会社娯匠）が開発・アクワイアが販売、「剣と魔法と学園モノ」シリーズは自社開発・自社販売、「天誅」シリーズはフロム・ソフトウェア、「勇者のくせになまいきだ」シリーズはソニー・コンピュータエンタテインメントの販売です。また、「天誅」シリーズのパブリッシャーであるフロム・ソフトウェアは、「アーマード・コア」シリーズは自社開発・自社販売ですが、「デモンズソウル」シリーズはソニー・コンピュータエンタテインメントの販売です。開発規模や販売規模によって、すべて自社で行うか、自社は開発に特化するかを決めているようです。

　特に大規模タイトルは、開発費を回収するためには海外での発売も視野に入れる必要があり、その会社に海外でのパブリッシング能力があるかどうかがパブリッシャー選定の決め手となります。そのため、同じゲームでも、発売する国によってパ

ブリッシャーが変わることがあります。たとえば、Rockstar Gamesの「Grand Theft Auto（グランド・セフト・オート）」シリーズは、他の国では自社で販売していますが、日本だけはカプコンから発売されています。また、先述の「デモンズソウル」は、海外ではアトラスから発売されています。

開発委託と下請け

　一般に、ある作業を第三者に依頼することを**委託**と言います。また、発注元である親会社から、作業の一部もしくは全部を請け負うことを**下請け**と呼びます。たとえば、親会社が発注する行為を「下請けに出す」、下請け作業を請け負う企業のことを下請け企業と呼びます。

　「委託」と「下請け」はほぼ同じ意味で使われることも多いのですが、一般的な通念では、発注先の指示に従って単に作業するだけの場合は下請け、受注側が独自性を持って作業する場合が委託です。ゲームの開発の場合、パブリッシャーが全額資金を出してデベロッパーがゲームを開発するケースでは、委託開発、下請けの両方のケースがあります。

2.4 ゲームはどう作られるのか

開発の流れ

全体のフロー

　一般的なゲーム開発の流れは次のようになります（図2.3も参照）。

① 　企画決定：企画書を作成し、企画会議で承認を受ける
② 　仕様策定：仕様書を作成し、基本的なゲームシステムを設計する
③ 　メインプログラム・原画・音楽・シナリオなど、各パートの作成を開始
④ 　各パートのデータを組み合わせ、α版を作成する
⑤ 　作業をさらに進め、β版を完成させる
⑥-1 　デバッグ作業を開始する
⑥-2 　CEROとハードウェア会社によるレーティングと審査を受ける
⑦ 　マスターアップし、ハードウェア会社へ納品する

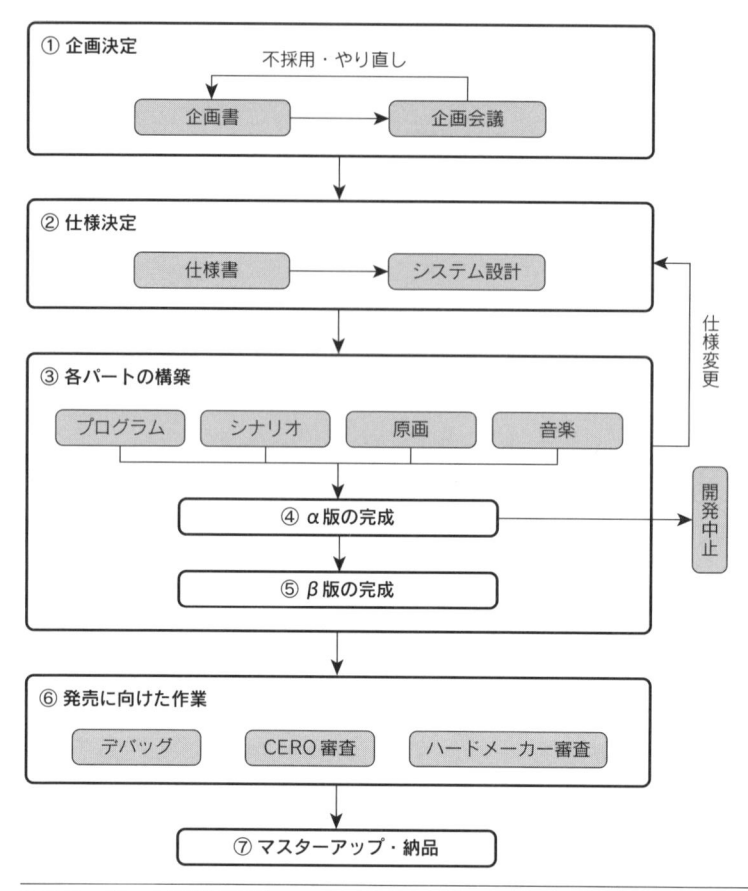

第2章　ゲームが消費者に届くまで

```
① 企画決定
        ┌── 不採用・やり直し ──┐
        ↓                      │
     [企画書] ──────→ [企画会議]

② 仕様決定
     [仕様書] ──────→ [システム設計]

③ 各パートの構築
   [プログラム] [シナリオ] [原画] [音楽]
              ↓
④ [α版の完成] ────→ [開発中止]
              ↓
⑤ [β版の完成]
              ↓
⑥ 発売に向けた作業
   [デバッグ] [CERO審査] [ハードメーカー審査]
              ↓
⑦ [マスターアップ・納品]

（②へ仕様変更のフィードバック）
```

図2.3　ゲーム開発の流れ　　　　　　　　　　出典：『CESAゲーム白書2005年度版』

　ゲームを開発する際には、はじめに「こういったゲームを作成したい」というイメージをまとめた企画書を作成します。**企画書**にはゲームのコンセプトを解説した文章だけでなく、キャラクターや背景のラフスケッチ、プレイ中の画面イメージ、シナリオのプロット（あらすじ）など、企画書を読む人がどのようなゲームになるのか想像しやすくなる資料も同時に添付します。企画書は短い場合はA4用紙で数枚のことから、かなり詳細な資料数十枚に及ぶこともあります。企画書は会議で検討され、ゴーサインが出た企画は次の段階である仕様書の作成に進みます。

　仕様書にはゲームの操作法やルール、ゲーム中に生じる画像効果などといった「ゲームシステムの内容の詳細」の他、登場キャラクターのリストや、ステージ構成、

2.4 ゲームはどう作られるのか

必要な音楽・効果音一覧など、すべての項目が入ります。一方の**システム設計**は、仕様書に書かれた内容をコンピュータ上で実現させるための設計です。オブジェクトのデータ構造やクラス間の構造、プログラムの流れなどがこちらに入ります。ゲームにできることとできないことは、システムをどう設計するかで決まってしまうので、システムの設計は仕様書作成と同じくらい非常に重要です。

実際には仕様のすべてを決定するには時間がかかるので、仕様ができたものから順に各部署に中身の作成が依頼され、同時進行で進めます。また、完成して上がってきた原画やシナリオを元に企画者と各担当者が議論を重ね、仕様が変更されることもあります。

③〜⑤が実際の中身を作るプロセスです。ゲーム開発では、まずα版を作成します。**α版**とは、「ゲームのイメージがつかめるよう、キャラクター・背景・効果音・BGMといったゲームとして必要な要素が入っていて、とりあえず動くもの」を指します。α版にはゲーム内で実現されている機能がすべて入っているとは限らず、シナリオや原画も未完成な場合がほとんどです。ゲームが大規模化した現在では、企画書段階でのOKとは別に、α版を見て最終的に開発を進めるかどうかの判断が行われるケースも少なくありません。ゲーム開発会社はα版が完成したころに、広報を通じて雑誌などの各メディアに画面写真などを送付します。東京ゲームショウや流通関係者へのお披露目会、メディアの取材向けに現段階でのα版を用意することもあります。開発で必要な作業量の全体見積もりが固まり、大まかな発売日が決定するのもこの時期です。

開発がさらに進み、発売直前の内容評価版として作られるのが**β版**です。β版は、実際に発売されるゲームについている機能やシーンがほぼすべて入っている半完成品です。しかし、β版はデバッグが不十分であり、ハングアップしてしまうバグなどが残っている可能性もあります。β版ができた状態で、開発会社は**CERO**(特定非営利活動法人コンピュータエンターテインメントレーディング機構)とハードウェア会社に作品を提出して審査を受けます。

⑥にある**デバッグ**は、一般的にはプログラムのバグ(エラーや不具合)の修正のことを指します。ゲーム開発では、内容のチューニング(難易度の調整など)や表現面での修正もまとめてこう呼びます。CEROやハードウェア会社から性的表現や残虐表現についての修正依頼があった場合の対処も含まれます。

⑦にあるマスターアップの**マスター**とは、商品版と同じ内容が記録されたメディア

(CD-ROM、DVD-ROMもしくはマスクROM)のことです。最終的な製品版の内容を確定させることを**マスターアップ**と呼びます。マスターはハードウェア会社でコピー防止対策が施された上でプレス(もしくはROM焼き)され、製品版として出荷されます。マスター納入から発売までの最短は、ディスクメディアで1週間程度、ROMメディアで2ヶ月程度です。

開発の段階と開発チームの規模

　ゲーム開発の裏話では、開発に関わった人数と開発期間の話がよく出ます。しかし、ゲームの開発に2年かかったとしても、開発に加わったスタッフの全員が2年間ずっとそのゲームに関わっているわけではありません。企画書が練られている段階では、1名もしくはその後の開発で中心メンバーとなるごく数名しか関わっていません。ほとんどの開発スタッフは、自分の仕事があるごくわずかな期間だけ、開発に関わります。

　開発が決定した段階で開発プロジェクトがスタートし、メンバーが集められます。プロジェクトがスタートしたあとも、開発の段階によって開発に必要なスタッフの種類は変化します。それに合わせて、プロジェクトに関わるメンバーは入れ替わりを続けます。

　開発プロジェクトのチームの規模が一番大きくなるのは、実際の中身を作っている開発の中盤です。開発の裏話で出る「最大○人」というのは、この時期の人数です。

　開発も佳境が過ぎると、シナリオ・絵・サウンドなどの中身はほぼ作り終わりますから、そういった人たちはプロジェクトを離れて別のプロジェクトに移ります。プロジェクトに残っているのは、ゲーム内の細かいパラメータの調整作業をする人(海外だと**レベルデザイナー**という専門家がいます)やシナリオの矛盾やプログラムにバグがあるかのチェックをする人だけになります。ゲーム開発では、「作ってみたけどやっぱり面白くなかった」から仕様を大幅に変更したい、ということが起こります。しかしそうなっても、開発に関わったスタッフがもう別のプロジェクトの仕事にとられてしまっていて途方に暮れる、というケースもあります。

開発費

　ゲームの制作に直接かかる費用で一番大きいのは開発機材費(ハード・ソフト

2.4 ゲームはどう作られるのか

含）と人件費です。それ以外にも、ゲーム内容に応じて、録音スタジオ使用料やモーションキャプチャー用スタジオ使用料など、さまざまな費用がかかります。また、ゲーム制作の一部を外部に発注する場合には、外注費がかかります。

開発機材費

　コンシューマーゲーム機向けタイトルの場合、**ワークステーション**と呼ばれる、通常のPCより高性能のマシンが使われます。ワークステーションと言っても、少し性能が高いことと、高品位の部品を使うことで機器の信頼性が高いこと（HDDへの書き込み時のエラーチェックが厳重、電源を切らずに動かし続けてもフリーズしづらい、など）を除けば、一般向けのPCと違いはありません。稼働しているOSも同じです。

　ゲームのシステムを構築して実際にプログラムを走らせるためのマシンには、ハードウェア会社から専用の開発ツールやテストツールを購入する必要があります。専用ツールは開発者の全員分が必要なわけではなく、開発途中のプログラムを動かしてみる必要がある人の数だけで足りるのですが、専用機材は通常のPCより高価なので、コストを引き上げる要因となります。専用の開発機材の価格は、数十万円から数百万円の間です。コンピュータの性能向上と価格低下は早いため、ハードウェアがこれから新しく発表される時期は開発機材も高く、時間が経つにつれて急激に安くなっていきます。PlayStation 3の開発キットの場合、発売当初は200万円したのが2007年11月に95万円、2009年3月に20万円となっています。

　加えて、ゲーム開発にはさまざまなソフトウェアが必要になります。企業によっては自社開発のツールを用いることもありますが、2DグラフィックスのPhotoshopやIllustrator、3DグラフィックスのMayaなどに始まり、プログラミングではCodeWarriarなどの統合開発環境（Integrated Development Environment、IDE）、実際のゲーム部分とコンピュータのOSとの間をつなぐミドルウェア製品群（AlchemyやCRIミドルウェアの製品群など）をまったく利用せずにゲームを開発することは現実的ではありません。これらプロ用のソフトウェアには1本あたり数十万円するものも多く、開発費を押し上げています。

　開発で直接用いるコンピュータ以外の機器への投資も必要です。開発中は100メガバイト～ギガバイト単位のデータを頻繁に受け渡すため、開発部署内を結ぶネットワークやバックアップ機器などへの投資も不可欠となります。3DのCGを駆使し

たムービーシーンを作成する場合には、計算量の負荷が非常に大きいため、ムービー作成専用のコンピュータが必要です。ムービー用のコンピュータは**レンダリングファーム**とも呼ばれ、数十台～数百台のワークステーションに計算を分散させて処理します（レンダリングファームにあるマシンは、ネットワーク越しには1つの大きなコンピュータとして見えるようになっています）。

　ここに挙げた開発機材の総額は、数千万円から1億円を超えることも珍しくありません。もちろん、別の開発時に買い揃えた機材を使えば、機材費への出費はほとんどなくなります。いわゆる廉価版のタイトルでは、すでにある開発機材を用いることでコストを下げることによって低価格を実現しています。

人件費

　もう1つの費用の柱である人件費のほうはわかりやすいでしょう。たとえば、開発者を10人、1年間そのゲームの開発に専念させると（＝120人月）、10人分の年収＋社会保障費がかかります。仕様の確定が遅れる、シナリオが上がってこないなど、開発作業に遅れはつきものですが、そういった実際に行う作業がない場合でも、開発のために確保された人員には給与を支払う必要があります。

　ゲームにおける人件費は、プロジェクト管理がしっかりと行えているか否かに大きく左右されます。ゲーム開発の責任者は、開発ラインで「遊んでいる（＝やるべき仕事がない）人員」が出ないように注意する必要があります。ゲーム開発の全期間で仕事がある人は限られています。必要な期間だけプロジェクトを手伝ってもらい、他の期間は別のプロジェクトを担当してもらうといった「メリハリ」が必要になります。

　企業内での人材利用にメリハリをつけるために、作業を行える人材が自社内にいる場合でもあえて外部のデベロッパーに発注するケースもあります。特に、ゲーム中に発生するミニゲームなど、他の部分に干渉せずに1つのまとまりとして切り出せる部分は、仕様が確定したら納期を決めて別会社に発注してしまうことで、人を抱え込むリスクを減らすことができます。

　また、ムービーシーンやサウンドの作成は他分野に比べて人材の専門性が高く、ゲームの内容から比較的独立しているため、フリーの開発者に依頼するケースが多くなります。企業内で作成する場合でも、開発プロジェクトチームのメンバーの専属とせず、社内で稼働している全開発プロジェクトの仕事を請け負う専門家チームに任せるケースも少なくありません。

ゲーム開発の終盤の一定期間だけ大量の人手が必要となるデバッグと調整作業の人手の確保は、どのプロジェクトでも頭を悩ませる問題です。マリオクラブや猿楽庁など、デバッグを請け負う専門の会社に外注することもよく行われています。

その他諸費用

機材費と人件費以外のゲーム開発に必要な経費には、本や模型などの資料費、外注先との打ち合わせにかかった交通費等があります。また、開発には多数のコンピュータを使うので、光熱費も相当額かかります。これらが、ゲームを開発するために直接かかる費用です。

加えて、ゲームを実際に販売するためには、広告宣伝費とハードウェア会社へのライセンス料および製造委託料がかかります。また、総務部や経理部、ユーザーサポートといった開発を裏で支える間接部門の費用も、他のプロジェクトと分担して負担する（売上から費用をまかなう）必要があります。

マンガやアニメのキャラクターをゲームに登場させる場合には、キャラクター使用許諾料（いわゆる**版権料**）が必要となります。版権料は固定金額の場合もあれば1本あたりの金額が決められている場合、両者が複合したケース（ゲーム販売がある本数以下なら固定金額で、それを超えた分に関しては1本あたり決められた金額を支払う）もあり、ケースバイケースです。

いわゆる「人月」について

ゲームに限らず、ソフトウェア全般では、開発規模の大きさを**人月**（にんげつ）という単位で計ります。1人月とは、「1人が1ヶ月、他の仕事をせずにフルで働いたときの仕事量」を指します。開発全体のコストを見積もるときには、機材費や諸費用も含めて大まかに「人月あたりいくら」で計算します。人月あたり単価がいくらなのかは企業ごとに異なりますが、一般的なソフトウェア開発企業の場合、「1人月＝100万円」が1つの目安です。ゲーム産業はこれより安いと言われています。また、下請けに発注する作業の人月計算は、よっぽど高度な作業でない限り、自社内の人員で作業するよりは安いのが普通です。

ゲーム開発はどんどん大規模化しており、開発費の高騰によって資金回収が厳しくなっています。80年代はほんの数名が数ヶ月で1本のゲームを制作していましたが、現在では数百人規模のスタッフで数年かけて制作するケースも珍しくなくなり

ました。いくつかの資料から、それぞれのハードウェアでの標準的なゲームを制作するのにかかる作業量をまとめたのが表2.2です。これに1人月あたりの費用を掛け合わせれば、大雑把な開発費がわかります。

表2.2　ゲーム開発の規模

	ハードウェア名	発売年	標準的な作業量
第1世代	ファミリーコンピュータ	1983年	12人月
第2世代	スーパーファミコン	1990年	100人月
第3世代	PlayStation	1994年	350人月
第4世代	PlayStation 2	2000年	1,000人月
第5世代	PlayStation 3	2005年	2,000人月

開発費の調達

　ここまでに挙げたゲーム開発にかかる資金をどう調達するか、その方法を見てみましょう。まず、どこからもお金を調達せず、企業の内部資金（内部留保）から調達する場合があります。これを**自己金融**と言います。大手ゲーム開発会社が開発するときには、一部の例外ケースを除いて、自己金融です。

　自己金融以外の方式では、すべて外部から資金を得ることになります。当然ですが、外部から資金を調達する場合には、開発にかかる期間の見積もりや発売後の資金回収計画、現段階での企画書など、資金提供元に対してさまざまなことを説明する責任が発生します。そのため、自己金融の場合ほど自由に開発をすることができなくなります。

　外部からの資金調達の方法として昔からあるのは、出資してくれるスポンサーを探して開発費を出してもらい、ゲームがヒットしたときにはその利益を折半する、というものです。いかにも山師的ですが、昔はゲームなどといったよくわからないものにお金を貸してくれる金融機関はなかったので、こういった話に乗るしかなかったのです。ファミコンブームだった1980年代と、マルチメディアブームだった1990年代前半には、「よくわからないけどゲームって儲かるらしい。自分たちに開発する能力はないから、開発できるところにちょっと出資してみよう」というかなりアバウトな話も多かったようです。こういった景気のいい話は、今ではほとんどないはずです。

　現在では、ゲームはアニメや映画などとともに**コンテンツ産業**の一角として認知さ

れ、銀行からの融資を受けることが十分可能になっています。みずほ銀行のように、新しい貸出先としてコンテンツ産業に積極的に関わろうとしている銀行もあります。銀行からの融資を受ける場合には、担保（返済能力を証明する資産）の提示を要求されます。担保には株式や債券、不動産などに加えて、過去に発売したタイトルの知的所有権（続編やリメイクを開発・発売する権利や、各種グッズの権利料を受け取る権利）や、これから開発する作品から利益を得る権利などがあります。融資時に担保を要求されますが、完済したあとは作品の知的所有権が開発会社に完全に残る、というメリットがあります。

　融資以外では、ゲームファンドを組む方法があります。**ファンド**とは大雑把に言えば、「複数の人で資金を出し合う仕組み」のことです。この場合、ゲーム開発会社はファンドから資金提供を受けて開発を依頼された形となります。ファンドに出資した人は、ファンドを資金源として作成されたコンテンツが生み出した利益から、出資額に応じて配分を受けます。出資者が音楽会社や出版社などの場合、コンテンツに関連する商品（サントラCDやファンブックなど）を制作・販売する権利も獲得するケースが多く見られます。

　ファンド形式で資金調達した場合、開発したゲームの権利は原則的にファンドを管理する団体（管理会社を作る場合や制作委員会など、さまざまな方法があります）が保有します。開発会社がファンドに一部出資しておくことで権利の一部を保有するケースもありますが、権利がまったく残らない場合もあります。ファンドを組んだ場合、開発会社が得られる利益は銀行からの融資に比べると少なくなりますが、売れ行きが低調でも損を被らなくて済む（リスクを回避できる）利点があります。

　現在では、制作委員会を中心とした外部からの出資によるコンテンツ制作は、アニメや映画で活発に行われています。ゲーム開発会社は出資側として加わり、利益配分の他に、登場するキャラクターを使ったゲームを制作する権利を獲得するケースが少なくありません。

「ときメモファンド」

　ゲームファンドが低調な理由としてよく指摘されるのが、2000年にコナミが行った「ゲームファンド ときめきメモリアル」（以下、「ときメモファンド」）が厳しい結果だったことです。ときメモファンドでは1口1万円（10口から購入可能）で広く一般の人から資金を調達しました。コナミはこの資金を元に「ときめきメモリアル3 約束のあ

の場所で」(以下「ときメモ3」)と「ときめきメモリアル Girl's Side」(以下、「Girl's Side」)を開発し、それぞれのタイトルの発売日から180日後の最終出荷本数に応じて出資者への償還額が決定される仕組みでした。出資への償還に加えて、出資者には「ときメモ3」のエンディングロールに名前が載る、20口以上の購入者にはさらに「ときメモ3」の限定版がもらえる、という特典がありました。

ときメモファンドはさまざまなメディアで取り上げられ、話題となりました。コナミはファンドによって12億円を調達したい意向でしたが、ファンドの購入者は2,738人、購入金額は7億7,000万円に留まり、開発資金の面で苦戦を強いられたようです。資金面に加えて、「ときメモ3」でヒロインたちの表現に、当時としては新しいトゥーンレンダリングによる3Dモデルを用いるといった技術的な冒険を行ったこともあって、売上は当初予定より少なくなりました(193,500本)。もう1つの「Girl's Side」は逆に想定以上に好調で(157,400本)、トータルすると収支はほぼトントン(10,000円出資で10,088円の償還)となりました。

コナミはゲームファンドを資金調達方法として定着させるために、ファンド第1弾にヒットシリーズである「ときめきメモリアル」を採用したと思われますが、市場に「ときメモファンドでも厳しいのだから、他のゲームのファンドはもっと厳しい可能性がある」という印象を与えてしまったのは否めません。

また、ゲーム産業がこれまで自己金融でまかなわれてきたため、ファンドを組もうとすること自体が「売れ行きに自信がない」ものと見なされてしまう、という問題もあります。

第3章
ゲームとゲーム産業の歴史

小山友介

この章の概要

　ゲーム産業の歴史をひもとくと、初のアーケードゲームはComputer Space（1972年）とか、それ以前にも1958年に物理学者のヒギンボーザムがオシロスコープでテニスが遊べるデモを行ったとか、博物館級の出来事はいくつもあります。ページ数の問題もありますので、本章では、現在の日本のゲーム産業に直接影響を及ぼしている範囲を中心に記述します。

　ゲーム産業を時代で分けるときは、コンシューマーゲーム機で分けるのが便利です。消費者が数年ごとに次世代機を買ってくれるため、時代区分が明確になるからです。アーケードゲームは、消費者に本体を買ってもらうという敷居がないため新しいゲームが出るたびに基板（筐体の中に入っているコンピュータ部分のこと）はどんどん代替わりしてしまい、時代区分に用いるには不向きです。PCは逆に互換性のために推奨スペックが「PC-98VM以降」で約10年固定されてしまったため、これも時代区分に使えません。

　コンシューマーゲーム機という商品ジャンルを確立させたファミリーコンピュータを第1世代、それ以前を黎明期として時代区分を整理します。ここに記した歴史は本当に最小限だけで、携帯ゲーム機は扱っていません。また据置機も主要な機種のみを扱っています。それ以外のものについては、いくつか参考文献を挙げておきますので、関心がある方はそちらを参照してください。

3.1
コンシューマーゲーム産業の歴史

黎明期：Atari VCSの時代

　ラルフ・ベアがマグナボックス社から世界初のテレビゲーム、**オデッセイ**（Odyssey）を発売したのは1972年で、これはアーケードゲームのPONG（1974年）より先立っています。しかし、オデッセイは商業的には失敗でした。最初期のコンピュータゲームはゲームのロジックをハードウェアで直接実装していました。そのため、コンシューマーゲーム機には1つのハードで遊べるゲームが1タイトルの専用機や、遊ぶゲームをスイッチで切り替える（切り替えるといっても、内容にそれほど差があるわけではありません）タイプのゲーム機がいくつか発売されました。日本で発売された初のコンシューマーゲーム機は1975年にエポック社が発売した**テレビテニス**で、テニスゲーム専用マシンでした。任天堂は、スイッチで遊ぶゲームが変更できる**テレビゲーム6**、**テレビゲーム15**を1977年に発売しています。

　ROMカートリッジ型のコンシューマーゲーム機として世界で初めて大ヒットしたのが、米国でアタリ社が1977年に発売した**Atari VCS**（Atari Video Computing System）です。Atari VCSには「スペースインベーダー」や「パックマン」などアーケードから多くのタイトルが移植され（といっても、ハードウェア能力が圧倒的に低いため、移植の水準は今で言うところの「劣化移植」です）、セールスポイントの1つとなりました。また、多数のサードパーティが参入し、一時は市場が大いに盛り上がりましたが、1982年から1984年にかけて市場が30分の1に急激に収縮しました（アタリショック）。一度ほぼ消滅したコンシューマーゲーム機市場にアタリと入れ替わる形で参入して売上を伸ばしたのが、1985年に発売された任天堂の**NES**（Nintendo Entertainment System、米国版ファミリーコンピュータ）でした。1985年から最近に至るまで、日本企業がゲーム産業のキープレイヤーの大半を占めるようになります。

第1世代：ファミリーコンピュータ vs その他陣営の時代

　日本では、1983年に任天堂から発売された**ファミリーコンピュータ**（ファミコン）によってコンシューマーゲームが市場として確立しました。それ以前のハードについてはここでは詳しくは書きませんが、ファミコン以前に発売されたROMカートリッジ型のゲーム機が8種類もあり、ファミコンはいわば最後発でした。

当時はまだコンシューマーゲーム市場が確立しておらず、ゲーム専用機とゲーム用の安価なパソコンが混在した状態での競争でした。そういった環境の中で、任天堂が当初予定していた本体仕様は次のようなものでした（高野、1995）。

① 本体にはキーボードを付けない
② パソコンイメージから抜け出す
③ ゲーム専用機であるがオモチャ臭を除く
④ コントローラーは2人用で、できれば本体への収容を考慮する
⑤ ROMカセットの寸法はアナログカセットテープの大きさとほぼ同一とする
⑥ 本体には、ROMカセット用コネクタ、電源スイッチおよびコントローラコネクタ、ACアダプタジャック
⑦ コントローラーには、ジョイスティックレバーと2個の決定ボタン、スタートボタン、ポーズボタン

この仕様は、コントローラーがジョイスティックから十字キーに変わったことを除くと、ほぼそのまま実現しています。開発当初から明確なビジョンがあったことが伺えます。

ファミコンが、多数の技術規格が乱立した激烈な競争を勝ち抜けた理由は、ライバル機より圧倒的な低価格・高性能だったことに尽きます。当時発売されていたコンシューマーゲーム機の中で、少し前のアーケードゲームがそのまま移植できるゲーム機はありませんでした。ファミコンは、1981年にアーケードでヒットした「ドンキーコング」が非常に高い水準で移植できました。違いはROMカートリッジの容量不足から1ステージ削られたことと、画面がアーケードの縦長から家庭のTVの横長に変わったことくらいでした。当時のアーケードゲームを同じ水準で移植できたゲーム機は他にありませんでした。また、他のゲーム機が5万円台の価格だったところに、14,800円という衝撃的な価格で発売されたことで一気にマーケットシェアを獲得しました。

ファミコンはマーケットで大きなシェアを獲得しましたが、ハードウェアが爆発的に売れ始めたのは1985年に入ってからです（図3.1）。発売から少し間を置いての大ブームは最近ではニンテンドーDSでも起きています。斬新なコンセプトの商品が一般に受け入れられるときによく起こる現象です。

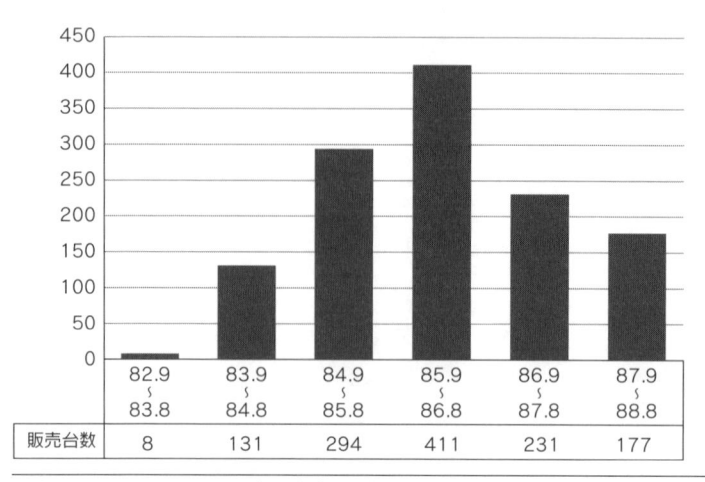

期間	82.9〜83.8	83.9〜84.8	84.9〜85.8	85.9〜86.8	86.9〜87.8	87.9〜88.8
販売台数	8	131	294	411	231	177

図3.1　ファミコンの販売台数推移（単位：万台）

当時の任天堂の決算期別推移、出典：平林、1997

　ファミコンの大ヒットで、コンシューマーゲーム機を作っていた企業の多くは撤退しました。そういった中で市場に残った数少ない企業がセガでした。セガはゲーム用パソコン（SC-3000）をゲーム専用機にした廉価版 **SG-1000** を、ファミコンと同年である1983年に15,000円とファミコンと競合できる価格で発売しました。スプライトに使える色が1色のみなど、性能的にはファミコンと比べると圧倒的に低いこともあり、市場ではかなり苦戦したようです。しかし、安価な価格もあってか、それなりの市場を確保しました。1985年には弱点であるグラフィックス機能を強化した上位互換機である **セガ・マークIII**、1987年にはマークIIIにFM音源を内蔵した **セガ・マスターシステム** を発売しましたが、ファミコンの圧倒的優位という市場の流れを変えるまでには至りませんでした。

　ファミコンが大ヒットした理由の1つが、サードパーティとして多数の企業が参入したことです。任天堂だけがゲームを供給していたら絶対に生まれてしまう、ゲームジャンルのラインナップや面白さの偏りを、サードパーティのゲームによってなくすことができたのです。ナムコが発売した「ゼビウス（1984）」はアーケードで遊び込んでいた人たちをファミコンへと誘導しましたし、「スターフォース（1985）」や「スターソルジャー（1986）」を用いたハドソンの夏休みキャラバンは高橋名人という小学生のスターを生み出しました。エニックスの「ポートピア連続殺人事件（1985）」と「ドラゴンクエスト（1986）」は、PCのみで遊ばれていたアドベンチャーゲームとロールプ

レイングゲームがファミコンでもできることを示し、アクションが苦手な年長者がファミコンで遊ぶ呼び水となりました。本体の普及だけでなく、サードパーティの成功は、任天堂に莫大なライセンス料をもたらしました。

　任天堂のライバルであったセガのハードでは、サードパーティ製のタイトルがほとんど発売されませんでした。そのため、ゲーム業界では「ハードウェア競争に勝つためには、優秀なサードパーティが集まることが必須」と言われるようになります。

第2世代：スーパーファミコン、メガドライブ、PCエンジンの時代

　コンシューマーゲームが市場として確立したこともあり、1980年代後半になると、ファミコンの「次」を狙う動きが活発となります。MSXやPC-8801などのホビー用のいくつかのパソコンを除いて、コンピュータの主流は16ビットCPUマシンに移っており、コンシューマーゲーム機にも16ビットCPUを採用したマシンが登場します。

　第2世代のマシンで一番早く発売されたのは**PCエンジン**で、1987年のことです。PCエンジンはハドソンが開発、NECホームエレクトロニクスが販売した異色のハードで、白い正方形のコンパクトなハードウェアが印象的でした。本体発売の翌年に発売された「R-TYPE I, II」は、まだゲームセンターで稼働していたシューティングゲームを移植したもので非常に再現性が高く、人々はその性能の高さに驚かされました。ゲーム産業史から見たときにPCエンジンで重要な点は2つです。

① 周辺機器としてCD-ROMをゲーム機で初めて発売し、事実上の標準機器となったこと
② 当時はPCでもマイナーだった美少女ゲームが数多く移植されたこと

　この2つは現在のゲーム産業にまでつながる大きな流れとなっています。最終的にはPCエンジンは後発のメガドライブとスーパーファミコンに抜かれ、3位のハードとなりましたが、他のゲーム機にない個性的なゲームラインナップは今でも人気が高いです。

　第2世代機で2番目に登場したのがセガの**メガドライブ**で、1988年に発売されています。メガドライブはCPUにアーケードゲームの主流だったMC68000を搭載しており、アーケードゲームからの移植やアクションゲームで多くの名作を生み出しましたが、当時の花形ジャンルであるRPGのタイトルが少ないのが響いたのか、日

本市場では第2位で終わりました。米国では **GENESIS** の名で発売され、僅差ですが任天堂の **SNES**（Super Nintendo Entertainment System、米国版スーパーファミコン）を抑えて1位となっています（資料によって55%と45%、46%と45%と差はありますが、GENESIS が SNES より少しシェアが高かったのは間違いないようです）。また、メガドライブにはマーク III のゲームが遊べるようになるメガアダプター、CD-ROM を追加する MEGA-CD、次世代機相当の性能が出せるようになる Super32X といった、前世代機から次世代機へのつなぎまでこなせる、数多くの周辺機器が発売されましたが、売上はふるいませんでした。

　結局、第2世代で最も売れたハードウェアは、1990年と最後発で発売された任天堂の **スーパーファミコン** でした。スーパーファミコンの最大の特徴は次の2点です。

① 　画像の拡大・縮小・回転をハードウェアがサポート
② 　これまでのAボタンとBボタンに加え、X、Y、L、Rの4ボタンを加えた6ボタンのコントローラー

　特に、コントローラーの上側面に設置された L ボタンと R ボタンは当時としては非常に奇抜なもので、予想以上に使いやすいことも含めて人々は驚きました。PC エンジンとメガドライブが絵はきれいになったものの、そこで遊べるゲームは既存のゲームの延長線でしかなかったのに対して、スーパーファミコンにあるこの2つの特徴は他のハードでは真似のできない斬新なゲームを生み出しました。

　スーパーファミコンでは CD-ROM は発売されませんでしたが、実は任天堂はソニーと CD-ROM ドライブを共同開発していました。しかし、製品の発表直前に任天堂が一方的に発売をとりやめたのです。ソニー側はメンツをつぶされた形となり、次世代機でのゲーム機市場への参入を決意します。このときソニーから発売される予定だった CD-ROM 搭載の一体型スーパーファミコンの開発コードネームが、「プレイステーション」でした。

第3世代：PlayStation、サターン、NINTENDO64の3大ハード時代

　第3世代のゲーム機が登場する直前である1990年代前半は、経済は「マルチメディア」ブームに沸いていました。コンピュータの性能が上昇し、音楽や映像を自在に操れることになった結果、これまでにない巨大な市場が誕生すると経済マスコ

ミがかき立てたのです。コンピュータを用いて音楽と映像を操っていたゲーム産業は、その分野の先駆者として注目を集めるようになりました。そういった中での新ハード登場なので、社会の注目はなおさら高まりました。そういった環境の元で、第3世代のゲーム機は発売されました。

第3世代の3つのハードである**サターン**、**PlayStation**、**NINTENDO64**（発売日順）はそれぞれに個性的で、ハードの特徴を生かしたゲームが多数生まれました。提供メディアもNINTENDO64を除いてROMカートリッジからCD-ROMに変更されたことで、ソフト1本あたりの価格はスーパーファミコン末期には1万円を超えていたのが、5,800円へと劇的に低下しました。ソフト1本あたりの価格が低下した影響を受け、ゲームの売上本数は増加し、1996〜1997年に市場規模は頂点を迎えます。このとき、製造原価は大きく下がりましたが、ゲーム会社が得るゲームソフト1本あたりの収入はほぼ同じでした。開発費が今ほど高騰していないこともあり、ゲーム会社は大きな利益を得ていました。日本経済がバブルの絶頂期だったこととも重なり、日本ゲーム産業の絶頂期がここにあったことは間違いありません。

第3世代からのゲーム産業は、ゲーム技術の面でも、ビジネスのあり方の面でも激変しました。激変の内容は、大きく次の4つです。

① 新技術である3Dへの適応
② 完全に新設計となるハードウェアアーキテクチャへの適応
③ 既存ゲームと2桁違う容量を有効に使ったゲームの開発
④ 株式上場ブームと株主からのプレッシャーの増大

第3世代のゲーム産業は絶頂期だったため、これら一連の変化の負担はさほど大きく感じられませんでした。それが、第4世代、第5世代と進むにつれてどんどんと厳しくなっていきます。

余談ですが、第3世代のゲーム機の本命であるサターン（セガ）とPlayStation（ソニー）は1994年11月22日、12月3日と発売日も接近したライバルで、発売から約1年半の間、本体普及台数ではゲーム産業史でもまれなデッドヒートを繰り広げます（普及台数100万台を先に達成したのはサターンでした）。このデッドヒートがPlayStation有利へと動いた引き金となったのは、1996年2月にスクウェア（当時）が「ファイナルファンタジー」シリーズの最新作をPlayStationで発売する、と発表し

たことにあると言われています。しかし、新宅他（2003）の分析では、「両者のハードの売上に差が見え始めたのはスクウェアの発表から2ヶ月後の1996年4月からだが、統計的には明確な影響は見られない」と影響には否定的です。

第4世代：ドリームキャスト、PlayStation 2 、GameCube、Xboxの時代

　故・横井軍平の「枯れた技術の水平思考」という有名な言葉がありますが、それまでのゲーム産業は他の分野で減価償却が十分進んだ、安くて枯れた技術を採用する傾向がありました。それが、前世代のPlayStationのころから、コンピュータ産業の高性能化を牽引する役割をゲームに期待されるようになりました。PCのグラフィックボードの競争を牽引したのもゲームでした。その流れを決定づけたのが、ソニーの**PlayStation 2**でした。

　当時の決算でゲーム部門が稼ぎ頭となるほどの大成功を収めたソニーは、次世代機であるPlayStation 2ではPlayStation以上に積極的な技術開発を行いました。独自アーキテクチャのCPU（Emotion Engine、以下EE）とGPU（Graphic Synthesizer、以下GS）を東芝と合弁で開発するとともに、当時はまだ普及の途中段階だったDVDドライブを搭載して売り出したのです。コンピュータとしてのPlayStation 2の性能は非常に高く、発売当初は一般に販売されているどのPCよりも高性能だったほどです。PlayStation 2は発売日から1週間で100万台以上を販売しました。この世代のゲーム機としてはセガの**ドリームキャスト**がすでに発売されていましたが、新しく開発したPowerVR系のグラフィックチップの歩留まりが伸び悩んだこともあり、本体発売直後に販売台数を伸ばせませんでした。そのため、早い段階でPlayStation 2に抜かれてしまいます。最終的に、セガはハードウェア事業からの撤退を表明し、ドリームキャストが最後のハードとなりました。また、任天堂が後継機**GameCube**を、マイクロソフトが、DirectX環境で動作しPCゲームの移植が容易な**Xbox**を発売しますが、いずれも普及の面で伸び悩みます。結果的に、この世代はPlayStation 2の「1人勝ち」状態となりました。

　第4世代以降の特徴は、ゲームがAV機器やPCと深く関係するようになったことです。ゲーム機はPCや家電と比べたとき生産台数が2桁以上違うので、ヒットしたゲーム機で用いられた半導体は製造原価が下がり、他の分野への売り込みが容易となります（第3世代では、セガがサターンで用いた日立のSH-2が、後にデジタル

カメラ用CPUとして一般化した、という例があります）。

　PlayStation 2の大ヒットは普及が伸び悩んでいたDVDを一気に普及させましたし、その後、ソニーはEEとGSを用いたデジタル家電（ビデオレコーダー）であるPSXを製造しています。PSXと同時期に開発していたビデオレコーダーである「スゴ録」のほうが大ヒットしてしまったこともあり、PSXは微妙なポジションとなってしまいましたが、「ゲーム機の普及で一気に減価償却させ、その半導体をデジタル家電に利用する」という構想は次世代のPlayStation 3へと引き継がれました。

第5世代（現在）：Wii、PlayStation 3、Xbox 360 ……　よりはDSとPSPの時代？

　第5世代機はまだ激烈な競争が続いているため、断定的なことはあまり書けません。発売当時の背景と現状だけを書いておきます。

　この世代のゲーム機が開発されるころに話題となっていたのは、画像のHD（High Definition）化とHDに対応した次世代ビデオディスクであるBlu-ray Disc（BD）とHD DVDの規格化競争でした。ソニーはここでも積極策に出ており、**PlayStation 3**をフルHDに対応したゲーム機とするだけでなく、BDドライブを搭載することを決定します。また、メインCPUであるCELLをIBMと合弁で開発することを決定します。今回は、完全に独自のアーキテクチャではなく、IBMが開発しているPowerPCのコアに8個のSPE（synergistic processing unit）を集積する形で設計されました。

　一方、マイクロソフトが発売した**Xbox 360**もHDに対応しましたが、ソニーよりも先行発売することにこだわったため、次世代DVD規格が固まる前の発売となりました。そのため、ドライブにはDVDを採用し、後にHD DVDドライブが周辺機器として発売されました。

　BDとHD DVDのゲーム機による代理戦争は、HD DVDを提唱する東芝が早々にプロジェクトの中止を発表したため、あっけなく終了しました。次世代ビデオディスクはBDで確定し、BDを搭載していないXbox 360はHD画質の画面表示とDVDの容量のアンバランスに苦しむことになります。

　最後発で発売された**Wii**は、ゲームの大規模化・複雑化（出口・田中・小山（2009）の表現では「ハリウッド化」）をストップさせるべく、まったく別の発想で設計されたハードでした。まだHDに対応した大型TVが家庭に普及していないので画

質はSD（Standard Definition、標準画質）で十分とし、半導体技術をハードの小型化と省電力化につぎ込みました。また、ゲームが複雑化したことでゲームから離れた顧客を呼び戻すべく、コントローラーをTVのリモコン型としました。コントローラーには加速度センサーが内蔵され、振り回すとか揺らすなど、さまざまな使い方ができるようになっています。スーパーファミコンの時代に6ボタンのコントローラーを開発したり、NINTENDO64でアナログスティックと振動パックを搭載したりと、任天堂はゲームのインターフェイスにこだわりを持っています。Wiiでも、画面を綺麗にさせる方向でなく、インターフェイスの変化による新しい面白さの追求を選択した形です。

　3つのハードウェアの競争は、現状では日本／世界ともにWiiが最も普及していますが、任天堂以外の企業がリモコン型コントローラーをうまく使いこなせていないのが現状です。また、一般家庭にHD画質の大型TVが普及してきたこともあり、今後はPS3とXbox 360の巻き返しがあるかもしれません。

　いろいろと書きましたが、現世代機で最も売れているハードは**ニンテンドーDS**で、次が**PlayStationポータブル**（PSP）です。日本で一番人口が多い世代が30代半ばの働き盛りということもあり、家のTVの前で何時間も座っている必要がある据置ハードより、どこでも遊べる携帯型ハードに需要がシフトしています。現在では、ソフト・ハードともに過半数の需要を携帯型ゲーム機が占めています。海外（特に米国）では20歳前後に人口のピークがあり、この世代は据置型ゲーム機でじっくり遊ぶ時間があるので、まだ据置型ゲーム機が優勢です。いずれにせよ、日本に関して言う限り、この世代は、「据置型ハード間の競争よりも、携帯型ハードとの間の競争に敗れた」という表現が正確でしょう。

3.2
ゲームジャンルの歴史

　第1部の最後として、ゲームそのものの歴史を書いておきます。筆者の力量不足と紙数の関係から、すべてを書ききるのは不可能ですが、日本に特有のジャンルであるノベル型アドベンチャーとRPGについて、やや詳細に記してあります。

ゲームの祖先：ピンボールとエレメカ

　今のゲームの祖先にあたるものとして、ピンボールやエレメカがあります。

　ピンボールは傾斜した台に打ち出された玉が台から落ちないように上手にフリッパーで玉を打ち返し、さまざまな障害物やターゲットにぶつけることで得点が得られます。スタート時に用意された玉に加えて、ミスしたときに再チャレンジするための玉が2つあるのが普通です。これが、アクションゲームなどで残機の初期設定が2機であることにつながっています。

　エレメカは、ゲーム以外でコインを入れて遊ぶ機械全般の呼称です。モグラたたきやエアホッケーなど、ゲームが誕生する以前から存在するエレメカもあります。現在のエレメカの代表的なジャンルとしては、メダルゲーム、クレーンゲーム、シール写真（プリクラ）があります。エレメカはプログラミングするだけでなく、実際に動く機械を設計するノウハウが必要ですし、実際に製作する工場も必要なため、製作している会社は限られます。

　ナムコやセガ、タイトーといったアーケードゲームの老舗企業は、ゲームセンターがビデオゲーム場となる以前から存在するエレメカの製造と販売を行ってきました。こういったノウハウは、古くは「スペースハリアー」や「アウトラン」（ともにセガ）、最近だと「機動戦士ガンダム 戦場の絆」（バンダイナムコゲームス）などの体感ゲームと呼ばれる大型筐体ゲームに生かされています。また、「ダンスダンスレボリューション」シリーズや「ビートマニア」シリーズ（ともにコナミ）、「太鼓の達人」シリーズなどの音楽ゲームは、普通のゲームと比べると大規模な装置を必要とするため、エレメカの開発ノウハウがある会社ならではの作品と言えるでしょう。

ボードゲームとTRPG

　ゲームの祖先としてもう1つ外せないのは、いわゆる「非電源系」のゲームたちです。囲碁や将棋、双六といったおなじみのものから、戦争シミュレーションゲームまで、AIを対戦相手とする形でそのままコンピュータゲーム化されるだけでなく、その後のゲーム開発でもアイデアの源流となり続けています。特に麻雀、囲碁、将棋といった定番ゲームは、1980年代前半というかなり早い段階からコンピュータゲーム化されているだけでなく、AI（人工知能）研究の分野で、多くの研究者が思考ルーチンの研究対象としています。

　また、ゲーム中の複雑な計算をすべてコンピュータに行わせることができるので、「いただきストリート」シリーズのようにモノポリーに株の要素を加え、コンピュータゲーム独自の面白さを加えた作品も生み出されています。

　現在に大きな影響を与えている非電源系ゲームと言えば、**TRPG**（テーブルトークRPG）でしょう。現在でも出版されているリプレイを読めばわかるように、TRPGではゲームマスターとプレイヤーたちが共同して、さながら即興詩のように冒険物語を進めてゆきます。ヒューマンやエルフ、ドワーフといった種族、ファイター、メイジ、プリーストといったRPGでおなじみの職業は、TRPG、さらに言えば『指輪物語』などのファンタジー小説が元祖です。

　TRPGのすべての要素をそのままコンピュータゲーム化させることは難しく、謎解きと物語性を強調したゲームとしてアドベンチャーゲーム、戦闘と冒険を強調したゲームとしてRPG、と分割された形でコンピュータゲームに採り入れられて発達していきました。

シミュレーションゲーム

　もともとシミュレーションとは、あるシステムの挙動を別のシステムで再現することです。**シミュレーションゲーム**は、コンピュータ上である状況を再現して遊ぶゲーム全般を指します。**シリアスゲーム**と呼ばれる、教育や訓練を目的としたゲームもシミュレーションゲームの一種です。

　ジャンルとその代表作としては、古くは軍隊の作戦机上演習を源流に持つ戦争シミュレーション（「信長の野望」「三国志」「大戦略」各シリーズ）、大学のMBA講座などでも用いられることのある経営シミュレーション（「Sim」シリーズ）、電車や飛行機などの実機シミュレーションゲーム（「電車でGo!」シリーズ、「マイクロソフト・

フライトシミュレータ」シリーズ)、などがあります。「nintendogs」などのデジタルペット系もシミュレーションゲームの一種と言っていいでしょう。ボードゲームの時代からシステムとして完成していたこともあり、長い歴史は持ちますが、シミュレーションゲームの歴史中にあまり大きな転換点はありません。

　現在の日本のシミュレーションゲームは、実機系を除くと、ターン制を採用しているゲームが多いのですが、海外では**RTS**(リアルタイムストラテジー)と呼ばれる、アクション性が加味され、自分が行動を選択しているときも周囲の状況が刻々と変化しているゲームが主流です。日本ではRTSという用語が生まれる前に「ロード・モナーク」シリーズ(日本ファルコム)や「半熟英雄」シリーズ(スクウェア)など、RTSの先駆けとも言えるゲームがヒットしましたが、最近はあまりヒット作が生まれていないようです。

アドベンチャーゲーム

黎明期から停滞まで

　アドベンチャーゲームは画面の素早い描き換えが不要で、高解像度の綺麗な静止画がセールスポイントとなることから、PCで発達してきたジャンルです。

　最初期のアドベンチャーゲームでは、プレイヤーはゲーム内で行動したい内容を、簡単な単語を使って入力してやる必要がありました。入力する単語は英単語の場合もあれば、簡単な日本語のこともあります。たとえば床に落ちているメモを拾う場合だと、「take memo」とか「ヒロウ メモ」と入力します。ゲームプログラムが把握していない単語を用いた場合、「ワカリマセン」とか「ソレハデキマセン」と返されます。単純な単語だけならいいですが、場面によってはあまり使わない単語を要求されることもあり(接近するために「approach」を使う、モノを嵌め込むのに「attach」を使うなど)、その単語探しがゲームの面白さの1つとなっているとともに、「ハマリ」の原因ともなっていました。このごろのヒット作には「ミステリーハウス」(マイクロキャビン)、「スターアーサー伝説」3部作(T&Eソフト)、「デゼニランド」「サラダの国のトマト姫」(ハドソン)などがあります。

　画面上に表示させたコマンドを選択することでゲームを進むようにし、アドベンチャーゲームを「物語を楽しむ」方向に変更させるきっかけとなったのは、堀井雄二がシナリオを担当した「オホーツクに消ゆ」(ログインソフト)でした。以後、アドベンチャーゲームではコマンド選択式が定着します。言葉探しという理不尽がなくなっ

たことと、綺麗な静止画の魅力が相まって、アドベンチャーゲームは1980年代後半に絶頂期を迎え、「ジーザス」「アンジェラス」（ともにエニックス）、「道化師殺人事件」（シンキングラビット）など、名作が多数生まれました。

しかし、「コマンドを全部選んでいけば簡単にエンディングまで行ける」ことから、ゲームのプレイ時間が不足することが問題となりました。謎解きや探検といった要素はRPGと共通していることもあって、ユーザーはじっくり遊べるRPGに流れてしまいました。そのため、1990年代に入ると、アドベンチャーゲームの発売タイトルは減少し、静止画そのものが売りとなる美少女系を除くと、探偵ものくらいしか発売されない状況は現在まで続いています。

ノベルゲーム

旧来の形式のアドベンチャーゲームは停滞したままですが、**ノベルゲーム**は、より長編のシナリオを「読ませる」メディアとして復活します。ゲームのインタラクティブ性を生かし、複数の結末を持つ（マルチエンディングな）小説、とも言える作品が生み出されるようになりました。

小説的なアドベンチャーを最初に手がけたのはPCゲームメーカーのシステムサコムで、ノベルウェアシリーズと題して、長編小説をアドベンチャーゲームとして発売しました。ノベルウェア第1作の「DOME」は夏樹静子の原作小説をゲーム化したものでしたが、その後は「ソフトでハードな物語」「38万年の虚空」といったオリジナルシナリオの作品でシリーズ化していきます。ノベルウェアはグラフィックスやテキストをマルチウィンドウ形式で表示しており、旧来型のアドベンチャーゲームに長編のシナリオを載せた形式でした。

画面全体に表示されたグラフィックス画面に被さる形でテキストが表示される**サウンドノベル**は、コンシューマーゲームとして発売された「弟切草」「かまいたちの夜」（ともにチュンソフト）を始祖として広まりました。画面の一部のウィンドウのみに表示していた従来型のアドベンチャーゲームと比較したとき、画面内に表示される文字数が多いため、長編のシナリオを読ませるのに適しています。同手法は「雫」「痕」（ともにLeaf）といったPC美少女ゲームで採用された結果、PCゲームで一般的な手法となり、現在の美少女ゲームの大半はサウンドノベルになっています。

RPG

WizardryとUltima

　日本でRPGが定着する以前から、米国で2大RPGとして熱狂的なファンの支持を集めていたのがWizardry（ウィザードリー）とUltima（ウルティマ）の2シリーズです。両方ともシリーズ第1作のプラットフォームは、当時のアメリカ家庭に一番普及していたPCであるAPPLE IIです。

　Wizardryは3Dダンジョン形式の元祖で、日本の多くのRPGで採用されているコマンド入力式のターン型戦闘システムはこれを元にしています。種族や職業はTRPGでおなじみのものに加えて、制作者の洒落っ気でサムライとニンジャが加わっています。日本でもRPGで「東洋の異国から放浪してきた者」として、中世ファンタジー世界にサムライやニンジャが頻繁に登場するのは、ここに影響を受けています。システム面での充実ぶりに比べるとシナリオ面はかなり単純で、キャラクターを育成してダンジョンを巡り、強い敵を倒すことにゲームの重心が置かれています。

　一方のUltimaは、2DフィールドRPGの元祖とされています。広大な世界をプレイヤーが歩き回れるのが魅力的です。Ultimaではフィールドは2Dですが、世界のあちこちにあるダンジョンは一転して3Dに変わります。戦闘システムはシリーズによって変化しますが（Wizardryと同じ形式はありません）、Ultima 3ではタクティカルバトルと呼ばれる、フィールド画面を敵味方のキャラクターが移動して戦う現在のSRPGとよく似たシステムが採用されています。Ultima 4で行われた、ゲーム開始時にタロットカードによる性格決定を行う演出は、さまざまに形式を変えて日本のRPGにも取り入れられています。

日本でのRPG受容（1）── ARPG

　日本にRPGが紹介されたのは1980年代前半です。一部の熱狂的なファンは、当時は秋葉原の一部ショップくらいしか扱っていなかったWizardryやUltimaを手に入れ、APPLE IIで遊んでいました。しかし、「覚えることが多すぎてややこしそう」「好きにしていいと言われても何をしていいのかわからない」と、一般ユーザーは尻込みしていました。

　そこで、すでになじみのあるアクションゲームに「新しい装備を手に入れることで強くなる」「敵を倒すと経験値が入り、閾値を超えるとレベルアップする」「さまざまなアイテムを駆使して冒険する」といったRPGのシステム面での特徴を取り入れた作

品が作られました。

アクションゲームに最も早くRPG的要素を取り込んだ作品に、アーケードゲームの「ドルアーガの塔」(ナムコ、1984年)があります。ドルアーガの塔では、主人公ギルが最上階である60階に囚われた巫女カイを救うために塔の各フロアをクリアしていきますが、各階に隠された宝箱からアイテムを手に入れてパワーアップしていかないと、59階に待ち受けるドルアーガを倒せないようになっています。各階の宝箱の出し方は特定の色のスライムを倒すとか、画面内の所定の場所を通るとかさまざまで、プレイヤーたちはその謎解きに没頭しました。

PCでは1984年に「ハイドライド」(T&Eソフト)が発売され、アクションゲームに経験値によるレベルアップ要素とアイテムを用いた謎解き要素を加えた、**ARPG**(アクションRPG)のゲームスタイルを確立させました。ハイドライドでは、プレイヤーはフィールドを自由に動き回れますが、場所に入るために必要なアイテムや配置された敵の強さの分布などによって、プレイヤーが次にどこに行けばいいのか、何をすればいいのかがわかるようになっています。これは「何をしていいのかわからない」状況に陥りやすいことを避けた工夫で、日本におけるRPGの基本的な様式は、ここでほぼ完成しています。

ARPGには他にも、敵を倒して強くなり、巨大なボス敵を倒す楽しさを追求した「XANADU」(日本ファルコム、1985年)や、理不尽な謎を廃して誰でもクリアできることを目指した「イース」(日本ファルコム、1987年)など、多彩な作品がPCで展開されます。特に「イース」では登場人物のキャラクター性が強調され、ヒロインの1枚絵も登場するなど、後にJRPGと呼ばれる日本的RPGにある要素をほとんど持ち合わせています。

一方、コンシューマーのARPGの始祖となったのが「ゼルダの伝説」(任天堂、1986年)です。ゼルダの伝説では経験値によるレベルアップではなく、地下迷宮のボス敵を倒したときに手に入る大きなハートを取ることで体力がアップする仕組みを採用しています。

日本でのRPG受容(2)──JRPGの誕生

その後、国産PC向けにいくつかRPGが発売されるようになります。1980年代にPCで発売されたRPGには「ザ・ブラックオニキス」(BPS)や「夢幻の心臓」(クリスタルソフト)などのヒット作もありましたが、全体として見ると、まだ一部の熱狂的なフ

ァンだけが遊ぶゲームジャンルでした。

　ファミコンでの「ドラゴンクエスト（DQ）」（1986年、エニックス）の発売を1つのきっかけとして、一般のプレイヤーにRPGが定着します。ドラゴンクエストは2Dフィールドを冒険するスタイルをUltimaから（地下迷宮も2Dで表現）、コマンド入力式のターン制バトルをWizardryからと、当時のアメリカの2大RPGから人々が親しみやすい部分を上手く抽出してゲームシステムに取り入れました。結果として、DQのシステムが日本で発売されるRPGの事実上の標準システムとなりました。

　DQシリーズは、システム面では日本のRPGの標準となりましたが、ゲームの進め方や演出面では逆に独自性（もしくは保守性）が際立っています。DQシリーズの演出は、「自分が主人公になりきって想像する」ことを重視します。そのため、最近の作品でも主人公が具体的なセリフを話すことはありません。他のRPGと比べると、仲間キャラクターとの関わり合いも弱いです。プレイヤーがいろいろな試行錯誤を楽しめるようにゲームの進め方にある程度自由度がある点（ストーリーの要所を超えるためにいくつかのアイテムを集める必要があるが、集める順番は自由）も含めて、当時の米国のRPGの雰囲気をそのまま引き継いでいます。

　DQ以外の最近のRPGではストーリー性とキャラクター性が重視され、多くの場合それを生かす演出がなされています。ストーリー性を重視するため、プレイヤーが次に進める場所が限定されたほぼ1本道の形式であることも珍しくありません。主人公も含めた全キャラクターが音声つきでよくしゃべり、ステータス画面ではアニメ風の絵でキャラクターの全体像が描かれます。ストーリーの要所では美麗なビジュアルシーンが入ります。ストーリー中では仲間キャラクターの隠された過去や意外な因縁が明らかになったりします。主人公とヒロインの恋愛も重要な要素です。プレイヤーは主人公を経由してゲーム世界の出来事に介入し、変化を鑑賞します。このような「主人公を含むキャラクターたちの群像劇」を描く、さながらアニメ映画の世界をゲームとして旅しているようなタイプのRPGは、海外では**JRPG**（Japanese RPG）と呼ばれています。

　JRPG的な表現は、DQ後に乱立したRPGの中でゲーム開発者たちが他のRPGと差別化を図ろうとした中で生まれてきました。その中で頭1つ抜け出し、大ヒットシリーズとなったのが2大RPGのもう一方である「ファイナルファンタジー（FF）」シリーズです。FF2では冒頭のイベントで一緒に旅する仲間の1人が行方不明になるという劇的なシーンで始まりますし、FF7ではヒロインが亡くなるシーンがビジュア

ルシーンで表現されます。FF8では、中国の歌手フェイ・ウォンによる主題歌「Eyes On Me」が話題となりました。FF以外の現役シリーズとしては、「テイルズ」シリーズ（バンダイナムコゲームス）や「女神転生」「ペルソナ」シリーズ（アトラス）などがあります。

その他：SRPGとローグタイプRPG

ここまでの議論で出てきていないRPGに関連したゲームとして、SRPGとローグタイプRPGがあります。

SRPG（シミュレーションRPG）はキャンペーン型の戦争シミュレーションゲームであるとともに、キャラクター同士の群像劇を描くJRPGの強い影響の元で成立したジャンルです。個々に名前を持つキャラクターが敵にダメージを与えることで経験値を溜め、レベルアップやクラスチェンジするシステムは、SRPGの元祖である「ファイアーエムブレム」（任天堂、1990年）でほぼ完成しています。ファイアーエムブレム以外の有名なシリーズとしては、「スーパーロボット大戦」シリーズ（バンダイナムコゲームス）や「ディスガイア」シリーズ（日本一ソフトウェア）が挙げられます。

ローグタイプRPGは、もともとはUNIX上で遊ばれていたゲームが元になって発展したジャンルです。プレイヤーは1人で地下迷宮に潜り、敵の攻撃やさまざまな仕掛けをかいくぐって一番奥にあるターゲットを取って地上までを目指します。迷宮の内部構造はプレイヤーが新しく迷宮に入るたびにランダムに構築されます。プレイヤーのレベルも1に戻るので、プレイヤーは毎回、新しい局面での判断力を試されます。現役シリーズとしては「不思議のダンジョン」シリーズ（チュンソフト）が有名です。

アクションゲーム

アクションゲームは、近年あまり元気がないジャンルの1つです。アクションゲームの基本は昔のアーケードゲームによくあった「1コインで自機を3機与えられてハイスコアを目指す」タイプでしたが、そもそもスコア表示があるゲームが減っています。ARPGやRTSのように、正確かつ素早い操作が求められるアクション性は数多くのゲームジャンルに採り入れられていますが、純粋なアクションゲームそのものは減少しているのが現状です。

もともと、アクションゲームは1プレイの時間を短く設定することが可能なので、ゲ

ームセンターで発達してきたジャンルです。最初期に登場したアクションゲームの中には、アイデアが出尽くしたからか、ほとんど同ジャンルのゲームが出なくなったものもあります。いわゆるブロック崩し系（タイトーから1986年に発表された「アルカノイド」ですら、リバイバルを唱っていました）や「パックマン」（ナムコ）に代表されるドットイート、「QIX」（タイトー）に代表される陣取りゲームなどがそうです。また、ゲームのグラフィックスが3D化したことで開発されなくなったジャンルもあります。「スーパーマリオブラザーズ」に代表される横スクロールアクション（スーパーマリオはDSとWiiで2Dゲームとして新作が出ましたが、それ以外ではほとんど見かけません）、「ファイナルファイト」（カプコン）、「ダブルドラゴン」（テクノスジャパン）などの、画面に上下方向の奥行きを与えることで空間を表現したベルトスクロール、「ちゃっくんぽっぷ」「バブルボブル」などの固定画面アクションゲームなどは、商業ベースに乗らないため、新作が出ることはほとんどありません。

商品ジャンルとしてのアクションゲームを難しくしているのは、「熱心にプレイする（＝お金を使ってくれる）マニアに合わせて難易度を上げることで初心者が離れ、マニアがゲームを卒業したことでジャンルごと廃れてしまう」という現象が起きてしまうことです。代表的な例は対戦格闘とシューティングです。

レースゲーム／ドライブゲーム

自動車を運転して他車を抜き去るレースゲームやドライブゲームは、コンピュータゲームとなる前のエレメカ時代からある、ゲームセンターの定番ジャンルでした。図3.2の左側は、当時のエレメカである「ミニドライブ」です。ミニドライブは上から見下ろした形のドライブゲームで、コンピュータでは画面をスクロールさせる部分は、道路が印刷された布ベルトを機械的に回転させることで実現させています。プレイヤーはハンドルコントローラーを操作してケース内のミニカーを左右に移動させ、道を外れないようにドライブします。また、視点が自車の後ろにある、現在で言うところの三人称視点のドライブゲームも存在します（図3.2右側の「インディ500」）。現在とはスピードに大きな差があるものの、この当時から敵車をかわして少しでも速く先に進むというゲーム性は変化していません。

第3章　ゲームとゲーム産業の歴史

図3.2　レースゲームのエレメカ、「ミニドライブ」(左)と「インディ500」(右)

出典：http://www.technobrain.com/index.php

　コンピュータゲームの時代になってしばらくは、「モナコGP」(セガ、1979年)のような見下ろし型のレースゲームが続きます。後方視点の疑似3D形式によるレースゲームは、「TURBO」(セガ、1981年)や「POLE POSITION」(ナムコ、1982年)に始まりますが、迫力のある映像で瞬く間に主流となります。レースゲームの迫力ある画像を生み出すのには高いハードウェア性能が必要で、「POLE POSITION」ではCPUを2つ搭載していました。

　疑似3Dのグラフィックスでは90度以上のカーブを正しく表現できない、プレイヤーがどれだけハンドルを切っても横や後ろを向けないなど、開発者にとっては臨場感を表現しきれないという不満点が多かったようです。3Dグラフィクスではそれらの問題は解決されるので、3Dへの移行は自然な流れでした。3Dグラフィクスに移行する途中では、「ウイニングラン」(ナムコ、1988年)のようなテクスチャのまったくないポリゴンむき出しで表現した作品や、「パワードリフト」(セガ、1988年)のような3D空間のオブジェクトをすべてスプライトで表現する(現在で言うところのテクスチャを貼っている状態の)作品、「V.R. バーチャレーシング」(セガ、1992年)のように視点を4つから選べる作品など、技術的な試行錯誤が続きました。3Dポリゴンにテクスチャが貼られた、現在とほぼ同じプレイ感覚のゲームは、「リッジレーサー」(ナムコ、1993年)から始まりました。

　「リッジレーサー」シリーズは、非常にリアルな臨場感の中にも、ニトロによる加速感の強調やドリフトが容易に可能など、ゲーム性を強く残しています。一方、「グランツーリスモ」シリーズ(ソニー・コンピュータエンタテインメント)や「FORZA」シリーズ(マイクロソフト)のような実機シミュレータに近いタイプのドライブゲームもあり、現在では人気を二分しています。

第1部の参考文献

[1] 相田洋, 大墻敦, "ビデオ・ゲーム・巨富の攻防",『新・電子立国4巻』, 日本放送出版協会, 1997

[2] 赤木真澄,『それはポンから始まった―アーケードTVゲームの成り立ち』, アミューズメント通信社, 2005

[3] 麻倉怜士,『ソニーの革命児たち―「プレイステーション」世界制覇を仕掛けた男たちの発想と行動』, IDGコミュニケーションズ, 1998

[4] 小山友介, "日本の家庭用ゲーム産業での発売延期率推移―ゲーム開発の複雑化と産業としての適応―", デジタルゲーム学研究, Vol.2 No.1, pp.76〜84, 2008

[5] 小山友介, "日本の家庭用ゲーム産業におけるソフト発売延期率調査", シミュレーション＆ゲーミング, Vol.16 No.2, pp.93〜102, 2006

[6] 小山友介, "日本ゲーム産業の共進化構造―イノベーションリーダーの交代―", ゲーム学会誌 Vol.1 No.1, p63〜68, 2006

[7] 清水亮,『ネットワークゲームデザイナーズメソッド』, 翔泳社, 2002

[8] 新宅純二郎, 柳川範之, 田中辰雄,『ゲーム産業の経済分析―コンテンツ産業発展の構造と戦略』, 東洋経済新報社, 2003

[9] 砂川和範, "日本ゲーム産業に見る起業者活動の継起と技術戦略―セガとナムコにおけるソフトウェア開発組織の形成―", 経営史学 第32巻4号, pp.1〜27, 1998

[10] 高野雅晴, "任天堂アメリカ、ソフト管理と消費者情報の収集で40億ドルの市場築く",『日経エレクトロニクス』, 1990年9月号

[11] 出口弘, 田中秀幸, 小山友介,『コンテンツ産業論―混淆と伝播の日本型モデル』, 東京大学出版会, 2009

[12] 平林久和,『ゲーム業界就職読本 '98年度版』, アスペクト, 1997

[13] 平林久和, 赤尾晃一,『ゲームの大学』, メディアファクトリー, 1996

[14] 藤田直樹, "米国におけるビデオ・ゲーム産業の形成と急激な崩壊―現代ビデオ・ゲーム産業の形成過程(1)", 経済論叢(京都大学), 第162巻第5・6号, pp.54〜71, 1998

［15］藤田直樹，"「ファミコン」登場前の日本ビデオ・ゲーム産業——現代ビデオ・ゲーム産業の形成過程（2）"，経済論叢（京都大学），第163巻第3号，pp.59～76, 1998

［16］藤田直樹，"「ファミコン」開発とビデオ・ゲーム産業形成過程の総合的開発——現代ビデオ・ゲーム産業の形成過程（3）"，経済論叢（京都大学），第163巻第5・6号，pp.69～86, 1998

［17］矢田真理，『ゲーム立国の未来像』，日経BP社，1996

［18］山名一郎，『キング・オブ・ゲームの未来戦』，日本実業出版社，1994

［19］ARCS（テレビゲームソフトウェア流通協会）資料
"テレビゲーム市場の実態", http://www.arts.or.jp/docs/data1.pdf
"甲第12号証について", http://www.arts.or.jp/docs/data2.pdf
※現在はリンクが切れているが、直接アドレスを入力することでDL可能

［20］平成19年商業統計確報, http://118.155.220.112/statistics/tyo/syougyo/result-2/h19/index-kg.html

［21］"コナミ、ゲームファンド、額面上回り償還——今月末、収益率は年0.4％程度"，日経金融新聞，2003年2月20日

［22］「ファミコン開発物語」第1回～第10回, http://trendy.nikkeibp.co.jp/article/special/20080922/1018969/

［23］Bill Logudice and Matt Barton, *Vintage Games: An Insider Look at the History of Grand Theft Auto, Super Mario, and the Most Influential Games of All Time,* Focal Press, 2009

［24］Steven Kent, *The Ultimate History of Video Games: From Pong to Pokemon - The Story Behind the Craze That Touched Our Lives and Changed the World,* Three Rivers Press, 2001

［25］Winnie Forster, *The Encyclopedia of Game Machines,* Magdalena Gniatczynska, 2005

第2部
世界のゲームシーン

第4章
転換期を迎える国内ゲーム市場

池谷勇人

国内ゲームシーンに起こる「変化」

　株式会社メディアクリエイトが発行する『2010テレビゲーム産業白書』によると、2009年における国内コンシューマーゲームの市場規模は約5,958億円。前年比では94.81%と、2年連続でのマイナス成長となりました。

　現在、我が国のコンシューマーゲーム市場は大きな変化の渦中にあり、特に2007年から2009年にかけての3年間は、その「変化」が最もはっきりと現れた3年間と言うことができます。

　本章では主に、アーケードゲームやPC用ゲーム、携帯電話用ゲームなどを含まない、純粋な「コンシューマーゲーム」にスポットを当てつつ、国内のゲームシーンに今、何が起こっているのかを明らかにしていきます。

国内ハード・ソフト販売金額

単位：1,000円

	2007年	2008年	2009年
ハード販売金額	346,569,447	260,594,601	236,091,595
ソフト販売金額	378,046,222	367,707,364	359,669,286
合計	724,615,669	628,301,965	595,760,881

出典：メディアクリエイト刊『2010テレビゲーム産業白書』

第4章　転換期を迎える国内ゲーム市場

4.1
国内コンシューマーゲーム市場の歴史

　2007〜2009年の動向について触れる前に、まずはそこへ至るまでの国内コンシューマーゲーム市場の流れを簡単におさらいしておきましょう。

　ここでは国内コンシューマーゲーム市場の流れを、80〜90年代の「成長・普及」期と、2000年代以降の「安定・停滞」期とに分類して見ていくことにします。

コンシューマーゲーム市場の発生・成長

　我が国でコンシューマーゲーム市場が本格形成されるきっかけとなったのは、言うまでもなく任天堂が1983年に発売し、国内だけでも約1,900万台を売り上げる大ヒット商品となった**ファミリーコンピュータ**です。

　当時発売されていた多くのゲーム機が、あらかじめ内蔵された単一のゲームソフトでしか遊ぶことができない**ワンハード・ワンゲーム**型であったのに対し、ファミリーコンピュータは、ROMカートリッジを差し替えることで複数のゲームを遊ぶことができる**ワンハード・マルチゲーム**型を採用しました。さらに、ライセンス契約を結ぶことで、自社以外のメーカーでも専用ソフトを開発・販売できる**サードパーティ**制を取り入れ、ソフトウェア市場の形成を大いに助けました。現在も続いている「ハード＋ソフト」という市場モデル、そして「ハードメーカー（プラットフォームホルダー）＋ソフトメーカー（サードパーティ）」という基本構造はこのときにほぼ完成したものと言っていいでしょう。

　こうして芽を吹いた日本のコンシューマーゲーム市場は、その後何度かの世代交代を挟みつつも安定した成長を続け、ファミリーコンピュータ最盛期には3,500億円、スーパーファミコン時代には4,500億円規模にまで成長しました。さらにPlayStationへとバトンを渡した1997年には、その市場規模は5,300億円に達することになります。

　この時期、人々にとってまだゲームは「新しい」ものであり、市場を牽引したのは単純に「新しいゲーム」であり「新しいハード」でした。ゲームの進化が市場の成長にそのまま直結していたのが、この時期の特徴とも言えるでしょう。

4.1 国内コンシューマーゲーム市場の歴史

成長期から安定・停滞期へ

しかし2000年代にさしかかると、その成長傾向は頭打ちとなり、ゲーム市場は安定・停滞期へと移行します。

1997年には5,300億円に達した市場規模も、1998、1999年には2年連続で前年割れを記録。誕生以来ずっと右肩上がりの成長を続けてきたコンシューマーゲーム市場は、ここへきて初めて減少傾向へと転じます。翌2000年にはPlayStation 2の発売によって一時的に盛り返していますが、2001年からはまたしてもグラフは下向きとなり、結局ニンテンドーDSが大ブームを迎える2006年まで、市場規模は5,000億円前後で浮き沈みを繰り返す形となりました(図4.1)。

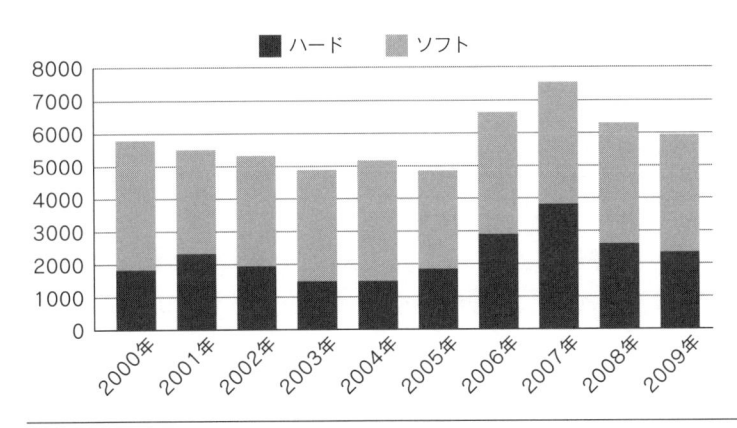

図4.1 2000〜2009年市場規模推移(単位:億円) ※メディアクリエイト調べ

この時期、市場が停滞したのには大きく2つの要因があります。1つは、ゲーム機がひととおりの世帯に行き渡ってしまい、普及ペースが飽和点に達したこと。2つ目は、ゲームそのものの進化が頭打ちとなり、「より新しいゲーム、より新しいハードを出せばユーザーは買ってくれる」という成長期のロジックが通用しなくなったこと。ところどころで寄り道はしつつも、基本的には「進化=成長」という1本のまっすぐなレールを進んできた日本のコンシューマーゲーム市場は、ここへきて1つの踊り場へとさしかかることになります。

第4章　転換期を迎える国内ゲーム市場

新ハードがもたらした転換

　一方、2004年になるとニンテンドーDS、そしてPlayStationポータブルが登場し、携帯ゲーム機市場が一変します。それまでにも携帯ゲーム機の市場は存在していましたが、あくまで据置機の補助的なものという位置づけでした。

　しかし2006年、「脳を鍛える大人のDSトレーニング」のブームをきっかけに、ニンテンドーDSが空前の大ヒットを果たします。2画面＋タッチスクリーンというインターフェイスは、これまでの「高性能化・重厚長大化」というレールからは大きく外れたものでしたが、それゆえ従来のゲームに興味を示さなかった新規層の開拓に成功。2008年には国内普及台数も2,500万台を突破し、ニンテンドーDSはファミリーコンピュータ以上のヒット商品となります。

　また2006年には任天堂の据置機「Wii」も発売されています。Wiiもまた、従来の据置機路線とは異なる発想から作られたもので、こちらも新たなユーザーの掘り起こしに成功。市場の拡大に貢献しました。

　これら新ハードの影響は市場規模にも現れ、2006年には初の6,000億円代を突破。さらに2007年にはついに歴代最高となる7,246億円を記録します。当然、これは一時的なブームの影響も強く、翌年にはふたたびマイナスへと転じますが、それでも2000年代前半に比べれば引き続きかなり高い数値をキープしており、この成長が単なる一過性のものではないことを示しています。

　こうして従来からの据置機路線が安定・停滞期を迎える一方で、携帯機やWiiといった新規路線のヒットが市場拡大を助けた、というのが現在の国内コンシューマーゲーム市場の概観です。しかし、これら新ハードの躍進は、市場に成長のみならず大きな「転換」を同時にもたらしました。2007年以降の国内ゲームシーンを読み解いていくためには、ここで起こった「転換」について把握することが不可欠となっています。

4.2
2007～2009年の国内コンシューマーゲーム市場動向

それでは具体的に、市場ではどのような動きがあったのでしょうか。ここでは2007～2009年の市場データをもとに、近年のコンシューマーゲーム市場に見られる傾向と特徴について見ていきます。

市場規模は依然として高水準で推移

冒頭でも述べたとおり、2008年、2009年の市場規模は2年連続で大幅なマイナスとなっています。2008年の市場規模は6,283億円で、前年比は86.71%です。また2009年の市場規模は5,958億円で、こちらは前年比94.82%です。

しかし前述のとおり、2007年はニンテンドーDSブームの影響が非常に強く、減少に転じたと言うよりは、ブーム前の状態に戻ったと見るほうがより的確でしょう。さらに付け加えると、2005年の市場規模は約4,800億円でしたから、依然として6,000億円近い市場規模をキープしている現在は、ブーム前よりも間違いなく市場規模は広がっていると言えます。

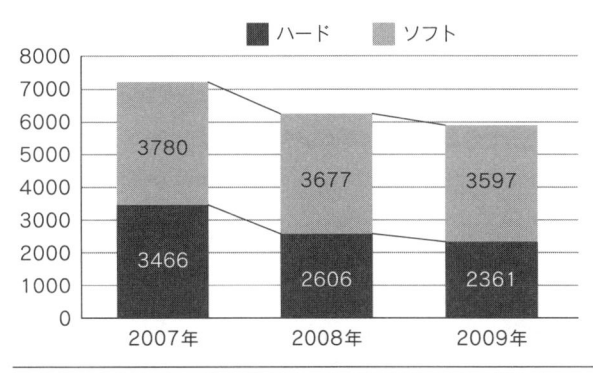

図4.2　2007年～2009年市場規模推移（単位：億円）　※メディアクリエイト調べ

また、ハード市場に比べてソフト市場の落ち込み幅は非常に小さく、減少分のほとんどはハードのマイナスに起因していることもわかります。2008年、2009年は新ハードの発売という点では「空白」の年で、ハードの減少は当初から予想されたことではありました。ただ、従来のコンシューマーゲーム市場では、ハードの普及が落

ち着くと、今度はそれに代わってソフトが盛り返す、という流れを繰り返してきています。ハードの減少をソフトの増加でカバーできていない、という点には留意しておく必要があるでしょう。

据置機から携帯ゲーム機へ

かつては据置機の「添えもの」にすぎなかった携帯ゲーム機市場ですが、ニンテンドーDSとPlayStationポータブルの躍進以降、現在の主役は据置機から携帯ゲーム機へと徐々に移行しつつあります。

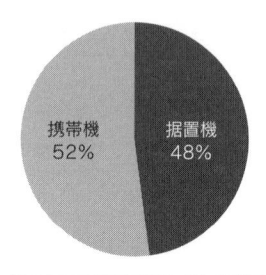

携帯機 52%
据置機 48%

図4.3　携帯ゲーム機：据置機の比率（2009年）　　　※メディアクリエイト調べ

図4.3の円グラフは2009年における据置機と携帯ゲーム機（ハード＋ソフト合計）の構成比を表したものですが、携帯ゲーム機はすでに市場の52%を占めていることがわかります。この数字は、ニンテンドーDSブームが起こった2006年、2007年に比べれば多少落ち着いていますが、据置機が今後何か新しい強みを打ち出せない限りは、携帯ゲーム機へのシフトを止めることはできないでしょう。

機種別の動向

図4.4は、2007年から2009年における機種別年間ソフト販売本数を比較したものです。機種ごとに3本のグラフがありますが、これらは左から順に2007年、2008年、2009年の実績を表しています。

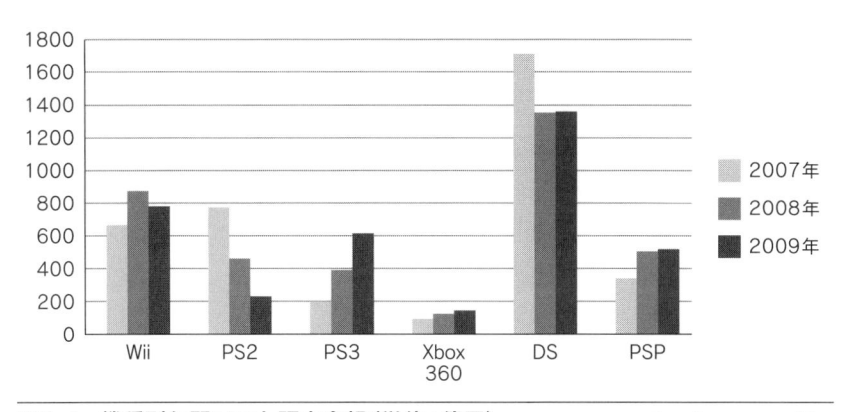

図4.4　機種別年間ソフト販売金額（単位：億円）　　※メディアクリエイト調べ

　まず目に付くのはやはりニンテンドーDSの圧倒的シェアでしょう。2009年の2番手はWiiですが、それでもDSと比較するとまだ2倍近い差があります。またDSほどではありませんが、PSPも安定したシェアを保っており、携帯ゲーム機の強さをあらためて裏付けています。

　またグラフの伸びにも注目してみると、1年ごとに200億円近い伸びを見せているPlayStation 3の躍進が目立ちます。本体価格の高さや、ソフトの少なさから立ち上げ当初はWiiに大きく遅れをとったPlayStation 3ですが、ここへきて本体価格の引き下げやタイトルの充実といった戦略が実を結び、ようやくエンジンがかかってきた感があります。少なくとも2009年時点では、ソフト＋ハード合計でWiiとほぼ肩を並べるまでに成長しており、今後のシェア拡大に期待がかかるところです。

ヒット作の傾向

　各年ごとの上位タイトルを見ていきましょう。表4.1～4.3は、2007年から2009年までの年間販売本数上位10タイトルを一覧にしたものです。

第4章　転換期を迎える国内ゲーム市場

表4.1　2007年、年間販売本数上位10タイトル

順位	機種	タイトル	メーカー	年間販売本数（単位：万本）
1	Wii	Wiiスポーツ	任天堂	194
2	Wii	はじめてのWii パック	任天堂	153
3	PSP	モンスターハンターポータブル 2nd（同梱版含む）	カプコン	144
4	DS	マリオパーティDS	任天堂	129
5	DS	New スーパーマリオブラザーズ	任天堂	117
6	Wii	マリオパーティ8	任天堂	108
7	DS	東北大学未来科学技術共同研究センター川島隆太教授監修 もっと脳を鍛える大人のDSトレーニング	任天堂	105
8	DS	ドラゴンクエストIV 導かれし者たち	スクウェア・エニックス	104
9	DS	ヨッシーアイランドDS	任天堂	102
10	DS	マリオカートDS	任天堂	92

※メディアクリエイト調べ

表4.2　2008年、年間販売本数上位10タイトル

順位	機種	タイトル	メーカー	年間販売本数（単位：万本）
1	PSP	モンスターハンターポータブル 2nd G（同梱版含む）	カプコン	243
2	DS	ポケットモンスター プラチナ	ポケモン	223
3	Wii	Wiiフィット	任天堂	217
4	Wii	マリオカートWii	任天堂	207
5	Wii	大乱闘スマッシュブラザーズX	任天堂	179
6	DS	リズム天国ゴールド	任天堂	145
7	DS	ドラゴンクエストV 天空の花嫁	スクウェア・エニックス	124
8	DS	星のカービィ ウルトラスーパーデラックス	任天堂	92
9	Wii	街へいこうよ どうぶつの森（同梱版含む）	任天堂	88
10	Wii	Wiiスポーツ	任天堂	84

※メディアクリエイト調べ

4.2　2007〜2009年の国内コンシューマーゲーム市場動向

表4.3　2009年、年間販売本数上位10タイトル

順位	機種	タイトル	メーカー	年間販売本数（単位：万本）
1	DS	ドラゴンクエストIX 星空の守り人	スクウェア・エニックス	411
2	Wii	New スーパーマリオブラザーズ Wii	任天堂	271
3	DS	トモダチコレクション	任天堂	250
4	DS	ポケットモンスター ソウルシルバー	ポケモン	185
5	PS3	ファイナルファンタジーXIII（同梱版含む）	スクウェア・エニックス	180
6	DS	ポケットモンスター ハートゴールド	ポケモン	169
7	Wii	Wii スポーツ リゾート	任天堂	164
8	Wii	Wii フィット プラス（同梱版含む）	任天堂	142
9	Wii	モンスターハンター3（トライ）（同梱版含む）	カプコン	96
10	PSP	モンスターハンターポータブル 2nd G（PSP the Best）（同梱版含む）	カプコン	88

※メディアクリエイト調べ

　ひと目見てわかるのは、いわゆるコア層をターゲットとした「最先端」路線のゲームがほとんどランクインしていないことです。もちろん「モンスターハンターポータブル 2nd G」や「ファイナルファンタジーXIII」といったタイトルもちらほらとは見られますが、その数は決して多くありません。
　こうしたタイトルは、2000年代前半までの成長期・安定期においては間違いなく「王道」でした。しかしニンテンドーDSやWiiのヒットによって新たなユーザーが流入し、市場が転換期を迎えた現在の王道は、むしろ「Wiiスポーツ」や「Wiiフィット」「トモダチコレクション」などに代表されるライト層向けタイトルであると見るべきでしょう。これらの作品は、技術的に見れば決して「最先端」というわけでなく、従来の「王道」からは明らかに逸脱したものたちです。
　もちろん、王道中の王道とも言える「ファイナルファンタジーXIII」が200万本に迫る好セールスを叩き出している以上、従来の「最先端」路線も決して潰えたわけではありません。より正確に言うならば、「売る」ためのレールがさまざまに枝分かれし、王道以外にもさまざまな横道が広がった（ただしその横道は非常に狭く、少しで

も足を踏み外すと一気に崖下まで転落する可能性も高い）と見るべきでしょう。これこそ今、日本市場において最もはっきりと目に見える変化であり、ここに多くのメーカーやユーザーの混乱と戸惑いが集約されているのではと筆者は考えます。

4.3 ゼロ年代に起こったパラダイムシフト

こうした変化はいくつかの要因が積み重なって起こったものですが、わかりやすくするために問題を細分化すると、おおむね次の5点に集約されると考えます。

- ライトユーザー層の流入
- 価値の多様化
- コアユーザー向け路線の縮小
- 携帯ゲーム機へのシフト
- ガラパゴス化する日本市場

ライトユーザー層の流入

ニンテンドーDSとWiiのヒットにより、明らかに変わったものの1つがユーザー層でしょう。これら新ハードのブームに乗ってなだれ込んできたユーザーの中には、これまでゲームに関心を示さなかった女性や大人、また既存のゲームに飽きてしまった、かつてのゲーマー層が大量に含まれていました。

これら新規層の流入によって、絶対的な「ゲーマー人口」は爆発的な拡大を見せますが、同時に市場を形成する「ゲームユーザー」像もまた激変することになります。ニンテンドーDSやWiiでゲームに関心を持った**ライトユーザー層**と、それ以前からゲームに慣れ親しんでいた**コアユーザー層**という、まったく性質の異なる2つの層が混在しているのが現在のコンシューマーゲーム市場であり、基本的には「ゲーマー」に向けてゲームを作っていればよかった成長期・安定期と比べて、最も大きく異なる部分の1つとなっています。

余談ですが、WiiとDSは主にライトユーザー、PlayStation 3とXbox 360、PlayStationポータブルはコアユーザー主体と、これらのユーザー層はハードによっ

てある程度切り分けることができます。特にライトユーザーの割合が高いのはWiiで、DSはライト層とコア層のどちらも存在していると言われています。

価値の多様化

　80〜90年代における「売れるゲーム」とは、単純に「より新しく」「よりスゴい」ゲームでした。しかし、たとえばニンテンドーDSブームの火付け役となった「脳を鍛える大人のDSトレーニング」はどうだったでしょうか。2009年の大ヒット作となった「トモダチコレクション」は？　いずれも発想・アイデア的な新しさはありましたが、技術的には何ら驚くことのない普通のゲームです。

　ユーザー層が広がったことで、「技術的に優れたゲーム」が売れるというロジックは必ずしも通用しなくなりました。別の言い方をするなら、「技術的に優れている」以外の価値が重視される「多様化」の時代になったということです。たとえば技術的進歩がすべてであれば、据置機よりもハードスペックで劣る携帯ゲーム機がヒットすることはおそらくなかったでしょう。PlayStation 3やXbox 360にスペック面で劣るWiiが国内でこれほど売れているのにも、まったく同じことが言えます。これはつまり、「持ち運んでいつでも遊べる」「タッチスクリーンやリモコンを使った、今までにないゲームが遊べる」といった、スペック以外の部分に人々が価値を見出したからにほかなりません。

　もっとわかりやすい例が「ドラゴンクエストIX」です。DSがこれほどヒットする前であったなら、据置機の次を携帯機で発売するなどという流れは絶対にあり得なかったでしょう。しかし結局、発売されてみれば人々はこれを受け入れ、結果的に「ドラゴンクエストIX」は累計400万本を越えるヒットを叩き出しました。

コアユーザー向け路線の縮小

　従来からのコアユーザー向け路線が苦戦を強いられたのも、ゼロ年代後半の特徴でした。というより、ライトユーザーの流入によって新規路線が市場を拡げた一方、従来路線のゲームに関しては今だに2000年代前半からの市場停滞をそのまま引きずっている、と言ったほうがいいかもしれません。

　前項でも述べましたが、従来からの「進化＝成長」という路線は一度、2000年代に入り停滞期を迎えています。またその原因の1つが、ハード性能が頭打ちになったことで、ユーザーに新しい「驚き」を提供しにくくなった、というのも前述のとおり

ですが、ここではもう1つ、コストの問題についても指摘しておくことにします。

単純な理論ですが、ゲーム機がそのまま「高性能化・重厚長大化」の道を辿っていけば、どこかで必ず開発費の問題に直面します。もちろんスーパーファミコンやPlayStationの時代にも開発費の高騰を指摘する声はありましたが、それがはっきりと表面化したのはやはりPlayStation 2の時代でしょう。実際、PlayStation 2の初期にはゲームソフトが売れず、一方で開発コストはPlayStation時代の数倍～十数倍と、参入メーカー泣かせの状態が続きました。

結局、大手メーカーはこの時代、海外市場へと積極的に進出することで国内の赤字を埋めようとし、また国内でも徐々にハードが普及し、ようやくソフト市場を牽引し始めたことで、当初の懸念はかろうじて回避されました。しかしPlayStation 2でこの状態ですから、PlayStation 3やXbox 360ではこの問題はより深刻なものとしてのしかかってきます。実際、PlayStation 2では「鬼武者」が初の国内ミリオンを達成するまで1年を要しましたが、PlayStation 3では「ファイナルファンタジーXIII」がミリオンを達成するまで、実に4年以上もの年月がかかっています。これではメーカーがこぞって携帯ゲーム機に鞍替えしたがるのも無理はないかもしれません。

しかし、かといって今後据置機が市場からなくなってしまうのかと言われれば、おそらくそんなことはないでしょう、と筆者は答えます。ただし今のように「莫大な予算をかけ、隅々までハードスペックを使い切る」ような開発方法は主流でなくなり、据置機もまたアイデアやゲーム性など、より多様な見せ方・価値観が許容されるようになっていく。たとえば現在でも、ダウンロードソフトのような「小ぶり」なタイトルであっても内容さえ良ければ評価される風潮はありますし、純粋にシナリオの良さで評価された「シュタインズ・ゲート」のような例もあります。

携帯ゲーム機へのシフト

ゼロ年代後半で一気に進行した「携帯ゲーム機へのシフト」ですが、おそらく今後もこの傾向は続き、主流は据置機から携帯ゲーム機へと完全に移行していくことになるでしょう。これは日本のみならず、世界的な動きとして今後広がっていくと予想されます。

携帯ゲーム機の強みは、なんと言っても時間と場所の制約を受けない点です。ゲームに限らず、娯楽とは人々の空いた時間をどう奪うかというビジネスですから、遊ぶための制約は少なければ少ないほどいい。また据置機に比べて開発費も抑え

られ、スペック面での不利も価値観の多様化、据置機の頭打ちによってそれほど気にならなくなった。これだけ見ても、据置機に比べて、携帯ゲーム機がどれほど「いいことづくめ」であるかがわかるでしょう。

　携帯ゲーム機にはもう1つ、「潜在ユーザーの多さ」というメリットもあります。据置機はどれだけ普及しても「一家に1台」が限界でしたが、携帯ゲーム機ならば「1人に1台」という売り方ができます。ニンテンドーDSがヒットする以前には、ゲーム機の普及は2,000万台が「壁」とされていましたが、ニンテンドーDSはこの「壁」を軽々と破ることに成功しています。もし国内のコンシューマーゲーム市場で次に大きな山が訪れるとしたら、それは間違いなくニンテンドーDS、あるいはPlayStationポータブルに続く新しい携帯ゲーム機が発売されたときになるでしょう。

ガラパゴス化する日本市場

　もう1つ、ゼロ年代後半は、日本市場と海外市場との温度差が浮き彫りになった時期でもありました。

　ご存知のとおり、北米では今や圧倒的存在感を放っているXbox 360も、日本市場におけるシェアはわずかに3.75％に留まっており（2009年時点、ハード＋ソフト合計）、苦戦の色がありありと見て取れます。また2008年から2009年にかけて、海外市場では「Grand Theft Auto IV」や「Call of Duty: Modern Warfare 2」といった数百万本クラスの怪物タイトルが立て続けにリリースされ話題をさらいましたが、そのどちらも日本市場では10〜20万本レベルと振るいませんでした。

　また一方で、日本のタイトルも以前ほどは海外で売れなくなっています。満を持して海外へ展開したタイトルが思わぬ苦戦を強いられた、という例は枚挙にいとまがなく、また日本のRPGを指して「JRPG」と揶揄する向きもあるなど、日本市場の「ガラパゴス化」を憂う声は少なくありません。

　これらは今まさにリアルタイムで起こっている変化であり、今後日本でも、上記「Grand Theft Auto IV」のような作品が徐々に受け入れられるようになっていくのか、それともこのまま「ガラパゴス化」が進んでいくのか、今はまだ判断しにくい状況です。現状でも、スクウェア・エニックスなど大手メーカーの一部は、こうした海外タイトルの囲い込みに力を入れていますが、このあたりの動きが今後実を結ぶかどうかは未知数です。

4.4 まとめ

　ゼロ年代後半の数年間、我が国のコンシューマーゲーム市場はかつてない成長と、同時にかつてない混乱を経験しました。ある者は今までのレールをそのまま進み、ある者はその新しいレールに乗ってさらなる飛躍を遂げた。中には新しいレールに乗り損ね、大きく回り道をするハメになった者もいたかもしれません。ゼロ年代後半に起こった「転換」とは、つまりはそういうことだったのだと筆者は考えます。

　初めての大きな転換期を迎え、今後のコンシューマーゲーム市場は「多様化」の時代へと突入していきます。そこで最重要視されるのは、既成の概念にとらわれない、純粋な新しさと面白さ。これまではたとえ既存のアイデアの改良であっても「より高性能で、より重厚長大」でさえあれば売れていたかもしれません。しかし、これからはおそらく違います。

　開発者やメーカーにとっては、ある意味で厳しい時代と言えるかもしれません。しかし見方を変えれば、新しいゲームを作り出すアイデアと意欲さえあれば、チャンスは誰にでも用意されているということです。これからの数年間が「第2の成長期」になるかどうかは、ここでの取り組みにかかっていると言っても過言ではないでしょう。

第5章
北米ゲーム市場

Chapter 5

記野直子

北米ゲーム市場(2007〜2009年)

　北米市場では、2005年11月にXbox 360、2006年11月にWiiとPS3が発売され、ポストPS2の三つ巴のハードの闘いに火ぶたが切られました。ここでは、2007年から2009年までの間のさまざまな側面から、北米市場のトレンドを語っていきたいと思います。

北米ゲーム市場の産業構造

プラットフォーム	▶ コンシューマーゲーム機、携帯ゲーム機、携帯電話
ビジネス形態	▶ ゲームソフト販売およびプロモーション
ゲーム業界関連職種	▶ プロデューサー、プランナー、営業、マーケティング、プロモーション
主流文化圏	▶ 北米、欧州各国

第5章　北米ゲーム市場

5.1
北米市場概況

不況に強い業界：空前の大市場へ

　2007年に世界市場を襲ったサブプライム問題に引き続き、ドバイショックが起こるなど、消費が低迷を始めたこの時期に、北米のゲーム市場は大きく成長しました。

　2007年のゲーム市場は、前年2006年と比較して43%の売上金額の伸びを記録し、PC関連を除くゲーム市場（ソフト／ハード／周辺機器）の売上規模が179.4億ドルという史上空前の大きな市場へと成長しました。また、2005年末、2006年末に相次いで発売された新ハードの期待も高まった年であったことは確かです。

　さらに史上最大と言われた2007年度から19%成長した2008年の北米ゲーム市場は、2兆円規模の史上空前の大市場へと向かいました（表5.1）。2005年11月に発売されたXbox 360、2006年11月に発売されたWiiとPS3がようやく市場へ流通し始め、ポストPS2の三つ巴のハードの闘いが始まった年と言えます。また、ソフト面においても、Xbox 360、PS3のハイスペック機の導入により、リアルで美しいグラフィックスと高いゲーム性、オンライン化を進めた高度なソフトが登場しました。

表5.1　北米市場規模（PCを除くゲームハード・ソフト・周辺機器の売上高）

	2007年	2008年	2009年
売上高	179億ドル	213億ドル	197億ドル

　不況に伴って、頻繁に旅行に出かけたり、映画を見に行ったりするのが憚られるようになると、テレビゲームはそれらの代替にもなる娯楽となり、それだけでなく、我が家で家族が楽しい時間を過ごすには、追加投資が少なくお手軽なエンターテインメントでした。「Recession Proof」、つまり不況に強い、と言われるゲーム産業だったのです。

「遅れてきた不況」の始まり

　成長基調が続いた北米ゲーム市場ですが、2009年前半になると、一気に不況ムードが流れました。「遅れてきた不況」と呼ばれ、当初は前年比20%前後の落ち込みも予想されていたのですが、2009年末のお化けソフト「Call of Duty: Modern

Warfare 2」や任天堂の快挙により前年比8%前後の落ち込みで留まりました。

しかしながら、ハードが安定したインストールベースを誇っているにもかかわらず、ソフトウェア売上金額が2008年と比べて約10%減というデータを鑑みると、2010年以降はいかに多様なタイトルをユーザーに供給していくのかが課題と言えるでしょう。

最新北米市場規模概況

2009年末現在で、北米市場は金額ベースで日本の約3.6倍の市場規模（ファミ通データとNPDデータの比較）となっています。円高の影響で誤差が発生したり、ソフトの値崩れの激しい市場であることを考えると、体感的なギャップはさらに大きいものと言えます。

日本の市場が黎明期であったときには、日本のメーカーにとってプラスαと考えられていた海外市場ですが、特に2005年末～2006年末の次世代機の市場投入後は無視できない市場規模となっています。

余談ですが、ここで使用している市場データには、北米で大きな規模を持っていると言われるPC販売データが含まれていません。SteamなどのPCポータルからのダウンロードや、据置機向けのXbox LIVE Arcade（XBLA）、PlayStation Network（PSN）、WiiWareのオンラインなどもまったく含まれない、小売店で販売されたハード、パッケージタイトル、周辺機器などの実売データの積上げとしてのデータです。

それらを除いても、昨今の北米市場規模が2兆円前後と考えれば、中堅国の年間国家予算に匹敵するものであり、北米はまさに娯楽大国で、もはやゲームという産業がすでに大きな地位を占める市場と言えるでしょう。

5.2
ハード別に見た北米市場概況（2007〜2009年）

据置機

表5.2は、据置型の販売台数の推移を示したものです。

表5.2　据置型ハード販売台数推移（NPD調べ）

ハード	2007年 推定販売台数	2008年 推定販売台数	2009年 推定販売台数	2009年末時点 推定累計販売台数
Wii	629万台	1,017万台	959万台	2,714万台
Xbox 360	462万台	474万台	477万台	1,866万台
PS3	256万台	355万台	433万台	1,113万台
PS2	397万台	250万台	180万台	4,542万台

Xbox 360

　Xbox 360は初代Xboxの次世代機にあたるハイスペックマシーンで、2005年末に発売され、そのタイトルのクオリティの高さやネットワークインフラの安定性から、コアユーザー向けハードとしての地位を確立しました。

　マイクロソフトは、赤字の温床であったゲーム部門としては初めて、2007年第4四半期（2007年10月〜12月）に黒字化を達成することになります。初代Xboxから苦節6年にして、「Halo3」や「Mass Effect」をはじめとする自社パブリッシュタイトルの充実とともにようやくハードとソフトの融合を果たす時代へと進化しました。Xbox 360は2007年末時点で約910万台の累積販売台数を達成しました。この時点で新ハードの勢力図を見ると、Wiiの在庫不足、PS3の

図5.1　Xbox 360

5.2 ハード別に見た北米市場概況（2007〜2009年）

不振などから、Xbox 360の1人勝ちとなっていました。

2008年にはハードの値下げを行ったのに加え、好調なソフト販売に助けられ、約1,390万台の普及に至りました。「Gears of War2」「Fable II」など、Xbox 360専用のタイトルが好調だっただけでなく、「Grand Theft Auto IV」「Call of Duty: World at War」など、サードパーティから供給されるマルチプラットフォームタイトルの販売本数もPS3を上回っており、「ゲームをするならXbox 360」を定着化させたと言えるでしょう。

この時期には、供給が安定してきたWiiに一気にインストールベースで抜き去られてしまいましたが、任天堂がライト層を掘り起こして、マイクロソフトはハードコアゲーマー層にアピールする、という構図が確立して、ハードウェアの特徴に合わせた棲み分けがバランスよくできたと考えられています。

2009年末には2008年並みに販売台数を増やし、1,866万台を超えるインストールベースを達成しました。PS3が値下げを躊躇している間に、価格戦略により大きく水を開けたことも功を奏していますが、単なるハード戦略での勝利というよりも、強固なネットインフラの整備とリッチなコンテンツの提供がもたらしたものと考えられています。

表5.3 北米：現行Xbox 360の価格／簡易スペック（2009年12月末現在）

	Xbox 360	
	エリート	アーケード
メーカー希望小売価格	$299.99	$199.99
特記事項	HDD（120GB）	内蔵メモリ（256MB）

また、Xbox 360のソフトウェア装着率（ハード1台あたりのソフト購入数）は2009年末現在1台あたり9.4本を誇り、携帯機も含めたハードウェアの中で稼働率が最も高い、つまり、ハードウェアへのロイヤリティ（忠誠度）の高いハードと言えましょう。

さらにPCゲームで培ったサーバーノウハウ（Game Zone）が生きてきており、サードパーティ供給のソフトに対するロビー提供を始め、課金に関してもユーザーが違和感を感じずに接続できるインフラを初めから整えていました。このようなネットインフラの中で、ユーザーのネットコミュニティが形成されてしまっているため、PS3が追随できない要因になっています。2008年末の報告によると、2009年3月のNPDレ

ポートによるXbox 360の北米におけるネット接続率は約50%と、他のプラットフォームと比べるとダントツの数値を叩き出していることからも読み取れます。

　ネット上でコンテンツをダウンロードできるXbox LIVE Arcade (XBLA) に関しても、公式なデータはないもののForecasting and Analyzing Digital Entertainment, LLC (FADE) のレポートによると、2009年度のXBLA市場規模はワールドワイドで1億340万ドル (約90億円) となっており、前年 (2008年) 比で34%成長したと言われています。

　このようなインフラ整備のもとXbox 360がハードコアゲーマーに対して圧倒的な支持を得ていることは明白です。ただ、マイクロソフトとしては、Xbox 360はコアゲーマー向けの印象があまりに強く、今後市場を伸ばすためにはライトユーザーの獲得が必須と考えているようです。2008年秋に開始されたユーザーインターフェイス「ダッシュボード」や、2010年導入予定の「プロジェクト ナタル」を投じて、ライト層を取り込もうとする意欲が垣間見えます。

　これらのインターフェイスがXbox 360のユーザー層をどう変えていくかは、ハード側の問題よりも、どのようなエンターテインメントを供給するかというところに集約され、関連ソフトの発表が待たれるところです。

PS2とPS3

　2006年末に満を持して発売されたPlayStation 3 (PS3) は、言わずと知れた世界中で売れたコンシューマーゲーム機PlayStation 2 (PS2) の次世代機にあたるハードです。DVDプレイヤーを装着したPS2の戦略同様、PS3ではBlu-rayディスクプレイヤーが装着されており、家電としての需要も見据えたハードとして鳴りもの入りで発売されたのですが、発売当時の本体 (HDD 60GB) 価格 (599ドル) の高さとソフト不足によって出遅れ感がありました。

　また、市場でのBlu-rayディスクプレイヤーの値崩れのスピードにPS3の値下げが追いつかなかったことも、PS3を失速させる原因となりました。「ゲーム機能がついていながらにしてプレイヤーとしても安い」と思わせたPS2とは異なる動きになってしまいました。

　2007年度は、残念ながら、値下げ前の旧ハードPS2 (2009年4月に129.99ドルから99.99ドルに値下げ) が新ハードPS3を上回る販売を記録したのでした。PS2の年間販売台数は、2007年にはPS3の256万台を超える397万台、2008年度には

5.2 ハード別に見た北米市場概況（2007〜2009年）

©2009 Sony Computer Entertainment Inc. All rights reserved.
Design and specifications are subject to change without notice.

図5.2　PlayStation 3

　PS3を下回っているものの250万台、2009年度も180万台を継続して販売し続けています。

　北米では日本と違って、新しいものへの購入意欲と並列に、安価なものへのロイヤリティ（忠誠心）が高いのも事実です。さらにソフトの種類ではPS2はダントツの数を誇るため、スタイリッシュな薄型PS2の値下げは北米では魅力的なものだったと言えましょう。

　過去のプラットフォームでもそうなのですが、北米では日本のように新ハードへの移行をスムーズに行うことができていなかったのですが、2009年末にはようやくPS3がPS2に水を開けることができた感があります。これは、小売店が利益率の低いPS2のソフトを棚になかなか置いてくれないなど、ソフト供給においても大きくシフトしたためと考えられています。

　SCEは、2006年末に20GB：499ドル、60GB：599ドルで発売したPS3を2008年秋以降少しずつ値下げしたのですが、Xbox 360の値頃感とようやくフィットするには、2009年9月まで待たなければなりませんでした。2007〜2008年度は、本来であれば現行ハイスペック機のシェア争いとしてXbox 360との真っ向勝負のはずだったのですが、2008年末時点でXbox 360のハード普及台数がPS3の約2倍となり、大きな差をつけられてしまいました。

　また、値下げするためか、ハードディスク容量の頻繁な変更がありました。さらに

第5章 北米ゲーム市場

大きなスペック上の変更としては、PS2ソフトの互換を廃止したこともブレーキをかけたと言えます。潤沢なソフトを抱えるPS2タイトルアーカイブをPS3では使用できなくなってしまったのです。

表5.4 北米：現行PS3の価格／簡易スペック（2009年12月末現在）

	PlayStation 3	
	120G	250G
メーカー希望小売価格	$299.99	$349.99
特記事項	PS2の下位互換なし HDD：120GB	PS2の下位互換なし HDD：250GB

　PS2 vs Xboxの時代からのマイクロソフトの大逆転は、単にXbox 360の発売が1年先行したことによるものではないのです。ソフトメーカーによるマルチプラットフォーム展開が一般的になった昨今、ネット接続の利便性などを理由にユーザーがXbox 360を選択するのは否めない中で、PS3としてはPS3専用タイトルを前面に押し出してハードの販売を牽引する必要があったはずなのです。

　鳴りもの入りで発表されたPlayStation Home構想も、インターフェイスを全面的に変更したXbox 360のダッシュボードと異なり、既存のクロスメディアバーとの併用となっていることからユーザーの混乱を招いているように思えます。2009年3月のNPDレポートによれば、PS3のネット接続率は約20％と報告されています。

　ハード戦略のみならず、ネット戦略もソフト戦略も後手に回ったSCEが北米市場で巻き返すには、まずはPS3本体の値段を大幅に下げる必要がありました。2009年9月にようやく120GB/299ドルを実現した結果、2009年末には1,100万台のインストールベースを達成しました。健闘はしているものの、ソフト装着率が7.2本であることを考えると、もうすぐ2,000万台を達成する勢いのXbox 360に稼働率でも水を開けられています。

　ただし、ハード値下げに伴い、マルチプラットフォーム展開をしたタイトルではPS3販売本数がXbox 360を上回るもの（「Tekken6」など）が出てくるなど、まだ巻き返しの可能性は残されています。

　2010年3月に発売の専用タイトル「God of War III」がどれだけPS3のハードを牽引するのかが、2010年以降のPS3を占う鍵になるでしょう。

5.2 ハード別に見た北米市場概況（2007〜2009年）

Wii

　Wiiは、ハイスペック化をせず、名実ともにGameCubeの後継機として発表され、極端な値段設定も行いませんでした。昨今のハード戦略としては珍しく、ローンチから「黒字」のハードと言われていました。

図5.3　Wii

　コントローラーもモーションセンサーをいち早く導入し、「ハード」としての進化ではなく、「遊び方」の進化を提供したと言えるでしょう。また、北米ではWii本体に「Wii Sports」が同梱されていて、ファミリー向けに特化したハードとして「リビングに1台置くのがあたり前」という地位を勝ち取ったのです。

　スペックや値段のみならず、Xbox 360やPS3などのハイスペック機とユーザー層という意味でも袂を分けたと言えましょう。

　2006年末の発売以来2007年末までWiiは在庫供給不足が続きました。筆者も2008年末まで北米のあらゆる店舗でWiiの在庫を確認することができませんでした。これは、入荷されるとすぐに売れてしまうという、まさに需要過多の状況で、小売店からすれば「機会損失」を招くほどの在庫不足を任天堂にクレームするほどでした。発売直後だけでなく、発売後1年以上も「出荷数＝販売数」と読み取れる空前の大ブームを巻き起こしたのです。

　2007年度には629万台、2008年度は1,017万台、2009年度も959万台と順調に推移しています。2010年度になっても、小売店には在庫がない状況で、ネット上で

高値のやり取りもされているようです。

　失速したと言われていたWiiですが、2009年秋に199ドルに値下げして、さらなるユーザー拡大を図りました。2009年の年末商戦の第4四半期（Q4）だけの販売台数558万台は、日本国内のPS3累計販売台数を優に超えているもので、2010年度には間違いなく3,000万台を達成するものと見られます。北米におけるWiiの優位性が確固たるものになったことは明白でしょう。

　このWiiの成功の理由としては、ソフトの充実に尽きると言えます。シングルプラットフォームにもかかわらず、「Wii Play」（はじめてのWii）は1,200万本を超えており、「Mario Kart Wii」「Wii Fit」に至ってもペリフェラル（専用コントローラー）付きにもかかわらず800万本を超える大ヒットを記録しています。

　しかしながら、スペック的に他のプラットフォームからの移植が難しいこと、既存の操作系とは違うコントローラーであることから、任天堂以外のサードパーティにとってはソフト開発が難しいため、任天堂の1人勝ちを招いてしまったことも否めません。

　これは、任天堂ブランドが引き起こしたことではなく、Wiiに特化したゲーム性をいかに提供できたかという問題でもあるのですが、昨今は「任天堂ソフト以外は売れない」と言われており、サードパーティの供給姿勢の本気度にも問題があると思われます。

　また、前述のとおり「Wii Sports」が同梱されており、ファミリー向けのタイトルが好調なことから、ソフト1本あたりの満足度が高く、なかなかいろいろなソフトを買い替えて遊ぶという傾向がないのも特徴で、ソフト装着率も2009年末時点で7.3本となっています。インストールベースが大きいため、供給タイトルも累計750タイトルとなっており、他プラットフォームよりもかなり多いにもかかわらず、伸びていません。

　2009年3月のNPDレポートによると、Wiiのネット接続率が29％との報告もあり、古いコンテンツをWii向けにアップしているバーチャルコンソールはコア向けにヒットしているものの、WiiWareは認知度が低く、任天堂の一部のタイトルや大きなフランチャイズタイトルしかフォーカスされていないため、サードパーティのオリジナルコンテンツは埋もれてしまっているのが実情です。

　ファミリー向け、ライト向けということを考えれば特にネットは必須とは言えないプラットフォームではありますが、サードパーティ参入の敷居を下げる意味でもWiiWareのユーザーへのプッシュを望むところです。

ハンドヘルド（携帯ゲーム機）
ニンテンドーDS

2004年末にゲームボーイの後継機として発売され、2006年6月にDS Lite、2009年4月にDSiが北米市場に投入されました。2009年末時点で北米の累計販売台数は3,879万台を達成しています。2007年には850万台、2008年は996万台、2009年度には1,118万台を達成し、発売から5年を超えたハードにも関わらず快進撃は続いています。

さらに、日本で発売されたDSi LLは北米ではDSi XLとして2010年3月に発売されました。さらなる需要を喚起できるのか、楽しみなところです。

表5.5 北米：現行DSの価格／簡易スペック

	ニンテンドーDS		
	DSLite	DSi	DSiXL
メーカー希望小売価格	$129.99	$169.99	$189.99
ディスプレイ	3.25インチ	3.25インチ	4.25インチ
特記事項	ゲームボーイアドバンスカートリッジスロットあり	SDカードスロットあり 内蔵フラッシュメモリ：256MB DSiカメラ内蔵	SDカードスロットあり 内蔵フラッシュメモリ：256MB DSiカメラ内蔵

ニンテンドーDSは、2009年末時点で世界販売累計1億2,513万台を達成し、すでにギネスブックに認定されていたゲームボーイの1億1,869万台を突破しました。ゲーム専用機としては世界で一番購入されたハードになったわけです。

日本同様、老若男女に受け入れられるハードに成長したニンテンドーDSはノンゲーマーと言われるライト層を取り込んでおり、任天堂のノンゲームジャンルタイトルの独壇場となっています。2009年末までに「Brain Age（脳トレ）」シリーズは2タイトルで630万本を超え、「Nintendogs」は2005年の発売以来773万本を超える販売数を叩き出しています。これらのタイトルは「ニンテンドーDSを買ったら一緒に買う」というマストバイタイトルとなっており、日本のブームとまったく同じ動きを取っています。

ただし、ライト層を取り込んだことによって既存のゲームジャンルを供給しても普及台数に比例した販売数が見込めない、といった状況も生じています。また、他のハードと比べてソフトウェアの販売価格に占める製造コストの割合が高いため、利

益を確保するのが難しく、ソフトメーカーにとっては頭の痛い状況になっていることをつけ加えておきたいと思います。

　ライトユーザーであることから、1本のソフトに対する満足度が高いため、2009年末時点のソフト装着率は5.6本となっています。インストールベースが大きくても、ライトユーザーがソフトを購入する際の財布の紐は硬いようです。

PlayStationポータブル（PSP）

　2005年3月に投入されたPSPは、2007年度は382万台、2008年度は383万台、2009年度は250万台と決して悪い数字ではなく、2009年末現在で1,680万台のインストールベースを達成しています。快進撃を続けるニンテンドーDSと比べてしまうと見劣りするのは事実ですが、ハード普及台数としてはXbox 360にひっ迫するほどなのです。

　また、2009年秋に発売されたダウンロード専用のPSP-goも、UMD機能をカットしたのに現行機PSP-3000より高額であることに市場は疑問を抱いているようです。年々台数を伸ばしているニンテンドーDSに比べて、PSPは2009年には販売台数を大きく落としました。

表5.6　北米：現行PSPの価格／簡易スペック（2009年12月末現在）

	PlayStationポータブル	
	PSP-3000	PSP-go
メーカー希望小売価格	$169.99	$249.99
ディスプレイ	4.3インチ	3.8インチ
特記事項	UMDスロットあり	UMDスロットなし 内蔵フラッシュメモリ：16G

　発売当時PSPはライバルのニンテンドーDSに比べてスペックが高いハンドヘルド機であったため、北米のアナリストたちは「PSPが市場独占」と予想していました。しかしながら、PSPは日本以外からのオリジナルタイトルの供給がほとんどなく、魅力的なタイトル群の欠如による転落は、2009年末現在のソフト装着率「4.5本」を見ても明白です。

　また、日本での「モンスターハンター」シリーズに匹敵するようなキラータイトルが出現しないため、100万本を超えたタイトルは発売以来「Grand Theft Auto」シリー

ズや「Midnight Club3」など5本のみです。2009年に発売されたタイトルで最も売れたのは「Dissidia Final Fantasy」で、30万本弱となっています。これは、1,680万台といわれる累計販売数に対して非常に低いものと言えるでしょう。発売されているソフトの売れ行きが悪いことは否定できません。

ただし、当初は「ダウンロード録画したムービーや音楽を聴くために使用されているのではないか？」との話もあったのですが、実際には「ゲーム機として使用されているが、違法ダウンロードの温床となっていることが多い」と言われています。メモリスティック等を使用してPCとの連携が容易であり、自由度の高いところがかえって仇になっているのが皮肉なところです。

インターネットにおける違法サイトの取り締まりはイタチごっこと言われていますが、ソフトメーカーが安心して売上を確保できる体制を整えてほしいものです。PSPに対するタイトル供給数は2007年度には119タイトルありましたが、2008年には57タイトルと以降極端に減少しました。ところが、日本におけるPSPソフトの開発が活発なことから2009年には82タイトルと増えています。残念なのは、タイトル数が増えているにもかかわらず、PSP向けの2009年年間総売上本数が1,245万本となっていることです。これは、1,680万台のPSPユーザーが1人1本までも購入してくれなったということであり、前年比42%もダウンしました。この結果を見ると、PSPは日本市場と北米市場の温度差が最も激しいプラットフォームと言えます。

PCまたはPS3経由でしかコンテンツをダウンロードできなかったPSNですが、2008年秋にPSPから直接ダウンロードできるようになりました。SCEの今後のプッシュに期待したいところです。

5.3
北米におけるソフトトレンド（2007～2009年）

北米ソフト市場概況

現行ハードが急激に市場浸透を進めた2007～2009年は、メーカーが順調に供給タイトル数を増やしています。これは、ゲーム機のインストールベースが増え、メーカー側も安心してタイトル供給ができるようになったのに加え、ソフト開発に小慣れてきた、という背景もあります。

第5章　北米ゲーム市場

表5.7　北米市場据置機新作タイトル数

	2007年	2008年	2009年
PS2	187	162	73
360	150	166	175
Wii	146	255	291
PS3	90	142	151

　残念なのはPSP向けタイトル数が伸びず、映画、スポーツなどの版権を受けたタイトルが多いこと、日本メーカーからの供給率が高いことです。2009年度の新作タイトルに占める日本メーカー供給タイトルは32％に上っています。

表5.8　北米市場ハンドヘルド（携帯機）新作タイトル数

	2007年	2008年	2009年
NDS	249	326	317
PSP	119	57	82

　2007～2009年の北米ソフト市場をトップ10だけで語ると、任天堂が強かった、FPS/TPSが人気ジャンルとして確立した、と言い切れるでしょう。

　2009年は任天堂のソフトの売上本数を北米市場全体のシェアでみると、驚くことに18％を占めていました。北米で売れたゲームソフトの約5本に1本は任天堂のソフトと言うことになります。

　また、PS2時代から引き続いて人気のある「Grand Theft Auto」シリーズの最新版が2008年に発売され、大ヒットを収めました。バイオレンスがしばらく前からのトレンドではあったのですが、「Gears of War」「Call of Duty」などのガンシューティング、「Guitar Hero」「RockBand」などの音楽ゲーム、「Fallout」「Fable」などの欧米製RPGが人気ジャンルとして市場で大きなシェアを取るようになりました。

5.3　北米におけるソフトトレンド（2007〜2009年）

表5.9　2007年 北米ソフト年間販売本数トップ10（NPD調べ）

順位	ハード	タイトル	メーカー	発売日（年/月）	推定年間販売本数	推定累計販売本数
1	360	Halo 3	Microsoft	07/9	482万本	530万本
2	Wii	Wii Play	Nintendo	07/2	412万本	1,255万本
3	360	Call of Duty 4: Modern Warfare	Activision	07/11	304万本	526万本
4	PS2	Guitar Hero III: Legends of Rock	Activision	07/10	272万本	390万本
5	Wii	Super Mario Galaxy	Nintendo	07/11	252万本	411万本
6	NDS	Pokemon Diamond Version	Nintendo	07/4	248万本	331万本
7	PS2	Madden NFL 08	EA	07/8	190万本	227万本
8	PS2	Guitar Hero II	Activision	06/11	189万本	347万本
9	360	Assassin's Creed	Ubisoft	07/11	187万本	246万本
10	Wii	Mario Party 8	Nintendo	07/5	182万本	309万本

表5.10　2008年 北米ソフト年間販売本数トップ10（NPD調べ）

順位	ハード	タイトル	メーカー	発売日（年/月）	推定年間販売本数	推定累計販売本数
1	Wii	Wii Play	Nintendo	07/2	528万本	1,255万本
2	Wii	Mario Kart Wii	Nintendo	08/4	500万本	816万本
3	Wii	Wii Fit	Nintendo	08/5	453万本	810万本
4	Wii	Super Smash Bros. Brawl	Nintendo	08/3	417万本	475万本
5	360	Grand Theft Auto IV	Take2	08/4	329万本	376万本
6	360	Call of Duty : World at War	Activision	08/11	275万本	375万本
7	360	Gears of War 2	Microsoft	08/11	231万本	279万本
8	PS3	Grand Theft Auto IV	Take2	08/4	189万本	226万本
9	360	Madden NFL 09	EA	08/8	187万本	205万本
10	NDS	Mario Kart DS	Nintendo	05/11	165万本	593万本

表5.11　2009年 北米ソフト年間販売本数トップ10(NPD調べ)

順位	ハード	タイトル	メーカー	発売日(年/月)	推定年間販売本数	推定累計販売本数
1	360	Call Of Duty: Modern Warfare 2	Activision	09/11	584万本	584万本
2	Wii	Wii Sports Resort	Nintendo	09/7	454万本	454万本
3	Wii	New Super Mario Bros. Wii	Nintendo	09/11	422万本	422万本
4	Wii	Wii Fit	Nintendo	08/5	357万本	810万本
5	Wii	Wii Fit Plus	Nintendo	09/10	353万本	353万本
6	Wii	Mario Kart Wii	Nintendo	08/4	316万本	816万本
7	Wii	Wii Play	Nintendo	07/2	318万本	1,255万本
8	PS3	Call Of Duty: Modern Warfare 2	Activision	09/11	298万本	298万本
9	360	Halo 3: ODST	Microsoft	09/9	224万本	224万本
10	NDS	Pokemon Platinum Version	Nintendo	09/3	205万本	205万本

それでは、具体的なマーケットトレンドを簡単に見ていきましょう。

ガンシューティング(FPS/TPS)の台頭

　北米ではFPS(First Person Shooter、一人称視点のシューティング)やTPS(Third Person Shooter、三人称視点のシューティング)がジャンルとして確立しており、「Call of Duty」シリーズ、「Halo」シリーズ、「Gears of War」シリーズ、「Left 4 Dead」シリーズなどがこれにあたります。2009年度のソフト総売上本数におけるガンシューティングのシェアはXbox 360では15%、PS3で21%を占めており、ガンシューティングは、特にハイスペック機においては確実にユーザーを取り込んでいるジャンルと言えます。

　2007年に発売された「Halo3」は、3ヶ月でほぼ500万本を売り上げ、エンターテインメント史に残る快挙と言われましたが、2009年11月に発売された「Call of Duty: Modern Warfare 2」は発売48時間で700万本を売り上げた(全世界)、というニュースが大きく報道され、ギネス級のお化けタイトルの出現と言われています。

5.3　北米におけるソフトトレンド（2007〜2009年）

バイオレンスゲームの陰り

　「Grand Theft Auto」シリーズは、PS2時代に爆発的なヒットとなり、2002年10月発売のシリーズ最多を売り上げた「Grand Theft Auto: Vice City」はPS2のみで700万本を達成しました。北米においては、非現実的な暴力の社会をゲームでバーチャルに体験できることがウケて、バイオレンスゲーム人気に拍車がかかっていました。

　しかしながら、満を持して2008年4月にPS3/Xbox 360のマルチプラットフォームで発売した「Grand Theft Auto IV」は、両ハード合わせて600万本と、前作を上回ることはできませんでした。追随して発売されたActivisionの「Prototype」も期待されたほどは伸びず、両ハードで85万本でした。

　ミリオンは確実と言われていた「Grand Theft Auto」シリーズですが、2009年3月にニンテンドーDSで発売すると、29万本とまったく奮いませんでした。選択したプラットフォームが間違いだった、ということはさておき、バイオレンスゲームにユーザーが過去ほど反応しなくなったということの裏返しなのかもしれません。

音楽ゲームブームとその終焉

　「Guitar Hero」シリーズは当初RedOctane/Harmonixが独自に企画販売したオリジナルゲームでした。日本市場でも少し前にはやったジャンルではありますが、大きな違いはオリジナルの楽曲ではなく、ユーザーがギターで弾いてみたい有名曲のライセンスを取得して入れ込んだ、というところです。

　このタイトルが、2005年11月にPS2で発売されて150万本超の大ヒットを記録すると、2007年にVivendi Universalとの合併でElectronic Arts（EA）を首位から転落させたActivision Blizzardが、IP（Intellectual Property、知的財産権）を含めてこの会社を買収したのでした。

　これにより、3年を超える「Guitar Hero」のフランチャイズ（大型タイトル）化に成功しました。「Guitar Hero」はM&Aによる産物ではあるものの、大きなフランチャイズ化を進めたのはActivision Blizzardであり、音楽ゲームを北米市場での一大ジャンルとして育てあげたのも同社であると言えるでしょう。

　また、「Guitar Hero」シリーズの開発会社Harmonix、MTV GamesがEAと組んで新規音楽ゲームIPである「Rock Band」シリーズを2007年に立ち上げました。両者ともにMetallica、Beatlesなど有名アーチストの楽曲のライセンスを独占的に

取得するなど、大きな競争を生んでいました。

2009年になると、Activisionが「Guitar Hero 5」「Band Hero」「DJ Hero」を発売し、MTV/EAが「Rock Band Beatles」を発売するも、前作から大きく売上本数を減らす結果となってしまいました。

Activisionはこれにより、RedOctaneを締め、Guitar Hero 6を開発中の開発会社Neversoftのスタッフを同タイトルの開発完了とともに解雇する、というニュースが流れました。さらにActivisionは、2010年は音楽ゲームを2タイトルしか発売しないとアナウンスしており、頻繁に発売されていた音楽ゲームのブームが終焉を迎えようとしているのは事実のようです。

5.4
RPGとJRPG

据置機におけるロールプレイングゲーム（RPG）は、長い間日本の専売特許のような趣がありましたが、「Fallout」「Mass Effect」「Bio Shock」シリーズなどの欧米発のタイトルが数多く発売されました。いずれも発売後100万本を超える大ヒットを収めています。

これらは、日本のファンタジー背景でテキストベースの「こつこつ」型RPGとは異なり、大人向けの世界観を売りにした「リアル」なものが多く、同じジャンルとしてはあまりにかけ離れているため、日本発のRPGを「JRPG」と区別する動きも見られました。

もちろん、日本発のRPGも日本ファンの支持を受けているのですが、マスに向けた欧米発のRPGの台頭が日本発RPGをさらに「ニッチ」なものに追い込んでいます。日本製RPGで2007年以降50万本以上販売したのは、任天堂を除くと「Crisis Core：Final Fantasy VII」と「Kingdom Hearts 358/2 Days」の2つしかなく、据置機では1つもないというのが現状です。

ファンタジーよりもリアルなものを望む北米のユーザー嗜好が、ハードのハイスペック化により加速したとも言えますが、北米の市場もターゲットに入れる日本のRPGメーカーは、深い考察が必要になるでしょう。

5.5
北米市場まとめ（2007～2009年）

任天堂の快進撃

　2007～2009年のゲーム市場を総括すると、「任天堂は強かった」の一言に尽きます。任天堂だけが不況のあおりを受けていない、まさに一人勝ちだったのです。Wiiもニンテンドー DSも衰えを見せません。

　Wiiは長い間「在庫があればもっと売れたのでは？」との声も聞かれ、2009年にはいったん落ち着いたものの、再度年末には在庫不足を招いています。2010年以降も任天堂の快進撃が続くのかどうかは、北米の市場規模を大きく揺さぶるものになるでしょう。

　任天堂が強いのはハードだけではありません。Wiiローンチ当初に発売された「Wii Play（はじめてのWii）」は2009年末時点で1,200万本を超える売上を達成しています。コントローラーとソフトをセットにして販売しており、コントローラーを単体で買うよりも割安であるため「マストバイ」なソフトとされています。また、2008年に発売された「Super Smash Bros. Brawl（大乱闘スマッシュブラザーズX）」「Mario Kart Wii（マリオカートWii）」「Wii Fit」は2008年の北米市場に大きなインパクトを与えました。特に「Wii Fit」は、「ダイエット」「フィットネス」というキーワードが北米ユーザーの心をつかんだのは間違いないようで、2009年末時点で累計810万本を達成しています。ただしこの「Wii Fit」も、発売1年以上にわたって在庫不足が続きました。

　また、2009年には「Wii Sports Resort W/Wii Motion Plus」が発売され454万本を、「Wii Fit Plus W/Blance Board」は353万本を年末までに売り上げています。2009年末に発売された「New Super Mario Bros. Wii」は、発売1ヶ月で422万本を達成しました。

　任天堂はWii、ニンテンドー DSともにファーストパーティとしてダントツのソフト販売数を誇りました。2008年において、任天堂タイトルの販売数が任天堂ハード（Wii、NDS）のソフト販売総数に占める割合は25.9％、2009年は32.9％と実に4分の1を占めています。Wii、ニンテンドー DSは「ソフトメーカー任天堂のためのハードウェアである」と言っても過言ではありません。

　WiiがローンチされたS2006年に、北米アナリストたちが語った「市場のハイスペッ

第5章　北米ゲーム市場

ク機への移行は必至」との予想を大きく裏切った任天堂の快進撃には、素直に拍手を送りたいと思います。ソフトあってのハードであることを証明しただけでなく、ライト層をユーザーに取り込んだのは間違いなく任天堂なのですから。

据置機のシェア論議

　前述のとおり、任天堂は強かったのですが、だからと言って「任天堂がハードシェアを伸ばした」と言いきるのは単純すぎると言えます。シェアと言うには、任天堂Wiiと現行ハイスペック機（Xbox 360、PS3）は、用途が大きく違うように思います。現行ハイスペック機を持っているからと言って、任天堂Wiiを持っていないとは言えないのです。

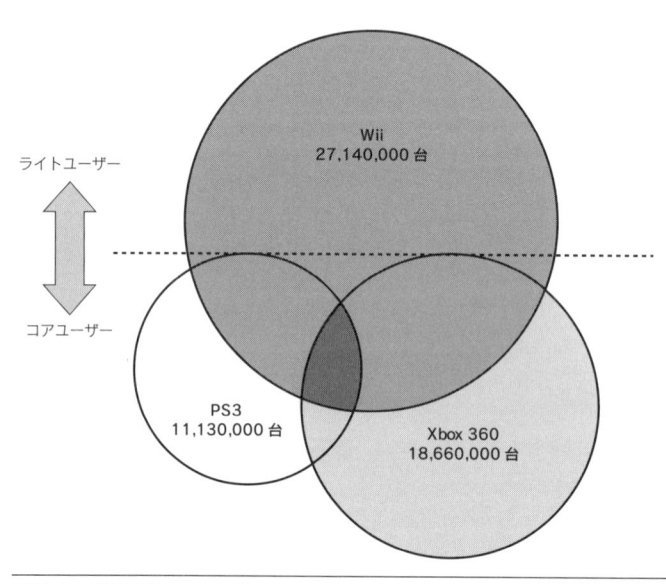

（図：Wii 27,140,000台、PS3 11,130,000台、Xbox 360 18,660,000台、ライトユーザー／コアユーザー）

図5.4　据置機のシェア

　販売好調なソフトのジャンルを比較してみると、Wiiは複数人で遊べるパーティゲームが主流なのに比べて、Xbox 360やPS3などのハイスペック機はFPSやTPSなどのガンシューティングや、スポーツ、アクションなどのシングルプレイソフトが好調です。

　大雑把に言えば、Xbox 360またはPS3は、部屋で1人で遊ぶために使用するも

ので、Wiiはリビングに置いて家族や友人と時間を共有するハードと言えます。したがって、ユーザーはWiiソフトの購入者でもあり、現行ハイスペック機向けソフトの購入者でもあることは認知しておきたいところです。

また、対象ユーザー層の棲み分けに加えて、ソフトメーカー側も開発の棲み分けを行っています。Wiiはハイスペック機に比べて、スペックはもとより、コントローラーの操作方法などの違いが大きいため、ソフト販売戦略においても、マルチプラットフォーム化の枠外と考えられています。

上述のような状況では、ハイスペック化を考慮してソフト開発を進めていた北米のメーカーにとって、Wiiは難しいハードです。PCからの単純な移植では対応できない上に、コントローラーの使い方がゲームソフトにおける重要な要素となるからです。

任天堂タイトル以外の販売が奮わないのもこのような事情があるからでしょう。任天堂ソフト以外でWiiユーザーに訴求できているタイトルは、任天堂タイトルに追随したパーティゲーム集や、「Guitar Hero」シリーズ、「Rockband」シリーズなどの専用コントローラーを伴う音楽ゲームくらいです。

開発費の高騰化とマルチプラットフォーム化

不況に強いゲーム業界の話をしましたが、日本市場においてもバブル崩壊後に同じような動きがありました。しかしながら、日本のバブル崩壊後と大きく違うのが、巨額の開発費です。新規に投入されたハイスペック機は旧ハードの10倍以上の開発費を要求されるものになりました。

北米アナリストのレポートを総合すると、北米で発売されるタイトルの平均開発費は1プラットフォームあたり約10億円以上、マルチプラットフォーム制作の場合だと約18億〜28億円と言われています。

このような巨額の開発費を出回り始めたばかりのプラットフォームに供給できるのは大手メーカーだけとなり、ますます大手による寡占化が進むことになりました。ゲームソフトはある意味「ギャンブル」であり、巨額の投資をしたからといって必ずしも回収できる約束があるわけではありません。複数の成功タイトルがあっても、たった1つの開発費回収の失敗が、企業をどん底に落としかねないのです。

日本では馴染みの少ないマルチプラットフォーム化ですが、欧米タイトルでは旧ハードから盛んに行われています。北米では2008年度だけで170以上、2009年に

は、130を超えるマルチプラットフォーム対応のタイトルが発売されています。別の言葉で言えば**ワンソース・マルチユース**、「所有ハードに関係なく、より多くのユーザーにコンテンツを供給しよう」、もっと言えば「多くのユーザーから開発費を回収しよう」なのです。

　最近では2008年の「Soul Calibur IV」、2009年には「Resident Evil 5（バイオハザード5）」「Street Fighter IV」「Tekken 6」など、日本のメーカーもマルチプラットフォーム化を加速させていますが、欧米のマルチプラットフォームにはPCも含まれます。

　日本のメーカーとの乖離は、欧米のメーカーが長い間PC向けでも多くのタイトルを開発、発売してきたことに起因しているのです。低スペックの家庭用ゲーム機が主流の時代にはハードの性能を駆使して最大限のパフォーマンスを出力する技術が必要で、マルチプラットフォーム対応も容易ではなかったのですが、近年では、ハイスペック機がPCの性能に近づき、プラットフォーム間の性能の違いを気にせずに並行して開発ラインを持てるようになったわけで、昨今の開発費高騰を考えると、ビジネス的にも当然の流れと言えます。

5.6
ソフトの二極分化と中古対策

　任天堂ハードとハイスペック機のシェア議論は不毛だという理由は他にもあります。ソフトの特性のみならず、ソフトの売れ方も極端に違うのです。

　北米では、国土が広く、日本ほどゲームが一般に認知されたものではないことから、「発売直後に大量に売れて失速する」のではなく「バイラルマーケティング（口コミ効果）により、良質なソフトは長い間ランキング上に残る」のが定説でした。任天堂のタイトルは旧作が多数ランキングしており、この定説を守っているものと言えます。

　ところが、ハイスペック機向けタイトルに関しては、初動で大きな数字を叩き出した後、急激に失速しています。2008年春に発売された「Grand Theft Auto IV」や「Metal Gear Solid 4」、2009年初旬に発売された「Resident Evil 5」「Prototype」など、初動で大きく動いてからはその後ロングランを続けるということが少なくなりました。

5.6　ソフトの二極分化と中古対策

　ハイスペック機向けのソフトはコアゲーマー向けに集約されつつあります。彼らは、熱狂的にゲームの発売を望み、ネットや雑誌の情報を集め、発売日に手に入れようとするのです。これが初動の動きが激しい理由と考えられます。コアゲーマーたちが「遊ばない」と思ったタイトルはこの時点で脱落することが多くなります。

　初動で爆発したタイトルが口コミにより第2需要を迎えるとき、市場にはすでに「中古」が流通しているため、ユーザーは新品よりも安い「中古」の購入に流れます。結果として新品を購入する機会が減り、データ上の販売本数が減少するというからくりになっています。

　ちなみに任天堂タイトルは、「ゲームをクリアする」よりは「家族で楽しく定期的に遊ぶ」ことを目的に購入するため、ハイスペック機向けソフトに比べて「中古」に出されるリスクが少ないとも言えます。

　業界としては法律上この「中古」に対抗する手立てはないため、北米メーカーはユーザーに長い間繰り返し遊んでもらい、パッケージを手放さないような対策を取り始めています。

　ネット対戦/協力プレイなどのリプレイヴァリュー（やりこみ要素）を高めるのはもちろんですが、ビジネス的にもう1歩踏み込んだ取り組みとして「Grand Theft Auto IV」の例を挙げると、2009年2月に拡張ダウンロードコンテンツ「The Lost and Damned」の有料（1,600マイクロソフトポイント）での提供を開始しました（ただしXbox 360のみ）。パッケージをクリアしたユーザーが引き続きネットコンテンツでお金を払って遊んでくれるのです。

　また、2009年11月に発売された「Dragon Age: Origins」、2010年1月に発売された「Mass Effect 2」に関しては、新品を購入したユーザーにはコンテンツダウンロード権が1回のみの限定で無償付与されているものの、中古で購入した（登録上2人目以降の）場合、そのダウンロードが有償（10ドル）になる、という仕掛けをしています。EAが中古対策として立ち上げたもので、**Project Ten Dollar**と呼ばれています。

　これらの施策によって「中古」に対する抑制のみならず、新たな収益源をも生むものと期待されます。今後ハイスペック機向けにタイトルを供給するにあたっては、ユーザーに長く遊んでもらう、という「中古対策」を早急に迫られているのは事実です。

ネットワーク対応

　日本で立ち遅れていると言われる、タイトルのオンライン対応も、北米では旧ハード（Xbox/PS2）時代から盛んに行われていました。前述したように、欧米ではPC市場が健在で、PCゲームではオンライン対応が当然でした。欧米のメーカーからするとPC向けでの経験があるため、オンライン化は技術的にも難しい対応ではなかったのです。

　一方、ゲームと言えば家庭用ゲーム機であった日本にとってオンライン化は新たな試みであり、日本メーカーの対応が遅れるのも無理はないのですが、年を追うごとに乖離が大きくなっていることも否めません。

　スタンドアロンで遊べないネット専用ソフトも数多く出されており、ネット機能がついていないとプラットフォーム側（ハードメーカー）から承認がおりず、発売自体もできないこともあるという苦言を欧米メーカーからよく聞かれるようになりました。

　ビジネス的に考えても、北米におけるパッケージ流通コストの高騰、在庫リスクなど、上述した中古対策の意味でもオンラインコンテンツのさらなる進化が期待されます。

第6章
アジア圏のゲームシーン
韓国・台湾・中国・東南アジア

中村彰憲

アジアのゲームとは

「海賊版」という巨大な障害が存在する中、インターネットをソリューションとして隆盛をきわめるオンラインゲーム産業。低迷と言われるパッケージゲーム市場もe-sportsを基軸にイベントビジネスとしての可能性の萌芽が……

海賊版占有率

中国	台湾	韓国	マレーシア	シンガポール	タイ	ベトナム
95%	94%	66%	83%	−	77%	−

出典：IIPA Country Report（すべて07年調査時の数値）

ベトナムホーチミンのとあるGame Room。アジアゲーム産業を象徴する1シーン

第6章　アジア圏のゲームシーン

6.1
海賊版市場が横行していることを前提とした市場形成

海賊版メディアの流通

　アジア圏におけるゲームシーンは同じアジアの一員である日本とは切り分けて分類しなければならないほど、市場状況には違いがあります。まず前提条件として言及すべきは、巨大な**海賊版市場**の存在でしょう。韓国、台湾、シンガポールといった地域においてはある程度の改善が見られるものの、中国、そしてシンガポールを除いた東南アジア地域などは、たいへん厳しい状況にあります。海賊版市場といってもなかなかしっくりこないかもしれませんが、合法、非合法という視点ではなく、あくまでも現象として捉えるならば、文字どおり、非公式組織間のネットワークで繋がれたもう1つの「市場」であると言うことができます。これらの市場についてはジャーナリストがルポタージュ的に報道しているため、多くの人たちがすでに知っていることでしょう。

　台湾の場合07年の海賊版占有率[†1]は94%です。これは、PCや家庭用ゲーム機の海賊版に加え、携帯ゲーム機の海賊版を含めての数値です。04年の調査時は、PCや家庭用ゲーム機の海賊版占有率と携帯ゲーム機の占有率を切り分けて調査しましたが、その際は、PCおよび家庭用ゲーム機の海賊版占有率は64%、携帯ゲーム機の海賊版占有率は95%でした。05年はPCや家庭用ゲーム機の海賊版占有率が調査されましたが、その際の数値は42%でした。07年は携帯ゲーム機とその他の機器という切り分けが行われていないため、はっきりしたことはわかりませんが、総体的に07年は海賊版占有率が高まったことが伺えます。この中国並みの海賊版占有率の高さは、Wii用海賊版ディスクの台頭やGameboy Advanceなどカートリッジベースの海賊版ROMの普及と無関係ではないようです。具体的な調査結果がないため欧米日市場の状況をもとに推察するしかありませんが、Wiiの登場はライトユーザーの購入を喚起し、結果として海賊版市場の横行を誘った可能性があります。つまり、これまであまりゲームを購入したことがないファミリー層などの対応を意識した海賊版業者が、ナイトマーケット（夜市）などに大量に海賊版を頒布した可能性です。現在これに対して任天堂アメリカがアクションをとり、海賊版流通業

---

†1　IIPA Country Report Taiwan, 2009

6.1　海賊版市場が横行していることを前提とした市場形成

者の摘発に協力をしています。

　この他の地域については、韓国を除き（とは言いながらも6割以上が海賊版であるという結果が出ています）、海賊版占有率は総じて高くなっています。また、これらの地域における海賊版市場の傾向は一貫しています。これまで、光学メディアの販売自体、CD上のMPEG1の映像データを記録したVCDの販売から始まり、DVD販売へと移行していきましたが、現在は、単に海賊版をコピーする以上のさらなる付加価値も加えられるようになっています。具体的には、シリーズごとにオーサライズした商品群などの存在です。1枚のDVDですべてをプレイできる、といったものが頻繁に海賊版市場で見受けられるようになっています。今後もこのような形態での海賊版の普及が継続されるのは間違いないでしょう。

　一方、PlayStation 2（以下、PS2）のMODチップハードの普及も深刻です。**MOD**とは「Modify」の略で、ハードに改編を加えることを意味します。これにより、家庭用ゲーム機でも海賊版コピーを使用することが可能になります。

　中国の場合、ゲームを8元（104円）で購入し、プレイすることができます。PS2自体も1,200～1,500元（15,600～19,500円）で購入できます[†2]。現行機では、Xbox 360の流通が進んでいるようです。一方、PlayStation 3は開発当初から海賊版対策を強く意識したシステム開発を進めたことや、まだ普及そのものが進んでいないBlu-rayディスクをゲームメディアとして採用していることもあり、海賊版の世界的な流通の抑止を実現しました。しかし、海賊版ディスクの流通が困難なPlayStation 3は、流通が進んでいません。アジアではまだ普及が進んでないBlu-rayディスクであるということが抑止力になったと推察されます。

　このような海賊版の頒布はアジア全域で起きています。シンガポールは法整備が進み、海賊版が見受けられることはなくなりましたが、マレーシアは依然として高い海賊版占有率の状態が続いています。もし、隣国のシンガポール人が望むのであれば、比較的簡単に入手できてしまう状況にあります。

P2Pによる海賊版流通

　さらに深刻なのが、**P2P**（Peer to Peer）によるコンテンツのダウンロードです。光学メディアの場合は、非合法流通網を中心とした卸と小売りの関係が成り立って

[†2]　中村彰憲、田震、「2005年中国ゲーム産業」、『ファミ通ゲーム白書2006』、pp.364～369

おり、中国内陸地の非合法工場からアジア周辺の各国へと流通される「非合法国際ネットワーク」が成立していてもおかしくはありません。光学メディアによる海賊版は本質的には物販メディアであるため、当然と言えば当然です。これに対してP2Pは、ネット広告モデルとして成り立っています。デザインそのものを煩雑化させることなくシンプルにしてしまうことも可能です。したがって、かなりのコストダウンが図られると推測されます。また、P2Pであるためサーバー負担も低く抑えられます。以上のことから、また、米国にサーバーを保有し、ドメインを「cn」ではなく「com」で取得している企業も多々あり、この状況を撲滅することは簡単ではありません。しかし09年には、中国行政も本格的に動き出しました。12月に国家広電局が中国最大のBit TorrentポータルサイトBTChinaをはじめとした、530ものサイトを閉鎖したのです[†3]。前述のとおり、業者側もさまざまな戦略を打って出ることが可能なため、これで海賊版配信サイトがどう、ということはありませんが、行政側としては違法サイトに対するメッセージをつきつけたことになります。ただ光学メディアの際もそうですが、このようなことで中国の海賊版市場がつぶれることはないでしょう。同じことは他のアジア地域の市場についても言えます。行政側と業者側とのイタチごっこはこれからも続くでしょう。

6.2
アジアの代表的なパッケージPCゲームパブリッシャー

　PCゲーム市場に向けては、台湾、中国、韓国、香港などでそれぞれゲーム開発が行われていました。韓国で言えば、「マグナカルタ」シリーズの開発で著名なSOFTMAX、ならびに「ナインティナインナイツ N3」(以下、N3) の開発元、ファンタグラムなどが代表的です。SOFTMAXは93年に設立後、96年「War of Genesis」シリーズをリリース。PCゲーム開発販売会社として名乗りをあげました。一方、ファンタグラムは94年設立。95年にはPCでのSFアクションゲーム「Zyclunt」をリリース。翌年には日本で発売してます。前述の「マグナカルタ」ならびに「N3」は日本で一定の評価を得ていることから、これら企業の開発力が伺えます。

[†3]　http://www.smelzh.gov.cn/ReadNews.asp?NewsID=9032

台湾のPC用パッケージゲームは中国市場でも販売され、大きな影響を与えています。特に大きな影響を与えているのが、Softworld（知冠科技）とSoftstar（大宇資訊）です。Softworldは、83年に台湾南部の高雄で創立しました。その後、89年に自社開発ゲームソフトの販売を始め、「三国演義」といった中国古典を題材としたRPGや、「笑傲江湖」などの中国国内で著名な作家、金庸の小説をゲーム化した作品などを販売しました。これに対し、88年に設立されたSoftstarも、武侠ジャンルのゲームを開発しています。「軒轅剣」や「仙剣奇侠伝」（以下、「仙剣」）などです。現在までに「軒轅剣」は、ナンバリングタイトルとしては5作目が販売されています。「仙剣」は、正式な続編としては4作まで販売されています。特に「仙剣」の評価が高く、テレビ番組化もされているほどです。

　一方、中国大陸にも欧米日にPC用ゲームを販売した企業が存在します。リアルタイム戦略ゲーム「フェイトオブドラゴン　龍の系譜」（以下、「フェイト」）を開発したObject（目標軟件）がそれです。95年に設立された同企業は、00年に「フェイト」を中国国内でリリース。当時としては珍しく10万本以上もの売上を果たします。以降、アイドス・インタラクティブにより、欧米日などでリリースされました。同社は現在、主にオンラインゲームの開発および運営を行っています。また同作品は、99年にセガサターン向けに日本で発売されました。

6.3 オンラインゲーム市場

　海賊版市場は非合法であるため、一般的な商業流通が行っている本格的な広告戦略を実行できません。そのためビデオゲームについては、専門誌以外の露出は低いと言わざるを得ない状況にありました。それに対し、合法的なビジネスとして成立していたオンラインゲームは既存メディアや、各種ショップなどが大々的にポスターを掲載するなどで、話題性が高まりました。これに加え、インターネットの浸透など複数の要素が重なり、オンラインゲームはアジア全域で一大市場が形成されるに至っています。月額課金が主流だった黎明期から、05年ごろからのアイテム課金の全盛、そして、最近はライトユーザーへの本格的な普及、ブラウザゲームの台頭などが特徴として挙げられます。このような中、台湾、中国、韓国、東南アジアとそれぞれの地域がそれぞれの形で発展してきました。

第6章　アジア圏のゲームシーン

　コンテンツという視点ではオンラインゲーム産業の黎明期から一貫して韓国の存在は無視できませんが、今は市場規模という視点のみならず、コンテンツという意味でも中国はアジア圏を中心にその力が認められつつあります。一方で台湾企業は市場としては中国よりは小さいものの、中国にオンラインゲーム市場を作りあげた立役者でもあり、コンテンツ開発力は着実に高まっています。事実、台湾で開発され、日本で展開されたコンテンツが複数あるだけでなく、現在はブラウザゲームなどで日本でも人気のコンテンツを開発しています。地域としてのコンテンツ開発力が改めて確認された形となりました。一方、東南アジアは、まさにこれからオンラインゲームコンテンツが発展していく市場となっています。

　次節以降で、韓国、台湾、中国、東南アジア地域におけるそれぞれのオンラインゲームシーンについて言及していきます。

6.4
韓国のゲームシーン

　オンラインゲーム市場をグローバル規模で牽引してきた韓国。同国市場の大きな特徴は、オンラインゲームにおいて、他国に先駆けて新たなトレンドを提案し、それをオンラインゲーム業界における主流へと押し上げる力にあります。市場規模は07年時点で2兆2,403億ウォン（1,747億円）です[†4]。日本の市場が、08年でオンラインゲーム運営サービスによる市場規模が922億円であることを想定すると[†5]、やはり、これ以上大きな成長は見込めないのが現状でしょう。しかし、新たなイノベーションは着実に起こっており、市場として、アジア全体のオンラインゲーム市場を牽引しているのは間違いありません。

　このようなオンラインゲームのトレンドセッターとしての韓国の躍進は、90年代末にさかのぼります。インターネットカフェ（PC房(ばん)）の台頭とともに、「StarCraft」や「Diablo II」「カウンターストライク」などのネットワークゲームが韓国の若い人たちの心を捉えました。これら一連の動向の中で生まれていたのがNexon、NC Softと

[†4] http://game.watch.impress.co.jp/docs/20090212/korea_49.htm の報道より。1ウォン＝0.077円で換算。

[†5] 一般社団法人日本オンラインゲーム協会発表資料、www.japanonlinegame.org/JOGA_mreport_20090713.pdf

いった、韓国オンラインゲームパブリッシャーです。94年に設立されたNexonは96年に「風の王国」、NC Softは97年に「リネージュ」、Actoz Softは98年に「Legend of Mir」の運営サービスを開始し、ネットワークゲームを切望していた韓国の若い人たちのニーズを捉えました。そして99年には、NHNにより「ハンゲーム」ゲームポータルの運営が始まります。これから少し遅れた01年、Webzenが「ミュー奇跡の大地」、02年Gravitが、「ラグナロクオンライン」の商業サービスを開始しています。アジア全体のオンラインゲーム産業の隆盛はこれら企業の立ち上がりと商業サービス開始によって発展していきました。「リネージュ」は台湾、日本などで、「Legend of Mir」「ミュー奇跡の大地」は中国で、「ラグナロクオンライン」は日本、タイ（海賊版だが）で、オンラインゲーム市場勃興および拡大の原動力となり、「ハンゲーム」は日本においてカジュアルゲームとアバター課金の先駆けおよび牽引役を担っています。

以降も韓国オンラインゲーム産業は、同産業における世界的なトレンドを常に牽引してきています。「ハンゲーム」「ポトリス」「BnB」の成功で、カジュアルゲームの流れが生まれ、「メイプルストーリー」はカジュアルでありながらRPG要素を追加しています。「O2Jam」（03年）、「ダンシングパラダイス」（04年）はオンライン音楽ゲームの流れを、「スカっとゴルフパンヤ」（04年）、「カートライダー」（04年）、「クールにバスケFreeStyle」（06年）は、カジュアルスポーツゲームの流れをアジア全域で広めていきました。

現在は、「World of Warcraft（ワールド・オブ・ウォークラフト）」の世界的流行や「FIFA Online2」の盛り上がりなどもありますが、韓国オンラインゲームは現在でもやはりアジアを中心に同市場におけるトレンドセッターとなっています。最近は、Nexonが「アトランティカ」、NC Softが「タワー オブ アイオン」をリリースし、それぞれ市場を沸かせています。また、FPS（First Person Shooter、一人称視点のシューティング）をMMO化したGameHiの「サドンアタック」や、Dragonflyの「スペシャルフォース」なども、改めて市場に受け入れられました。なお、この流れの中で最終的にはNEXONがValveと連携し、FPSの古典的傑作である「カウンターストライク」をオンラインゲーム化した「カウンターストライクOnline」をリリースしています。

据置機（コンソール）がインターネットへの接続を実質上標準としていることにより、「オンライン」という概念は据置機でも一般化してきています。今後この動きが、韓国を中心に発展してきたオンラインゲームシーンにどう影響を与えるかは未知数

ですが、韓国がこれからもしばらくの間、市場を牽引し続けるのは間違いないでしょう。

6.5 台湾のゲームシーン

　韓国に続いてオンラインゲームがブレイクしたのは、台湾でしょう。00年にガマニアデジタルエンターテインメントが「リネージュ」を、Softworld（智冠科技）の小会社であるGame Flier（遊戯新幹線）が02年に「ラグナロクオンライン」を展開し、社会現象化しました。

　ただ台湾の場合、日本で開発されたオンライゲームや現地で開発されたゲームも、同産業の社会現象化に少なからず貢献しています。具体的にはまず99年、Lager Network Technologyにより、MMORPG「万国の王」の運営サービスが展開されました。これは、中華圏における最初のオンラインゲームです。00年には華義国際（Wayi Interantional）が、Japan System Supplyによって開発された「石器時代」を、そしてSoftstar（大宇資訊）が01年に日本Enixによる（開発はドワンゴ）「クロスゲート」を販売代理し、大人気を博しました。また、中華圏で知名度を得ていたPC用パッケージゲームのオンライン化も進みました。これらのソフト群は中華圏の独自性を高めているとも言えます。Softworldは、「ラグナロクオンライン」の運営サービスをするまでは、自社で開発したコンテンツの展開に尽力しました。具体的には00年にはSoftworld系列の中華龍運営で「網路三国」、01年には「金庸群俠伝Online」の商業サービスを開始しています。一方、Softstarも「クロスゲート」以降、「軒轅剣Online」「仙剣奇俠伝Online」など自社開発のオンラインゲームサービスを展開しています。この他にUserJoy Technologyによる「新絶代双橋Online」「三国群英伝Online」も、もともとはPC用パッケージゲームのオンライン化です。

　一方、かわいいテイストをMMORPGに取り入れ成功した作品もあります。前述のLagerは02年に「童話王国」をサービスインし、この独自の世界観に株式会社サクセスが注目。日本での展開を決定しています。またInterServ社の「M2 神甲演義」（以下、「M2」）も05～08年まで日本で展開されました。またUserJoy Technologyについても、同様のテイストで開発した「Angel Love Online」が日本でQ Entertainmentにより運営されています。

6.5 台湾のゲームシーン

昨今の状況ですが、台湾のゲーム産業も成熟化が進み、企業構成も明確になってきました。台湾では、現在ゲーム企業は主に4つのカテゴリーに分類されます。1つ目が海外オンラインゲームの運営に特化している企業で、華義国際、Cayenne Entertainmentなどがその代表例です。もう1つは自社でゲーム開発と運営を行っている企業で、Softstar、Lager Network、UserJoy、Xpec、Interserv、IGSなどが挙げられます。3つ目は総合ゲーム企業です。これらは複数の有力なゲーム開発企業を有したグループ会社となっており、台湾業界内で最も大きな影響力を持っています。具体的にはSoftworldやガマニアデジタルエンターテインメント（Gamania）などがこのカテゴリーに属します。これらの台湾国内企業に加えて活動しているのが、外資系企業の台湾スタジオです。Blizzard、NC Soft、コーエーなどが台湾に拠点を持っています。

なお、もともと現地消費者の意識や価値観が他のアジア圏と比較して日本市場のテイストに近いということもあり、台湾には欧米オンラインゲームに加え、日本のオンラインゲームも続々と参入しています。Softworld系列のGame Flier（遊戯新幹線）は「モンスターハンター フロンティア オンライン（魔物獵人）」を、Cayenne Entertainment Technology（紅心辣椒娯楽科技）が「大航海時代オンライン」と「SDガンダムカプセルファイターオンライン（SD鋼弾）」を運営しています。また、PC用ゲームのRPGとしては古典とも言える「イース」のオンライン版「イースオンライン」も、CJ Internetよりリリースされています。この他にも現在は続編ラッシュが進み、「仙剣奇侠伝2」ならびに「三国群英伝2」がリリースされました。

一方で、前述の「M2」開発元のInterServは中国のPerfect World（完美時空）に、「石器時代」で成功を収めた華義国際は、拠点が同じ北京である中国キングソフトに買収されるなど再編が進んでいます。また、Xpec Entertainment（樂陞科技）のように、有力なアウトソーシング先として、また欧米日スタジオとのパートナーとして、成功をその手にする企業が台頭しています。市場そのものは06年より、100億〜120億台湾ドル（281億〜337億円）を推移していますが[†6]、台湾の人口を考えると、すでに市場としての開拓は終わったと言えるでしょう。したがって、Xpecのようにグローバル市場に対して強い意識を持ちつつゲーム開発を進めることが、同市場に存在するゲーム開発スタジオにとっては賢明な戦略となるでしょう。ただ、台湾

---

†6 http://n.yam.com/chinatimes/computer/200901/20090103306200.html、1台湾ドル＝2.8円で換算。

のプレゼンスは、カジュアルゲーム開発拠点として、またアウトソーシングのハブとして、着実にブランドをゲーム産業内で築きつつあります。したがって、今後の動向は見逃せません。

6.6
中国のゲームシーン

台湾系パブリッシャーの隆盛

　名実ともにアジアオンラインゲーム産業の中心となった中国。インターネット普及の潮流とリアルタイムでシンクロしたエンターテインメントとも言えるオンラインゲームは中国行政側の擁護のもと、急激に立ち上がりました。しかもその勢いは留まることを知りません。アイテム課金が主流になったことや大型カジュアルゲームの台頭、インターネットそのものの普及が持続的に進むことで、市場としての付加価値は高まるばかりです。経済格差が如実に存在する中国において、アイテム課金から月額課金まで存在するこのエンターテインメントは、市場のニーズに合致していたのでしょう。

　09年での市場規模が258億元（3,354億円）を超え[7]、08年ゲーム産業の日本国内ソフト市場規模3,980億円にあとひと息[8]というところまで迫っています。もちろん、オンラインゲーム運営による収益を合算すればアジアにおけるマーケットリーダーが日本であることに変わりはありませんが、ここまで大きな市場規模の胎動は、日本とは別の視点でアジア全体を牽引する力を持っています。

　前述のとおり、市場自体の立ち上がりは、台湾系のパブリッシャーによって始まりました。最初にLager Networkが「万国之王」を00年に展開し、それにSoftworldの「網路三国」、華義国際の「石器時代」が続きます。また、Softstarとエニックス（当時）の合弁会社、北京網星によってサービスが展開された「クロスゲート」も、可愛いキャラクターを中心としたMMORPGとして脚光を浴びました。

　しかし当時は、インターネットユーザー人口そのものが2,250万人程度であったこと、都市部が中心だったこともあり、これら台湾および外資系企業は、これまでつな

---

[7] http://www.980x.com/index.php/action-viewnews-itemid-53867、1元＝13円で換算。

[8] http://report.cesa.or.jp/press/p090713.html

がりの深かった流通業者を中心にオンラインゲームサービスを展開していきました。ただし、圧倒的に強い海賊版流通を前に、正規版流通業者の販売拠点数は非常に限られたものでした。

中国パブリッシャーの勃興と市場の成熟

　このような中国オンラインゲーム市場にまったく違う仕組みを導入したのが、盛大ネットワーク（shanda）でした。同社は、オンラインゲームサービスを展開する上で、最初はUBISOFT上海と提携し、パッケージ流通を使ってクライアントソフトの販売を進めました。しかし、同社がデータセンターで確認できるユーザー数のほうが流通業者が示す実売数よりも多かったと言います。そこで、正規流通網を使うことの限界を感じ、同社が着目したのがインターネットカフェでした。ネットカフェを流通拠点として捉え、そこにプリペイドカードを卸したのです。これと同時に、クライアントソフト自体は無料ダウンロードさせることにしていきました。この他にも7日24時間体制でのコーリングセンターの開設など、徹底的なサービスをシステマチックに実現し、中国オンラインゲームにおけるサービス形態のひな型を早期に作り上げたのです。

　これらの独自路線による事業形成により、これまで10万人程度で成功と言われていたオンラインゲーム運営事業において、同時接続者数60万人を02年10月に達成しました。これにより盛大ネットワークは、他の企業から比較しても顕著な成長を果たし、オンラインゲーム産業のみならず、主要メディアの注目を浴びることになります。同社が「Legend of Mir2」（中国語名：「伝奇」）を展開した後は、総合ポータルであるNetEase（網易）が西遊記をモチーフとしたMMORPG「大話西遊記Online2」を展開し、ナインシティ（第九城市、The 9）が「ミュー奇跡の大地」の展開を進めていきました。NetEaseは完全に中国国内開発モノとして人気の高いサービスとなり、西遊記をモチーフとしながらキュートなデザインで開発した「幻想西遊」は長期的ヒットとなりました。

　このように中国オンラインゲーム産業は、台湾製ゲームにより国内市場が開拓され、優秀なオンラインゲーム運営システムを他社に先駆けて築き上げた盛大ネットワークの登場や、そのモデルを追随したナインシティによって、韓国ゲームが主流となりました。しかしその後、「大話西遊Online2」および「幻想西遊」が成功。中国パブリッシャーの作品がしばらくの間、最も注目されたものの1つとなりました。ここに

金山の「剣縁侠侶 Online」も加わって、中国オンラインゲーム史前半の主要メンバーが揃ったのです。

World of Warcraft の来襲

しかし、新たな潮流は市場の活況とともに常に中国ゲーム産業全体を大きな波へと誘い続けました。盛大ネットワークが「伝奇」によってオンラインゲームを社会現象化させて以来、最も話題をさらったのが、ナインシティと米 Blizzard Entertainment との連携です。「World of Warcraft」(中国名:「魔獣世界」「WOW」)は05年に中国において正式にサービスインされ、またたく間にコアゲーマーの心をつかみました。コカコーラとのコラボレーションや、当時中華圏で人気のあった歌手 SHE をイメージキャラクターとして採用するなど派手に展開し、05年6月、正式にサービスインして以来、ほどなくして同時接続者数が45万人を突破しました[†9]。08年時点では、全売上の91%までが同作品で占められています。

「WOW」運営にあたってのロイヤリティも当時としては破格なものでした。04年、返金不可のライセンス料を300万ドル前倒しで支払った上に、05年は、5年間の契約における初年度のミニマムギャランティ、1,300万ドルを支払っています。プリペイドカードやプリペイドポイントの売上に対し、額面金額の22%を Blizzard に支払うこと、ならびに CD キーの額面価格に対して37.7～39%を支払うことで合意しています。Recoupable Advance (リクープが保証されているロイヤリティ金額) が5,130万ドル。さらに、契約期間の間に広報費で1,300万ドルを費やす必要があります。以降、09年6月まで「WOW」の運営はナインシティによって行われました。

ナインシティの契約終了後は、これまで国産ゲームを中心に展開してきた NetEase (網易) が「WOW」運営権を獲得し、同年9月から正式に商用サービスを開始しましたが、その後も新聞出版総署からゲーム運営の暫定的な停止が求められたり、拡張版である「The Burning Crusade」審査のために実際にサーバーを停止しました。一方、文化部は「WOW」の運営については終始一貫して合法であるという見解を示しており、行政機関間の見解の不一致はいまだに続いています。

[†9] http://gameonline.yesky.com/34/2016034.shtml

カジュアルゲームの普及とアイテム課金

　この他に05年以降のトレンドとして重要なのが、韓国のゲームシーンでも紹介した、大型カジュアルゲームの中国での普及です。カジュアルゲームは、04年、盛大ネットワークが運営する「BnB」が話題となるのと同時に、カジュアルゲーム総合ポータル「QQ Games」の台頭でさらに話題となってきました。この流れが、05年の「Free Style」「O2Jam」、および「ダンシングパラダイス」のブレイクへとつながっています。

　この流れと関連して推進されたのが、あらゆるコンテンツにおける課金モデルの転換です。それまで月額課金が主流だったのに対し、アイテム課金が本格的に普及したのです。その先行的な役割を果たしたのが盛大ネットワークで、同社は05年末からの主要MMORPGをアイテム課金に移行しました。売上がマイナスに転じたのはほんのわずかな期間で、それ以降はむしろ売上自体が盛り返したところに他のMMORPGパブリッシャーも追随したのが大きな理由でしょう。

　アイテム課金というシステムをゲーム性の一部とすることで成功した企業もあります。ジャイアントネットワークス（巨人網洛）が運営している「征途」です。このゲームにおけるユーザーの主導権は高性能の装備を持っているか否かで判断されますが、高性能装備は現金購入しなければ得られないようになっているのです。月額課金制に慣れたプレイヤーがアイテム課金せずにプレイしても生き残るのは非常に難しいデザインとなっています。この、プレイヤーをたくみに競争に巻き込んでいく「伝奇」にも通じるデザインと、アイテム課金制をシームレスに統合したことが、「征途」を成功に導いた大きな要因と言えます。

　カジュアルゲームとアイテム課金が多くのユーザーを巻き込むという状況を踏まえ、現在は、海外、国内のあらゆるコンテンツが乱立しているという状況になっています。「ダンシングパラダイス2」の運営を進めるべくナインシティが動いているのと同時に、韓国Neople開発、QQ Gamesが運営するカジュアルファイティングゲーム「ダンジョン＆ファイター」が話題となっています。また、金庸作品である「天龍八部」が総合ポータル大手、搜狐（SOHU）による運営で展開されていますが、これらも話題となっています。一方、本格的な3D MMORPGを開発したPerfect World（完美時空）は、同社の第一弾である「パーフェクトワールド」で培われた3D MMORPGエンジンをベースに、08年度末時点で7本のMMORPGと1本のカジュアルオンラインゲームまで展開しています。

ブラウザゲームとソーシャルゲームの隆盛

　ブラウザゲームの荒波が中国オンラインゲーム産業に押し寄せている点についても触れなければならないでしょう。「七龍紀」や「縦横天下」などがその代表例です。現在は、各メジャーパブリッシャーもブラウザゲームに取り組んでおり、前述のPerfect Worldはブラウザゲームのポータルサイトを立ち上げてしまったほどです。

　ソーシャルゲームの例としては、北京の熱酷（rekoo）によって開発され、mixiアプリとして圧倒的な人気を誇る「サンシャイン牧場」を挙げることができます。この作品はもともと、中国の主要ソーシャルネットワークサイトである百度空間（hi.baidu.com）、人人網（http://www.renren.com/）、51.com（www.51.com）などで展開されていました。

　ソーシャルゲームやブラウザゲームといった領域については、欧米日亜とそのトレンドがグローバル規模でリアルタイムに進行していきます。したがって、ブラウザゲームの代表格である「Travian」などはドイツ発、前述のmixiアプリで圧倒的な人気を誇る「サンシャイン牧場」は中国発、Facebookアプリなどで展開される「Mafia Wars」はアメリカ発、といった具合です。単純に開発者の数が多く、ローカライズも行いやすい中国発のコンテンツが日本で受け入れられる可能性は十分にあると言えます。

　これに加えて、キングソフトが開発した「剣侠情縁Online」は、ベトナムにおいて社会現象化を促し、Perfect Worldによる「パーフェクトワールド」はアジア各国のみならず、日本でも成功を収めています。市場規模、開発環境、人件費（今後は、単純にコストではなく品質および能力が競争力の焦点となるでしょう）、と、あらゆる要素において中国は今後、さらなる注目の的になってくるでしょう。

6.7
東南アジア地域のゲームシーン

　韓国、台湾、中国を中心にアジアゲームシーンのこれまでの現状を語ってきましたが、今後のアジアにおけるゲームシーンを言及する上で不可欠なのが東南アジア諸国の動向です。ただし、各地域ともどもオンラインゲーム市場が立ち上がって間もないこともあり、情報自体が限られています。したがって、本章では特徴的な部分を網羅的に捉え、これからの展望を中心に言及していくことにします。

　東南アジアのうちタイではAsia Softが、マレーシアではeGames Globalがそれぞれ03年からオンラインゲーム運営を始めました。Asia Softはまず、タイでオペレーションを始め、「ラグナロクオンライン」がブレイクしました。それに合わせて04年にはベトナム、マレーシアおよびシンガポールにも拠点を持ちました。一方、eGames Globalは、マレーシアでオンラインゲームポータルを立ち上げた後、04年、シンガポール、インドネシアならびにタイに進出し、05年にはフィリピンに到達しています。なお、フィリピンからインド、ブラジルへとその手を伸ばしていったのがLevel Up!です。03年、フィリピンで「ラグナロクオンライン」の展開を進めたのを皮切りに、04年にはインド、ブラジルへと進出しています。

　各社各様にポートフォリオを充実させており、Asia Softの場合は「ラグナログオンライン」ならびに「スカっとゴルフパンヤ」を、eGamesの場合は「O2 Jam」や「ダンシングパラダイス」などを展開しました。一方Level Up!は、「ラグナロクオンライン」の展開をコアに押さえつつ、「Free Style」や「すかっとゴルフパンヤ」、宇宙モノのMMORPGである「RF Online」、そして中国で開発された「パーフェクトワールド」などが目玉的コンテンツとして受け入れられています。

　運営開始以降は韓国のトレンドがそのまま展開され、Asia Softの場合は、MOFPS（Multiplayer Online First Person Shooting）の台頭とともに「Special Force」が注目されました。このように時代のトレンドを注意深く見詰めていた結果、同社は、08年タイ証券市場に上場を果たしたのです。

　一方、eGamesの場合は、立ち上げ後、飛躍的な展開が06年、ジャパンデジタルコンテンツ信託（当時、現在免許取消）に注目され、アジア・オンラインゲーム

信託〜イーゲムズファンド第1号組成に至っています[†10]。ただ、その後ほどなくして、eGamesは事実上解散されたようです。具体的な告知などがなかったものの、eGamesが運営代理をしていたコンテンツは別のオンラインゲームパブリッシャーへと移行されています。このような大きな変化がいとも簡単に起きてしまうのも、市場のダイナミック性を示す一面であると言えるでしょう。

　Level Up!も自らのポータルでさまざまな分類のゲームを展開しています。アドベンチャー「Free Style」をMMORPGに、中国盛大ネットワークによって開発された「Crazy Kart」をカジュアルに、Flashベースの無料ゲームをミニゲームに、といった具合です。

　Level Up!はブラジルでも本格的な展開を進めています。フィリピン本社で展開しているゲームに加え、通常は自社で展開する傾向にあるNC SoftやNexonといったゲーム企業も同サイトにコンテンツを展開していることから、ブラジルにおける同ポータルの影響力はきわめて高いということが推測できます。

　これらと独立した流れで成功をつかんでいる企業がVinaGameで、中国キングソフトの「剣侠情縁」をベトナムで運営して成功を手にしました。04年に正規のオンラインゲームパブリッシャーとして立ち上がった同社は、中国の7日24時間（24/7）カスタマーサービスを打ち上げ、Game Room（主にゲームプレイのために使用されるベトナム版のインターネットカフェ）にプリペイドカードを卸すという独自の（しかし中国のシステムに酷似した）流通網を開拓することで、オンラインゲームをエンターテインメントとしてベトナムに定着させました。

　同社は「剣侠情縁」で成功した後も「剣侠情縁II」の展開を進めることに加え、さらには中国、ジャイアントネットワーク社の「征途」や「メイプルストーリー」などをメインコンテンツとして、09年現在で10タイトルのオンラインゲームをアイテム課金方式で展開しています。

　また08年には、総合ポータルZingを立ち上げました。これは、MP3サーチやカジュアルゲームといった、コミュニティエンターテインメントを強く意識してデザインされたもので、その結果、サーチエンジンとしては後発でありながら、Alexaのベトナムにおけるランキングでトップ3に選ばれるほどの成功を収めています。

　このようにオンラインゲームサービスをきっかけに大きな成功を果たすという経営

[†10] http://www.animecenter.jp/jp/200609/28175803.php

戦略も、中国オンラインゲームパブリッシャーのそれに似通っています。MOFPSである「サドンアタック」の展開を進めるなど、大型カジュアルゲーム以降の韓国を中心としたゲームトレンドを確実に捉えており、今後のさらなる発展が期待できる企業および市場と言うことができるでしょう。

6.8
e-sports：アジア全体を熱狂へと誘い込む新トレンド

　アジアを捉えるときに押さえるべき潮流として、パッケージゲームの停滞や、オンラインゲームの成長に加え、e-sportsがあります。詳細は第15章に譲りますが、もともと二大団体のうちの1つであるWorld Cyber Gameが韓国で組成されたこともあり、最終決定戦は01～03年まで韓国で、05年はシンガポールで、そして09年は成都で開かれています。

　このようなムーブメントについては、現在のところ日本は完全に取り残されていると言っても過言ではありません。ゲーム産業においては、市場としてもセンスとしても日本がトップを走っていたはずが、アジア各地域の躍進とともに、急速にそのステイタスを失い始めています。一夜にして現況が崩壊するということはありませんが、日本の市場を素通りしてグローバルレベルで何かが起こっているという状況については、ゲーム業界に携わっている人、または携わること希望する人はしっかりと押さえておく必要があるでしょう。

6.9 参考文献

- 中村彰憲,「中国オンラインゲームの隆盛に見るビジネス・アーキテクチャ形成に関する一考察」,『赤門マネジメントレビュー』v4n5, pp.183〜192, 2005

各作品のリリース日は、商業サービス開始年を既述しました。これらは以下の公式ホームページなどを参考にしています。

- NC Soft Global（http://www.ncsoft.net/global/）
- NEXON（http://www.nexon.co.jp/Company/JP/Top.aspx）
- Object Software（http://www.object.com.cn/）
- Phantagram（http://www.phantagram.com/ENG/）
- Softmax（http://www.softmax.co.kr/）
- Softstar（http://www.softstar.com.tw/index.aspx）
- Softworld（http://www.soft-world.com/company/timeline.htm）

参照決算報告書

- AsiaSoft
- Perfect World Co., Ltd Form 20-F, 2008
- The 9 Annual Report, 2005〜2008

第3部
ゲーム業界のトレンドシーン

第7章 ネットワークゲームの技術

佐藤カフジ

ネットワークゲーム

　今日のコンピュータゲームにおいて、ネットワーク機能の存在は避けて通れません。現行のすべてのコンシューマーゲーム機はネットワーク機能を基礎的なインフラとしており、世の中にはネットワークを活用したゲームがあふれています。

　小規模、大規模、対戦型、協調型、共有型、同期進行型、非同期進行型と、ネットワークを利用するゲームはさまざまな類型に分けて考えることができます。また、現在ではゲームコンテンツそのものをネットワーク上で配信することも珍しくありません。

　一般的にネットワークゲームと言えば、とりわけ対戦ゲームやMMO型ゲームに代表される「主要なゲームプレイメカニクスがネットワーク上で駆動するゲーム」を連想します。本章では、そのような典型的なネットワークゲームを中心に、ネットワークとゲームの関係性を明らかにしていきます。

ネットワークゲームの産業構造

要素技術	▶ ネットワーク
プラットフォーム	▶ PC、コンシューマーゲーム機、携帯ゲーム機、携帯電話
ビジネス形態	▶ ゲーム開発
ゲーム業界関連職種	▶ プロデューサー、プログラマー、プランナー、マーケティング、プロモーション
主流文化圏	▶ 日本、韓国、北米、欧州各国
代表的なタイトル	▶ QUAKE、Ultima Online

7.1
ネットワークゲームの範囲

　近年、**ネットワークゲーム**は非常に広い範囲で使われる言葉になっています。ネットワークがなければまったく成立しないようなゲームはもちろんのこと、一部でもネットワーク機能を利用するゲームも広義にはネットワークゲームであると言えます。

　中でも、ネットワークの存在が大前提となる大規模同時接続型ネットワークゲーム（**MMOG**、Massively Multiplayer Online Game）や、小規模接続型ネットワークゲーム（**MOG**、Multiplayer Online Game）は、技術的にネットワークへの依存が非常に高い存在です。中でも、コンテンツの配信からゲームプレイメカニクスの駆動まですべてにネットワーク機能を用いるゲームは、「ネットワークへの常時接続が前提」というニュアンスを込めて**オンラインゲーム**と呼ばれています。

　ネットワークゲームの中には、ネットワークを利用しなくてもプレイ可能なゲームタイトルが多いことも事実です。たとえば、1人用のゲームモードと多人数用のゲームモードの両方を搭載しているようなケースです。また、1人用のゲームプレイを提供しつつ、スコアや記録のような成果をネットワーク越しに共有するシステムを持つゲームも増えてきています。

　近年盛んになりつつある、**DLC**（Downloadable Contents）や、ゲーム本体のオンライン配信も、ゲームにおけるネットワークの1つの活用方法と言えます。いまやコンシューマーゲーム機の世界でも、発売後に追加コンテンツを配信することを前提に、ゲームそのものが拡張性高く設計されているケースも珍しくありません。

7.2
ネットワークゲームのインフラストラクチャ

　ネットワークゲームが存在し得るためには、何らかの形でゲーム用端末からのデータ通信の手段を提供するインフラストラクチャが必要です。

　それは、およそ物理的な特徴から**広域ネットワーク**と**ローカルネットワーク**に分けて考えることができます。前者の代表例はインターネットであり、世界中に整備された通信インフラを通して遠隔の宛先と通信を行うことができます。後者の代表例はPCのLANやニンテンドーDSやソニーのPSPで採用されているWi-Fiシステムな

どであり、物理的に近くにある端末同士が、その場だけのクローズドなネットワークでやりとりし合うことができます。

今日のほとんどのゲームでは、上記2種類のネットワークのどちらか、あるいは両方を利用しています。そして、広域ネットワークとローカルネットワークは、それぞれ決定的に異なる特性を持っており、ネットワークゲームの技術要素を論ずる上では、それぞれのインフラストラクチャが持つ特性をよく把握しておく必要があります。

通信の品質と特性を考える

現在、各種の端末がネットワークへ接続する方法としては光ファイバー、xDSL、無線などが考えられます。これらの接続の方法により、ゲームから利用できるネットワークのクオリティは変化するものです。たとえば、光ファイバーを通したインターネットへの常時接続スタイルでは、数Mbpsの大きな通信帯域を常時利用できることが期待できます。しかし、携帯電話向けのパケット通信スタイルでは、帯域は狭く、また特定の端末とリアルタイムに通信することすら難しくなります。

また、端末の接続形体がどうであれ、インターネットのような広域ネットワークを通して通信する場合、インターネットサービスプロバイダー (ISP) の能力や、通信相手とのネットワーク的な距離、経路上の帯域ボトルネックの存在といった制御不能な要因で、ゲームから利用できる通信のクオリティは影響を受けます。

表7.1　主要な広域ネットワーク端末回線[1]

種別	リンク速度（下り）	日本国内での普及率（2009年）
光ファイバー	50Mbps〜1,000Mbps	39.0%
ADSL	1Mbps〜50Mbps	17.3%
CATV	30Mbps〜100Mbps	17.1%
3G携帯電話回線	1.8Mbps〜7.2Mbps	4.6%
ISDN	64bps〜256kbps	12.3%
電話回線	28.8kbps〜56kbps	9.4%

通信のクオリティを評価する主要な概念は、帯域と遅延です。**帯域**とは、単位時間あたりにどれだけのデータ量を宛先に送ることができるかを示す数字で、一般的に**bps**(bit-per-second) 単位で表現します。**遅延**とは、相手にデータを送信したのち、その応答が帰ってくるまでに要する時間がどれくらいかを表す概念で、一般的

にms（millisecond）単位で表現します。

　通信のクオリティを評価するもう1つの軸として、**接続性**というものが考えられます。これは、端末からネットワークへの常時接続が期待できるのか、それとも断続的な通信に限られるのか、という視点です。

　光ファイバーやxDSLを通じてインターネットに接続している据置型の端末では常時接続を期待できますが、携帯ゲーム機やスマートフォンといった移動端末では、何らかの理由でいつ通信が途絶えてもおかしくありませんので、それぞれ最適な技術要素やゲームデザインは異なるものになります。

広域ネットワーク（インターネット）の特性

　広域ネットワークの代表格であるインターネットは、世界中で数億～十数億の端末が接続している非常に大規模で複雑なネットワークです。インターネットそのものは単一のネットワークですが、その巨大さゆえ、通信のクオリティに影響を与えるものとして距離と地域性の問題に注目する必要があります。

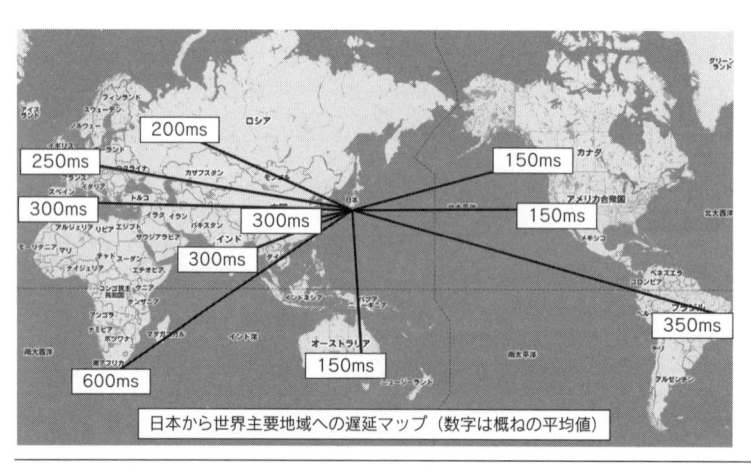

図7.1　日本から世界各地への遅延マップ 2010年（筆者調べ）

　特に海外の端末と通信する場合は、大きな遅延が生ずることを前提としなければなりません。遅延は距離に比例するだけでなく、経路がよく整備された地域とそうでない地域との間で大きな格差が生じ、接続の安定性や帯域もそれに応じて変化します。

利用できる帯域と発生し得る遅延の期待値が一定でないということは、ネットワークゲームのデザインやサービスの提供を難しくさせる問題です。たとえば、帯域や遅延にある一定の水準を期待してネットワークゲームを開発する際、どこに最低のラインを引けばよいのか、という判断が難しいのです。

特に一般的なMMOGタイプのゲームでは、ゲームサーバーから各ゲームユーザーへのネットワーク的な距離が、そのままサービスのクオリティに直結しがちです。このため、広い範囲で均質なサービスを提供するために、多くのオンラインゲーム企業が各国・各地域ごとにゲームサーバーを設置するという、ランニングコストのかかるスタイルをとっています。ですがこのようにして初めて、開発側は帯域と遅延の問題についてある程度はっきりとした期待値を持つことができ、明確なゴールを定めたゲーム開発を行えるのです。

もちろん例外もあります。アイスランドのCCP Gamesによる「EVE Online」というオンラインゲームでは、ロンドンに設置された単一のゲームサーバーから、全世界に向けてサービスを行っています（ただし法的な理由で中国のみ別サーバーとなっています）。これは、ある程度大きな通信遅延が存在することを前提としたゲームデザインが当初より行われているために可能となっていることです。

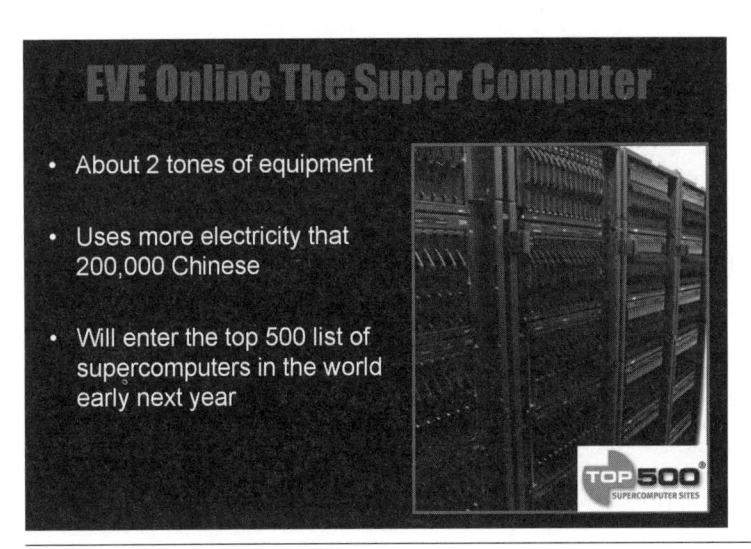

図7.2　EVE Onlineがロンドンに置くサーバーファーム

Copyright © 2008 CCP Games

このように、インターネットの特性による通信のクオリティの問題は、ネットワークゲームのデザインに支配的な影響を与えます。もちろん、技術的な努力により帯域や遅延の影響を少なくすることも可能です。しかし光速度は不変であり、技術ですべてを解決することは不可能です。総合的には、ゲームデザインとサービス設計という多方面の取り組みが求められるわけです。

ローカルネットワークの特性

　LAN（Local Area Network）ケーブルやWi-Fiで端末同士が相互に接続して構成するローカルネットワークは、インターネットに見られるような距離や地域の問題と無縁です。接続される端末の数は一般的に2〜16程度という規模に限定されますが、帯域はリンク速度の理論値に近い数字が安定して期待でき、遅延も数ミリ秒以下という理想的な状況を想定できます。特にゲームにとってありがたい特性は、常に一定の通信クオリティが期待できるという点です。

　このため、ローカルネットワークを前提とすれば、格闘ゲームやシューティングゲームのように、進行が早くリアルタイム性の高いゲームがうまくネットワーク化できます。Xbox 360のクロスリンクで対戦ゲームを対戦したり、PSPのWi-Fi接続でアクションゲームの多人数プレイを経験したことのある人も多いことでしょう。

　Wi-Fiのような携帯型デバイス向けの無線通信方式では、端末の移動によって既存の通信リンクが途切れる可能性が常にある一方、また別の端末との通信リンクを確立する機会が頻繁に生まれ得るという特性があります。これを活用したネットワーキングの一例が、ニンテンドーDSで標準化されている「すれちがい通信」です。これにより、短時間の通信を不特定多数の端末との間で行い、結果的に広い範囲で何らかのゲーム情報を共有するというアーキテクチャが考えられます。これは、スクウェア・エニックスの「ドラゴンクエストIX〜星空の守り人」における「宝の地図」システムのような形で応用されています。

　このように、ローカルネットワークを前提とするネットワークゲームでは、大きな帯域幅と低い遅延を期待できると同時に、その物理的特性を応用したゲームデザインを考えることができます。これはローカルネットワークの「局所性」からくる強みであると言えます。

　しかし、ネットワークが局所的であるということは、その上で展開するゲームプレイ体験も局所的にならざるを得ないということでもあります。このため、多くのネットワ

ークゲームは、何らかの形で広域ネットワークへの通信を組み合わせて、ローカルな出来事をより広い範囲で伝播・共有できるようなゲームデザインを行っています。このように、ネットワークゲームのデザインには、通信インフラの特性を生かすための柔軟な思考が求められます。

7.3 ネットワークゲームの技術史

　ここまでネットワークとゲームの関連について幅広く俯瞰してきましたが、ここからは、典型的なネットワークゲームの技術要素にフォーカスを当てていきます。まずは、実際のネットワークゲームがどのように技術を発展させてきたのかを紹介しましょう。

黎明期

　ネットワークを通じてプレイすることのできるゲームが一般のユーザーのもとに届き始めたのは、1980年代末のことです。この時代は、インターネットがまだ一般的ではなく、ネットワークゲームのインフラとして用いられていたのはパソコン通信でした。当時の一般端末の通信速度は300〜2,400bps（kbpsではありません！）で、コンピュータの性能も低かったため大きな通信遅延もありました。

　こうした環境でもネットワークゲームサービスの提供は可能でした。1980年代末から1990年代初頭にかけて、アメリカのCompu-Serveや日本のNIFTY-Serveにて、Kesmai社が開発した「Mega Wars」というネットワークゲームが提供されました。これは宇宙戦争をテーマとするMMOタイプのリアルタイムゲームで、同時に32〜64の端末がログインしてゲームをプレイすることができました。ユーザーインターフェイスはCUI（Character User Interface）です。テキストで表示される敵味方の宇宙船の距離、角度といった情報を読み取り、移動や姿勢制御、ロックオン、そしてミサイルの発射といった命令をテキストコマンドで入力するスタイルでした。

　現在のようにリッチなグラフィックスがあたり前の世界から見れば、その見た目は信じられないほど原始的です。しかしこのゲームでは、永続的に存在し続けるゲームワールド、多人数の同時参加、リアルタイムのアクション性、チーム戦、プレイヤーグループの管理・運営要素など、現在のオンラインゲームに見られる要素がほとんど実現されていました。豪華な映像や便利なGUIが存在しなかっただけなのです。

FPSのネットワーク化

1990年代初頭には、コンピュータの演算能力が向上した結果、低解像度ながらテクスチャを適用した3Dグラフィックスを表現することが可能になりました。その中で新たなゲームジャンルが成立します。1993年末に発売された米id Softwareの「DOOM」は、まさにFPSというゲームジャンルにおける最初の成功作でした。

「DOOM」は当初シングルプレイ専用のゲームでしたが、発売後のアップデートで間もなくネットワーク対戦に対応します。アナログモデムを通じて遠隔地で1対1の対戦を行う方法と、LANを使って2～4人で対戦する方法がサポートされていました。

そのネットワーク実装は**ピアツーピア**と呼ばれるスタイルで、各端末でゲームワールドを駆動させ、各ユーザーの入力コマンドを共有することで同期をとるシステムです。これはローカルネットワークにおける少人数のネットワークプレイには適した方法で、格闘ゲームやシューティングゲームのネットワーク化に際して、現在でもよく使われています。

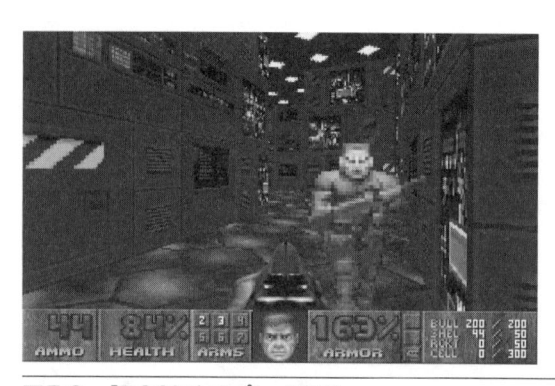

図7.3 「DOOM」のプレイ画面　　　　　　　　　Copyright © 1993 id Software

同じくid Softwareが1996年に開発した「Quake」では別の方法が開発されました。「Quake」はインターネットでの広域対戦を前提として、**クライアントサーバー**方式のネットワーキングを採用しています。この方式では、ゲームワールドを駆動させるのはサーバー上のみで、各端末はユーザーへの入出力機能だけを担当します。

ここまでは前述の「Mega Wars」と構造的には同じです。しかし、より高速なゲームプレイを提供する「Quake」では、帯域幅や遅延の影響を解決するためにさまざ

まな追加の技術が開発され、現在のさまざまなネットワークゲーム技術の基礎となっています。それについては次の7.4節で詳しく紹介しましょう。

MMOGの成立

インターネットが本格的に普及し始めた1995年以降は、より大規模なネットワークゲーム、現在ではMMOGと呼ばれるものを提供する試みが始められました。その試みにおける最初の本格的な成果が、1997年末に北米で正式サービスを開始したElectronic Arts/Originによる「Ultima Online」であると言えます。

「Ultima Online」は、商用ゲームとしては初めて、複数のサーバーマシンから構成される大規模なゲームサーバー設備を持つことになりました。1つのサーバー設備は、複数のゲームサーバー、データベースサーバー、ゲートウェイサーバーなどからなり、各サーバーマシンが複雑な役割分担を行っていますが、端末からは1つのゲームワールドに見えます。

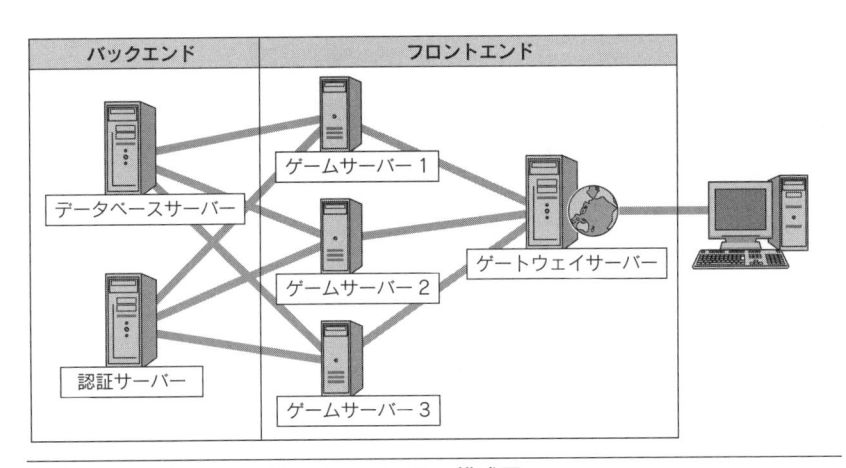

図7.4 MMOGにおけるサーバーモデルの模式図

このような方法で、「Ultima Online」では、同時に最大3,000人あまりが参加できるゲームワールドを実現しました。このゲームワールドは「シャード」と呼ばれ、各プレイヤーのキャラクター情報は各シャードに属します。サービス開始当初は北米の各地に4ヶ所ほどのシャードが設置されており、ユーザー数の増加に答える形でさらに追加されていきました。

第7章 ネットワークゲームの技術

「Ultima Online」は商業的に成功し、多くの追従者を生み出しました。1998年にSony Online Entertainmentがサービスを開始した「Ever Quest」や、1999年にエヌ・シー・ジャパンがサービスを開始した「Lineage」は、その最たる例です。それぞれのゲームは技術的な細部こそ異なりますが、大規模なサーバー施設で1つのゲームワールドを提供するという点では、「Ultima Online」と同じです。

このようなMMOタイプのゲームでは、参加者数が膨大であること、サーバーの処理能力が限定されていることなどから、端末側のゲームプレイを快適にするためのさまざまな工夫が行われています。

図7.5 「Ultima Online」ベータ時代のプレイ画面

© Electronic Arts Inc. Electronic Arts, EA, EA GAMES, the EA GAMES logo, Ultima, the UO logo and Britannia are trademarks or registered trademarks of Electronic Arts Inc. in the U.S. and/or other countries. All rights reserved.

7.4 ネットワークゲームの技術要素

　ここでは、現在の典型的なネットワークゲームで使われている技術要素について紹介していきます。ゲームの規模やできることの幅は、ネットワークの能力が向上するたびに発展・向上してきました。ですが、その基礎となる技術要素は、前述した「Quake」の時代にほとんど完成されています。

ネットワークのトポロジー

　ネットワークゲームで用いられるネットワークの構成は、その幾何学的な特徴からピアツーピア型とクライアントサーバー型の2つに分類することができます。それぞれの特徴を理解することは、ネットワークゲームの技術要素を理解するための出発点になります。

ピアツーピア型ネットワーク

　対等の端末同士が相互に接続し、互いに同等の機能を果たしながらネットワークを構成する形をピアツーピア型ネットワークと言います。ゲームでは主に対戦格闘ゲームやシューティングゲーム、あるいはプレイヤー数に比してAI制御オブジェクトが大量になるストラテジーゲームのネットワーク化に際して用いられます。

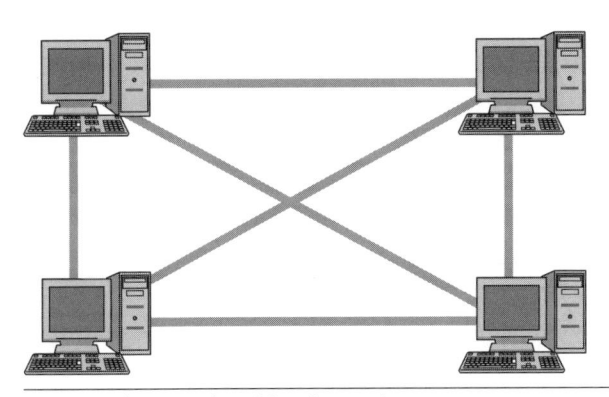

図7.6　ピアツーピア型ネットワーク

ピアツーピア型でゲームをネットワーク化する場合によく用いられる手法は、各端末に入力された各プレイヤーの操作情報をネットワークに参加する全端末間で共有し、それをもとにゲームワールドを駆動させる方法です。

この手法の利点は、1台のゲーム機に複数のコントローラーを接続して対戦する形式のゲームプログラムさえあれば、ほとんど労せずにゲームプレイをネットワーク化できることです。このときネットワークは、多少の遅延を生ずるコントローラーのケーブルのようなものです。

弱点もあります。まず、操作情報を全端末間で共有する必要があることから、遅延の影響を受けやすくなります。また、ネットワーク内の通信量が端末数の2乗に比例して増加するという特性があるため、小規模なゲームでの利用に限られています。携帯ゲーム機のWi-Fi対戦といった低遅延のローカルネットワーク環境では理想的な手法であると言えます。

クライアントサーバー型ネットワーク

現在のネットワークゲームでは、1つのサーバーに多数の端末が接続してネットワークを構成する、クライアントサーバー型のネットワークを用いることが一般的です。FPSからMMORPGまで、ほとんどありとあらゆるジャンルで最適です。

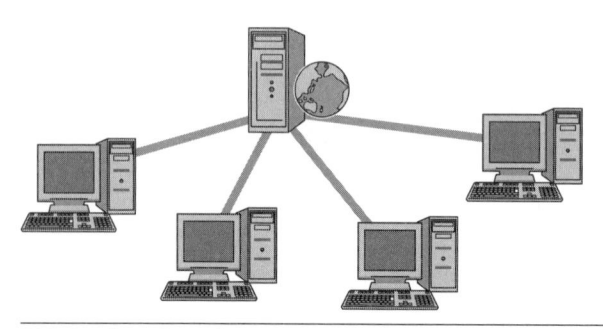

図7.7　クライアントサーバー型ネットワーク

よくある実装方式では、ゲームワールドの駆動はサーバーだけで行われ、各端末はゲームへの入出力装置として振る舞います。通信のクオリティが低い状況では、ピアツーピア型では安定してゲームを進行させることが難しくなる状況もありますが、クライアントサーバー型では安定してゲームを進行させることができます。さら

に、サーバーの能力さえ増強できれば、ゲームの規模をいくらでも大きくできることが利点です。

クライアントサーバー型で駆動するネットワークゲームは、あらかじめそのためにゲームとプログラムがデザインされている必要があります。この点、ローカル対戦の単純な移植でもどうにかなるピアツーピア型に比べて、開発の敷居は高いと言えますし、ゲーム開発の初期段階からネットワークゲームプログラミングの専門家による分析・設計を必要とするケースが出てきます。ゲームデザイナーやプランナーも、ネットワークゲーム技術の知識が必須となります。

帯域幅を節約するための技術

同じことをより少ない帯域幅で実現できれば、より多くの参加数、より安価なランニングコストといったメリットが得られます。

データ構造の工夫

ネットワークゲームでやりとりされる情報は、**パケット**というデータの単位にまとめられています。パケットにはゲーム内のキャラクターの位置、イベント、プレイヤーの入力など、さまざまな情報が含まれます。

最も簡単な実装では、プログラム言語の持つデータ体をそのまま送信するという方法が取られます。しかし、各情報のバイト数、メモリ上のデータ配置などの問題から、多くのビット数が無駄になってしまいます。

最大限の効率で情報をパケット化するためには、各情報の特性に応じて最低限のビット数を使い、ぎゅうぎゅうにパッキングするという方法が基本となります。たとえば、位置情報が2バイト整数で十分な精度を出せるならば、4バイトの浮動小数点数は必要ありません。その他のデータも必要な数値範囲を絞り込めば、パケットサイズを大きく節約できます。

エリアオブインタレスト（AOI）

ゲームワールドの情報をすべて各端末に送っていては、簡単に帯域がパンクしてしまいます。そこで、情報送信の対象となる端末にほとんど影響を与えないような情報を刈り取って、必要最低限の情報だけを送るアルゴリズムが有効になります。

各端末にゲーム的な影響を与える範囲のことを、一般的に**エリアオブインタレス**

ト（**AOI**、関心領域）と言います。サーバー側で各端末の可視範囲を判定し、その内側にあるオブジェクトの情報だけをパケット化するというアイディアです。本格的な実装では、近くにいるキャラクターの情報は頻繁に送り、遠くにいるキャラクターの情報はときどき送るといった、時間軸の解像度を調整するというアプローチも取られます。

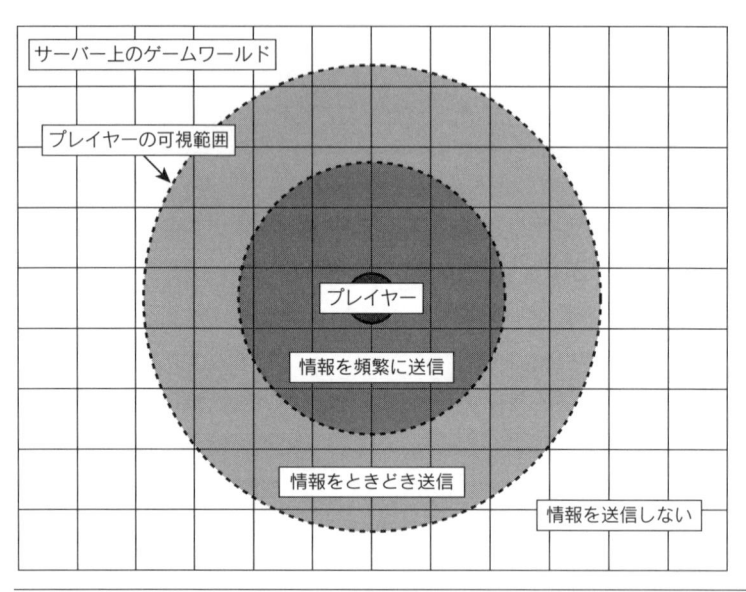

図7.8　エリアオブインタレストの概念

動き補完

　ネットワークゲームでは、1人用のゲームのようにオブジェクトの位置情報を秒間60回も更新するわけにはいきませんから、端末側では時間解像度の低い情報をなんらかの方法で表示タイミングに合わせて補完する必要が出てきます。

　最も基本的な方法となるのが**線形補完**です。そのオブジェクトの過去の位置から現在の位置の2点を基準とし、前回の情報受信からの時間経過を係数にして表示上の現在地を作り出します。FPS系のゲームではよく使われる方法です。

　車輌や船舶など、ある程度滑らかな動きをすることがわかっているオブジェクトに対しては、**曲線補完**のアルゴリズムを適用できます。過去の位置情報を2〜3点サンプルした上でスプライン曲線を引き、現在の予測位置を割り出します。

遅延の影響を抑えるための技術
先行入力・先行表示
　ネットワーク上でゲームをきちんと同期して進行していくためには、各端末は相手の応答を待ってから次の展開へ進む必要があります。しかし、リアルタイムゲームでこれを素直にやってしまうと、入力と表示に大きなラグが発生し、ゲーム性が損なわれてしまいます。

　その影響を最小限にとどめるために、端末上のプレイヤーキャラクターについて、**先攻入力・先攻表示**のアルゴリズムが使われます。これは、操作の対象についてだけは相手の応答を待たずに勝手に動かしてしまい、何かあれば後から誤差を修正するというアプローチです。

　ゲームの実装によってさまざまな実現方法がありますが、「Quake」系のFPSで実装されている方法が最もゲームの進行と結果について厳密になります。MMORPG系のゲームでは、端末サイドにより大きな自由を与えることで遅延の影響を最小限にしていますが、構造上、チートやハックといった不正行為に弱くなる傾向があります。

予測表示
　端末上に表示されるネットワークオブジェクトの情報は、常に遅延分の時間を経過した過去のものです。このため、より時間軸方向の厳密性を求めるレースゲームのようなジャンルでは、何らかの方法でオブジェクトの現在位置を予測する必要があります。

　そこで使われるアルゴリズムは、上で紹介した補完表示に近いものです。予測表示をする場合は、ネットワークの遅延をあらかじめ計測しておいて、それを動き予測の係数に用いる方法が一般的です。

命中判定のラグ補償
　FPS系のプレイヤーは、照準が合っている相手に対して、きちんと弾丸が着弾するという結果を求めるものです。ところが、ネットワーク経由のプレイでは、相手の位置が遅延分過去の表示となっています。クライアントから銃を撃つというコマンドが送信されてから、実際にそれがサーバー上で処理されるまでにもタイムラグがあります。このため、見たままの位置に命中するという結果を出すためには、サーバー側

で特殊な命中判定を行う必要があります。

　Valveの「Counter-Strike」に用いられているSourceエンジンでは、この問題の解決のために、命中判定を遅延分過去にさかのぼって行うというアルゴリズムを実装しています[2]。

　これを実現するためには、過去数十フレーム分について、ゲームワールドの情報をバックアップしておく必要がありますので、MMORPGのような大規模なゲームでは実現が難しいかもしれません。FPSのように、ある程度限定された規模のゲームだからこそ効果的な方法であると言えます。

7.5
新種のネットワークゲーム

　近年では、技術の進歩に加え、インターネットの普及やスマートフォンの登場による社会的な変化があり、新たな種類のネットワークゲームが登場してきています。その好例であるブラウザゲームや、ソーシャルゲームと呼ばれるネットワークゲームは、利便性やゲーム的な敷居の低さから、非ゲーマー層を中心に多くのユーザーを獲得することに成功しています。

ブラウザゲーム

　近年人気を集めているブラウザゲームは、クライアントサーバー型のネットワークゲーム亜種であると考えられます。日本においては、Vectorによる「ドラゴンクルセイド」や、AQインタラクティブによる「ブラウザ三国志」といったタイトルが人気となり、数十万人のユーザーを集めています。

　その特徴は、ブラウザでログインすればすぐに利用できるという敷居の低さ、ちょっとした空き時間に続きをプレイできる手軽さ、その上にプレイの継続を促す成長・蓄積の要素がうまくブレンドされているところにあると言えるでしょう。

7.5 新種のネットワークゲーム

図7.9 「ドラゴンクルセイド」のプレイ画面

© Sun Ground., Ltd./Vector Inc., 2009 All Rights Reserved.

ブラウザゲームの技術要素

　ブラウザゲームを技術的に見れば、その実態はWebインターフェイスを入出力に用いる、クライアントサーバー型のMMOGであると言えます。サーバー側はWebサーバーにゲームの駆動のために必要なモジュールを組み込んだもので、その構造は他の一般用途のWebサーバーとほとんど変わらないか、まったく同じです。端末側は、JavaやAdobe Flashによりインタラクティブ化されたWebページをゲームのインターフェイスとしています。

　Web技術をベースとしているため、ブラウザゲームでは多くの場合、情報の更新・反映にページの再読み込みというアクションを必要とし、従来型のネットワークゲームに比べて通信の効率が良いとは言えません。また、Webページをベースとするゲームでは、通信が常時接続型ではないために、リアルタイム性の高いインタラクション要素の実現は困難です。このため、ブラウザゲームのジャンルは、ゲーム進行がゆったりとした箱庭シミュレーションタイプのものが主流となっています。

　例外的に、id Softwareがサービスを行っている「Quake Live」は、ブラウザ上で動作するゲームでありながら、スタンドアロンの「Quake III」と同様の3Dグラフィックスと高速なゲームプレイを提供しています。これは、Webインターフェイスの上に、Windows、Macintosh、Linuxのそれぞれに対応したゲームモジュールを乗せ、事実上スタンドアロン版と同じプログラムを走らせるという手法によっています。

技術発展の方向性

　ブラウザゲームの技術的基盤となっているリッチクライアントの技術は、もともとゲームのために作られてきたものではありませんから、映像・演出の表現力や、ゲームプレイのリアルタイム性といった側面において大きな制限があるというのが実情です。

　そのぶん、発展の余地にも大きなものがあります。Webクライアント向けの各種スクリプト言語、あるいはAdobe FlashやMicrosoft Silverlightのような各種開発プラットフォームの発達により、ブラウザゲームはより豊かな表現力と、幅広いゲーム性を提供できるジャンルになっていくことが考えられます。「Quake LIVE」に見られるように、Webブラウザ上で従来のネットワークゲームと同様の内容を提供する例も珍しくないものになることでしょう。

　ブラウザでログインすればすぐに続きをプレイできるという美点を維持しつつ、その上でどのようなゲーム性を提供できるか、ゲーム開発者のアイディア次第で世界が広がっていきそうです。

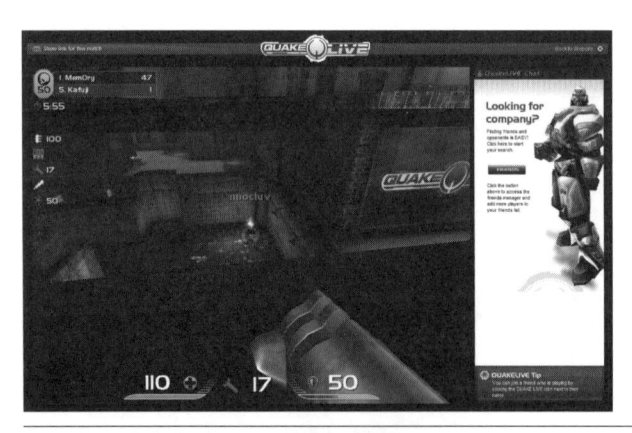

図7.10　「Quake Live」のプレイ画面　　　　Copyright © id Software

ソーシャルネットワークとの結合

　現在では、mixi、Facebook、Twitterのように数百万人のユーザーを集め得るソーシャルネットワークが、ブラウザゲームのプラットフォームとしても機能し始めています。

ソーシャルネットワーク上のゲームの多くは、技術的には上述したブラウザゲームの一亜種と言うことができます。しかしながら、ユーザーコミュニティが大規模なソーシャルネットワークに紐付けされていることで、新規プレイヤーを勧誘する仕組みを簡単に組み込むことができること、また、ユーザー管理、課金システムといったバックエンドの仕組みについて、あらかじめソーシャルネットワーク側が提供するものを利用できることなど、より少ない投資で本格的なゲームサービスを始められることが特徴と言えます。

ソーシャルゲーム

ゲームが大規模なコミュニティシステムに結び付けられていること自体、新たな種類のゲームを生み出す土壌となっています。そのことを印象付けた1つの例が、iPhone用のアプリケーションであるSmuleの「Sonic Lighter」です。

2008年9月に価格1ドルで配信されたこのアプリケーションが持つ機能は、iPhoneの画面上で火を灯すことです。ただし、火を灯している端末の位置情報がサーバーに伝わって管理され、その情報を全ユーザーで共有することができるというのがポイントです。

この仕組みにより、各ユーザーは世界中のどの地域でどれくらいの火が灯っているか、という情報を地図上でグラフィカルに見ることができました。これが各地域のユーザーの競争心にも火をつけます。フランスでたくさんの火が灯っていれば、負けじとイギリスのユーザーが大勢火を灯します。そしてコアユーザーがこのアプリケーションを新しいユーザーに熱心に紹介し、さらに多くの火を灯そうとするという形で、一時爆発的な流行となりました。

このように、ユーザーコミュニティの持つ規模が十分に大きい場合、そのコミュニティ自体がゲーム的な原動力となることがあります。その際、アプリケーションが各ユーザーの位置情報のようなソーシャルな（社会的な）情報を、うまくコミュニティの刺激剤にしているという点がユニークであると言えます。

ソーシャルネットワークと結び付いたゲームはビジネス的にも有望視されており、国内携帯電話向けのゲームサービスを展開するディー・エヌ・エーのモバゲータウンでは、ソーシャルゲーム分野が2009年下半期より売上の大半を占めるようになっています。

7.6
参考文献、関連文献

参考文献

［1］ 総務省，"平成20年「通信利用動向調査」の結果"，http://www.soumu.go.jp/johotsusintokei/statistics/data/090407_1.pdf, 2009

［2］ The Valve Developer Community, "Source Multiplayer Networking", http://developer.valvesoftware.com/wiki/Source_Multiplayer_Networking:jp, 2009

関連文献

［1］ Jung Wun Chul,『オンラインゲームプログラミング』, ソフトバンク クリエイティブ, pp.526〜530, 2005

第8章
PCゲームとオンラインゲームの潮流

佐藤カフジ

ゲームのオンライン化

　本章では、ここ10数年にわたるPCゲームと業界の歩みをまとめ、現在と将来にかけてどのような流れが起き得るかを考察していきます。ゲームのオンライン化と、それにともなうゲームビジネスの多様化、そして爆発的な成長を見せるアジア市場の特性を理解する一助となれば幸いです。

PCゲームの産業構造

要素技術	▶ グラフィックス、ネットワーク、サービス
プラットフォーム	▶ PC
ビジネス形態	▶ パッケージゲーム販売、オンラインゲームサービス
ゲーム業界関連職種	▶ プロデューサー、ゲームデザイナー、マーケティング、プロモーション
主流文化圏	▶ 日本、北米、韓国、その他アジア各国
代表的なタイトル	▶ Ultima Online、Lineage、World of Warcraft

第8章　PCゲームとオンラインゲームの潮流

　近年のPCゲーム業界では留まることなくオンライン化が進み、市場には考え得る限りありとあらゆる種類のゲームやサービスがあふれています。もともとPCゲームは参入障壁がきわめて低く、開発自由度の高い世界ですから、コンシューマーゲームの世界に先んじて、さまざまな技術的実験や、ビジネス的な取り組みが行われてきました。

　最新世代のコンシューマーゲーム機に使われている各種の技術は、グラフィックスからネットワーク、ゲームデザイン、サービス設計に至るまで、元々はPCゲームの世界で発達してきたものが大部分を占めています。このため、PCゲームの発達を捉え、現在の潮流を理解することは、今後ゲーム業界全体で起こり得る流れを予測するためにも役立つと考えられます。

　本章では、ここ10数年にわたるPCゲームと業界の歩みをまとめ、現在と将来にかけてどのような流れが起き得るかを考察していきます。ゲームのオンライン化と、それにともなうゲームビジネスの多様化、そして爆発的な成長を見せるアジア市場の特性を理解する一助となれば幸いです。

8.1
先オンライン時代（1980〜1995）

　PCゲーム市場が形成され始めたのは、家庭にPCが普及し始めた1980年代にさかのぼります。当時よりPCの文化的中心地はアメリカでしたが、通信が発達していなかった時代であるため、地域間で大きな影響を与えることなく、PCゲーム市場は日・米・欧の各地域で独自の発達を遂げています。

異質な発達を遂げた日米のPCゲーム市場

　日米のPCゲーム市場が異なる発達を遂げた事実は、現在に至る市場性の違いを考える上で注目に値します。1980年代末から1990年代初頭にかけて、米国でIBMのPC/AT互換機やAMIGA向けのPCゲームがパッケージ販売されるようになる一方で、日本ではNECのPC8801、PC9801シリーズ、あるいはシャープのX68000シリーズといった国産PCを中心に、ゲーム市場が形成されてきました。

　IBMのPC/AT互換機はオープンな仕様であり、規格を守りさえすればどのようなPCベンダーでも互換機を販売することができました。このため価格競争が激し

く、非常に速いペースでPCの低価格化・高性能化という結果を生み出します。

しかし、当時日本で最も普及していたNECのPC9801シリーズは、仕様がクローズドで、限られたベンダーのみが互換機を作り、販売することができました。この影響から国内のPC市場はNECの独占状態となったため、競争圧力が少なく、価格・性能面での発達がアメリカに比べて格段に遅くなるという結果を生みました。

グラフィックス機能の違い

PC/ATとPC9801の間で、大きな違いとなって現れたのが、グラフィックスの表現力です。1980年代末にIBMのPC/AT互換機に搭載された画素数320×200、色数256のVGAモードは、高速な画面書き換えを要するアクションゲームを実現するために非常に都合がよく、このためにテキストアドベンチャーが主流だったPCゲームの世界に、目新しいアクションゲームのブームが巻き起こりました。

一方、当時のPC9801が持つグラフィックス機能は、画素数640×400、色数16色というもので、ワープロや表計算といったビジネスアプリケーションに都合のよいものでした。しかもフレームバッファが32kb×4のプレーン式という、スプライトベースの高速な書き換えには不向きなフォーマットだったので、アクションゲームの実現は困難でした。その代わり高詳細な絵が出せるということで、綺麗な1枚絵を見せることを価値の中心としたアドベンチャーゲーム（主にアダルトゲーム）が市場の主流になっていきました。

図8.1 「Commander Keen」　　　　　　　　　　　　　Copyright © 1991 id Software

「DOOM」の衝撃

　価格・性能面で先んじたPC/AT互換機では、低解像度ながら色数が多く高速なVGAモードを生かし、さまざまなリアルタイムグラフィックスの技術的取り組みが行われました。そこで一躍スターダムにのし上がったゲームデベロッパーがid Softwareです。

　id Softwareは1992年に「Wolfenstein 3D」という、世界最初とも言われるFPSゲームをリリースしました。このゲームではテクスチャ付きの3Dグラフィックスで表現された平面的なダンジョンをリアルタイムに動き回り、さまざまな銃器を使いながら戦うことができました。

　続いてid Softwareが1993年にリリースしたFPSが「DOOM」です。前作にはなかった立体的なダンジョンを、当時としては驚異的な3Dグラフィックスで表現し、迫力ある戦闘、謎解き、磨き抜かれたアクション性によって累計2,000万本とも言われるヒットを飛ばします。これ以降、アメリカのPCゲーム業界では3D技術の研究と蓄積が猛スピードで行われるようになりました。

Windows 95とPCゲームのグローバル化

　「DOOM」を生み出したPC/AT互換機によるPCゲーム市場は、1990年代を通して急速な発達を遂げます。1994～95年ごろには無数の「DOOM」クローンが作られ、「Warcraft」や「Command and Conquer」のようなリアルタイムストラテジーゲームも産声を上げました。さらには、アナログモデムを経由したネットワーク対戦が好評を博し、ネットワークゲームの市場も形成されました。

　その一方で、PC9801の限られたグラフィックス機能に縛られたままの国内PCゲーム市場は長い停滞を経験することになりました。そして、この技術的、市場的な停滞は、「PCはアダルトゲーム専用機」という消費者マインドを作り出してしまうのに、十分な期間を提供してしまいました。

　その状況が変わり始めるきっかけとなったのが、Microsoft Windows 95の登場です。Windows 95によりPC/AT互換機とPC9801で同じゲームを動作させることが可能になり、やがて海外のPCゲームを直接ローカライズして発売することも行われるようになりました。

　また、Windows 95という共通のプラットフォームができたことで、より価格競争力に優れるPC/AT互換機が日本市場において決定的な勝利を収めます。性能の割

図8.2 「DOOM」　　　　　　　　　　　　　　　　Copyright © 1993 id Software

に高価であると見られたPC9801シリーズは、ほどなくして中身を変え、PC/AT互換機と同じものになっていきました。これにより、PCゲーム市場はグローバル性を帯びていきます。

しかし、固定化した消費者マインドや、海外との技術的な差は簡単に覆りません。Windows 95の登場後数年間で、国内でヒットしたPCゲームは「Quake」や「Diablo」など、ほぼすべて海外のゲームです。商品力に劣る日本のPCゲーム業界は壊滅状態となり、多くの企業がコンシューマーゲーム機市場へ主戦場を移す結果となりました。

表8.1　Windows 95登場後数年間の主要なPCゲーム

タイトル名	発売年	ジャンル	開発元
Quake	1996	FPS	id Software
Diablo	1996	ARPG	Blizzard Entertainment
Ultima-Online	1997	MMORPG	Origin
StarCraft	1998	RTS	Blizzard Entertainment
Half-Life	1998	FPS	Valve
Ever Quest	1999	MMORPG	SOE

8.2
オンライン時代の幕開け（1996〜2002）

　Windows 95がインターネットブラウザを搭載したことによってインターネットの普及が本格的なものとなりました。この流れに乗る形で、1996年から1997年末にかけて、インターネットを利用したネットワークゲームが続々登場し始めます。

アメリカ発のネットワークゲーム

　その最初の例となったのがid SoftwareのFPS「Quake」です。インターネットを通じ、世界中のプレイヤーと最大16人で対戦できるという世界初の体験は、多くのユーザーを引き付けることになりました。また、1996年末に発売されたBlizzard Entertainmentの「Diablo」は、RPGのゲームプレイを初めてインターネット上に持ち込み、世界的大ヒットとなりました。

　そして1997年9月に「Ultima Online」が登場します。Originが開発したこの世界初の本格的MMORPGは、それまでのゲームにはなかった新しい概念の塊です。まず、オンライン専用なので1人用モードはありません。巨大なサーバーに3,000人余りのプレイヤーが同時接続して、世界中で体験を共有することができます。そして、それらのユーザーから月極めの利用料金を徴収するという形で収益を上げました。

　こうして「オンラインゲーム」という市場カテゴリーがPCゲームの世界で産声を上げました。ビジネス的にも成功を収めた「Ultima Online」を皮切りに、1999年にはSony Online Entertainmentによる「Ever Quest」がスタートし、2000年代に向けてオンラインゲームはますます一般的なものとなっていきました。

立ち上がる韓国のゲーム業界

　「Ultima Online」の成功に続くべく、1998年ごろにはアメリカ以外の地域でもオンラインゲームの開発に取り組む企業が現れるようになりました。日本国内でも1999年にはネクステックの「Dark Eyes」、2000年にはカプコンの「レインガルド」のようなMMORPGが開発されましたが、アメリカ産オンラインゲームの市場を奪えるほどの力を持ったタイトルの登場はまだ先のことになります。

　そんな中で、韓国のゲーム企業が目覚ましい成功を収めます。韓国では1996年

にはNexonが「風の王国」のサービスを開始するなど、オンラインゲーム市場が早くから芽生えていました。その中、NC Softが開発したMMORPG「Lineage」は、先進的なグラフィックスなどはありませんでしたが、オンラインの特徴を生かした大規模な攻城戦、組織運営などのコミュニティ要素によって、瞬く間に韓国内で人気を独占します。

このような成功の背景には、この時期の韓国にPC以外のゲームプラットフォームが普及していなかった、という事情があります。法律の規制により日本のゲーム機は禁制品で、ゲームを遊べる機械はPCだけでした。また、かねてよりBlizzardの「StarCraft」の大ヒットがあって、PCでゲームを遊ぶという文化が浸透しつつありました。このため、PCで遊べるオンラインゲームが素早く受け入れられたのです。

そのような市場に、最先端の国産オンラインゲームが登場したことは大きなインパクトがありました。当時急速に展開しつつあった「PC房」(PCを時間貸しする店舗)のビジネスにとってゲームが有力なコンテンツとなったことも手伝って、韓国ではオンラインゲームが空前のブームとなります。そして「Lineage」に続けとばかりに、2000年ごろまでには韓国内で相次いでいくつものオンラインゲームが開発されました。

韓国産オンラインゲームの席巻

こうして力を蓄えた韓国のオンラインゲーム業界は国外市場を求めるようになります。その中で距離的に近く、ネットワークインフラの充実した日本は理想的な市場でした。2001年ごろより「Lineage」「Ragnarok Online」といった韓国製の大型オンラインゲームが次々に日本国内へ展開していきます。

いまだオンラインゲーム業界が本格的に立ち上がっていなかった日本市場にとって、これらの韓国産オンラインゲームは新鮮な刺激となりました。「Ragnarok Online」が100万ユーザーを集めるほどのヒットとなり、さまざまな社会現象を起こしたことは記憶に新しいところです。また、韓国のゲーム企業は日本版の展開にあたり丁寧なローカライズを行う傾向があり、日本国内にサーバーを置くことすら珍しいという米国産のオンラインゲームに差をつけることにも成功しました。

これに対して日本のゲーム業界では、PCではなくコンシューマーゲーム機のネットワーク化というアプローチでオンラインゲーム時代を迎えようとしていました。その好例がPlayStation 2用に2002年にスタートしたMMORPG「ファイナルファンタジ

―XI」です。

　こうして、2000年代中葉までの国内PCゲーム市場は、ほぼ韓国産オンラインゲームの独占状態となりました。その影響は現在まで続いていますが、次第に国産タイトルの巻き返しが始まっていることも事実です。

8.3
アジア市場の勃興（2003〜2009）

　「Lineage」の日本上陸以降、韓国と日本でPCオンラインゲーム市場が成熟するにつれて、各オンラインゲーム企業は新たな市場を探し始めました。その中で中国が特に注目されることになりました。膨大な人口を持ち、経済的に急速な発展を続ける中国には、2000年代初頭、ゲーム業界が爆発的に発展しうる多くの余地が残されていました。

アジア市場の特性

　韓国、中国、台湾、ベトナム、マレーシア……といったアジア市場の特徴として、以下の3点を言うことができます。まず、コンシューマーゲーム機の文化が浸透しておらず、ゲーム文化は低性能のPCを中心としていること。また、市場には不正コピーが横行しており、パッケージビジネスが立ちいかないこと。そして、平均的ユーザーの購買力が低いことです。

　そういった特性を持つ地域では、従来式のオンラインゲームビジネス、すなわちパッケージ販売と月額課金制を組み合わせる方法は、潜在的な市場のわずかな部分をすくい上げることができるだけです。この方式で成功したのは、市場そのものを確立させた先行者である「Lineage」シリーズや、圧倒的な商品力を持つBlizzard Entertainmentの「World of Warcraft」ほか、わずかなタイトルに絞られます。

アイテム課金制の誕生

　韓国内では2000年代初頭に無数のオンラインゲームが立ち上がっては消えていくという激しい競争を経験し、そういった中、2002年ごろからアイテム課金制という新たなビジネスモデルが脚光を浴びることになりました。

　アイテム課金制は、ゲームを無料で提供し、付加価値を提供することでサービス

料を徴収するビジネスモデルです。プレイ料金無料という圧倒的な集客力を生かし、マーケティングとプロモーションの努力により可能な限り多くのユーザーを集めます。その中で小額から高額なものまで、さまざまな付加価値をもたらすアイテムを販売し、各ユーザーの持つ購買力に対して柔軟に訴えかけるという点が特徴です。

　日本国内でも、2003年の「メイプルストーリー」をはじめとして、数々のアイテム課金制のオンラインゲームが登場します。集客力の高さからゲーム自体は小規模でもビジネスになるため、カジュアルゲームと呼ばれる市場カテゴリーを生み出す原動力ともなりました。それまでの重厚長大なMMORPGもまた、2004～2006年ごろから相次いでアイテム課金制へシフトし始めます。

1千万ユーザーを集めるオンラインゲーム市場の登場

　このアイテム課金制は、まず韓国と日本で本格化し、オンラインゲームのユーザー数を大幅に増加させることに成功します。そしてこのビジネスモデルは、実にアジア市場の特性に合っており、早くからオンラインゲーム市場が成立していた台湾でもアイテム課金制が主流になっています。

　アジア市場の最大国である中国では、2003年ごろからオンラインゲーム市場が急成長し、網易、盛大、第九城市、勝迅、巨人網絡といった現地法人が日韓・欧米のオンラインゲームタイトルをライセンスし、現地運営するというビジネスを展開して巨額の収益を上げています。

　恐るべきはその規模です。2006年にサービスが開始された中国版の「World of Warcraft」は、その年末に有料会員数500万人を突破し、全世界のユーザー数のおよそ半分を占める計算となりました。

　アイテム課金制のタイトルはさらに凄い数字を出しています。日本ではネクソンジャパンが「アラド戦記」としてサービスしているタイトルの中国版、「地下城与勇士」は、2009年末現在で会員数2,000万人以上、最大同時接続者数210万人の記録を作っています。日本発のオンラインゲーム「ゲットアンプドX」も、中国では2009年11月末に会員数1,000万人を突破するなど好調で、日本市場との大きさの違いをまざまざと見せつけています。

表8.2 アジア主要国のPCオンラインゲーム市場規模(2008年推定値)

国	市場規模(円換算)	前年比成長率
日本	1,240億円	10.0%
韓国	2,153億円	9.0%
中国	2,722億円	52.2%
台湾	294億円	7.0%

「World of Warcraft」に見る日本と世界の違い

　PCゲーム市場として圧倒的な成長を見せるアジア市場ですが、これに比べ、日本はPCゲームの居場所がない市場と言うことができます。

　その好例が「World of Warcraft」です。このタイトルは、パッケージ販売と月額課金制という従来型のビジネスモデルでサービスを展開しつつも、2005年の登場以降、北米・欧州を皮切りに、韓国・台湾・中国といったアジア市場でも顕著な成功を収めています。

　その有料会員数は2009年時点、全世界で1,150万人以上にも上り、数年おきに発売している有料拡張パックも、PCゲームの売上記録を樹立するほどの勢いで売れています。まさに飛ぶ鳥を落とすような勢いが続いているのです。

　ところが、「World of Warcraft」は日本では正式にサービスを展開することなく、一部の海外ゲームファンにのみプレイされることになりました。正確なユーザー数は不明ですが、まず、国内のオンラインゲーム市場に影響を与える数でないことは確かです。

　Blizzard Entertainmentが「World of Warcraft」のサービスを提供し、成功している地域にはある共通点があります。コンシューマーゲームの市場が発達していないか、PCゲームの市場が十分に大きいということです。

　特にアジアはコンシューマーゲーム機市場がないに等しい状態ですから、商品力のある「World of Warcraft」の有力な競争相手は限られています。ところが、日本ではコンシューマーゲーム市場が圧倒的で、PCゲームは広告や流通面で圧倒的な不利を強いられます。Blizzard Entertainmentが日本市場を回避した背景には、このような事情があるのでしょう。

8.4
PCゲーム市場の新時代

このように現在のPCゲーム市場の勢力図が形作られてきましたが、現在もPCゲームの世界は変化の途上にあります。そのうち興味深いトピックをいくつか紹介し、本章の議論を終わりにしたいと思います。

オンライン化するパッケージゲームビジネス

2000年以降、オンラインゲーム市場が爆発的に成長する影で、従来型のパッケージゲームビジネスは苦しい状況にあります。原因の1つは市場の飽和です。PCゲームの主要市場である北米、欧州における売上は2000年代に入って低成長状態が続いていましたが、そこにXbox、Xbox 360といったPC並みのゲームがプレイできるコンシューマーゲーム機の登場がさらに追い討ちをかけました。

この状況を打破するためには、PCゲームに付きまとう不正コピーの問題、コンシューマーゲームに押されて店頭に置かれにくいという流通・販売の問題を解決する必要があります。

その問題解決に向かう1つの光明となったのが、Valveの「Steam」に代表される、PCゲームのオンライン流通システムです。これは、日本で言えばオンラインゲームポータルに似ており、ゲームタイトルの露出と販売、料金の徴収といった一連の事項をひとまとめにしたシステムになっています。

アメリカを中心に「Steam」「Direct2Drive」といったオンラインのPCゲーム配信システムが広まっていくにつれて、従来的なPCゲーム市場に、オンラインゲーム的なカジュアルゲームの市場が構成されつつあります。Steamで配信されたのちWiiにも移植された2D Boyの「World of Goo」や、Xbox 360版が開発されたRedLynxの「Trials」などは、その成功例と言えます。

しかし、流通がオンライン化したことで、かつてよりも各ゲームの販売本数や売上といった数字が見えにくくなったことも事実です。北米のリサーチ企業では、毎年PCゲームの市場規模も調査していますが、そこにオンライン販売の数字は含まれておらず、実際のPCゲーム市場規模は表に出ている数字以上と考えたほうがいいでしょう。

「Steam」では、Valveによる「Half-Life 2」や、「Portal」「Team Fortress 2」「Left

4 Dead」といったメガヒットタイトルが続々と生まれています。現時点ではValveただ1社の独壇場にも見える状況ですが、小規模デベロッパーによるヒットタイトルも複数生まれており、今後ますます成長する分野になるでしょう。

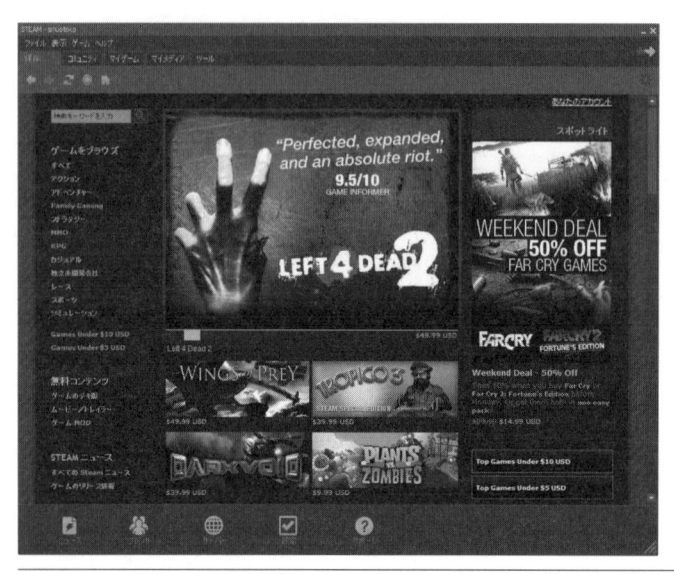

図8.3　「Steam」の画面　　　　　　　　　　　　　　Copyright © Valve Software

ブラウザゲームの流行

　日本ではパッケージタイトルのオンライン配信システムが立ち上がっておらず、伝統的なPCゲーム業界は壊滅状態のままですが、その代わりに新たな市場ジャンルが成立しつつあります。特に急成長しているのが、Webブラウザだけで遊べるブラウザゲームです。

　近年人気を集めているブラウザゲームは、携帯電話用のゲームに近いゲームデザインを持っており、空き時間にログインしてちょっとだけ続きをプレイするという手軽さが特徴となっています。

　その方式上、実行環境がPCに限られるものではありませんから、カテゴリー的にこれをPCゲームと呼ぶべきかどうか、まだわかりません。中には、id Softwareによる「Quake LIVE」のような、PCでのみプレイできるブラウザゲームもありますので、これからどのように市場が広がり、相互に影響を与えていくか、注目すべきです。

第9章
アイテム課金制による無料オンラインPCゲーム

岩間達也

この章の概要

　2010年1月現在、日本国内で運営されているPCオンラインゲームの約85%がアイテム課金制をとっています。
　本章では、どのような経緯で定額課金からアイテム課金へと移行していったのか、その流れを追ったあと、アイテム課金の特性を考察します。さらに、商品である課金アイテムとはいったい何を売るものなのか、課金アイテムをタイプ別に分類して明らかにします。そして最後にアイテム課金ビジネスの今後を展望し、本章の終わりとします。

無料オンラインゲームの産業構造

プラットフォーム	▶ PC
ゲーム業界関連職種	▶ プロデューサー、ゲームデザイナー、マーケティング、プロモーション
主流文化圏	▶ 日本、韓国、その他アジア各国
代表的なタイトル	▶ ラグナロクオンライン、RED STONE、メイプルストーリー、サドンアタック

第9章　アイテム課金制による無料オンラインPCゲーム

9.1
無料オンラインPCゲームの成り立ち

　日本国内で2010年1月現在、約180タイトルがサービスされているPCオンラインゲーム。そのうち「アイテム課金制を採用した無料PCオンラインゲーム（以下、**アイテム課金制タイトル**）」は全体の約85％と大多数を占めます。

　この数字は、対象ゲームの開発国と密接に関係しており、上記180タイトルのうち70％が日本以外の海外製です。その中でも韓国で開発されたタイトルが59％と、非常に多くを占めます。極論すればこれらタイトルの多くがアイテム課金制タイトルであったことから、自然に日本でもこのスタイルが浸透していくことになったと言えます。

　海外開発会社が開発したゲームタイトルを（サービスライセンスを取得して）日本国内でサービスするという手法は、日本向けに新たなゲームタイトルを開発するよりも、早く、かつ安価にサービスを開始できるというメリットがあり主流となっていくわけですが、ではなぜ韓国でアイテム課金制を採用したタイトルが増加していったのでしょうか。

　そもそも韓国でPCオンラインゲームが台頭してきたことには、同国での、コンシューマーゲーム、PC用スタンドアロン型ゲームにおいてコピー・海賊版が普及していたことと深く関係していたと言われています。スタンドアロン型のゲームを独自開発しても十分な収益が得られない、しかし、データをサーバーで管理する、いわゆるオンラインゲームではこの問題を解決でき得る。これに高速なインターネット回線およびそれを利用するPCが日本よりも早く普及していたなどの条件が重なり、多数のオリジナルPCオンラインゲームが登場することになったわけです。

　ただし、その韓国でもオンラインゲーム黎明期のタイトルは、特定期間のプレイ権利をユーザーに購入してもらう**定額課金**のものが一般的でした。現在のオンラインゲームは「Ultima Online」（1997年サービス開始、ただし日本サーバーは1998年）がその源流と言われますが、このタイトルが定額課金制を採用していたことから、課金システムもそのまま踏襲していたということでしょう。

　しかしこの定額課金制は、遊ぶために（面白いゲームかわからない状態で）最初から費用が必要となる、比較的ハードルの高い仕組みです。サービス企業側からすれば、いかに面白いゲームであってもそれを明確に示さない限り、ユーザーはなかなかプレイしてくれません。

9.1　無料オンラインPCゲームの成り立ち

なんとかこのハードルを越えてもらったとしても、ユーザーにとっては「課金＝プレイ時間を購入」していることになるため、自分が課金したタイトルに少しでも多くの時間を割きたいと考えます。仮に2つのタイトルに課金して両者を並行してプレイした場合、乱暴な言い方をすれば、1タイトルだけ遊んでいるユーザーに比べて、2倍の費用をかけて（1タイトルあたり）2分の1の時間しか遊べないということになります。つまり1人のユーザーに、同時に複数のゲームを遊んでもらうことは難しいわけです。

では、非常に面白そうな新しいタイトルであるとユーザーにアピールできたとして、ユーザーがこれまで遊んでいたタイトルを離れて移行してくれるかと言えば、それも一筋縄ではいきません。それまでに時間をかけて獲得したゲーム内の資産（データ）があるため、簡単に捨てられないのがユーザー心理というものです。結果、他の新しいタイトルが登場しても、多くのユーザーが、愛着のあるタイトルのプレイを継続する選択をとることになってしまいます。

オンラインゲームが登場し始めたころのサービスタイトル数が少ない状況下では、新規にオンラインゲームを遊び始めるユーザーが増加していくことで、各タイトルが一定数の（採算の取れるだけの）ユーザーを集めることが可能だったでしょう。しかし、多数の（定額課金制の）オンラインゲームが市場に登場すればするほど、先に挙げたようなユーザー心理によって、1タイトルあたりに集まるユーザーは確実に減少していきます。特に後発タイトルは既存別タイトルのユーザーを、まさに奪い取らなければならなくなるわけで、その困難さは非常に大きなものだったことは想像に難くありません。

このような状況の中でいかに多数のユーザーを集めるかという打開策として誕生したのが、**基本プレイ料金無料**という、他のゲームのプレイヤーでも気軽にゲームをお試しできる集客方法です。無料で遊べるならばちょっと覗いてみようか、というユーザー心理をつき、他のオンラインゲームをプレイしているユーザーでも**一度は**プレイしてもらえる環境を設けたことで、定額課金制タイトルに比べて圧倒的に多数のユーザーを集められるようになったのです。こうして、後発タイトルであっても他タイトルに**中身**で勝負できるようになっていきます。

そして、この集客方法において利益を上げるために考えられたのが**任意で購入できる**課金アイテムを販売して収益を得る新しいシステム、**アイテム課金制**でした。

9.2
アイテム課金制の特性

　アイテム課金制タイトルは前節で述べた誕生の経緯からもわかるとおり、定額課金制タイトルに比べてユーザーを集めやすい特性を持っています。しかしこれだけではサービス企業がこのシステムを採用し続け、ユーザーがこのシステムのゲームを遊び続ける理由とはなりません。

　そこでこの節では、この仕組みのメリット、デメリットをサービス企業側、ユーザー側それぞれの視点から考えてみることにしますが、その前に、ここで扱うアイテム課金制タイトルの概念についてまとめておきましょう。

① 無料で会員登録可能であること
② 無料でゲームクライアントを入手できること
③ （インターネット環境、PCをユーザーが準備することを前提に）無料で（サービス終了まで）半永久的に遊べること
④ ユーザーが任意で購入できる「アイテム（ゲーム内データおよびゲーム内データを改変できるサービス）」を販売し、収益を得ていること

　以上を踏まえた上で次へ進みましょう。

サービス企業にとってのアイテム課金制タイトル

　サービス企業にとって最も重要なのは、当然のことながらいかに利益を得るかという点にあります。この視点でアイテム課金制タイトルを考える前に、まず対極にあたる定額課金制タイトルについて考えてみましょう。

　定額課金制タイトルの特性は、ユーザー数の上昇と売上の上昇が完全に一致する点にあります。これは、安定した売上を確保しやすいという大きなメリットを備えていると言えます。しかしその反面、ユーザー数により自動的に売上上限も決まってしまうという難点も抱えているということになります。ユーザー数が予定よりも下回っている場合、中長期的なゲーム追加開発や大きなプロモーションなどによってユーザーを増加させていくしか、十分な売上を得る手段がないわけです。

　一方、アイテム課金制タイトルでは、ユーザー数と売上は比例するとは限りませ

ん。仮にプレイユーザー数自体が上昇しなくとも、「購入する価値がある」とユーザーが判断してくれる商品（アイテム）を発売すれば、つまりワンアイディアの結果でも、急激な売上上昇が可能であり、短期的な計画変更によって上方へ向かわせることができるメリットを持っています。これこそがアイテム課金制の最大の特長です。

ただし逆に、いくらユーザー数が多くとも、常に新しい、ニーズに合った商品を提供し続けなければ売上は低下してしまう、つまり「安定した収益」が得られにくい仕組みであることも事実です。多大なユーザーを支えるためのランニングコストのみかかってしまい、十分な収益が上がらないことも起こり得ます。

もっとも、ユーザー数が多ければ多いほど購入者となり得るユーザーの絶対数も増加していくことになります。ここで、多数のユーザーを集める重要性も出てくるわけです。

大雑把にまとめてしまえば、アイテム課金制タイトルをサービスするということは、たとえるならば「新たな都市計画により、人の集まる街（ゲーム）を作り出しつつ、かつその中の自分の店（課金アイテムショップ）でも集客努力をするようなもの」と言えます。ゲームに対する集客をしつつ、さらに魅力ある商品を購入してもらう。この両方をバランスよく考えつつサービスをしていくことで、アイテム課金制のメリットを最大限に発揮できるわけです。

ユーザーにとってのアイテム課金制

ユーザーの視点で見た際のアイテム課金制の特性についても考えてみましょう。

ユーザーから見たアイテム課金制タイトルのメリットは、何より無料で気軽にプレイを始められることにあります。「自分の好みにあったゲームかどうか」「自分のパソコンで遊べるのかどうか」、こういった点を、気になるゲームを見つけた際にはお試しプレイで簡単に確認できるわけです。つまらないと感じたらプレイをやめればいいだけのことで、そういう気軽さが最も大きな魅力となります。

また、課金に関しても、自分が必要と思ったアイテムだけを購入すればよく、金額についても余裕があるときはお金を使い、ないときは無料で遊ぶ、といった選択が可能となります。お金を使う使わない、あるいはどれだけ使うかは、すべてユーザー自身が自由に決められるということです。

ただし、無料で遊べるという触れ込みでありながら、満足にプレイするためには**実質的に課金が必要**となるものも存在します。もちろん、購入するもプレイをやめる

も任意ですが、それまでに時間をかけてしまったことに対して不満を持つ人もいるわけです。

また、未成年者が保護者の了承なく多額のアイテムを購入をしてしまう、などの問題もあります。この未成年者に関する問題は企業側も憂慮しており、多くの場合、一定期間における購入上限額を設けるなどの対策を施して防止を進めています。

9.3
課金アイテムのタイプ

課金アイテムは**商品**である以上、購入者であるユーザーにメリットをもたらすものであることが前提となります。ゲームタイトルやジャンルによって多種多様なアイテムがありますが、ユーザー視点で「何を買っているのか」という見方をしたとき、大きく分けて以下の3つのタイプに分類されます。

時間を購入するアイテム

モンスターを倒し、経験値やアイテムを得てキャラクターを強化していくMMORPG（Massively Multiplayer Online Role-Playing Game）のようなゲームの場合、**プレイ時間**がキャラクターの成長速度に非常に大きな影響を与えます。比較的プレイ時間を確保しやすい学生と、日中仕事に追われる社会人とでは、平均してゲームに割ける時間に違いがあり、結果社会人ユーザーが学生ユーザーに「勝てない、追いつけない」という状況が生まれてしまいます。

これを回避するための典型的な課金アイテムが、「経験値増加」「ゲーム内のお金入手量増加」「アイテム入手確率増加」といったものです。たとえばこれらの効果が2倍になるアイテムを購入したユーザーは、単純に考えれば2分の1のプレイ時間で、これらアイテムを持っていないユーザーに「追いつく」ことが可能となるわけです。

MMORPGでよく見られる装備アイテムの強化システムに関する課金アイテムもあります。成功失敗判定があり、失敗するとアイテム消滅などのペナルティーがつくランダム性のある強化システムにおいて、「成功確率がアップする」アイテムです。これは、試行回数を減少させられるという意味で、「時間」を販売するアイテムと言えるでしょう。同様なものとして、名前の変更や育成状態をリセットするためのアイテムも挙げられます。

アクション性の低いMMORPGなどでは、これらの課金アイテムが最も収益上の基盤になるとい言えます。

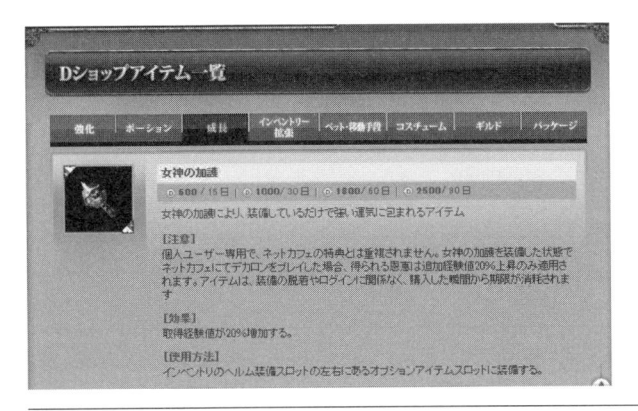

図9.1　取得経験値が向上するアイテム（デカロン）

Copyright © 2007 GAMEYAROU Inc. All Rights Reserved.

テクニックを購入するアイテム

　RPG系ゲームを進める上でプレイ時間が最も重要だとするならば、近年人気のアクションゲームでは、原則としてプレイヤーの**テクニック**が最重要となります。繰り返しプレイしていくことで多くのユーザーはゲームに慣れ、テクニックを身に付けていくものですが、スポーツ同様もともとの上手、下手が存在するのも事実です。特にアクションゲームの多くは直接的に他のプレイヤーと「対戦」することが主であり、さらに言えば相手に「勝つ」ことがゲームの楽しみだと言えます。

　そのため、テクニックに勝る相手に対して勝利できるようにするためのアイテムが販売されることが少なくありません。たとえば人気のFPS（First Person Shooter、一人称視点のシューティング）ゲームの場合であれば、「攻撃能力がアップする」「移動速度がアップする」といった効果を持つアイテムがこれにあたります。購入したユーザーはテクニックの不足分をこれらで補うことができ、対等またはそれ以上の相手に勝利することができるようになるわけです。

　ただしこれらのアイテムは、サービスにとって諸刃の剣と言える部分があります。アイテム効果のバランスによっては、「課金しないユーザーが勝利できない」「もともと強いユーザーがさらに強くなってしまう」という恐れがあり、これを嫌うユーザーが

ゲームから離れてしまう可能性をはらんでいます。

　つまり「テクニック」購入を弱めて多数のユーザーにプレイしてもらい（分母を大きくして）収益を確保するか、「テクニック」購入を強めて、全体ユーザーが少なくとも課金者の比率（分子）を大きくして収益を確保するかは、非常にバランス的に難しい問題であり、サービス会社・開発会社にとってこの方針バランスを考えていくことが重要となってきます。

プレミアム感を購入するアイテム

　多人数の集まるオンラインゲームでは、キャラクターはユーザーの分身であり、実際の世界と同様、「格好いい（かわいい）姿をしたい」「人よりも目立ちたい」というような欲求が発生します。これに答える形で販売されるのが**アバターアイテム**と一般的に呼ばれるものです。これは服装や姿を変えるアイテムであり、効果ではなく「見た目」を変化させることを主眼としています。

　現実世界同様、季節やイベントに合わせて販売されるものも多く、期間限定などで販売される傾向があります。また、他企業とのタイアップ用アイテムとしても利用しやすいものです。アバターアイテムは先に挙げた「時間」や「テクニック」に影響を与えることが少ないため、ゲームバランス等に与える影響がほとんどなく、販売者にとって非常に扱いやすいアイテムと言えます。

図9.2　通常は鎧を着ているが、スイムウェアで夏気分（デカロン）

Copyright © 2007 GAMEYAROU Inc. All Rights Reserved.

アバターアイテムとは直接的な繋がりはありませんが、このプレミアム感を最大限に活用したのが、一般的に**課金ガチャ**などと言われる、「クジ」方式のアイテムです。いくつかのアイテムの中からランダムで**何か**が手に入るという仕組みで、通常販売されない「当たり」のアイテムが低確率で当たるのが一般的です。この当たりを魅力的なものにすればするほど、当たりアイテムのプレミアム度は増し、手に入れたユーザーの優越感は高まります。この満足感を目的としてユーザーに何度も「クジ」を引いてもらうことで、収益は上昇していきます。

図9.3　ガチャシステム（サドンアタック）

Copyright © 2007 GAMEYAROU Inc. All Rights Reserved.

9.4
アイテム課金ビジネスの今後

　アイテム課金制はこれまで、日本におけるオンラインゲーム業界の拡大に大きく貢献してきました。しかし、初期はユーザーの注目を集めた「基本プレイ料金無料」という触れ込みも、「PCオンラインゲーム＝無料」が当然となった現在ではセールスポイントではなり得なくなっています。

　ただし、インターネットコンテンツとして考えれば、オンラインゲームが非常に強力な集客力を保有していることは確かです。すでに一部企業では実施例がありますが、この集客性を生かすことで強力な広告媒体になり得る潜在力を持っています。

今後はアイテム販売によるユーザーからの収益だけでなく、ユーザー数という潜在的な収益力をいかに活用していくかが、サービスとしての鍵を握っているのではないでしょうか。

図9.4　ゲーム内の看板に広告を掲載（サドンアタック×ぐるなびデリバリー）

Copyright © 2007 GAMEYAROU Inc. All Rights Reserved.

9.5
参考資料

- 『オンラインゲーム白書2009』
- デカロン（http://dekaron.gameyarou.jp/）
- サドンアタック（http://suddenattack.gameyarou.jp/）

第10章
ソーシャルゲーム

徳岡正肇

カルチャー概要

　ソーシャルゲームとは、2008年ごろから本格的に始まった、SNSを母体としたブラウザゲームの総称です。とは言え実のところ、誕生して間もないジャンルであるため、現状ではまだまだ「これがソーシャルゲーム」と断言するのは困難です。

　大手デベロッパーが本格参入を始めたのも、2009年末ごろになってからのことです。今後「誰も知らなかったソーシャルゲーム」がブレイクすることは十分考えられますが、それがどんなデベロッパーから出てくるかを予想することは難しいと言えますし、それだけ可能性の大きなジャンルでもあります。

ソーシャルゲームの産業構造

関連する要素	▶ シリアスゲーム、PC（オンライン）、ローカライズ、ミドルウェア、iPhoneをはじめとする携帯アプリ、アイテム課金、ネットワークゲーム、ブラウザゲーム
プラットフォーム	▶ PC、コンシューマーゲーム機（ブラウザ経由）、携帯ゲーム機（ブラウザ経由）、携帯電話
ビジネス形態	▶ 制作・運営
ゲーム業界関連職種	▶ プランナー、ディレクター、プログラマー、ゲームデザイナー、イラストレーター、コンポーザー
主流文化圏	▶ アジア、北米、日本、欧州
代表的なタイトル	▶ FarmVille、Mafia Wars、サンシャイン牧場

第10章 ソーシャルゲーム

10.1
ソーシャルゲームとは何か

ソーシャルゲームという概念がメジャーになったのは比較的最近、おおむね2008年ごろからであると考えられます。

起点となったのは、FacebookやMySpaceといった**SNS**(Social Network Service、ソーシャルネットワークサービス)です。APIなどの公開によってアプリケーション開発への道が開かれたことにより、これらのSNSをプラットフォームとしたゲームが発表されるようになり、そのいくつかが爆発的にヒットしました。現在でもFacebookはソーシャルゲームの最も大きなプラットフォームの1つとなっており、複数の作品にわたって何千万という規模でアクティブユーザーが存在します。

図10.1 ソーシャルゲームのプラットフォームであるSNSの代表格Facebook

もっとも、「ソーシャルゲームとは何か」という定義問題はあまり簡単ではありません。

そもそも英語における**Social Gaming**とは、「社会的なつながりの一貫としてゲームをプレイする」ことで、広義においてはMMORPGやLANを用いた多人数プ

レイはもちろん、将棋やチェスといった複数人でプレイされるアナログゲームも含まれます。ソーシャルゲームと言っても、即座にSNSと連結されるわけではないのです。

現状においては、**ソーシャルゲーム**と言えば「SNSを利用し、SNSの参加者がプレイする、ブラウザでプレイ可能なオンラインゲーム」という定義が一般的になりつつありますが、この漠然とした定義をよく吟味すると、個々の事例に関する境界問題が多発します。ジャンル論にはありがちなことですが、そのジャンルを名乗っている最も有力な作品群が、そのジャンルのあり方そのものを決定しているのが現状となるのです。

これはつまり、それだけソーシャルゲームが未成熟であることを示すとともに、その多様な可能性の証左でもあります。

10.2 ソーシャルゲームの歴史

FacebookやMySpaceといったSNSでソーシャルゲームが作られるようになった背景には、前述のように、SNSのオープン化の進行があります。このオープン化の端緒をつけたのは**MySpace**でしたが、MySpaceではアプリケーションの権利関係や、アプリケーション製作者とMySpaceとの関係といったものが曖昧だったため、大きなビジネスとして成長するにはいくつもの困難を抱えていました。

一方、**Facebook**は2007年5月に**Facebook Platform**を公開します。これによってFacebook上で動作するアプリケーションが開発可能となっただけでなく、権利や利益配分といった面も明確化されていきました。かくしてFacebookをプラットフォームとするアプリケーションの開発は一気に盛んになり、公開されたアプリケーションは半年で14,000本を越えます。

最初期におけるソーシャルゲームは、アバターチャットやバーチャルワールドのバリエーションや、有名なアナログゲーム（ポーカーなど）、デジタルのカジュアルゲームといったものをFacebookでプレイできるようにした作品が多く、デザイン的に目立って新しい要素はありませんでした。

とは言えこれらのサービスは、上位グループだと1日に50万ユーザー以上に利用されており、ソーシャルゲームのマーケットとしての可能性にはいやおうなく注目が

第10章　ソーシャルゲーム

集まることになります。

この時期のソーシャルゲームには、法的なグレーゾーンを突っ走る作品も、ままありました。2007年に公開された「Scrabulous」はおそらくその最も有名なケースで、これは「スクラブル（Scrabble）」というボードゲームをほぼそのままFacebook上でプレイできるようにしたものです。

「Scrabulous」は1日50万ユーザーを超えるヒットを博しましたが、「スクラブル」の権利元であるハズブロ社が公式に削除を要請、訴訟を通して削除は実現されました。Facebook上での「スクラブル」は、ハズブロ社がPCゲーム化権利を与えているEA（Electiric Arts）によってローンチされ、2010年現在で60万を超えるユーザーにプレイされています。

同様に、現時点におけるソーシャルゲーム界の巨人Zyngaもまた、「RISK」「BATTLESHIP」など、ハズブロ社が権利を持つゲームをサービスしていました。「BATTLESHIP」は「Sea Wars」と名前を変更しましたが、やがてそのコンテンツは「Mafia Wars」と同様のシステムを持つ「Pirates: Rule the Caribbean!」へと変更されます。

図10.2　Zyngaの代表作、FarmVille　　© Zynga Game Network Inc.

黎明期特有の混乱が続く一方、SNSをプラットフォームとしたゲームの開発は、着実にそのノウハウを増していきました。特に、テキストベースのマフィアRPGである「Mob Wars」や、農場シミュレータ「Farm Town」といった作品は数多くのクロー

ンを産み、今ではソーシャルゲームにおける世界的な主力となっています。これらの作品では、既存のゲームデザインを部分的に踏襲しつつも、SNSの性質を利用した新しいスタイルのゲームが提供されています。クラシックなゲームをただSNS上でプレイするだけだったソーシャルゲームは、新しい段階に入っているのです。

急成長するソーシャルゲーム市場を受けて、2009年11月にはEAがソーシャルゲームの大手であるPlayfishを買収しています。買収総額は最大で4億ドルと巨額ですが、Playfishの年間売上は推定7,500万ドルに上っており、市場規模の大きさを感じさせます。また、FacebookでのソーシャルゲームにはEAが「Spore」で参入しているほか、シド・マイヤーが「Civilization Network」をFacebookで提供すると宣言しています。

10.3 日本におけるソーシャルゲームの歴史

日本におけるソーシャルゲームの流れは、アメリカにおけるそれとは若干事情が異なります。

日本では、SNSが流行する以前から、ゲームのポータルサイトという形で、一種のSNSが構築されていました。代表例は**ハンゲーム**で、これはユーザーが相互に交流するシステムを備えており、「SNS＋ソーシャルゲーム」としての枠組みを有していました。同じことは**モバゲータウン**にも言えます。

しかし、こういった「ポータルサイトとSNSの統合型サービス」において提供されるゲームがソーシャルゲームとして脚光を浴びることは、ほぼありませんでした。これは、単純にソーシャルゲームという概念が成立していなかったこともありますが、それぞれのゲームがSNS機能を最優先とはしなかったことが理由として考えられます。

たとえば「麻雀」のようなゲームにしても、これらのサイトでは自分のゲーム成績は、同じゲームに参加する全員と比較される傾向にあります。これに対しFacebookでのポーカーの多くでは、ゲーム総合成績は基本的にFacebookのフレンドと比較されます。前者があくまでポータルサイトとしての機能を優先したのに対し、後者はSNSにおけるコミュニティを前提としているのです。

その一方で、「ハンゲーム」や「モバゲータウン」では、いわゆる出会い系的な利

第10章　ソーシャルゲーム

用がなされるケースが発生し、一部は社会的問題としてメディアに取り上げられました。このためユーザー間のコミュニティ形成は抑制される方向に進み、その莫大なユーザー数に反して、ソーシャルゲームが成立する土壌としては弱体化していきます。

　他方、2004年初頭に本格的に始まったSNS、中でもmixiとGREEでは、ゲームの提供は長らく行われませんでした。

　ところが「SNSはmixiの1人勝ち」とまで言われた2008年初、KDDIが携帯版のGREEであるau one GREEと「Mobileゴルフパンヤ」を連結させます。この連携機能は、対戦開始の待ち合わせをGREEで行うことができるなど、SNSのコミュニティ機能をネットワークゲームと直結させたという意味において、日本におけるソーシャルゲームの大きな第1歩となりました。従来のゲームポータルサイトが、しばしば「特定のゲームに興味を持つプレイヤーが集まってコミュニティを作る」のに対し、ここでは「SNSというコミュニティを前提としてゲームを提供する」という姿勢に切り替わったのです。

　これ以降、GREEは続々とソーシャルゲームを実装します。一時は1日14,000人のペースで会員数を増加させ、mixiの「1人勝ち」に猛追をかけていきます（2009年9月の段階では、GREEが1,500万、mixiが1,790万に到達）。

　GREEの追撃に対し、mixiは2009年8月から**mixiアプリ**を公開します。9月にオープンしたソーシャルゲーム「サンシャイン牧場」が1ヶ月で130万ユーザーを獲得するなど、爆発的な普及力を見せました。また10月には「mixiアプリ」のモバイル版を公開、ゲームポータルとしてサービスを開始しています。

　オープン化の流れとしては、2010年1月にモバゲータウンがゲームAPIを公開。「サンシャイン牧場」はモバゲータウンでもプレイ可能となっているほか、モバゲータウンで人気の高い「怪盗ロワイヤル」がmixiでもプレイできます。また、オープン化とはやや異なりますが、ハンゲームはmixiの「ブラウザ三国志」をハンゲームからもプレイ可能としました。GREEもオープン化を進めることを宣言しており、プラットフォームの拡大に合わせてソーシャルゲームの競争は一層激化することが予想されます。

　そしてアメリカにおいて、この黎明期の混乱が訴訟と無縁ではあり得なかったように、日本においてもGREEとDeNAが、ゲームの類似性を巡って法廷闘争に突入しています。

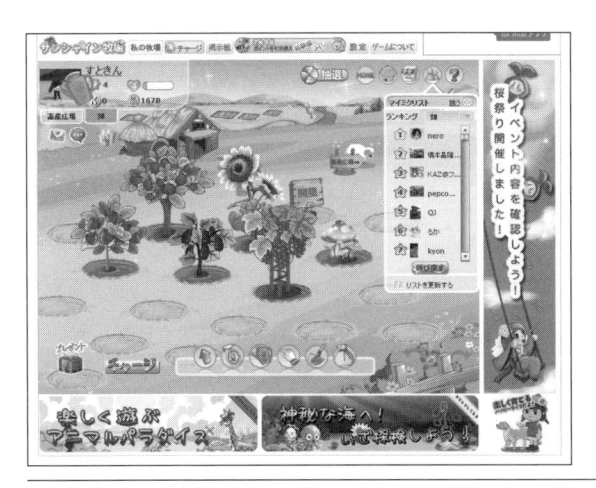

図10.3 mixiの代表的ソーシャルゲーム「サンシャイン牧場」

© Rekoo Japan株式会社

表10.1 ソーシャルゲームの規模

項目	ユーザー数	時期
Facebookのユーザー数	3.5億人	2009年9月
Mafia Warsのアクティブユーザー数	2,590万/月	2009年10月
FarmVilleのアクティブユーザー数	7,520万/月	2010年1月
FarmVilleのユニークユーザー数	2,000万	2009年10月
Zynga全体でのユニークユーザー数	6,000万/日	2009年12月
mixiのユーザー数	1,780万	2009年9月
GREEのユーザー数	1,500万	2009年9月
モバゲータウンのユーザー数	1,500万	2009年9月
サンシャイン牧場のユーザー数	448万	2010年1月

10.4
ソーシャルゲームの特徴

　ここでは、ソーシャルゲームの特徴について見ていきます。最近のソーシャルゲームが有する特徴を列挙したのち、従来のオンラインゲーム、特にMMO/MORPGと比較した場合に浮き彫りになる同期性・非同期性に関する特徴を示します。

最近のソーシャルゲームの特徴

アナログゲームを移植したタイプ、あるいは既存のブラウザゲームを移植しただけのソーシャルゲームと比較しても、近年隆盛しているソーシャルゲームには、いくつか明白な違いがあります。以下、その特徴を簡単に列挙します。なお、各項目はあくまでも一般的に見られる傾向であって、作品ごとの差異は存在します。

コミュニティの基盤はSNS

絶対の前提となるのは、SNSで形成されているコミュニティがゲームの基盤となる、ということです。

ほとんどのゲームは、より幅広い（＝人数の多い）コミュニティを有していたほうが、より有利にゲームを進められるようにデザインされています。また、プレイヤー相互のコミュニケーション（メールやチャット）はSNS側にほぼ完全に依存しており、自分に協力してくれるプレイヤーを募る場合は、SNSでコネクションを形成し、それがゲームに持ち込まれるという仕組みが一般的です。

ブラウザベースが基本

PCにおけるソーシャルゲームは、原則としてブラウザベースのゲームです。専用のクライアントをダウンロードするような作品は、ほとんど存在しません。きわめて稀な例外として、ZyngaのマフィアRPG「Mafia Wars」はiPhone専用のクライアントを発売していますが、これはiPhoneの仕様上の制約によります。

このため、PCのスペックが低くてもプレイ可能なゲームが多く、また職場や学校などで片手間にプレイされていることも珍しくありません（携帯電話ベースの場合は特にその傾向が顕著）。

ゲームの構造がシンプル

世界的な規模でユーザーを獲得しているソーシャルゲームは、いずれも非常にシンプルなゲーム性を有しています。「トラビアン」などに代表されるブラウザゲームは、ソーシャルゲームの世界では「複雑なゲーム」に分類されると言っていいでしょう。

ほとんどのゲームは入力と結果出力が完全に直結した構造を有しており、その途中に複雑な計算・判断または選択肢が関与することは稀です。

Co-op（協力）型/リソース構築型がメジャー

　同じブラウザベースでプレイされる一般的なブラウザゲームと異なり、他のプレイヤーのリソースを攻撃して破壊するといった要素はほとんど存在せず、発生する被害もさほど多くありません。

　農場シミュレーションや小売店経営シミュレーション、アバターチャット／バーチャルワールド系の作品などにおいては、完全に存在しないことも珍しくありません（むしろ、相互のリソースを、協力して拡張していく傾向が強く見られます）。

プレイヤーの拘束時間が短い

　1つのコマンドを入力すると次のコマンドを入力するまで数時間〜数日が必要だったり、コマンドを実行するために必要なリソースを使い果たすとそのリソースが回復するまでは新しいコマンド入力できなかったりと、プレイヤーの拘束時間は短い傾向にあります。動的ゲームの場合はさらに短いことが多く、数回のクリックで1ゲームが終了することもしばしばです。

　このため、複数のソーシャルゲームを並行してプレイするのは難しいことではありません。これは、ソーシャルゲームのアクティブプレイヤー数を増大させる要因の1つと考えられます。

多人数参加/ユーザー交流を必須条件としない

　多人数でプレイすれば有利だけれど、ソロプレイでも十分にプレイ可能というゲームがメジャーです。プレイヤーの交流はソーシャルゲームの要石ではありますが、「それがなくてはゲームがまったく進行しない」作品は少数派です。またコミュニケート手段はゲーム内アイテムの贈答や他プレイヤーの進行支援（または妨害）が中心で、その多くは数クリックで可能な「軽い」ものです。

ソーシャルゲームの同期性と非同期性

　これまでのオンラインゲーム、特にMMO/MORPGと比較して見た場合、ソーシャルゲームがそれらと一線を画する特徴が見えてきます。ソーシャルゲームが非同期的に機能しているという点です。

　従来型のオンラインゲームはプレイヤーの時間が同期しており、それはオンラインゲームの魅力の1つでもあります。イベントが夜9時に始まるのであれば夜8時半に

はログインし、顔見知りのプレイヤーと「あの人がまだこない」「あの人は30分遅れると言ってた」「あの人はIRCにはいるのにこっちにはログインしてないな」といった類の雑談を交わす、これはどんなMMO/MORPGにおいても見られる現象です。

ですがこの同期性は、プレイヤーの時間を拘束します。端的に言って、友人と一緒に冒険したかったら、友人と同じ時間にログインしていなければならないのです。これは現在のMMORPGにおけるほぼ絶対の掟です。したがって、たとえばシフトが夜勤になればこれまで遊んでいた人とは遊べなくなりますし、食事はともかくトイレとゲームは同時に進行できません（普通はしないはずです）。

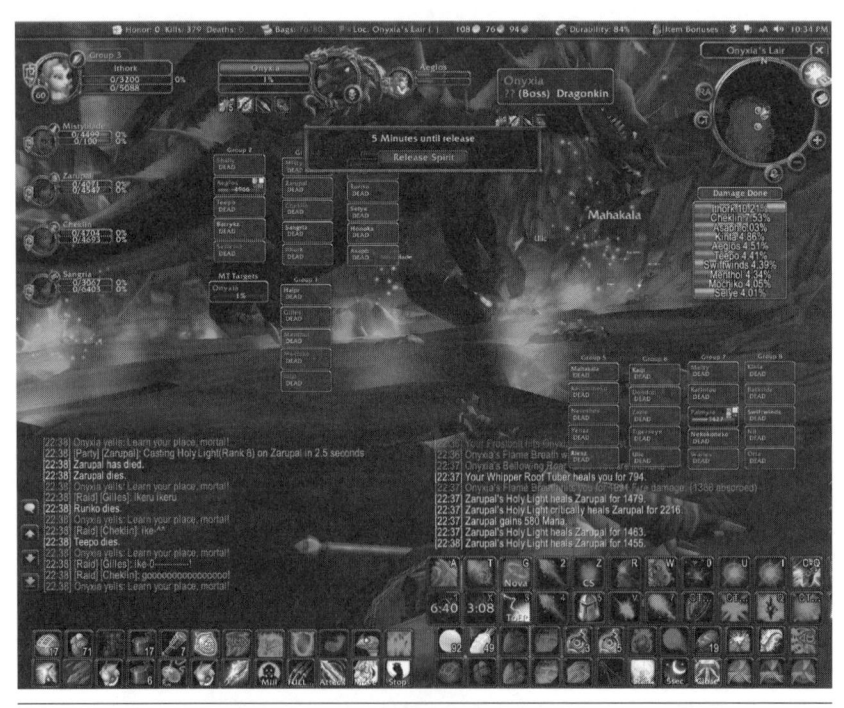

図10.4　MMO/MORPGはユーザー間の同期性が高いゆえ、拘束時間が長くなる傾向がある
© Blizzard Entertainment.

ソーシャルゲームにおいては、「他のプレイヤーと同じゲームを遊ぶ」ことと、「同じ時間を共有する」ことが、イコールで結ばれません。ほとんどのゲームにおいて、プレイヤーはアクションとアクションの間に一定時間のインターバルが要求され、他の

プレイヤーを支援するようなアクションは、そのインターバルのどこかで行えればよくなっていることがほとんどです。これはプレイヤーに一定の「協力している」感覚を与え、かつプレイヤーの時間を拘束しないという点において、非常に負荷が低い方法論であると言えます。

もっとも、ソーシャルゲームが完全に同期性から無縁なわけではありません。たとえばMafia Warsにおいては、大金を銀行からおろして何か買い物をしようと思ったところで攻撃されると、いい感じに所持金を持っていかれます。サンシャイン牧場であれば、作物が実ってから収穫するまでの間に、他のプレイヤーに作物を持っていかれる可能性があります。こういったワンポイントの同期性は、ゲームを引き締めるスパイスとして有用に機能しています。

10.5 ソーシャルゲームの収益パターン

ソーシャルゲームの収益パターンはいくつかありますが、Facebookにおける収益パターンは、中でも特殊なものとなっています。

Facebook上のソーシャルゲームの多くは、ゲームプレイによって獲得できる**トークン**を有しています。このトークンを消費することで、プレイヤーは特別な恩恵を受けることができたり、特殊なアイテムを購入できたりします。

Facebookアプリの多くでは、トークンを手に入れる手段として3種類のルートが用意されています。

① **ゲームプレイによって獲得**：レベルアップなどのタイミングで獲得する。
② **小額決済によって購入**：クレジットカードやPaypalを利用して購入する。
③ **アフィリエイトを踏む、アフィリエイト企画に登録する**：ゲーム内にある広告バナーを通じて他のゲームのアカウントを作成したり、Web経由での各種サービス（通信販売や各種講座など）を契約すると獲得できる。

②は、MMORPGで見られる「アイテム課金」のシステムと同様のものです。特徴的なのは③で、人気のあるゲームには「トークンを入手するための手段」として、大量の広告バナーが1ページにまとめられていることがあります（このアフィリエイトに

よってユーザーにトークンを発行し、運営は収益源とするというシステムは、実は「モバゲータウン」が先に実装していたものです）。

なお、アフィリエイトによるトークン発行は、Facebookにおける一部ゲームの配信一時停止に至るほどの大問題を引き起こしたことがあります（Zyngaはこれ以降、このタイプの広告をすべて排除しました）。

同様に、日本ではアイテム課金によるトラブルで消費者センターに苦情が届いた事例が報道されたこともあり、ソーシャルゲームにおける不安定要素の1つともなっています。

Column ▶▶▶ 重要な疑念——これは「ゲーム」なの？

実際にプレイするとすぐに体験できますが、極論すれば、ソーシャルゲームのほとんどにおいて、プレイヤーにできることは、マウスをクリックするだけです。そんなゲームの、どこが面白いのでしょう？ いや、そもそもこれはゲームなのでしょうか？

この疑問に対し、「面白くない」「ゲームではない」と断じることはできます。しかしそれでは、ソーシャルゲームが何千万人というプレイヤーを有していることの、説明にはなりません。

まず、ソーシャルゲームに至る流れのなかに、「カジュアルゲームの流行」という潮流があったことは見逃せません。短時間で手軽にプレイできるゲームは、大作化を続けるPC/コンシューマゲームの背後で急速に勢力を拡張していました。この流れは、現在ではiPhoneアプリ市場にはっきりと見て取れます。

カジュアルゲームの勃興は、インターネットの拡大・普遍化と同期していました。日本においてはHangameなどがこういったカジュアルゲームを大量にサービス、「モバゲータウン」が2006年にサービスを開始しています。海外ではshockwave.comなどが大きな市場を形成しました。

他方、カジュアルゲームの隆盛と時を同じくして、ブラウザゲームもまた勢力を拡大していました。ブラウザゲームは、コアなゲームファンの支持を得ましたが、カジュアルなプレイヤー層にとっては敷居の高いものとなっていきます。初期のブラウザゲームは、ゲームシステム的にアクセス頻度が高い（あるいはそれを補うために現金を使用する）ことが要求されたためです。

この流れの中で、「カジュアルに楽しめるブラウザゲーム」として、最新のソーシャルゲームが登場します。ブラウザゲームのように他の人と一緒に楽しむことができ、カジュアルゲームのような手軽さと気軽さを備える——そのハイブリッド化の過程で、いままさにさまざまな取捨選択が行われ続けているのです。

10.6
ソーシャルゲームの問題点

　ソーシャルゲームで実際に起きた問題を簡単に紹介します。残念ながら、これらは「比較的有名な事件」というだけであって、「これが事件のすべて」ではありません。また、世間的にはゲーム側の問題とされていても、本当にゲーム（あるいはSNS）だけを問責すればいいのかという疑問を抱かざるを得ない事案もあります。

Facebookアプリでのアフィリエイト問題

　Zyngaのゲームで発生したものが有名です。パターンとしてはワンクリック詐欺の悪質なもので、トークン目当てにバナーを踏んで簡単なアンケートに答えてみたら、いつのまにか固定月額制のサービスに契約させられた、という類のもの。当然（と言うべきか）、バナーにはそういった警告はありませんでした。

　Facebookの規約上、この類の広告は禁止されていますが、長らく放置されてきました。これに対しては集団訴訟も発生、「FishVille」の公開直後にFacebook側から正式に是正の申し出があり、ペナルティとして一時的に「FishVille」のサービスが停止させられています。

　この事件以降、Zyngaは自社ゲーム以外のバナー広告をすべて排除しました。

アイテム課金の問題

　子供が保護者の携帯電話を使ってソーシャルゲームをプレイし、その中で大量の課金アイテムを購入してしまい、高額な請求が寄せられる、というのが一般的なパターンとなります。支払いに認証ステップのない携帯電話で頻発しますが、認証ステップがあったとしても子供がその認証パスワードを知っている（教えてもらっている）ケースがままあるため、ゲームデザイン／サービス側での抜本的な防止は難しいと言えます。アイテム課金制のMMORPGでもしばしば発生する問題です。

課金システムの欠陥

　最も大きな話題になったのは「サンシャイン牧場」の個人情報漏洩トラブルです。4,200人のメールアドレスと電話番号が外部から見られる状態になっていました。また、最低でも38万円相当のポイント課金が正常に決済されていないことも判明して

います。このトラブル以降、mixiは独自の決済システムを準備することになりました。

「出会い系サイト」問題

　ゲームポータルにしろSNSにしろ、会員登録が自由に行える無料Webサービスにおいては、低年齢のユーザーが増加する可能性があります。この結果、こういったサイトが「出会いサイト」化するという指摘がなされました。またそういった利用の結果、「出会った」のち、さらなる事件に発展したというケースも発生しています。

　これに対し、モバゲータウンでは未成年・低年齢利用者のサービス内メールについて利用制限を設けたり、大規模な監視スタッフを導入して「サイト外の出会いを目的とする行為」を取り締まっています。しかしこの問題もまた、抜本的な防止は非常に難しいものです。

ゲームデザインを巡る訴訟問題

　2010年初の段階で最もホットな訴訟は、モバゲータウンの「釣りゲータウン2」が、GREEの「釣り★スタ」の著作権を侵害しているという訴訟でしょうか。また海外では、「Mob Wars」（David Maestri/Psycho Monkey）が「Mafia Wars」（Zynga）に対して同様の訴訟を起こしています。

10.7 ソーシャルゲームと社会活動

　ソーシャルゲームでは、その収益の一部をボランティア活動に寄付するケースもあります。

　ハイチ地震に対する寄付活動はその最たるもので、ZyngaはFarmVilleで「チャリティアイテム」を販売しました。これは収益の50%をハイチへの募金に充てるというシステムで、都合100万ドルの募金を集めることに成功しています。ZyngaはMafia Warsでも同様のチャリティを行いました。

　Zyngaの方式の興味深いところは、このチャリティアイテムの購入を、トークンで可能としたことです。前述のとおりこのトークンは現金でも購入できますが、ゲームプレイによっても手に入るので、ヘビープレイヤーであれば自分のプレイの結果をチャリティとして反映させることができます。

「熱心にゲームを遊ぶことで募金もできる」というシステムは、クレジットカードやPaypalを使えない若年層や、募金はしたいけれど対ドルレートの関係であまり有効な募金ができない国に住むプレイヤーにとって有益に機能するという点で、興味深い方式と言えるでしょう。

10.8
ソーシャルゲームのこれから

最初に述べたとおり、「ソーシャルゲームとは何か」という定義からして、ソーシャルゲームはいまだ完成形を有していません。業界最大手のZyngaも、設立が2007年7月というベンチャー企業です。今後しばらくソーシャルゲームのあり方は変化し続け、そこでは幾多の挑戦と模倣が繰り返されるでしょう。

また、ソーシャルゲームは、単にゲームというだけでなく、SNSに依存したサービスであることにも注意が必要です。現状ではFacebookとMySpaceが世界的に最も広く認知されたプラットフォームですが、日本国内となれば自ずから話は変わってきますし、急激な地盤変化はいつ起きても不思議ではありません。2010年現在、SNSを含めたソーシャルメディアはメディアを取り囲む環境ごと激変しており、twitterやウェブ中継といったリアルタイムメディアの急成長、スマートフォンの普及などとあわせ、前途はきわめて不確かなのです。

母体となるSNSが変化を起こせば、ソーシャルゲームもまたその変化に即した姿へと変わっていかざるを得ないでしょうし、逆にソーシャルゲームがSNSのあり方を変容させる例も散見できます。その一方で、ソーシャルゲーム側が、SNSの機能をより巧妙にゲームに取り込んでいく例も見受けられます。

現段階において、ソーシャルゲームとは、ひとつの確固たる「ジャンル」ではなく、現在進行形で動いている「現象」です。それゆえに、ソーシャルゲームの定義そのものが、これからそれに携わっていく人々によって決定されていくことになります。月並みな言い方になりますが、ソーシャルゲームの未来を決めるのは、まさに「あなた」なのです。

第10章　ソーシャルゲーム

Column ▶▶▶ ソーシャルゲーム、それは大いなる消耗戦

　ソーシャルゲームをデザインする上で忘れてならないのは、ソーシャルゲームはオンラインゲームであるということです。つまり、ゲームコンテンツは大人数によって同時に消費されていきます。隠しアイテムや隠しイベントといったものはあっという間にwikiによって共有され、算術的な合理性もまた集合知が瞬時に最適解を導き出していきます。

　多くのMMORPG（あるいはMMO型FPS）は、ここにおいて、PvPを中心的なコンテンツとすることで消耗戦を回避あるいは遅滞させてきました。人と人が全力を尽くして戦える場があれば、それはどんなAIよりも、どんなイベントよりも、優れたゲーム性を提供する可能性があります。

　ですが、「誰かを打倒する」ことが目的とならないソーシャルゲームにおいては、ゲームの提供側がコンテンツを提供し続けない限り、やがては、存在するすべてのコンテンツが消化されてしまいます。そうなったらそのタイトルは、そのプレイヤーにとっては死んだも同然です。

　この問題には、解決法はないように思えます。UGC（User Generated Content、ユーザー生成コンテンツ）とのコンビネーションによって抜本的な改革は期待できますが、それはそれで別のリスクとコストがかかるでしょう。現状では、「とにかくコンテンツを供給し続ける」のが王道であり、実際、ソーシャルゲームの大手デベロッパーはその選択肢を選んでいます（新しいゲーム要素を追加するという面でも、新しいゲームタイトルを供給するという面でも）。

　コンテンツ供給地獄に陥らないために、レベル制そのほかの手段で消費速度を制限する手段はありますが、やりすぎればユーザー離れを招くのは明白です。1時間のプレイで経験値バーが0.5%伸長して「今日は効率がよかった」と思うようなプレイヤーは、ソーシャルゲームのメインユーザーではないのです。

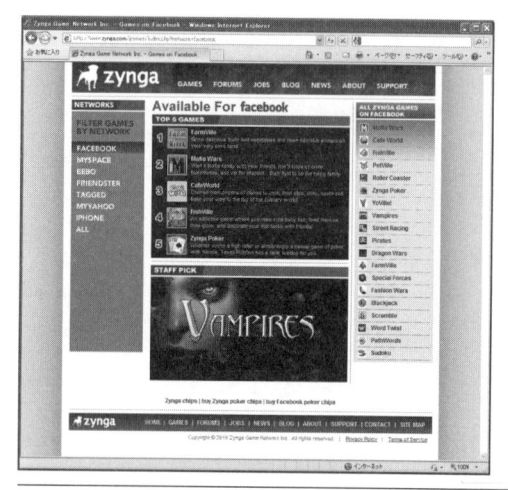

図10.5　数々のタイトルが並ぶZyngaのWebページ
© Zynga Game Network Inc.

第11章
携帯ゲーム

iPhone、Androidなどの携帯ゲームアプリの現在とその可能性

小野憲史

携帯ゲームアプリとは

　携帯ゲームアプリとは携帯電話向けに配信されるゲームソフトのことで、1990年代後半から急速に発展しました。携帯ゲームアプリにはiモードをはじめとした、従来から存在する「携帯電話」向けに配信されるものと、iPhoneをはじめとした「スマートフォン」向けに配信されるものがあります。

　携帯ゲームアプリ市場は、これまで携帯電話向けが中心でしたが、ここ数年でスマートフォン向けの市場が急速に拡大してきました。

　本稿ではスマートフォン市場における携帯ゲームアプリのトレンドを中心に解説し、必要に応じて携帯電話向けの状況を補足していきます。

携帯ゲームアプリの産業構造

要素技術	▶ Objective-C、Mobile Java、C++、C#、VB.net、Flash
プラットフォーム	▶ iPhone、Android、Windows Phone、Nokia、Blackberry
ビジネス形態	▶ ダウンロード配信、アイテム課金、広告モデルなど
ゲーム業界関連職種	▶ プロデューサー、プログラマー、プランナー、ローカライザー、マーケティング、プロモーション、ミドルウェアベンダー
主流文化圏	▶ 日本、北米、欧州各国、中国、韓国、中南米
代表的なタイトル	▶ Fieldrunners（Fieldrunners）、Galcon（Imitation Pickles）、つみネコ（ビースリー・ユナイテッド）、スペースインベーダーインフィニティジーン（タイトー）

11.1
スマートフォンとは

スマートフォンの歴史

　スマートフォンを文字どおり捉えると「賢い電話」となり、いわゆる高性能・高付加価値をもった携帯電話・PHSという意味になります。

　スマートフォンは従来の携帯電話と比較してサイズが大きく、より大型の液晶画面と高性能なCPUを搭載しており、複雑なアプリケーションを実行させられます。機種によってはタッチパネル付きの液晶画面を備えていたり、PCと同じQWERTY配列のハードウェアキーボードを備えていたりするものもあります。PCと連動して使うことを前提にデザインされているものも少なくありません。OSやSDKなどの技術情報が比較的開示されており、アプリケーションの開発が容易な点も特徴です。

　日本では第3世代移動通信システム（3G）がいち早く普及し、高性能な携帯電話がエンドユーザーまで幅広く浸透したため、スマートフォンの位置づけが中途半端になり、市場が限定されていました。その一方で海外では日本ほど高性能な携帯電話が普及しておらず、スマートフォンもビジネスユース向けに一定のシェアを獲得していました。初期のスマートフォンの代表的なモデルとしては、海外ではResearch In Motion社のBlackBerry、マイクロソフトのWindows Mobile端末などが、国内ではシャープ・ウィルコム・マイクロソフトが共同開発し、ウィルコム向けに供給されたW-ZERO3が挙げられます。

iPhoneがスマートフォンを再定義

　こうした中で2007年にアップルが、携帯電話にiPodの機能を搭載したスマートフォン、**iPhone**を発売しました。初代iPhoneは通信方法に第2世代移動通信システム（2G）を採用していたため日本では発売されませんでしたが、2008年に3Gに対応したiPhone 3Gが登場するとともに、日本でも発売が開始されました。また、同時にアプリケーションの配信プラットフォームである**App Store**がスタートし、大量のアプリケーションが配信されるようになりました。

　iPhoneの成功でスマートフォン市場は再活性化され、ビジネス向けだけでなく、カジュアルなシーンでも用いられるようになりました。2008年にはGoogleのAndroid OSを搭載した**Android**が発売され、日本でも2009年にNTTドコモから

対応端末が発売されました。マイクロソフトも2009年に自社のスマートフォンブランド名を Windows Phone に変更して、再活性化を図っています。

スマートフォンの特徴の1つとして、日本国内向けの携帯電話と異なり、携帯電話事業者（キャリア）と、スマートフォンのサービスを提供する事業者が異なっている点も挙げられます。たとえば iPhone は国内ではソフトバンクからサービスが提供されていますが、ソフトバンクは回線を提供しているだけで、端末の仕様策定やサービス提供を行っているのはアップルです。そのため、ここではスマートフォンの事業者とは、サービスの提供者のことを指しています。

図11.1　代表的なスマートフォン（左から iPhone、Android OS 搭載の HTC-03、Blackberry 8700c、Windows Phone の Touch2）

11.2
スマートフォンでのゲームアプリケーション

スマートフォン向けゲームアプリケーションの歴史

日本における携帯電話用ゲームの歴史は1999年に、NTTドコモによるiモードのサービスインからスタートしました。その後NTTドコモ、au、ジェイフォン（現Softbank）の3社から携帯電話向けアプリケーションのサービスが始まり、携帯ゲームアプリ市場も急速に拡大しました。しかし、これらは国内中心の展開で、アプリケーションを公式メニューに掲載して課金代行してもらうには、事前の企画審査が必要でした。また開発したアプリケーションを世界展開することは、事実上不可能でした。

こうした中で前述のように iPhone と App Store がスタートしました。App Store でアプリケーションを配信するには、Apple Developer Connection に加入し、最低99ドルの年会費を支払い、開発したアプリケーションがアップルの審査を通過すれ

ば、誰でも可能です。価格は開発者が自由に設定でき、売上の7割が還元されます。

個人ユーザーがアプリケーションを自由に作って世界中に有料配信できるというモデルは過去に例がなく、App Storeは急速に成長し、2009年11月にはアプリケーション本数が10万本を突破。2010年1月にはダウンロード件数が30億本を超えるまでになりました。

またiPhoneとともに発売されたiPod touchでは、携帯ゲーム機としてのマーケティングが展開されました。iPhoneとiPod touchでは、カメラ機能などiPhoneに固有の機能を用いるもの以外は、基本的に同一のアプリケーションを実行させられます。そのためiPhone、iPod touch向けに数多くのゲームアプリケーションが発売されています。米モバイルマーケティング会社のMobclixによると、ゲームアプリケーションが占める割合は全体の18%で、1位となっています[1]。

App Storeと同様に、他のスマートフォンでもアプリケーションの配信プラットフォームが存在します。Android Market（Android）、Windows Marketplace for Mobile（Windows Phone）、berrystore（Blackberry）などです。これらでもゲームアプリが主要ジャンルになっています。携帯電話の最大手ノキアも、昨年スマートフォン向けに「Ovi Store」を開始しました。

図11.2　App Storeにおけるゲームアプリケーションのシェア（Mobclix調べ）

ただし、iPhoneではApp Store以外ではアプリケーションが配信できないのに対して、AndroidではAndroid Market以外でも配信できるなど、細部で異なっています。

このようにスマートフォン市場では端末とともに、世界に開かれたアプリケーションの配信プラットフォームがセットになっている点が特徴です。これはiPodとiTunesの組み合わせを、携帯電話向けに当てはめたものだと言えます（App StoreもiTunesに組み込まれたサービスです）。

国内の携帯電話にも同様の配信プラットフォームがありますが、地域が国内に限定されている点が異なります。

図11.3　App Store

図11.4　Windows Marketplace for Mobile

第11章　携帯ゲーム

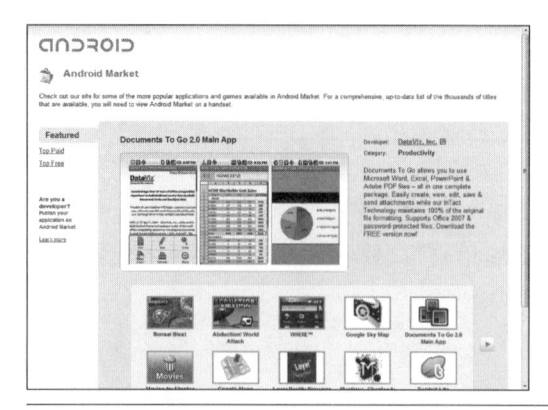

図11.5　Android Market

スマートフォン向けゲームの市場規模

　世界中で圧倒的な成功を収めたApp Storeですが、日本の携帯電話向けアプリケーション市場と比較すると、それほど市場規模は大きくありません。

　総務省の「モバイルコンテンツの産業構造実態に関する調査結果」によると、2007年度の携帯電話向けゲーム市場は848億円となっています[2]。これに対してApp Storeにおける全世界のゲームアプリケーションの市場は、公式な資料は存在しませんが、一説には430億円前後と言われています[3]。全世界のiPhoneゲームアプリ市場よりも、日本の携帯電話向けゲームアプリ市場のほうが、約2倍も大きいのです。

　またiPhone以外のスマートフォン向けアプリケーション市場は、iPhoneに比べてまだまだ発展途上です。米モバイルマーケティング会社のAdMobが2009年9月に発表した調査によると、Android MarketはApp Storeの約1/40の市場規模となっています[4]。

　この背景にあるのが、日本の携帯電話市場とApp Storeのビジネスモデルの違いと、App Storeの猛烈なデフレ現象です。

　日本の携帯電話市場では、勝手サイトによる広告モデルなどもありますが、主流はサイト単位による月額課金モデルです。これは、あるゲームポータルサイトを課金登録すれば、ユーザーはサイトに登録されたゲームを、一定期間（1ヶ月など）ダウンロードし放題で楽しめるというものです。この契約は多くの場合自動延長されるため、コンテンツホルダーは比較的、長期にわたって安定した収益が見込めます。

これに対してApp Storeでは当初、アプリケーション単位で購入する売り切りモデルしかありませんでした。そのため、コンテンツホルダーの売上がヒットタイトルの有無に左右されやすい特徴がありました。また人気アプリケーションについても、次第に人気が低迷して一度App Storeのランキング上位から転落すると、アップデートを行ったとしても、それ以上収益を上げることが難しくなっていました。

さらに大手メーカーから個人開発者まで、あらゆる階層のクリエイターが押し寄せたため、アプリケーションの平均単価が急落しました。この現象はゲームジャンルで顕著に見られ、平均単価が最も安くなっています。米モバイル向けマーケティング会社の148apps.bizによると、全アプリケーションの平均単価が2.65ドルなのに対して、ゲームは1.37ドルとなっています[5]。

日本の携帯電話向けゲームソフト開発が、キャリアの審査と公式サイトという参入障壁に阻まれた護送船団方式なら、App Storeはあらゆるクリエイターにチャンスを与える、新自由主義的な市場だと言えるかもしれません。

表11.1　国内携帯電話アプリケーション市場とApp Storeの比較

	国内携帯電話	App Store
ビジネスモデル	月額課金	売り切り
参入	難しい	容易
平均単価	高い	低い
市場	大きい	小さい
地域	日本のみ	世界中
発展性	低い	高い

ビジネスモデルの多様化

これに対してApp Storeでは、09年6月からアプリケーション内で追加コンテンツなどが購入できる「アプリ内課金」が、無料アプリケーションからでも可能になりました。

これにより、無料アプリケーションを最初に配信して、追加コンテンツなどで課金する、アイテム課金型のビジネスモデルが可能になりました。

これ以外に月額課金型のビジネスモデルや、はじめに機能制限のついたアプリケーションを無料でダウンロードしてもらい、課金と同時に制限を解除するといった、

シェアウェアスタイルのビジネスモデルも可能になっています。

　iPhoneアプリ向けに広告を配信する広告代理店も登場し、急速に成長しています。モバイル向け広告ネットワークのベンチャー企業AdMobが09年、Googleに7億5,000万ドルで買収されたのは、その代表的な例でしょう。あるアプリケーションの中で、自社のアプリケーションやコンテンツのカタログを紹介したり、直接購入させたりするなどの取り組みも始まってきました。

　また、外部デバイスとセットでアプリケーションを販売する試みも始まっています。これは家電量販店などでデバイスを販売し、App Storeでデバイスを制御する専用のアプリケーションを販売して、セットで収益を上げるというビジネスモデルです。北米で先行しており、FMトランスミッターなどのニッチ商品から始まって、徐々に拡大が見込まれています。

　このようにApp Storeにおいては、今後もさまざまなビジネスモデルが登場することが予測されます。

日本のゲームメーカーの取り組み

　スマートフォン市場が急成長する一方で、国内ゲームメーカーの取り組みは、当初は活発とは言えませんでした。これには3つの理由が挙げられます。

　第1に日本のスマートフォン市場が低調なため、iPhoneの販売台数も海外に比べると低調に推移したことがあります。第2に国内携帯電話向けのゲーム市場規模が大きく、あえてiPhone市場に参入する旨みがありませんでした。そして第3に、iPhoneがタッチパネルをはじめとした特殊なユーザーインターフェイスを備えていたため、既存タイトルの移植が難しかったのです。

　その中でも突出していたのがハドソンで、iPhone 3Gの発売前から「Do the Hudson!!（β）」というiPhone/iPod touch向けサイトを開設し、フリーソフトの配信を始めました。AppStoreの開始と同時に「BOMBERMAN TOUCH － The Legend of Mystic Bomb －」など3タイトルをリリース。現在もオリジナルのアプリケーションを含めて、新規タイトルの投入が続いています。

　またセガも7月に「スーパーモンキーボール」の配信を開始し、20日間で2億円以上の売上を記録しました。全世界に向けてゲームソフトが有料配信できるため、一度ヒットするとリターンが大きいことの表われでしょう。

　こうした流れを受けて他のメーカーも、次第にApp Storeへの本格的なゲーム供

11.2 スマートフォンでのゲームアプリケーション

給を始めました。今日ではコナミ、バンダイナムコゲームス、カプコン、スクウェア・エニックスなど、国内の主要メーカーはほとんど、App Store にゲームを投入しています。また Android、Windows Phone 向けにもゲームの供給が始まっています。

一方で初期 App Store で顕著な動きを見せたのが、ベンチャーのゲームデベロッパーです。パンカクの「LightBike Online」は代表的な例で、それまでほとんどゲーム業界での実績がなかったにもかかわらず、米国の App Store で有料アプリケーションランキングの第1位を獲得しました。ネコのキャラクターを積み上げていく「つみネコ」をリリースしたビースリー・ユナイテッドなども同様です。

大手ゲームメーカーから独立したクリエイターが、iPhone アプリをリリースする例も見られるようになりました。音楽ゲームを得意とするユードーや、「iNinja」「iYamato」などのアクションゲームを配信しているゼペットなどはその好例です。これらは大手メーカーが参入に足踏みをする間に、iPhone のユーザーインターフェイスをうまく生かして、オリジナルのゲームアプリケーションをリリースし、市場に受け入れられた例だと言えます。

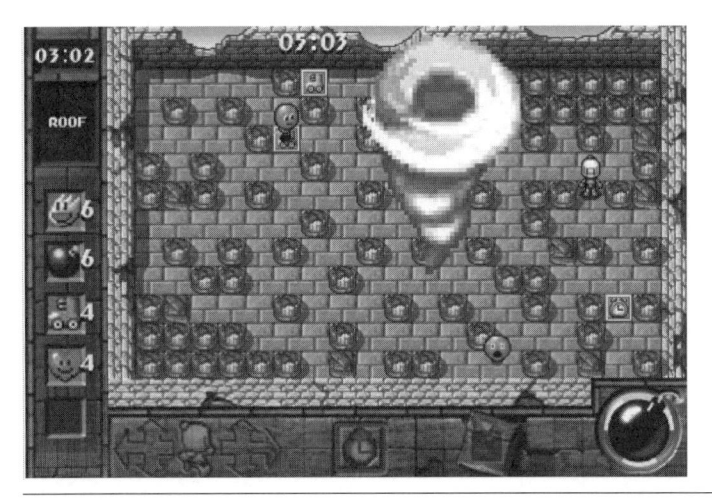

図11.6　BOMBERMAN TOUCH － The Legend of Mystic Bomb －

© 2008 HUDSON SOFT

図11.7　LightBike

スマートフォン向けのゲームデザイン

　面白いゲームをデザインする上で重要な要素の1つが、ハードウェアに実装されたユーザーインターフェイスの特性を理解し、うまく使いこなすことです。これはスマートフォン向けのゲーム開発においても同様で、タッチパネルや加速度センサーなど、これまでのゲーム機や携帯電話には珍しかった機能を、うまく使いこなすことが求められます。

　まずiPhoneの大きな特徴として挙げられるのが、指で直接画面をタッチして操作する、タッチスクリーンによる操作です。他の機種と異なり、5ヶ所まで同時にタッチを検出できます。さらにiPhone、iPod touchを含めて、基本的に端末の仕様が同じであるため、携帯電話のように機種ごとの差異を気にせずに開発ができます。

　iPhone以外の機種では、同じ規格の中でもさまざまなバリエーションの端末が存在します。タッチパネルの仕様やハードウェアキーボードの有無、CPUの速度、画面解像度などもまちまちです。中には指ではなく、スタイラスで操作するほうが向いている機種もあります。

　こうした特性からiPhoneでは、コンソールゲームで培われてきた十字ボタンとA、Bボタンをベースとしたゲームデザインは、あまり適しているとは言えません。それよりも指で画面をタッチすることの気持ちよさを、いかに重点的に表現するかが課題となります。指での操作はボタン操作よりも感覚的である反面、入力がアバウトになり

がちです。そのため正確な操作を求めるのではなく、感覚的な操作で、いかに楽しめるものにするかが重要なポイントです。

一方、iPhone 以外の機種では、さまざまな端末があることを前提にゲームデザインを行うことが重要です。また、シングルタッチしか検出できない規格の端末では、ボタンの同時押しなどに対する配慮が必要です。

Flashコンテンツの対応

このように全世界を席巻しているiPhoneですが、死角がないわけではありません。その中でも代表的なものが、Flashコンテンツの対応です。

Adobe Flash はアドビシステムズが開発している、Webなどで動画やゲームなどを扱うための規格です。Flashによって作成されたコンテンツは、Flashプレイヤーを埋め込んだブラウザ上で再生できます。現在ネット上には数多くのFlashを用いたWebサイトが存在し、アニメーションなどの多彩な演出がなされています。またFlashゲームも数多く存在します。

ただし、iPhoneに搭載されている公式ブラウザのSafariは、Flash Liteにしか対応していません。そのため、Flashコンテンツが埋め込まれたサイトを正しく表示させることができないのです。もしSafariがFlashに完全対応してしまうと、Web上のFlashゲームがSafari上で遊べるようになります。そのため「アプリケーションの配信はApp Storeのみを経由して行う」という現在のビジネスモデルと矛盾してしまうのです。

国内の携帯電話向けゲームでも、これと同じ状況が見られました。携帯電話に搭載されたブラウザでFlashゲームが遊べるようになった結果、キャリアの公式メニューに載らない「勝手サイト」が大人気となり、公式アプリの重要度が下がってしまったのです。アップルから公式な発表はありませんが、SafariがFlashに完全対応しない背景には、こうした理由もあると考えられます。

一方でコンテンツプロバイダーの立場では、Flashでゲームを開発すれば、Webに加えて、あらゆるスマートフォン向けに配信でき、好都合です。ユーザーの立場からしても、iPhoneで正常に閲覧できないサイトが存在するというのは、利便性を欠きます。

Flashで開発されているゲームの例には、ハドソンの「エレメンタルモンスター」などがあります。同社ではiPhone向けには「エレメンタルモンスターTD」、PC向けに

第11章　携帯ゲーム

は「エレメンタルモンスターTD ギルドガーディアンズ」として作り分けていますが、スマートフォンのブラウザがFlashに完全対応すれば、こうした作り分けは必要がなくなります。

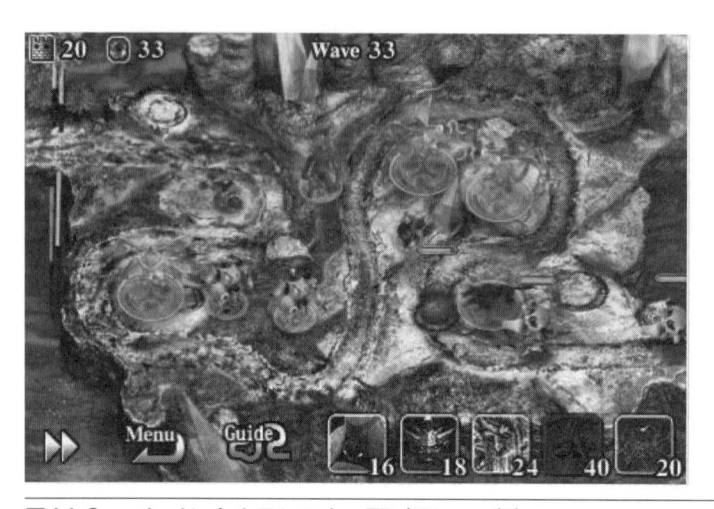

図11.8　エレメンタルモンスターTD（iPhone版）　　　© 2009 HUDSON SOFT

図11.9　「エレメンタルモンスターTD ギルドガーディアンズ」公式サイト
　　　　（ハンゲームより配信中）　　　© HUDSON SOFT
© 2010 NHN Japan Corp.

現在アドビシステムズではFlashプレイヤーをあらゆるデバイスで同じように動作させる **Open Screen Project** が進行中で、複数のスマートフォン用ブラウザに対応したFlash Player 10のβ版を10月にリリースする予定だとしていますが、この中にiPhoneは含まれていません。

逆にiPhone以外の端末では、搭載ブラウザがFlashに正式対応するというのは大きなアドバンテージとなります。一方でアップルでは、Falshなどを用いずにWebで動画コンテンツなどを再生させられる、HTML5規格のサポートを表明しています。

アップルとアドビシステムズで今後どのような話し合いがもたれるかは不明ですが、この決着が2010年の大きなトピックになることは間違いないでしょう。

11.3 コンソールゲーム分野への影響

iPhoneの成功はコンソールゲームのプラットフォームホルダーの戦略にも影響を与えています。

いち早く対応を見せたのがマイクロソフトで、2月にWindows Phoneの最新バージョン「7」を発表しました。

最大の特徴は、Xbox 360向けのネットワークサービス、Xbox LIVEとの連携機能を持つことです。これによりWindows Phone 7対応端末で、Xbox LIVEで作成したアバターを表示させたり、ゲーマータグなどを共有させられます。ゲーム開発環境のXNA上でゲームを作成すれば、プログラムをほとんど変更することなく、PC、Xbox 360、Windows Phone 7上で実行させることもできます。

その一方でWindows Phone 7は、従来のWindows Phoneとアプリケーションの互換性がありません。このことは逆に、マイクロソフトの意気込みを示しているとも言えるでしょう。

現在マイクロソフトはPC(Windows 7)、テレビ(Xbox 360)、携帯電話(Windows Phone 7)をクラウドサービスで結び、シームレスに使える**3スクリーン構想**を進めています。Windows Phone 7の進化は、この構想に沿ったものだと言えます。

その一方で、現在アメリカの10代のゲーマーの間でiPod touchが携帯ゲーム機として一定の支持を得ており、彼らが成人した際にiPhoneユーザーに流れること

を阻止する意図もあると思われます。

　ゲーム業界以外でも、3月に米サンフランシスコで開催されたGDC（ゲーム・ディベロッパーズ・カンファレンス）でGoogleが自社のAndroid携帯「Nexus One」を無料配布するなど、ゲーム開発者コミュニティに対して強力なアピールを行いました。

　これらに対して任天堂、SCEはめだった動きを見せていませんが、何らかの取り組みは進めていると推察されます。iPadやKindleなどと同じく通話機能を持たずに、3G回線をゲームアプリ流通のみに利用する、といった戦略も考えられるでしょう。

11.4 まとめ

　今後スマートフォン市場は、日本を除く世界中で普及が進むと予測されています。調査会社のPyramid Research社は、2009年では全携帯電話市場の16%を占めるスマートフォンの割合が、2014年までに37%を占めるようになる、というレポートを発表しました[6]。

　このことは、App Storeをはじめとしたコンテンツ配信のプラットフォームが、世界規模でさらに普及することを意味しています。

　その結果、あらゆる階層のコンテンツプロバイダーが、世界中のユーザーに対して、アプリケーションの配信ビジネスを行うことができるようになるでしょう。このことは日本のゲーム産業にとって、決定的な意味を持ちます。

　前述のように、これまで日本のゲームメーカーは、コンソールゲームであれ携帯電話向けゲームであれ、プラットフォームホルダーやキャリアの庇護に守られた、護送船団方式の中で成長してきました。

　しかしスマートフォン市場の出現で、こうした参入障壁が取り払われた結果、世界中のクリエイターと同じ土俵でビジネスを行うことが求められるようになりました。これはゲームビジネスにおける壮大な構造改革だと言えます。世界でも有数の人件費を誇る日本のゲームクリエイターにとって、今後ますます厳しい時代が到来しようとしています。しかし、インディペンデントなゲーム開発者やベンチャー企業にとっては、世界に向けてゲームを発信できる夢のような時代になったと言えるでしょう。

ユーザーにとってみれば、まったく新しいユーザーインターフェイスを持つデバイスが世界規模で急速に普及し、非常に厳しいゲームコンテンツの生存競争が行われた結果、さまざまなバリエーションのゲームが、非常に安い価格で楽しめるようになりました。この間に展開された、めくるめくようなゲームデザインの進化は、初期のアーケードゲームやファミコンバブル期に匹敵するものがあったと言えます。

スマートフォン市場が、多様化するゲームユーザーの新しい受け皿になっている点も見逃せません。スマートフォンはFacebookアプリなどの、現在急成長しているソーシャルゲームと相性が良いこともあり、ゲームユーザーの裾野をさらに広げていく効果が期待されます。

また1月末には、アップルからタブレット型コンピュータ「iPad」が発表されました。9.7型IPS液晶を搭載した、大型のiPod touchといった形状で、Wi-Fi搭載モデルに加えて、3G通信機能を搭載したモデルも発売が予定されています。iPhone向けのアプリが動くとあって、こちらも新しいゲームデバイスとして注目を集めています。

スマートフォン向けの携帯ゲームアプリ市場は、まだスタートしたばかりであり、今後もさまざまな変化が予測されます。ユーザーもクリエイターも、この変化を前向きに楽しみながら、キャッチアップしていくことが求められていると言えるでしょう。

11.5 参考文献

[1] mobclix, APPLICATIONS CATEGORIES
[2] 総務省,"モバイルコンテンツの産業構造実態に関する調査結果"
[3] GAMEWATCH,「IGDA日本、iPhone/iPod touchのゲームセミナーを開催、新清士氏、南雲玲生氏がApp Storeの今を語る」
[4] AdMob, "AdMob Mobile Metrics Report July 2009"（PDF）
[5] 148Apps.biz, "App Store Metrics"
[6] CNET Japan,「スマートフォン市場成長 2014年までに市場の37%に」

第12章
日本タイトルの海外へのローカライズ

記野直子

ローカライズとは

単純に訳すと「現地化」となるこの「ローカライズ」ですが、国内で開発した国内向けのタイトルを海外で販売する際に、その地域や国に合わせて内容を変更することを指します。海外のタイトルを日本で発売するときも同様ですが、ここでは日本のタイトルを海外で発売する際のローカライズについて述べていきます。

ローカライズの産業構造

要素技術	▶ ローカライズ
プラットフォーム	▶ PC、コンシューマーゲーム機、携帯ゲーム機、携帯電話
ビジネス形態	▶ ゲーム制作およびプロモーション
ゲーム業界関連職種	▶ プロデューサー、プログラマー、プランナー、マーケティング、プロモーション
主流な輸入文化圏	▶ 北米、欧州各国

第12章　日本タイトルの海外へのローカライズ

12.1
ローカライズとは何か

　ゲーム黎明期には、「翻訳」後、インプリ（インプリメント、組込）をするのがローカライズと言われていたのですが、近年ではそれに留まらず、海外のそれぞれの文化に合わせたカルチャライズまで含まれる傾向にあります。

　海外へのローカライズの方法は2種類あり、オリジネーター（日本のメーカー）が自ら行う場合と、販売する側（海外で発売するメーカー）が行う場合があります。多くは複合で、翻訳を含むカルチャライズは販売する側、インプリをするのがオリジネーターというのが一般的です。

　ソースコードごと渡してどうにでもしてくださいと先方に投げてしまうという形の乱暴なローカライズもありますし、翻訳からインプリまでいっさい日本側で行う、というやり方も残っています。

　筆者は一般的な形をお勧めしますが、この場合は先方のローカライズプロデューサー、ディレクター、翻訳者との連携が求められます。

12.2
ローカライズの中身

　ローカライズの中身について説明していきましょう。これから紹介するローカライズ項目のすべてがゲームタイトルに適応されるわけではありません。たとえば音声が入っていない場合、音声収録は必要ありませんし、楽曲が海外の言語で作られている場合、ローカライズは不要になります。

技術的なローカライズ

NTSC/UC、PAL版への対応

　地上デジタル放送への移行に伴い、世界的にHD（High Definition、日本ではハイビジョンと呼ばれる）仕様のテレビが普及しつつありますが、世界中で行きわたっているとは言えない状況です。そのためHDMI（High Definition Multimedia Interface）専用ソフトというわけにもいかず、既存の地上波アナログカラーTV放送方式に対応したソフトを制作しなければなりません。北米地域ではNTSC

（National Television Standards Committee）/UC、欧州および一部アジアは**PAL**（Phase Alternation by Line）と方式が違うため、地域に合わせた仕様にする必要があります。

　特に、欧州PAL版はフレームレート（1秒あたりのコマ数、単位はfps）が25fpsなのですが、日本版はNTSCであるため、30fpsから25fpsに落とす必要があります。

ネットワーク対応

　ネットワーク機能に関しては、マッチング機能だけなのかその他の機能も搭載するのかによって変わってきますが、該当地域のインフラの確認も必要です。インフラ状況によってはゲーム性の調整などが問われる場合もあります。現地でのサーバー構築（日本のサーバーにアクセスさせる場合は不要です）のために資料を提示したり、構築自体を手伝ったり、場合によっては請け負うこともあります。

　これは、現地側のプロデューサーと話し合って仕様やスケジュールを決めて進めていくことをお勧めします。

翻訳

　ゲーム内のテキストをすべて現地語に翻訳します。マニュアル（取扱説明書）も同様です。ただし、単なるテキストだけではなく、グラフィックスで書いてあるテキストも現地化しなければなりません。また、音声収録をする場合はアフレコ用のテキストも翻訳しておかなければなりません。

何ヶ国語に翻訳するのか

　欧米に展開する場合を例に挙げてみましょう。下記は最低限必要とされる言語です。

- 北米版：米語（American English）
- 欧州版：英語、仏語、伊語、独語、西語（EFIGS＝English、French、Italian、German、Spanish）

　最近では、北米版の場合、仏語（カナダ向け）、西語（メキシコ向け）が加えられることが多いようです。これは、より多くのユーザーを取り入れていくことが求められ

第12章　日本タイトルの海外へのローカライズ

るからです。

　英語と米語同様、フランスの仏語とカナダの仏語、スペインの西語とメキシコの西語も相違が見られるため、どちらかに向けて翻訳した場合でも多少の調整が求められます。ただし、それぞれの市場が小さいので、地域別に変更するかどうかはタイトルのテキスト量やターゲットユーザー層を鑑みて、パブリッシャーが決定します。

　また、映画コンテンツなどによる影響やゲームにおける今までの経緯から、英国では米語を受け入れる風潮がありますが、北米で英語（いわゆるイギリス英語）はなかなか受け入れられない傾向にあるようです。したがって、北米版をローカライズしてから欧州版に移行することが多くなります。

　欧州版に関しては、最近では9ヶ国語とも14ヶ国語とも言われていますが、東ヨーロッパや北ヨーロッパの国々もローカライズ要求が増しており、RPGなどのようにテキストが多いタイトルを抱えている場合は頭が痛いことにもなるわけです。

　国によって（特にフランス）は、その国内でゲームソフトを売る場合はすべてを現地語化しなければならないという規制がかかることがあります。そのため、英語にしかローカライズしていない場合はイギリスだけで売るという思い切りが必要になります。

英語は万能ではない？

　ここで伝えておきたいのが、「英語は思ったより万国共通語ではない」ということです。英語（米語）は、欧州では日本人が思うほど一般的ではなく、メニューやUI（ユーザーインターフェイス）も含めてすべてローカライズしなければなりません。日本では、HP、MP、EXP、Powerなどなど、一般的な単語は英語でOKのところも、英国以外の欧州各国ではまったく通用しないということを念頭に置いておくべきです。

　特に独語は1つの単語が長いため、UIがグラフィックス化されている場合でもテキストで保持されている場合でも、帳尻合わせがたいへんになることが多いのです。このような場合、GUIに小さな文字を詰め込んで読みづらくしてしまうよりも、「アイコン」を使って視覚に訴えるという方法がよく使われます。欧米版でも「アイコン」に変わることがよく見受けられます。

12.2 ローカライズの中身

文字数制限

　前述のように、文字数については注意が必要です。日本語用に設定したダイアログボックス（会話などのテキストを入れる枠）にきっちりとはめ込まなければならないので、翻訳をお願いする際に「文字数制限」という手段を取ることが頻繁に見られます。翻訳者に対して各文章に、「この文は何文字以内で翻訳してください」と最初から指定しておくのです。

　日本語が2バイト、欧米語が1バイトであることを考えれば「ダイアログボックスに入らないことはないのではないか？」と思いがちですが、日本語のように主語を割愛し、ニュアンスで伝えようとする言語は、補完翻訳すると概して長い文章になってしまうのです。大まかな目安として、日本語の2行の文章は英語で3行、独語だと4行くらいで考えるとあてはまるようです。

　どうしてもはみ出てしまう場合は、文字を小さくするか、フィードする（ダイアログボックスを固定せず上に送って表示させる）方法を取ることがありますが、プログラム上の変更を要するためあまり好まれません。

テキスト管理が重要

　翻訳するにあたり、Excelファイルなど共有できるファイル形式でテキストが管理されていれば、テキストバグなどが出た場合もファイル交換だけ行えば済むことになります。翻訳する側もインプリする側も、面倒なくデバッグ（バグを取り除くこと）ができるわけです。

　しかしながら、テキストをプログラミングコード内に持っていると、翻訳者が間違えてコードに触ってしまったり、テキストバグが出たりしたときに、コード中を探して修正しなくてはいけない、という大混乱を招くことになります。

　テキストがグラフィックスでできている場合は、そのグラフィックスごと描き替えなければなりません。もちろん、世界観を演出するグラフィックテキストは大切ですので否定するつもりはありませんが、ローカライズするときの作業量を前もって考えて開発をしなければなりません。

　まとめると、テキストはコードの中ではなく、別ファイルで独立させて管理することをお勧めします。現在においては容量が足りないという状況はないはずなので、ローカライズの効率化を考えれば必要条件と考えられます。そのファイルの中で文字数制限をしたり、言語をカラムごとに分けて1本化したりできるわけです。

さらに、そのファイルに触れる複数人（翻訳者、リライト担当者、インプリ担当者など）が、1つのファイルを上書きしてやりとりすることにすれば、複数ファイルが存在するなどの混乱を招かなくて済むはずです。

音声収録

　文字を大量に読むことを好まない欧米ユーザーは、ゲームに音声を求めることが多いようです。日本版を開発したときに日本語で音声収録をしている場合は、やはり現地語によるボイスオーバー（アフレコ）は必須と考えてください。もちろん、「日本語でも聞ける」というオプションをつけるのは日本マニアのユーザーには好評なので、単なる上書きをする必要はありませんが、デフォルトの音声は現地に合わせておくのが無難だと言えます。

アフレコ

　音声収録も、日本側で行ってインプリをする場合もあるのですが、音声ファイル（Wavファイルなど）を抜き出して現地（販売する側）で対応するのが一般的です。ここでもファイルの受け渡しによる日本側と現地側の協業が求められます。

　音声部分の翻訳が固まったら、音声収録をスタジオなどで行うことになります。その前に、タイトルのキャラクターイメージに合ったボイスアクター（声優）を探しておかなければなりません。何人か候補を選んでオーディションしたり、場合によっては有名人を起用してマーケティング効果を狙う場合もあります。日本人の感覚と違うことが多いので、実際の作業は現地の担当者に任せて、その結果を確認するという形がいいでしょう。

　音声収録中は、その音声がゲーム中のどこで使われているのかを確認しながら進めていきます。ムービーを見ながらそれに合わせて行うことが多いようです。ムービーの尺と、音声の長さが合わないことが多いので、文章を短くしたり長くしたりすることがあります。また、翻訳文にニュアンスの相違を感じたら、言い回しを修正したりもします。

　このような作業は、アフレコをしている最中にアドリブで行われることが多いため、現場で変えられた内容をきちんとテキスト上も変更して管理しなければなりません。ゲーム画面に字幕として表示されるテキストが実際の音声と違う、といった状況に陥らないためにも、煩雑な管理は避けたいところです。

リップシンク

映像を見ながらキャラクターの口の動きに合わせてアフレコをすることも多くなります。特にハイスペック機向けのタイトルに関しては、ユーザーが違和感を覚えるのを防ぐために**リップシンク**（言葉とキャラクターの唇の動きを合わせること）の作業をすることも珍しくなくなってきました。

楽曲のローカライズ

楽曲（テーマ曲など）には、オーケストラなどの楽器だけというケースもありますが、概して歌声を入れるケースが多いようです。日本人は英語に関して受け入れ度合いが高いため、日本版の時点から英語の歌詞を楽曲を使うことも最近では多くなりました。この場合は、英語圏以外の言語へのローカライズ対応を考えるだけで済みます。

日本語の歌詞の楽曲をゲーム内に使用している場合は、世界観を共有するために、英語やその他の言語に翻訳して現地の歌手に歌わせることもあります。また、日本マニアのために日本語版の歌もオプションとして残しておくケースも多いようです。もちろん、ローカライズをせず、日本語版のまま字幕で各言語に対応しているものもあります。

これらに関しては、費用やマーケットの状況を見て各メーカーが決定することになっています。英語曲だけ字幕で対応するなど、該当タイトルの捉え方によっても検討されるところですので、日本と現地側の協議が必要になるでしょう。

タイトル名やキャラクター名

日本向けに名付けられたゲームソフトのタイトルや主人公／NPCの名前は、そのまま使ってもかまわないですし、現地にフィットする形に変更してもかまいません。しかし、あまりに日本色が強すぎてユーザーが感情移入できない、イメージ的に海外では違和感があるなど、しっくりくる名前にリプレイスすることは頻繁に行われています。

ここで忘れてはいけないのは、商標など権利の問題です。日本のタイトルのまま発売しようと思ったら、すでに他者にトレードマークとして登録申請されているケースなどが挙げられます。また、日本では知られていなくても、現地で有名な人名や地名を使用したり、それらに酷似したりしていた場合、名誉を棄損された、模造された

などと訴訟を起こされて困ることになります。

　したがって、現地で日々暮らしている現地の担当者や法務担当者の協力は必須ということを覚えておかなければなりません。日本でローカライズしようとすると、こういう問題には簡単に対応できないので、やはり現地に任せるべきです。売り手が変更を要請してきたら、きちんとした理由があるはずなので、むやみに「世界観を壊す」などと断らず、できるだけ対応すべきでしょう。

12.3 ローカライズからカスタマイズへ

　一言でローカライズと言っても前述のとおりいろいろな作業があるのですが、今まで述べてきたのはあくまでも従来のローカライズです。日本のソフトウェアが絶大なる評価を受けていた時代は、上記の作業で問題ありませんでした。

　しかしながら、ハードのハイスペック化に伴い、欧米製ゲームの台頭が目覚ましい昨今では、それらと対等に扱ってもらうにはゲームのクオリティはもとより、ローカライズがきちんとなされていることは必須条件です。さらに加えるならば、海外ユーザーが理解できない、違和感を覚える、などの不快感を一掃する必要があります。

　このような**カスタマイズ**は、今日ではローカライズの定義に含めることが多いのですが、日本向けを中心に考える日本製ゲームソフトが多い中で、開発者の理解が急務であると言えます。

　では、カスタマイズの具体例について語っていきましょう。

国や地域によるモラルの違い

　文化の違いから、国や地域によっては「暴力表現」や「性描写」に関して日本とは異なる見解が持たれることが多いようです。一般的に、書籍は性描写に非常に甘く、その反面暴力に厳しい一面を持っているとされています。欧州は性描写にも暴力にも比較的オープンであるとは言われていますが、日本ほど性描写を認めているわけではありません。一方北米では、暴力表現に甘く、性描写にかなりの度合いで厳しいとされています。また、日本ではアルコールやタバコに関しても寛容すぎると言われています。

　もちろん **ESRB**（レーティングシステム、北米の CERO と考えてください）などの

各地域のレーティングで高い年齢層向けに販売しているのであれば問題ないのですが、子供向けのゲームの描写については、「日本で許されても海外では許されない」ということもあり、この点を考えて作らなければなりません。たとえば、バーのシーンがあってアルコールと見られるボトルの表現があったりすると、たちまち子供向けのレーティングは剥奪されてしまうので、グラフィックスを修正することを余儀なくされます。

　カスタマイズは、「モラルの考え方は万国共通ではない」という概念から成り立っています。日本ではあたり前なことが受け入れられないことも往々にしてある、ということを理解しておきたいところです。

　これらのノウハウは日本で勉強することも可能ですが、トレンドや現地の事件に対する配慮などは、やはり現地の担当者に委ねることが最善策と考えられます。「日本特有なので受け入れられないのでは？」と考えられることが簡単に受け入れられたり、「間違いなく欧米向けに対応した」と思っていたことがあまりに古くてダサいと捉えられたりと、意外なことも多いのです。このような感覚的なことは、その場所に住んでいないと判断ができないことだというのは容易に想像ができるはずです。

翻訳上のカスタマイズ

　日本向けタイトル中でも、日本語英語が頻繁に使われることが多いのでついそのまま英語で使ってしまうことが多いのですが、それが必ずしも正しいわけではありません。日本では通じたとしても、英語に直訳するとニュアンス的に間違っている場合も多いので注意したいところです。

　たとえば「青信号」は直訳してみると「Blue light signal」ですが、英語で言うと「Green light signal」になるわけで、単純翻訳の恐ろしさを感じてしまうところです。これは1つの例でしかありません。同じものを別の言い方で言うという感覚は、現地のバイリンガル翻訳に任せてしまったほうがいいでしょう。少なくとも、日本で翻訳した場合には現地での最終確認が必須です。

　先ほどの例では、翻訳をするときに「信号の色だ」という文脈がわかっていれば、こういった間違いを正す機会もありますが、何の情報もなく「青」だけを翻訳することになれば、こういったトラブルが頻発することになります。したがって、翻訳をお願いする際には、その単語や文章がどのようなところでどのように使われるのか、といった文脈に関する情報を十分に翻訳者に提供してください。

グラフィックス上の嗜好差異

　極端な言い方をすれば、華奢（きゃしゃ）でかわいらしい主人公キャラクターを好む東アジアと、マッチョやリアルな美形を好む欧米では、大きな嗜好の違いがあります。ファンタジーよりはリアルを好む欧米ユーザーは、日本のコンテンツの主人公を見て違和感を覚えているのも事実のようです。

　ユーザーは自分が操作したいキャラクターに没入したいので、欧米ユーザーは子供っぽいスリムな日本キャラクターになってゲームを進めることをあまり好みません。ドット絵時代なら気にならなかったキャラクターの外観ですが、ハイスペック機になり、3Dでリアルなグラフィックスを享受できるようになってからというもの、日本のタイトルが昔ほど奮わない状況に陥ったのもうなずけるところです。

　そのため、表面だけでもリアルに作り直す等、キャラクター自体の変更を余儀なくされる場合もあります。ただし、これもマーケティング判断になりますので、その修正によってどれだけの売上増が見込めるかという、コストと売上のバランスで決められることになります。

　日本タイトルのキャラクターの動きや仕草が理解できないという声もあります。ムービー中のキャラクターの動きが、日本人が考える情緒感で構成されていると、欧米人には理解できないことがあるようです。これはローカライズというよりは、最初から考えて作らなければならないところなのかもしれません。

12.4
カスタマイズを超えてカルチャライズへ

ローカライズの歴史

　2000年代前半までは日本市場の勢いもありましたし、開発費が現在のように高騰していなかったこともあって、日本製のゲームソフトは日本市場向けに作られ、日本だけでも十分に開発費を回収することが可能でした。海外市場は日本市場に加えてお小遣い稼ぎ的な発想だったため、日本版のマスターアップの後、テキストを翻訳してインプリを行って、海外版を発売していました。

　日本版が先という発想なので、日本での発売から3〜6ヶ月遅れて北米版、さらに数ヶ月遅れて欧州版が発売されるのが普通でした。英語や欧州言語を相互に翻訳するのは、日本語から欧米言語に変換することに比べれば容易なので、欧米メーカ

ーが欧米同時発売を実現することは比較的簡単です。日本語版が先に作られてしまう日本発のタイトルは非常に分が悪いことになります。

実は、ローカライズ作業の期間もさることながら、欧米（特に北米）のメディアが、かなり前倒しで素材提供を要求するということも相まって、時間がかかっていたのです。プロモーションを考えると、日本よりもかなり早い段階でメディアに仕込みをしなければならない欧米市場ですので、日本のスピード感では遅れてしまうわけです。

さらに近年では、日本は市場規模の面で海外に大きく水をあけられ、海外市場が「おまけ」だとは言えない状況になっています。日本市場だけでは回収困難な開発費は、大きな海外市場に求めるしかなくなってきたからです。

ところが、従来のローカライズ方式を続けているメーカーが多いため、海外における競争力は失われつつあります。もちろん、海外先行発売や世界同時発売を実現している日本のメーカーも多数あるので一概には言えませんが、このローカライズを短い時間で効果的に行うためには、海外市場に発売するのかどうかは最初から決めておきたいところです。発売するのであれば、日本版の開発当初からローカライズを意識した仕込み（スケジュールの読みやテキストの管理方法、カスタマイズ部分の準備など）ができることになります。

ローカライズの作業内容を知っていれば、それをどうスケジュールに組み込んでいくかを考えるのはそれほど難しいことではないはずです。

カスタマイズの難しさ

カスタマイズを含むローカライズについては語ってきたとおりですが、文化や習慣が絡まってくる関係上、単純にできることではありません。では、このカスタマイズの難しさについて例を挙げてお話ししましょう。

日本語の特殊性

少しでも外国語を学んだ方ならご理解いただけると思うのですが、言語（特に欧米語と日本語）は必ずしもイコールで訳せないことが多いものです。たとえば、日本語には擬音（ドタバタ、セコセコ、ちまちま …… などなど）が多く、このような擬音を使った表現で状況を伝えることが多い言語はなかなかありません。

また、文章中に主語がなかったり、表現的に多彩で隠れているニュアンスがあっ

たりと、文章や背景を咀嚼して理解しないといけない難解な言語であることも確かです。したがって、言外の意味を含めてニュアンスを100%ユーザーに伝えるのは、機械的な翻訳ではほぼ不可能ということになります。

したがって、翻訳という意味では、書かれていない部分を感じてくれる、状況を把握して的確に伝えてくれる、翻訳者の資質、センスに頼らざるを得ないことになります。世界観を生かすのも叩き壊すのも翻訳者次第、とも言えるのです。

翻訳者に対してはあらゆる情報を提供しましょう。特にキャラクターが発するセリフだったりすると、そのキャラクターの性格を含んだ設定や、実際のムービーシーンや絵コンテでもかまいません。一番難しいのは感情の部分で、日本人特有の言葉を伴わない「ニュアンス」（嫌みで言っているのか、悲しみを抑えて言っているのかなど）が伝わらないのです。翻訳者に伝わらないと、ユーザーにはとうてい伝わらないことになり、そのゲームソフトの世界観を海外のユーザーとは共有できないことになります。

欧州版のハードル

欧州版は、北米版を元に展開される場合が多いようです。もちろん最近では、大きなパブリッシャーは英語（米語）を介さないで日本語から多言語展開をしていることもありますが、管理が煩雑になるうえ、難易度の高い日本語を噛み砕くセンスを各言語に問われるので、さらに難しい選択になります。まずは英語（米語）をきちんと翻訳することに集中しましょう。

最初の英語（米語）翻訳でつまずくと欧州言語に影響が出ますし、間違ったカスタマイズが欧州にまで反映されてしまうことも覚えておきましょう。

カルチャライズを実現させる担当者の人選

世界観というものは、万国共通で共有できる場合もありますが、同じ文化の中でしか共有できないものもあります。その文化に合わせた形で提供しなければ、世界観自体が無意味なものになってしまいます。このような文化を超えた共有化を図ることを**カルチャライズ**と名付けたいと思っています。ユーザーの地域に合わせて言語などをローカライズするだけではなく、ユーザーの地域の文化にも対応したローカライズということです。

そう考えると、現地側のローカライズ責任者は専門職であり、センスとコーディネ

ーション力を要求されるという意味では、ある意味クリエイターに近い人材と考えてください。

　海外をメインの市場に考えるなら、開発当初からチーム内にこのようなローカライズ担当者の参加は不可欠と考えられます。技術的、作業的に考えると、最初からカスタマイズ、カルチャライズを考慮して、早い段階で欧米版を別のラインにするような斬新な考え方も必要かもしれません。

　きっちりと日本版を作ってしまった後に大きなカスタマイズを要求されても、グラフィックスしかり、ゲーム性の調整しかり、なかなか修正は効かないことになりますし、時間的ロスも大きいからです。

　いずれにしても、「言語ができるだけ」というのとは違う能力が求められる人選です。そういった意味では、この稀有な担当者を確保することが、海外版を成功に導く第一歩であることは言うまでもありません。この人選で海外版のクオリティが大きく左右されるということを、肝に銘じたいところです。

マーケティング&PR

　カルチャライズを語る中で、マーケティング、PRにも同じことが言えます。日本が考える売り方やマーケティングの「あるべき姿」を押し出しても、必ずしもその文化の中では正しいとは言えないのです。たとえば、キーとなるアートやメインで押し出したいフィーチャー、キャラクターなどが、日本と欧米では若干違うことがあります。

　日本の文化の中で受け入れられている形をそのまま使うために、現地の提案を拒否するケースも多々見受けられますが、現地の人たちが考えるプッシュのしかたを吸収する度量もほしいところです。もちろん、開発側としてすべてを受け入れる必要はありませんが、どうしてそういう結論を出したのかをトレースすることは、欧米を知る意味でも有益なものと考えてください。

12.5
まとめ

　ローカライズとは、「カスタマイズ」または「カルチャライズ」の域までを含む定義という時代になってきました。世界同時発売や、地域別の対応を深いところまで求められてくると、小手先の作業では不可能なことは明白です。

　ハイスペック機向けゲームソフトの開発費を日本市場だけで回収するのは難しくなってきたため、大規模な海外市場を考えることなく開発を始めることは難しいのが現状です。しかしながら、欧米製のゲームソフトが技術的にも高度になり、何よりもその地域の文化に根付いたものである昨今では、日本製のゲームが心待ちにされて無条件にヒットするという状況ではありません。まさに日本製のゲームソフトは二重のハードルを越えなければならないのです。

ローカライズの成功とは何か

　大成功するローカライズとは何なのでしょうか。海外展開を考慮に入れてゲームデザインした開発者と、ローカライズ過程における翻訳者、現地ローカライズ責任者、現地プロデューサーなどがタッグを組んで該当市場向けに創造性を発揮して生まれた賜物は、海外ユーザーであろうとも「違和感」をまったく感じさせないものに違いありません。

　「違和感」がない、ということはつまり、「ローカライズした」事実をユーザーに感じさせないということです。これが、ローカライズタイトルの本当の成功ではないかと考えます。

　ローカライズ自体に創造性が問われており、この創造性は、海外展開する商品の大きな1ファクターになっていると言えましょう。ローカライズを単なる一作業にすぎないと中途半端に扱うくらいなら、まったくローカライズをしないほうが世界観が伝わるだけマシだ、という海外ユーザーの見解もあるくらいです。

　販売する地域のユーザーが理解でき、ゲーム性や世界観をきちんと楽しむことができるゲームソフトを供給することが、ゲーム開発に携わる人たちの本来の使命ではないかと考えます。

第13章
海外産のゲームの日本展開における課題

ユーザー数世界No.1のMMOが日本で運営されない理由

中田さとし

海外のゲームとは

　この章では、日本国外に本社を構える企業が開発または販売しているゲームタイトルを「海外ゲーム」として取り扱います。海外ゲームが日本で流通しヒットを飛ばすには、ローカライズが欠かせません。そのローカライズの産業構造ならびに技術については第12章で触れられていますので、ここでは具体的な事例を交えてマーケットを考察します。

海外ゲームの産業構造

要素技術	▶ ローカライズ、マーケティング、プロモーション活動
プラットフォーム	▶ PC、コンシューマーゲーム機、携帯ゲーム機、携帯電話
ビジネス形態	▶ 制作、翻訳、流通
ゲーム業界関連職種	▶ プロデューサー、プログラマー、デザイナー、アーティスト、マーケティング、プロモーション
主流な輸入文化圏	▶ 北米、欧州各国、韓国

第13章　海外産のゲームの日本展開における課題

13.1
海外諸国発のビッグタイトルは日本で受け入れられてきたか

　まずは日本の海外ゲーム史に簡単に触れたいと思います。

　1980年代初頭、アメリカではコンピュータロールプレイングゲーム（以下、RPG）の始祖と言われる「Ultima」と「Wizardry」が発売されました。まだコンピュータが一般家庭に普及しておらず、ネットワーク環境も限られていた時代です。これらを日本に取り寄せて遊ぶ人々は限定されていました[1]。

　そのRPGをアレンジし日本で大ヒットを収めたのはエニックスの「ドラゴンクエスト」で、コンシューマー機器とともに日本独自の成長を決定づけたと言えます。海外ゲームを輸入して10万円前後するマイコンで遊ぶよりも、1万5千円で買えてテレビに繋げるゲーム機を所有する人の数が上回るのは至極自然な流れでした。

　1990年前半になるとWindows 3.0日本語版の登場も手伝ってDOS/V機が普及し、海外ゲームを手に取る人は少しずつですが増加しました。「シムシティ」「ポピュラス」といったコンシューマー機器でも有名なタイトルが発売された時期です。1990年12月に任天堂からスーパーファミコンが発売され、その「シムシティ」が好評を博したことはローカライズの成功例（しかもプラットフォームを越えた）と言っても過言ではありません。同じコンシューマー機ではセガのメガドライブやアタリのジャガーなどでも海外ゲームを遊ぶことができ、選択肢の増えた時代でした。

　スーパーファミコン登場後もコンシューマー機の開発およびシェア競争は激化しました。その一方でPC、Macintoshのパフォーマンスも向上し、インターネットの定額サービス等でオンラインに繋いで遊ぶスタイルも浸透し始めました。これが1995年以後です。時間定額制のテレホーダイ（NTT東日本、西日本提供）によってオンラインゲームを気兼ねなく遊べるようになりました。

　1997年に「Ultima Online」、1999年には「EverQuest」という本国アメリカでは大型のタイトルが登場しましたが、当初はどちらも日本語化が行き渡っていませんでした。「Ultima Online」は日本にサーバーが置かれインターフェイスも日本語になりましたが、「EverQuest」は英語のまま遊ぶしかなかったのです。1997年の「Diablo」は国内でも10万本を越える売上を記録しましたが、日本語版はありませんでした。好評を得た初代の作品にローカライズが付き、続編が和訳されるという流れが主で

13.1　海外諸国発のビッグタイトルは日本で受け入れられてきたか

した。

　30年という短くとも長くとも言える背景を元に、本章では2010年現在のメジャーコンシューマー機、すなわちXbox 360（2005年冬〜）、PlayStation 3（2006年冬〜）、Wii（2006年冬〜）の3機種とPC、Macintoshを中心に話を進めます。

Haloシリーズをはじめとするコンシューマー機での実例

　Xbox用にBungieが開発し、マイクロソフトが世に送り込んだ「Halo」は、PCが得意としていたFPS（First Person Shooter、一人称視点のシューティング）というジャンルをコントローラーで遊べるようにした画期的なタイトルでした。PCで行っていたキーボードとマウスによる複雑な操作体系を極力シンプルな形に落とし込んだのです。「Halo」の功績はFPSの存在を広めただけに留まらず、次世代コンシューマー機が持つリッチな3D表現、ネットワークを介した多人数対戦、Xbox同士を繋げてオフラインで4人以上が遊べるシステムリンクの熱気を提供したことにあります。

　実はXboxよりも以前、Nintendo64には「ゴールデンアイ007」（レア、1997年）という人気映画をゲーム化したFPSがすでにありました。これもまた「Halo」と同様に、操作が複雑になりすぎないようアレンジされたコンシューマーFPSの代表作です。どちらも日本のゲームショップで誰もが手に取ることができ、TV画面を分割してリアルタイムに進行する対戦ゲームは、「マリオカート」と「大乱闘スマッシュブラザーズ」シリーズに限らないと知らしめました。

　また、Nintendo64のソフトカートリッジには国ごとに割り振られたリージョン制限がなく、差込口の形を変換するアダプターを介せば、日本の本体でも北米版タイトルを遊ぶことができました。これをメーカーやパブリッシャーが懸念したのかどうかはわかりませんが、任天堂から次にリリースされたコンシューマー機GameCubeには厳しいリージョン制限が入りました。これにより海外ゲームを求めるハードルはふたたび高くなったのです。セガのドリームキャストはリージョン制限を設けていたものの抜け道が見つかり、結果緩やかなハードウェアとなりました。

　1990年代は日本のメーカーから毎年多くのタイトルが発売されましたが、次世代機に対応したタイトルにかかる開発費の高騰や、海外市場規模の拡大に伴って日本のパブリッシャーが外に目を向け始めました。PlayStationポータブル（以下、PSP）とニンテンドーDS（以下、DS）のシェアも拡大し、比較的開発が安価な携帯ゲーム機を主軸に据える戦略も取られるようになります。日本でゼロから開発するよ

第13章 海外産のゲームの日本展開における課題

りも、ライセンス獲得やパートナー提携を用いて海外の巨大なタイトルを送り込む展開が目立つようになってきたのが2000年以降です。

表13.1 ハードウェアの歴史とローカライズされた著名タイトル

ハードウェア	登場年	リージョン制限	代表的海外タイトル
PlayStation	1994	あり	クラッシュ・バンディクー
Nintendo64	1996	なし	ゴールデンアイ007
ドリームキャスト	1998	あり	Wacky Race（英語版）
PlayStation 2	2000	あり	グランド・セフト・オートIII
Xbox	2001	あり	Halo
GameCube	2001	あり	エターナルダークネス 招かれた13人※
Xbox 360	2005	一部あり	Halo3
PlayStation 3	2006	なし	アンチャーテッド
Wii	2006	あり	デッド・スペース

※ 任天堂とカナダのシリコン・ナイツ社による共同開発

「日本語版」の抱える問題 ── ユーザー視点から

それでは今の時代、ユーザーは海外のゲームを無条件で楽しめるのかというと、必ずしもそうではありません。事例を交えてクリアにすべき課題点を確認しましょう。

a） 表現規制
b） 翻訳の内容
c） リリース日、リージョン規制
d） 互換性

表現規制 ── 事例：Fallout 3（Bethesda、2008年）

日本は宗教に関するタブーが少なく、また性描写にも比較的寛容です。アメリカはこの逆で、暴力表現はOKとしても宗教はデリケートに取り扱います。多民族国家でありながら、銃社会でもある特徴が出ています。

「Fallout 3」は舞台を未来のアメリカ、ワシントン州に置き、核戦争で荒廃した世界を生きるRPGとしてその自由度、斬新さで高い評価を得たタイトルです。発売前からメディアの注目も高く、インターネットを経由して情報を得た日本人は現地のリリ

13.1 海外諸国発のビッグタイトルは日本で受け入れられてきたか

ースに合わせていち早く北米版とアジア版を手に取りました。

その数ヶ月後に発表された日本語版の先行情報では、核による町の破壊イベントが丸々カットされると判明しました。表現の自由と被爆国日本がぶつかり、パブリッシャーのゼニマックスと審査機関CEROによる調整の結果とされています。

昔であれば現地のオリジナル版を手にするユーザーの数はそう多くなく、口コミの力もさほど大きくありませんでした。今やクレジットカードさえあれば個人で海外から取り寄せることができる時代になり、ブログやSNSの隆盛により情報伝達も比較にならないほど速くなりました。

日本語版よりも先に北米版を遊んだユーザーがいるからこそシーン削除は大きく取り上げられ、雑誌メディアを介することなく購買ユーザーから未来のユーザーへと伝わったのです。

「Fallout 3」日本語版の規制はシーン削除だけでなく、人型キャラクターのゴア表現（銃火器で射撃した結果肉体がバラバラになる表現）の強制OFFや、携帯型ロケットランチャーの名前「Fatman」が「ヌカ・ランチャー」になる等、刺激を求めるユーザーにとってもの足りないと言われるものになりました。

翻訳の内容―事例：Call of Duty4（Infinity Ward、Activision、2007年）、CoD: Modern Warfare 2（Infinity Ward、スクウェア・エニックス、2009年）

ユーザーにとっては表現規制よりも気になる可能性が高いのは翻訳の仕上がりです。日本人は子供のころより吹き替えと映画字幕に馴染んできたこともあり、世界で最も翻訳にうるさい国民とも言われています。

「Call of Duty 4」も世界で期待されていたタイトルで、コンシューマー機では日本語版も同時発売されました。しかし蓋を開けてみるとそこには珍訳と言われても仕方のない日本語が表示されていたのです。

「昇順安定（照準の誤り）」「動力を止めろ（Stopping Powerの直訳）」「X線（フォネティックコードによる"X"（X-ray）をそのまま読んだ）」など、人的な原因とわかるものが腰を折る形となってしまいました。

しかし、ゲームプレイにおいてはシーン削除・表現規制の類がなく、オリジナル版と同様に遊べる内容であったため不満はすぐに収縮しました。

その続編となる「CoD：Mondern Warfare 2」は、国内大手のスクウェア・エニックスが版権を得て日本語版を出すということで、より一層の注目がなされた2009年

第13章　海外産のゲームの日本展開における課題

のタイトルです。本作は日本語版の発売が英語版よりも1ヶ月以上後になると前々から判明したため、先に英語版を入手するユーザーが少なくありませんでした。この流れは「Fallout 3」と似ています。

先行してクリアすることでゲームのシナリオを知ったユーザーたちは、とあるシーンの日本語字幕にひっかかりを感じます。

「殺せ ロシア人だ」（原文：Remember, No Russians.）

原文の1行だけで判断するとさまざまな解釈ができるのですが、この字幕は全体の筋書きからすれば不自然なものでした。消費者からすれば制作の過程や理由を言い訳にされたくないのが当然ですが、開発に関連する十分な資料が翻訳者に行き渡っていたかが疑問視される事例となりました。

また、「Wildwest」を「荒野のウェスタン」と訳したことも波風を起こしました。こうした「オリジナル版を知る日本語ユーザー」からの指摘は今後も絶えることはないでしょう。

リリース日、リージョン規制—事例：Bioshock（2K Games、スパイク、2007年）

先ほどの2項目で触れたとおり、日本語版のリリースをオリジナルよりも遅くすることは表13.2の効果を生み出します。

表13.2　ローカライズ商品販売までの時系列とメリット・デメリット

	ユーザーにとって	日本パブリッシャーにとって
オリジナル版発売	言語がわかるならオリジナルを遊べる（＋） 日本語版を待つ人は辛抱する必要がある（−）	潜在的な日本語版の売上が下がる（−）
感想・評価が広がる	購入を検討する人には情報が増える（＋）	評価次第で日本語版が予定よりも売れる可能性があるが逆も然り（＋／−）
日本語版発売	情報を判断して好きなほうを買える（＋）	ユーザーに冷静な評価を下される（＋／−）

13.1 海外諸国発のビッグタイトルは日本で受け入れられてきたか

　これに対して世界同時発売だと、大多数のユーザーは日本語版を手に取ります。個人輸入はドル為替によって安くなったとは言え、輸送コストや家に届くまでの配送日を考慮して、早く手に入るほうを選ぶでしょう。

　作品をコストをかけてローカライズする以上、発売日をずらしてリスクを高めることは避けたほうが良いとされています。

　そして、ローカライズ版を現地でより確実に売るための手段に、**リージョン制限**というものがあります。これは、ハードウェア本体に割り振られた国識別番号とソフトウェアのそれが合致しないと動作しないようにする仕組みです。DVD-Videoのリージョン制限と同じで、消費者にとっては邪魔者とされている手段ですから、販売側は慎重に検討する必要があります。

　事例として挙げる「Bioshock」は、PC、コンシューマー機で発売されたFPSです。PC版にはパッケージに内包されたディスクを売るリテール版（日本語）とダウンロード販売（英語）の2形式がありました。ダウンロードはSteam（Valve提供）に代表されるオンラインのプラットフォームを介して決済ともども行いますが、ここにリージョン制限をかけることで日本からの英語版購入を禁じました。ダウンロード決済は比較的安価で提供され、ドルが安い近年ではリテール版を買うよりもお得とされています。

　繰り返しになりますが、消費者視点から見たリージョン制限は障壁に他ならないので、販売側は理由を明らかにするのが賢明です。

互換性―事例：Gears of War 2（JP）（Epic Games、マイクロソフト、2009年）

　「Gears of War」（Epic Games、マイクロソフト、2007年）はプレイヤーを肩越しに見る三人称視点のシューティングゲーム（Third Person Shooter、TPS）で、その続編である2は英語版・アジア版からだいぶ遅れて日本語版がリリースされました。

　前作がシングルモード、マルチプレイヤーモードともに好評であっただけに待ちわびるユーザーも少なくありませんでした。しかし今作では海外版と異なるサーバーに繋がれ、対戦は同じ日本語版を持つ人同士のみに限られてしまいました。

　こうなった経緯は不明ですが、対戦におけるネットワーク遅延を取るかマッチングのし易さを取るかという問題について考えさせられる一件となりました。

第13章　海外産のゲームの日本展開における課題

コンシューマー機とPC/Macのマルチプラットフォーム対応の影響
ユーザーの視点

　PCを含むハードウェアの選択肢が広がりそれに対応したソフトが発売されることはユーザーにとって喜ばしい事実ですが、マルチプレイヤーモードで遊ぶ場合においてはプレイヤーの分散化に繋がります。

　Xbox 360ならマイクロソフト提供のXbox LIVEが用意されており、PlayStation 3ならPlayStationNetworkに、それぞれユーザーがアカウントを登録して横の繋がりを広げます。Wiiも同様です。

　ユーザー母数の大きい人気タイトルならさほど問題視されませんが、「自分の所有している機器では対戦・協力プレーがままならない」といった状況は好ましくありません。

　「Final Fantasy XI」（スクウェア・エニックス、2002年）はこの問題を克服し、コンシューマー機でもPCでも同じサーバー上で遊べるようになっています。PlayOnlineという自社のインフラを持ち、機種だけでなく国の制限も取り払い統合して運営していますが、オンラインであるがゆえに、コミュニケーションの問題も存在します。

開発側の視点

　ハード性能の向上によって表現の可能性が広がった反面、コンシューマー機、PC/Macのすべてに対応したタイトルを出すのは非常にコストがかさみます。Macを除外したとしても、近年のマルチプラットフォーム開発費は平均16億〜25億円とされています[2]。

　PCとコンシューマー機ではインターフェイスならびに操作系を変えなければなりませんし、場合によっては機能を削ぎ落とす必要もあります。それに伴ってローカライズ内容も異なってきます。たとえば

> Xbox 360では「RTをトリガーして射撃、Aでジャンプ」が
> PlayStation 3なら「R2をトリガーして射撃、×でジャンプ」

になります。

　マルチプレイヤーを実装するならば、それに合った環境をそれぞれ構築する必要もあります。海外のスタジオでは「ローカライズはプロダクションの早い段階で意識

すべき」と声高に言われています[3]。

次節では、開発者ならびに販売側が気をつけるべき点を具体例とモデル図を用いて示します。

13.2 消費者に気づかせないローカライズ手法

この章の始めに、「シムシティ」は海外のゲームにもかかわらず日本のスーパーファミコン市場で成功を収めたと書きました。すべて日本語化されたユーザーインターフェイスはもちろんのこと、それ以外にも

- 四季がある（時間の経過とともに背景が変わる）
- 災害として登場する怪獣がクッパに置き換えられている
- PC、Amigaのような複数のパネル表示を改良
- アドバイザーとしてウィル・ライトをモチーフにしたDr.ライトを追加

などの工夫が施されています。初代のAmiga、Mac版（1989年）よりも後発のリリースですから改善はあって然るべきと言えますが、これらのアイデアなくして日本人の多くに届くことはなかったでしょう。

近年は世界同時発売の需要が高まり、それぞれの国に合ったアレンジを熟考して細かく施す余裕は減ってきています。どこに出しても通じると表現しては乱暴ですが、大幅な仕様変更はプロジェクト進行の妨げにもつながります。

世界のメーカーがどのような配慮をしているか見ていきましょう。

自主検閲という考え方

International Game Developers Association（国際ゲーム開発者協会、以下IGDA）のローカリゼーション議長Tom Edwardsの講演内容[4]を中心に、自主検閲の重要性を述べます。氏はまず、ゲームの中核となるべき**Fun**とその対極として**Offensive**という表現を用いました。

第13章　海外産のゲームの日本展開における課題

表13.3　ゲームは楽しくあるべき（The Basic Goal of a Game is to be "Fun"）

楽しくなる要素（Fun）	イライラする（させる）要素（Offensive）
もてなし、歓迎、魅了するもの	焦燥感、不満足、怒らせるもの
前向きな転換・逆転劇	後ろ向きな転換・逆転
コミュニティの成立・所属	コミュニティの亀裂
教え、ひらめき、発見	ステレオタイプ、進歩しない
質がもたらすのは信頼と収益	失敗がもたらすのは制裁と不振

　Offensiveな要素がゲームプレイにおいて不必要な存在であるかというと、それは違います。不安感を煽ったり、高いハードルを設定してクリアしたときの高揚感を高める手法はジャンルによっては有効です。

　そして、ゲームに関わる人は2種類に分けられると言います。

① **目的とする層（Intended）**：彼らはゲームを遊ぶプレイヤーであり、ゲームの内容に理解を示し、ゲーム自体の目的をわかっている。
② **目的から外れる層（Unintended）**：彼らはゲームを遊ばない人々であり、ゲームの内容とゲーム自体の関連をよくわかっていない。

　開発・販売において②の層は①よりも問題になりがちで、Funであるはずの要素をOffensiveであると解釈したり、ゲームプレイとは直接関係のない箇所にも目をつけてゲーム批難を行う傾向にあります。そこで自主検閲の重要性が説かれるのです。以下の3つはその教訓となる事例です。

事例1：格闘超人の回収事件

　2003年に日本のメーカーが開発しマイクロソフトから販売された「格闘超人」は、Xbox用の3D格闘ゲームです。このゲームに使用された音楽の1つがイスラム教の聖典であるコーランに似ているとしてクレームが起き、世界に展開する企業としてマイクロソフトが自主回収を行うという事態になりました。

　イスラム圏をメインにしていないゲームであるにもかかわらず、英語にローカライズされたパッケージが世界に流通してしまったことも原因の1つですが、宗教に敏感になるべきだと警鐘が鳴らされた一件です。

事例2：Hearts of Ironの中国指し止め事件

「Hearts of Iron」（Paradox Interactive、2002年）は歴史シミュレーションのジャンルに属するPC用ゲームで、独立国を選んで大戦に参加するというものです。

中国は「Hearts of Iron」の中でチベットが「独立した国」であること、台湾が「日本に所属している」ことを理由に国内での販売を禁止しました。歴史を題材にしているゲームであるがゆえに、このシリーズはさまざまな国の問題と直面しています。

事例3：韓国のAge of Empire II不買運動

「Age of Empires II」（Ensemble Studios、Microsoft、1999年）もまた、国をモチーフにした戦略シミュレーションゲームの1つです。事例2と違ってゲーム内容が理由ではなく、そのパッケージにサムライが描かれていることが理由で韓国では販売こそされたものの、売れ行きは芳しくありませんでした。要因として「Starcraft」（Blizzard、1998年）の流行もありますが、箱の表紙絵1つとってもデリケートな問題になり得ることが明らかになりました。拡張版のパッケージでは日本のサムライは除かれ、韓国の兵士が描かれました。

これらの事例はゲームプレイの外で起こったと言えます。よく海外ゲームで引き合いに出されるゴア表現に関しては、それをFunと受け取るかOffensiveと感じるかを国・消費者層によって検討し、調整する必要があります。ローカルの審査機構との折衝もあり、オリジナル版のままでは通らないことが多い箇所です。

自主検閲の目的と実現のために気をつける点

そもそも自主検閲をする大きな目的は、企業イメージを守り各国のプレイヤーが満足し楽しめるゲームにすることにあるとTom Edwardsは述べます。そのためにクリアしなくてはいけないポイントは

- ローカル（地域）レベルでの摩擦・問題を減らす、なくす
- 消費者の信用を得る
- マーケットを広げ収益を増やせるように国に合ったアピールを行う
- ESRB、PEGI、CEROなどの審査機関では気づかないような問題にも敏感でいる

などです。それを実行する最初の手がかりとして、まずは公然とした問題になり得る要素を何でも取り上げ、それらを分解して重要度を付けていくべきだと提案しています。これは抽象的な概念ですが、氏は続けて最もデリケートな事項として「Religions（宗教）」「Ethnic（民族）」「Historical（歴史）」「Political/Cultural（政治/文化）」の4点を挙げています。

自主検閲を意識するべきタイミング

検閲はどの段階で行うべきかという疑問に対しては「AS EARLY AS POSSIBLE（可能な限り早く!）」と強調しています。その理由は修正コストが安く済ませられることに尽きます。

たとえば脚本を書き終わり台本を起こし、スタジオ収録が終わった後に問題が発覚した場合、スケジュールに大幅な遅延が発生します。時間的な遅れはすなわち人的コストの増加に繋がります。構成段階から常に意識することでリスクを抑えることができると氏は述べます。

また、こうした自主検閲のタスクはプロジェクトのスタート段階からスケジュールに組み込むべきであり、ないがしろにしてはならないと繰り返しています。

表現配慮以外のローカライズ ── 国内から海外へ

それぞれの国で異なる表現に置き換えるだけがローカライズではありません。「シムシティ」は海外から日本への輸入と言えるケースでしたが、それでは輸出ではどうでしょうか。

「Resident Evil 4」（Capcom、2005年）は北米版の難易度を日本のそれよりも若干上げ、同時に残虐表現も幅を広げました。規制するだけではないことを証明した例です。

「Final Fantasy」（SQUARE ENIX、1987年～）シリーズの北米版ではモンスターとの遭遇率を下げ、戦闘で獲得する経験値を増やしました。RPGジャンルの浸透により、近年ではこのような変更は不要であると同社のローカライズ部Richard氏は補足しています[5]。

「Dragon Quest VIII: Journey of the Cursed King」（SQUARE ENIX、Level 5、2005）では前作よりも一層インターフェイス周りのローカライズに力を入れ、日本のオリジナル版ではよく知られた「Ｅ：ひのきのぼう」など文字ベースだった箇所を

グラフィカルなアイコンへとすべて書き直しました。これはたいへん労力とコストのかかることで、いかに現地のユーザー層へ配慮したものか伺えます[5][6]。

挨拶の仕草、ジェスチャー1つとっても国によっては異なるものがあります。文化的な要素にも配慮して最適化することがローカライズから1歩進んだカルチャライズになります。しかし現実には、展開する市場を見きわめてコストとバランスを取る目が大いに求められます。

ローカライズモデル

自然言語の研究者Eugene A. Nida（1914年〜）の翻訳モデル[7]を拝借して、これをゲームのローカライズプロセスに当てはめると図13.3のようになります。単に言語AからBへと伝達するだけでなく、対象とする言語Bをとりまく環境に合う要素の組み立て、アレンジが求められています。

制作者のメッセージやゲームコンセプトを守るために、ローカライズを取り仕切る者が密接に関わり続けなくてはなりません。

図13.3のフローでは省略していますが、社内チェックバックや審査機関との調整なども入り、ローカライズ版が完成するまでには何度もループがあります。

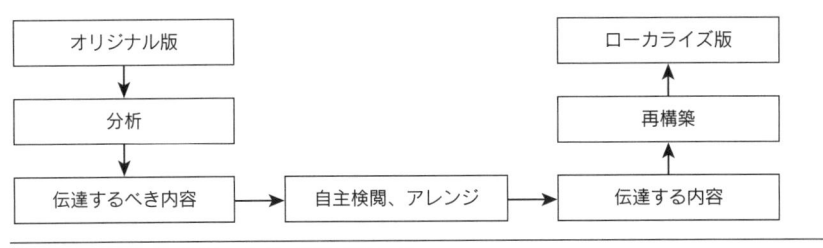

図13.1　ゲームのローカライズプロセス

13.3
オンラインゲームとローカライズ──販売・PR・運営

次世代3Dゲームにかかる開発費の上昇も手伝って、比較的安価で開発できるブラウザゲーム（Facebook、mixiなどのSNS含む）や携帯ゲーム（DS、PSP、iPhone）の需要も高まってきています。ここではネットワーク通信を必要とするオンラ

インゲームを中心に、ローカライズのメリットと課題を考えます。

オンラインを機能させるメリット

　本章の始めに述べたとおり、わが国では1995年以降インターネット回線の契約数は伸び続け、2008年度の時点でブロードバンド普及率は75%を超えました。これは韓国とほぼ同じ割合です[8]。携帯電話の所有者も増え、1人1台の時代となりました。

　オンラインによってゲームを遊ぶ人同士の繋がりが生まれるメリットだけでなく、企業にとっては従来のパッケージに加えてダウンロード販売、追加コンテンツの月額課金モデルなどを展開することが可能になったのです。

　また、高速回線を前提とすることで、昔ならCD-ROMで配布しなくてはならなかった巨大な修正パッチなどもメーカーが管理・配信しやすくなりました。

オンラインを機能させることで発生する問題とその解決

　オンラインが付けば手放しに有用と言えるのかというと、そうではありません。クリアするべき課題の例を挙げます。

- 世界から24時間フィードバックが押し寄せてくる
- ユーザー間で発生するトラブルが評判を落とす原因になりかねない（FunがOffensiveに変わる可能性）
- 国によって異なるサービス内容を展開している場合は、それに対応した運営とサポートが必須

　フィードバックやトラブルはゲームの中だけで起こるものではなく、その外の社会でも活発に動いています。13.1節の事例「Fallout 3」や「CoD: Modern Warfare 2」はニュースサイト、個人のブログ、SNS、フォーラム、掲示板などさまざまな場所で議論されました。消費者に好きな場所で思うがままに意見を出してもらうことは自由を与える点では間違いありませんが、ゲームの改善に繋がるものは効率よく集めるべきであり、そのために企業は気を遣うと良いでしょう。

　ローカライズ版を出しそれぞれのマーケットから返ってくる反応を、活かすも殺すも現地パブリッシャーと権利者・開発者の連携にかかっていると言っても過言ではありません。

MMORPGの大作に見る成功要因

MMORPGとは「Massive Multiplayer Online Role Playing Game」の略で、大勢のプレイヤーがオンラインで遊べるRPGジャンルを指します。

MMORPGはパッケージの値段を比較的低めに抑え、その代わりに毎月ユーザーに固定金額を課すことで収益を図るのがメジャーとされていました。

2010年の現時点では月額を無料にする代わりにコンテンツの中身を細かく販売する形態も成り立っています（アイテム課金制）。MMORPGを遊ぶユーザー数は世界で1,600万人以上と推定されています。2000年の時点ではわずか100万人程度でしたので、いかに急速成長したかが伺えます[9]。

そしてこの1,600万人以上とされるパイの中で、1人勝ちしているタイトルが存在します。2008年末の時点で1,100万の登録アカウントに到達したと公表された「World of Warcraft」（Blizzard、2004〜2010年）です[10]。

World of Warcraftの展開と運営手法

World of Warcraft（以下、WoW）は2004年の11月にUS版として北米のユーザーを中心にサービスが開始されました。その後、韓国専用にローカライズ運営を始めたのが2005年の1月、ヨーロッパは2005年の2月からです。

① **カジュアル層に訴えかける**

Blizzardの開発者であるTom Chiltonはこう振り返ります。「ゲームの遊び方を覚えるのは簡単だ。しかしマスターするのは易しいことではない。マスターするまでが困難なほどハードコアなプレイヤーを引き付けるが、カジュアルな層はゲームのさまざまなことを楽しもうとする」[11]と（筆者訳）。2004年のWoW以前に人気であったMMO「EverQuest」と「Ultima Online」のエッセンスを取り出し、これらを遊んでいたプレイヤーよりも幅広い層に受け入れられるように難易度を徹底的に見直したのです。「EverQuest」の熱心なプレイヤーをスカウトし、開発陣に加えてコンテンツのデザインにあたらせたのもユニークな手法です。

② **時差に考慮する**

サービス開始当初には存在しませんでしたが、アメリカ・ヨーロッパ・韓国・中国の次に接続人数の多い地域オセアニアのためにサーバーを追加しま

第13章　海外産のゲームの日本展開における課題

した。オセアニアでは一番遊べる時間なのに時差が理由で活気がないという問題に対して、推奨環境を設置することで再度人々を誘導する解決方法です。また、通信環境がアメリカほど整っていないので最適な経路を通るようサーバーを設けているとも言われています。

③　**バージョンを合わせる**

さまざまな言語（英仏独西露韓中など）に対応して世界各地に拠点を持ち運営していますが、コンテンツのアップデート（Patchと呼ばれる）は世界同時に行われ、ユーザー間で不満が起きないように施されています。

これを実現するためにすべての言語のPatchを入念にテストするクオリティアシュアランスの体制を整えています[†1]。

④　**新規に言語を開拓する場合慎重に検討する**

度重なるコンテンツの更新により、ゲームの中に含まれるテキストの量は膨大なものになっています。その数は200万単語以上で、文字列は36万にも上ります[13]。3万単語のゲームを1本ローカライズするには約2ヶ月かかるとされています[3]から、ローカライズコストに見合った収益を見込めない国・地域では展開しません。

⑤　**現地のサポートを充実させる**

サービス対象地域では現地の運営スタッフを尊重し、そこに根付く文化やユーザーとの係わり合いを重要視しています。オンラインでは寄せられる意見を公式のフォーラムから吸い上げて開発チームに戻したり、アクティブなユーザーやファンサイトを積極的にプロモートしています。

オフラインのイベントも行っており、毎年数回アメリカとヨーロッパに何万人というファンを集めています。ユーザーと運営が交流を深めることはMMOの運営において欠かせない要素です。「Final Fantasy XI」も日本とアメリカでそれぞれ異なった趣きのイベント、PR活動を催しています。

これら5項目を守り日本で運営するには莫大な人的資源と体力が必要です。市場の傾向を判断した結果、WoWは日本にこないと考えられます。

---

†1　現在中国だけは新聞出版総署と運営会社の間で運営形態とコンテンツ内容をめぐるトラブルが続いており[12]、バージョンが止まった状態もあってプレイヤーが台湾サーバーへ移りつつあります。

ロイヤリティの高さ

　これほどまでに成長した「WoW」は、基本的にはActivision Blizzardの直営オフィスまたは連結会社で各国へサービスされています。中国に限っては、国の方針で外資が直接ネットワークゲームを運営できないことを理由にナインシティ（現地法人名：第九城市、The 9）とライセンス契約を結んできました。

　ナインシティとBlizzardの契約は2005年6月から2009年の6月まで続きました。当時の契約内容についての詳細は公表されていませんが、ナインシティの2004年度決算報告資料から以下の条件が伺えます[14]。

- Blizzardは（ネットワークゲームを遊ぶのに必要な）プリペイドカードの売上の22%を得ること
- Blizzardは「WoW」アカウント登録に必要なCD-Keyの売上の約38%を得ること
- ナインシティは4年間分の、取り戻しが保証されているロイヤリティとして5,130万ドルをBlizzardに支払うこと
- ナインシティは返金保証の効かないライセンス料として初年度に300万ドル、次年度にはライセンス契約全体の保証金として1,300万ドルをBlizzardに支払うこと
- ナインシティはライセンス締結中に少なくとも1,300万ドルを広告活動に使うこと（このことでCoca-Colaと連動したプロモーションが中国で行われた）

　以上の数字だけでもゲームにしては莫大な規模の投資であることがわかります。しかしナインシティは「WoW」を獲得したことで営業売上の9割をこのタイトルが占めるまでに成長しました。

　その後2008年の8月にはナインシティのライバル企業でもあるNetEase（現地法人名：網易）がActivision Blizzardと「Warcraft 3」シリーズ、「StarCraft 2」「Battle.net 2」のライセンス契約を結び、2009年の6月からは「WoW」もNetEaseに引き継がれることとなりました[15]。ナインシティと延長契約しなかった理由は公表されていませんが、投資家は2005年当時の条件よりもさらに高い価格が提示されたことが理由としています。内訳は不明ながらも約3億ドルがBlizzardへの3年分のロイヤリティ、国内の広告費、ハードウェア設備費として投資されたと見ています。

証券アナリストのMichael Pachterは、プレイヤー数の増加に伴い中国での「WoW」売上は2005年度の5,000万〜5,500万ドルから2009年度には1億4,000万ドルまで伸び、Blizzardの取り分は当時の22%から55%へと引き上げられたと予想しています[16]。

2010年現在も中国のゲーム運営許可においてGAPP（General Administration of Press and Publications、国家新聞出版総署）とMOC（Ministry of Culture、中華人民共和国文化部）による政治的な争いが続いており、「WoW」は他の国に比べて拡張パッケージの適用が行えないという致命的な遅れを受けています[17]。

幸い日本では政府機関による厳格な介入がないので「WoW」が制限される可能性は低いのですが、Blizzardが日本市場へ積極的に展開してこず、たとえ日本の企業がライセンスを獲得しようとしても莫大なロイヤリティが壁になるでしょう。

登録アカウント数1,100万、総勢スタッフ4,600名（うちゲームマスターは2,000名）、27時間相当のBGM、ゲーム内のクエストは7,600強（サービス開始当時は600）、サーバーの台数は13,000以上という巨大規模にふくれあがったタイトル[13]であるからこそ、品質管理に厳しくローカライズ運営に求めるハードルも高いと言えます。

13.4
まとめ──日本向けローカライズの理想

ゲームプレイから遠い要因で大幅に規制されてしまったり、互換性を保てず他の言語・プラットフォームと断絶されたり……オリジナル版よりも「不足」と感じさせるローカライズは良くありません。

そして、ゲームに馴染みのない人々にも理解を示してもらえるアレンジはこの先もっと必要になると考えます。「海外のゲームだから」「聞かないジャンルだから」といった先入観を取り除き、開発された国に関係なく購入を検討してもらえるようなローカライズが理想です。

コンシューマ機とPCの進化と情報化に伴い、10年前よりもはるかに若い人々が海外ゲームを手に取りやすくなった時代ですが、まだまだ認知度は高くありません。

そのためにはゲーム単体だけでなく宣伝活動にも力を入れなくてはならないと感じます。海外ゲームの良さ、素晴らしさを広める個人は互いに刺激し合い評判を広めてくれますが、それを阻害することなく増幅させる仕掛けが求められます。ユーザ

13.4　まとめ——日本向けローカライズの理想

ーコミュニティがもたらす効果については参考文献の［a］で詳しく述べられているので一読をお勧めします。

図13.2　ゲームショップの海外ゲームコーナーとスタッフによるポップ書き

図13.3　街の大型広告にも、ローカライズされた海外ゲームが載る時代になった

13.5
出典資料、参考文献

出典資料

[1] Brad King, John Borland, 平松徹訳,『ダンジョンズ&ドリーマーズ』, ソフトバンク クリエイティブ, pp.182〜242, 2003

[2] Stephany Nunneley, "Report: Average game development budget sits between $18-$28M", VG247, 2010, http://www.vg247.com/2010/01/12/report-average-game-development-budget-sits-between-18-28m/

[3] Tom Edwards, Heather Chandler, Miguel Bernal-Merino, Fabio Minazzi, "Rethinking Game Localization as Global Game Development", GDC08, 2008年度

[4] Tom Edwards, Jack Emmert, Min Kim, Jon Wood, Mark Jacobs, Rob Pardo, "Self-Censoring Potential Content Risks for Global Audiences: Why, How and When", GDC08, 2008

[5] Richard Mark Honeywood, D. Youn Shin, Aaron Greenberg, Sean Kauppinen, "The Square Enix Approach to Localization", GDC07, 2007

[6] 桜井政博,『桜井政博のゲームについて思うことDX』, エンターブレイン, pp.38〜39, 88〜89, 2008

[7] Eugene A. Nida, *From One Language to Another: Functional Equivalence in Bible Translation*, Thomas Nelson, pp.192, 1986

[8] International Telecommunication Union, 2008, http://www.itu.int/ITU-D/icteye/Indicators/Indicators.aspx

[9] MMOG Chart, "Total MMOG Active Subscriptions", 2008, http://www.mmogchart.com/

[10] Blizzard Entertainment, "Press Release - WORLD OF WARCRAFT® SUBSCRIBER BASE REACHES 11.5 MILLION WORLDWIDE", 2008, http://us.blizzard.com/en-us/company/press/pressreleases.html?081121

［11］Blizzard Entertainment, "BlizzCast Episode 12", http://us.blizzard.com/en-us/community/blizzcast/archive/episode12.html

［12］JLM Pacific Epoch, "GAPP Halts "WoW" Review", http://www.jlmpacificepoch.com/newsstories?id=158507_0_5_0_M

［13］Gamesutra, "GDC Austin: An Inside Look At The Universe Of Warcraft", http://www.gamasutra.com/php-bin/news_index.php?story=25307

［14］Gaming Steve, "World of Warcraft China Examined", http://www.gamingsteve.com/archives/2005/11/with_all_the_ta.php（2005年）

［15］"BLIZZARD ENTERTAINMENT® AND NETEASE TO INTRODUCE STARCRAFT® II AND BATTLE.NET® PLATFORM INTO MAINLAND CHINA", http://corp.163.com/news_eng/080813/080813_2950.html（2008年）

［16］"Why did Blizzard switch to NetEase in China? For $90 million a year, says Pachter", 2009, http://www.vg247.com/2009/04/16/why-did-blizzard-switch-to-netease-in-china-for-90-million-a-year-says-pachter/

［17］"Confusion continues on Chinese foreign investment rules", 2009, http://www.gamesindustry.biz/articles/confusion-continues-on-chinese-foreign-investment-rules

参考文献

［a］Chris Bateman, Richard Boon, 松原健二監訳, 岡真由美訳,『「ヒットする」のゲームデザイン』, オライリージャパン, 2009

［b］Noah Wardrip-Fruin, Pat Harrigan編, *Second Person - Role-Playing and Story in Games and Playable Media*, MIT Press, pp.111〜120, 2006

［c］金寿彦,『秋葉原メッセサンオー店長 金の魂 〜略して金タマ〜』, ソフトバンククリエイティブ, 2008

［d］小野憲史（取材・文）, 鶴見六百, "IGDA Japan chapter〜あるローカライズ・スペシャリストの「卒業」", IGDA Japan, http://www.igda.jp/modules/pico/index.php?content_id=1, 2009

[e] Nancy Courtney, Steven J.Bill, *Library 2.0 and Beyond Innovative Technologies and Tomorrow's User,* Libraries Unlimited Inc, 2007

[f] Masahiro Nakajima, Hiroshi Kawai, Hiroyuki Tominaga, "The Issues of Internationalizing RPG Development Projects", *The Journal of Game Amusement Society* vol.1. No.1, 2007

[g] Luke Cuddy編, John Nordlinger編, *World of Warcraft and Philosophy: Wrath of the Philosopher King,* Open Court Pub Co, 2009

[h] 村上春樹, 柴田元幸, 『翻訳夜話』, 文藝春秋, 2000

[i] 岡枝慎二, 『映画スラング表現辞典』, 語学春秋社, 1991

[j] 大田直子, 『字幕屋は銀幕の片隅で日本語が変だと叫ぶ』, 光文社, 2007年度

[k] World of Warcraft Returns to China, http://www.escapistmagazine.com/news/view/94886-World-of-Warcraft-Returns-to-China, 2009

[l] ChinaJoyブースレポート前編, ChinaJoyブースレポート中編, 中国ゲーム市場の隠れた話題"「WoW」サービス権紛争"と"類似品商法"を追う, GAME Watch, 2009, http://game.watch.impress.co.jp/docs/news/20090730_306055.html

取材協力

- 株式会社メッセサンオー (http://www.messe-sanoh.co.jp/)
- 株式会社ソフマップ (http://www.sofmap.com/)

第14章 シリアスゲーム

藤本徹

シリアスゲームとは

　シリアスゲーム（Serious Games）という言葉は、社会的用途でデジタルゲームを開発、利用する取り組み全般を括る概念として登場しました。2002年に「シリアスゲームズイニシアチブ」が米国で設立されて以降、数年間のうちに欧米におけるゲーム産業の1つのニッチ分野として認知されるに至りました。

　国内においても、2004年ごろからデジタルゲームと社会の関係を捉えるキーワードとして認知され始め、ニンテンドーDSの「脳トレ」ブームとともに、デジタルゲームを学習や実用的な用途で利用する発想が広く普及しました。

　本章では、シリアスゲームが注目されるようになった背景を説明した上で主な事例や取り組みを紹介し、そして最後に今後を展望します。

シリアスゲームの産業構造

要素技術	▶ User Generated Contents、MOD
プラットフォーム	▶ PC、コンシューマーゲーム機、携帯ゲーム機、携帯電話
ビジネス形態	▶ 教育ゲーム、広告ゲーム受注開発、コンシューマー向けタイトル販売、産学官連携事業など
ゲーム業界関連職種	▶ プロデューサー、プランナー、マーケティング、プロモーション
主流文化圏	▶ 北米、欧州諸国、韓国、日本
代表的なタイトル	▶ America's Army（U.S. Army）、Food Force（WFP）、Virtual U（Slone foundation ほか）、脳を鍛える大人のDSトレーニング、Wii Fit（任天堂）

14.1
シリアスゲームとは

シリアスゲームの意味と由来

シリアスゲームとは、社会的用途でデジタルゲームを開発、利用する取り組みを1つの枠組として捉えた概念です。その核となる「娯楽を越えた社会的な目的のためにゲームを開発・利用する」という考え方そのものは、ゲーミング・シミュレーション研究において古くから研究されており、この考え方自体は新しいものではありません。シリアスゲームという用語は1970年に社会科学者のクラーク・アプトが著書 *Serious Games*[1] で、教育や情報伝達のためにゲームを利用することの有効性について言及したことがその由来とされています。

シリアスゲームの定義と範囲

まずシリアスゲームがどのようなものか、その定義となるところを類似の概念と対比して説明します。シリアスゲームは「教育利用されるゲーム」「教育的な要素を持つゲーム」「娯楽以外のゲーム全般」など、捉える側によってさまざまに定義されています。その中で、シリアスゲームが持つ特徴として以下の3点が挙げられます[2]。

① 主に「デジタルゲーム」を対象としていること
② ゲーム製品のジャンルではなく、そのゲームを利用した活動も含む
③ 従来の教育・学習の文脈では収まらない活動も対象としていること

①については、従来のゲーミング・シミュレーション研究でボードゲームやカードゲームなどのアナログゲームやゲーム要素の少ないシミュレーションが主な対象となってきたこととの対比で捉えられます。②は、シリアスゲームがゲームのジャンルという括りだけでなく、ゲームを軸とした社会活動を含めて捉えられていることを示しています。③が着目されたのは、従来の「エデュテインメント」や学習用ゲームが子ども向け製品や研修用のゲームなどの教育現場で利用されるゲームとして捉えられていたことが影響しています。シリアスゲームは、広報活動のためのゲームや医療活動支援のためのゲーム、社会問題を提起するためのゲームなど、従来の枠にとらわれないゲーム利用の可能性も対象としています。実際にはこれほど厳密に

は区別されずに曖昧に捉えられていますが、これらが概念上でシリアスゲームと従来の取り組みとの違いを整理する軸となっています。

「どこまでシリアスゲームに含むのか？」という範囲についての考え方は、人によって捉え方がさまざまです。最も広く捉えると、「ゲームには付随的にさまざまな学習要素が含まれており、あらゆるゲームがシリアスゲームである」という捉え方ができますが、「特定の教育用途で開発されたゲーム」をシリアスゲームとする見方もあるため、実際にはその境界は明確に定まっていません。

また、シリアスゲームの範囲を整理するためのもう1つの軸として、「娯楽以外の目的や効能を意図して開発されたゲームかどうか」で区別することもできます。たとえば、後述する米陸軍が開発した「America's Army」は新兵募集のためのマーケティングツールとして開発されていることからシリアスゲームとして捉えられていますし、同様に「脳を鍛える大人のDSトレーニング」もゲームの効能をうたっていることからシリアスゲームとして捉えることができます。

また、ゲームそのものは娯楽用途で開発されていても、娯楽以外の用途で利用する活動かどうかでシリアスゲームの範囲を区別することもできます。たとえば、よく例として挙げられる「歴史シミュレーションゲームで遊んでいるうちに歴史の知識が学べる」という点については、このようなゲームを学校の授業などで教育のために利用すればシリアスゲームと捉え、単に余暇の娯楽として遊んでいる場合は除く、という整理ができます。たとえば、米国ウェストバージニア州で「ダンス・ダンス・レボリューション（DDR）」を州全域の公立学校に導入した取り組みは、娯楽用のゲームを健康増進のために利用したシリアスゲームの例だと言えます。なお、このような取り組みは、**エクサゲーム**（エクササイズゲーム）や**エクサテインメント**（エクササイズ＋エンターテインメント）と呼ばれて注目を集めています。

このように、シリアスゲームの捉えられ方は解釈によって幅があるため、厳密な定義は実際にはされていませんが、いくつかの軸でシリアスゲームとそれ以外を整理することができます。この「シリアスゲーム」の「シリアス（真面目な）」という形容詞がわざわざ付けられている点については、「ゲーム」という言葉が不真面目、お遊び的なイメージで社会的に認知されていることが影響していると考えられます。わざわざ真面目なゲームであると強調しなければいけない点が従来のゲーム産業と社会の関係の一端を示しているとも言えるでしょう。ゲーム害悪論などに代表されるゲームのステレオタイプ否定的イメージを払しょくして、ゲーム産業と社会の関係を改

善する役割としてシリアスゲームが着目されていることも興味深い点です。

シリアスゲームムーブメントの展開

シリアスゲームというキーワードが注目されて、ムーブメントと言えるほどの普及が進んだきっかけとして、2つのシリアスゲーム開発プロジェクトがあります。1つは、2000年にリリースされた大学経営シミュレーション **Virtual U**、もう1つは、2002年にリリースされた米陸軍の **America's Army** です。この2つのゲームは、社会的な問題解決のためにデジタルゲームが利用できることを示す事例として注目を集め、ゲーム産業以外の人々から広くデジタルゲーム利用への関心を高める契機となりました。

この動きに、ワシントンDCに本部を置く非営利研究機関、ウッドロー・ウィルソン国際研究センター（Woodrow Wilson International Center for Scholars）が着目し、非営利プロジェクトとして**シリアスゲームズ・イニシアティブ**を2002年に設立しました。同イニシアティブを中心に、米国におけるシリアスゲーム普及活動が推進されました。

2004年に、Game Developers Conference（GDC）の一環で、シリアスゲームの開発者と研究者が一堂に会して行われる「シリアスゲーム・サミット」が行われました。以降、このサミットは毎年開催され、年々シリアスゲームコミュニティへの参加者は着実に増加しています。

また、これに加えて各分野、地域でのシリアスゲームイベントも活発に行われています。特に医療健康分野のシリアスゲームに特化した「ゲームズ・フォー・ヘルス（Games for Health）」は、医療健康分野の非営利機関、ロバート・ウッド・ジョンソン財団（Robert Wood Johnson Foundation）がスポンサーとなって支援しており、年次の国際会議やゲーム開発コンテストなどが開催されています。

社会問題への認知向上や社会変革のためのシリアスゲームを対象とした「ゲームズ・フォー・チェンジ（Games for Change）」も、社会貢献活動を行う非営利組織や公的機関の支援を受けながら年次国際会議などの活動を行っています。

また、欧州やアジア各国でもさまざまなシリアスゲームイベントが行われるようになりました（表14.1）。

表14.1 毎年開催されている主なシリアスゲーム関連イベント

イベント名	開催場所
Serious Games Summit GDC	米・サンフランシスコ
GLS (Game + Learning + Society) Conference	米・ウィスコンシン州マディソン
Games for Health	米・ボストン
Games for Change	米・ニューヨーク
Game Based Learning	英・ロンドン
Serious Virtual Worlds '07	英・コベントリー
Interservice/Industry Training, Simulation and Education Conference	米・フロリダ州オーランド

シリアスゲームが注目される要因

同様の考え方自体は以前から存在したにもかかわらず、ここ数年の間にシリアスゲームが急速に注目されるようになった背景としては主に次の3点が考えられます。

① デジタルゲーム技術の発達
② 「ゲーム世代」の成長
③ 分野横断的なコミュニティ形成

①については、情報通信技術の進化とともにデジタルゲームで利用される技術も急速に発達し続けており、家庭用ゲーム機の技術で軍事用などの訓練シミュレータの開発ニーズに対応できるほどになったと言われています。また、コンピュータやゲームコンソール機は、以前に比べ安価で格段に高性能なものが広く普及しており、一般家庭レベルで利用できる技術の高さとその普及度も、デジタルゲーム技術の利用を促進している側面があります。

②については、幼年期からデジタルゲームなどのデジタル機器が身の回りにある環境で育った若者たちが社会で活躍する世代になってきた点があります。この世代は**ゲーム世代**や**デジタルネイティブ**と呼ばれ、その上の世代とは教育面や社会生活面での行動が異なっていると指摘されています[3]。このゲーム世代の若者たちに適した教育方法のあり方に関心が高まっています[4]。

③についてはまず、シリアスゲーム推進活動が非営利プロジェクトとしてどの業界にも特化しない形で進められたことで、さまざまな立場の人々が参加した、分野

第14章　シリアスゲーム

横断的なコミュニティ形成が促進されたことが挙げられます。これまでの教育・学習の枠を超えて、各分野の教育や広報などのさまざまな活動におけるデジタルゲーム利用に関心のある人々がネットワークを形成したことで1つのニッチ領域を形成するに至りました。これにより、シリアスゲームに集まってくる資金や人材などのリソースが拡大し、産業基盤を生む土台が形成されるまでに至りました（図14.1）。

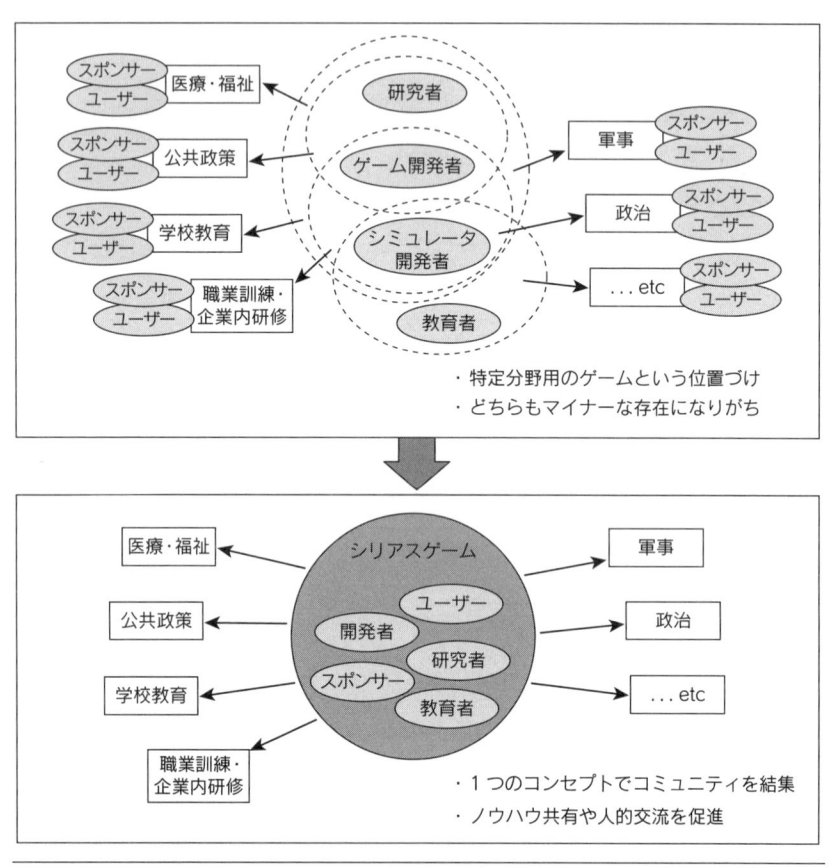

図14.1　シリアスゲームの登場による環境変化

このような背景に加え、ゲーム産業側の事情として、近年の開発コストの増大と市場成長の伸び悩みもシリアスゲームが注目される理由の1つになっています。ゲーム会社が従来のゲーマー層を対象としたゲーム開発だけでなく、これまでとは異

なる事業展開の可能性を模索する必要性が高まってきたことで、シリアスゲームに目が向けられているという側面もあります。

14.2
シリアスゲームの主な事例と現状

　ここでは、シリアスゲームの具体例として主な事例を紹介します。シリアスゲームはさまざまな分野で開発されており、「公共分野」「社会問題啓蒙」「医療・健康」「軍事」「企業・組織内教育」「学校教育」などの分野で数多くのタイトルが世に送り出されています[5]。シリアスゲームが登場して注目されるきっかけとなった「America's Army」「Virtual U」「Food Force」の3タイトルを取り上げ、これらがシリアスゲームの主要タイトルとして特徴的な点を解説します。

America's Army

　「America's Army」は、米陸軍が新兵募集のためのマーケティングツールとして開発したゲームです。米陸軍は、従来から新兵募集のためにテレビCMやプロモーションビデオの制作などで膨大なマーケティング予算をかけていました。若者に人気の高いデジタルゲームを利用することで、さらに効果の高い方法を導入することを目指して開発され、2002年に最初のバージョンがリリースされました。

　このゲームは、一人称視点で描写されるFPS（First Person Shooter）で、実際の訓練施設で行われる訓練過程を詳しく再現しており、登場する訓練施設や武器装備類は、実際に米陸軍で利用されているもので構成されています。米軍の専用ゲームWebサイトから無料ダウンロードできるほか、全米の新兵募集拠点でのCD-ROM配布や、ゲーム雑誌の付録などの形で無料提供されています。登録ユーザー数は、2006年の時点で760万人以上を記録し、基礎訓練モードを修了したユーザー数は423万人以上となるほどの人気ぶりを示しています。

　このゲームの開発には初期開発費として700万ドル（約6億3,000万円）以上の予算が投入され、その後のアップデートやゲームサーバーの増強など、2,000万ドル（約18億円）が開発にかけられました。米軍では、このゲームはこれまでのプロモーション方法に比べて費用対効果が高いと評価され、年間100万ドルを超える予算でバージョンアップを繰り返しながら提供されています。

第14章　シリアスゲーム

　このAmerica's Armyは、非営利セクターが大規模予算を投じて開発するプロジェクトを中心に成長してきた米国のシリアスゲーム市場の特徴を示す事例と言えます。米国において開発されたシリアスゲームには、軍事関連、ヘルスケア分野や学校教育など、非営利財団や公的機関が100万ドル規模の予算をかけて開発したものが多く出てきており、その予算規模で受注開発を行ってきたBreakawayやVirtual Heroesなどのシリアスゲーム開発会社が着実に成長を遂げる土壌となりました。

Virtual U

　「Virtual U」（図14.2）は、大学経営人材養成シミュレーションです。大学経営に関わるさまざまな要素が再現された環境で、ゴールを目指して意思決定をしながら、大学経営に関する知識を身に付けられるようにデザインされています。

図14.2　Virtual U

　プレイヤーは大学の経営者として、経営上の諸指標をモニターし、予算配分やコスト調整などの財務的な管理を進めつつ、教育、研究、学生生活や教員待遇、ス

ポーツ強化、寄付金獲得などの政策的な判断を行ってゲームが進行します。予算均衡や教育の改善など、さまざまな大学経営課題がシナリオとして提供されています。

2000年に最初のバージョンがリリースされ、その後バージョンアップされながら、全米の大学を中心に世界で250校以上の大学で利用されました。ユーザーコミュニティWebサイトでは、授業で利用した事例の紹介や、大学で利用するためにユーザーが開発したシナリオ、授業シラバス、カスタマイズした保存データなどが提供されています。ソフトウェア、ソースコードとも無料公開されています。

このような特定分野の経営教育シミュレーションは市場に数多く存在しますが、このVirtual Uがシリアスゲームとして特徴的なのは、その開発の体制です。研究機関のジャクソン・ホール高等教育グループが企画し、非営利財団のスローン財団とスペンサー財団がスポンサーとして開発資金を提供し、大学経営に関する統計データをペンシルバニア大学高等教育研究センターが提供しています。デジタルミル社がプロジェクト全体の管理を行い、開発はゲーム開発会社のエンライト・ソフトウェアが担当しました。

後述しますが、シリアスゲームの開発は産学官連携プロジェクトとして取り組まれる例が多く、シリアスゲームの概念によって、従来はゲーム産業と接点のなかった主体がゲーム開発に関わるようになったことが1つの特徴となっています。

Food Force

「Food Force」(図14.3)はWFP国連世界食糧計画が開発したゲームで、シリアスゲームへの関心がさらに一般層へ広がるきっかけとなった作品です。

ゲームの内容は、8歳から13歳の子どもたちを主な対象とし、ゲームを通して国連の食糧支援活動への理解を深めることができるようにデザインされています。食糧支援活動の6つのミッションを描写したミニゲームと背景を説明するアニメーションで構成され、各ミッションの後にWFPの実際の活動がどのように行われているかを紹介する映像や解説が組み込まれた作りになっています。各ミッションのプレイ時間は2～3分程度で、総プレイ時間は1時間足らずで済み、学校の授業などで利用しやすい構成になっています。また、授業で利用するための教師用マニュアルや詳細な情報へのリンクなども整備され、飢餓問題や食糧支援などのテーマの授業で利用するための補助資料として提供されています。

第14章　シリアスゲーム

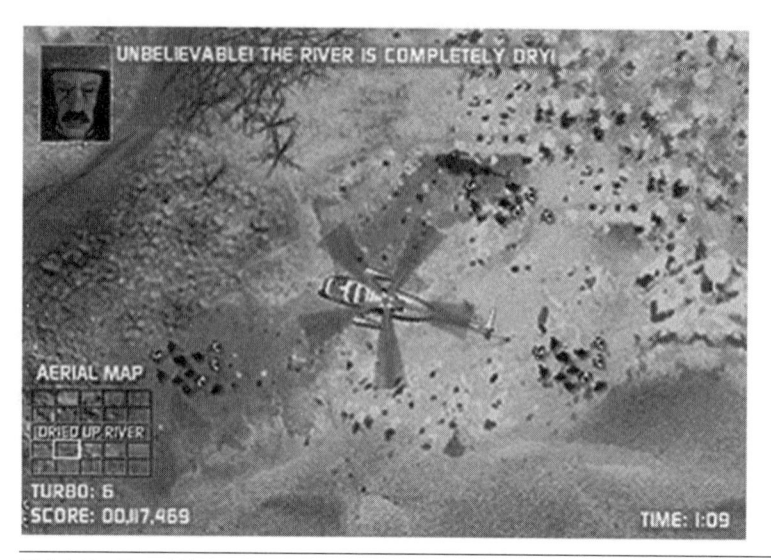

図14.3　Food Force　　　　　　　　　　© United Nations World Food Programme

　このゲームは、WFPの企画により、Deepend社、Playthree社が開発を担当しました。開発コストとして30万ドル（約2,700万円）がかけられたほか、約300MBのゲームソフトのダウンロードに対応するため、Yahoo!ほか各国の企業がダウンロード用サーバーを提供しています。

　英語版が2005年4月にリリースされ、公開から6週間で、世界40ヶ国から100万ダウンロードを記録しました。2006年の時点でダウンロード数は約450万本を超え、その後も利用者数を伸ばし続けています。日本語版はコナミの協力で開発、提供されています。英語版、日本語版のほか、イタリア語、ドイツ語、ポーランド語、ハンガリー語、フランス語、中国語、ノルウェー語、フィンランド語にも翻訳されて、無料で提供されています。

　このFood Forceは、シリアスゲームが、ゲームを通した企業の社会貢献活動の機会を提供していることを示す事例です。ゲーム会社だけでなく、従来ゲームに関わりのなかった企業や組織も、ゲーム開発、配信への協力、ゲームデザインコンテストのスポンサーとして参画するなど、1つのゲームがきっかけとなって社会貢献プロジェクトに参加するという動きが起きています。ゲームが社会とつながる媒介となる側面もシリアスゲームによって促されていると言えます。

国内のシリアスゲーム動向

　ここまでに紹介した事例は海外のものですが、国内においてもシリアスゲームが注目される以前から、シリアスゲームとして捉えられる取り組みが進められてきました。ナムコ（バンダイナムコゲームス）が福祉事業として取り組む、「太鼓の達人」などのアーケードゲームをリハビリ用に改良した「リハビリテインメントマシン」や、コナミのフィットネス事業向けのゲーム技術を応用した製品開発はその一例と言えます。

　シリアスゲームという概念が普及する流れとしては、まず2004年にシリアスゲームジャパンが設立されるなどの動きにより、国内にシリアスゲームが紹介されました。2006年に経済産業省が設置した「ゲーム産業戦略研究会」において、教育・学習、医療・福祉等の娯楽以外の分野におけるゲーム産業の取り組みの重要性が提言され[6]、ゲーム産業界においてシリアスゲームへの関心が高まるきっかけとなりました。

　また、2005年後半に起きたニンテンドーDSの「脳トレ」ブームに後押しされる形で形成された学習・実用系タイトルの多くも、デジタルゲーム技術を基盤とした製品であり、その意味においてはシリアスゲームの範囲で捉えられます。同じく任天堂のWiiで提供されるWii Fitをはじめとする健康系ゲームも、ゲームを通して実用的な効能を提供しているという点でシリアスゲームであると言えます。特にニンテンドーDSの学習・実用系タイトルにはさまざまな用途のものが開発されており、最近では医療従事者向けの心電図分析や救急対応の知識を学べるソフトなど、専門性の高い製品も提供されています（図14.4）。

　このほかにも、東京大学と品川区、バンダイナムコゲームスがゲームの教育利用に関する共同研究を行ったり、スクウェア・エニックスが2006年に学研との合弁会社「SGラボ」（現在は解散）を設立してシリアスゲーム開発事業を行うなどの動きが見られます。公的機関においても、福岡市が予算4,000万円を投じて九州大学で進められたシリアスゲーム開発プロジェクトや、省庁や自治体の運営するWebサイトにおいてゲーム型の学習コンテンツが提供されるなどの取り組みが行われています。

図14.4　らくらく心電図トレーニングDS　　　　　©メディカ出版

14.3
シリアスゲームの可能性

　ゲーム産業にとってシリアスゲームが持つ大きな特徴の1つは、ゲーム産業と他の産業や社会をつなぐ橋渡し的な存在となっていることが挙げられます。前述したように、欧米ではここ数年の間に、医療や公共政策、学校教育などのさまざまな分野で、以前はゲームにまったく縁のなかったような人々がゲーム開発者と協力して新しいシリアスゲームの開発に乗り出す例がよく見られます。これらはいずれもゲーム産業界だけでゲーム開発が完結するのではなく、産業の外とのつながりを軸にした取り組みとして進められています。

　本章のまとめとして、まずシリアスゲームがビジネスとしてどのような現状にあるのか、そしてその先にあるシリアスゲームの可能性について、社会貢献や人材育成の観点から解説します。

シリアスゲームのビジネス

　シリアスゲーム開発を軸とした事業形態としては、大きく分けて「クライアント企業や非営利組織等からの受託開発」「コンシューマー市場に向けた製品開発」「サービス課金や広告モデルなどのネットビジネス型展開」の3つの方向性が挙げられます。これまでは受託開発とコンシューマー市場が中心でしたが、最近ではソーシャルゲーム市場の拡大などによって、第3の事業モデルの可能性が広がってきていると言えます。

　シリアスゲームの市場規模は、現在のところ企業のeラーニング投資額や軍関連の教育訓練投資額など、入手可能な関連市場の数字をもとに大まかな潜在市場規模の推定しかできないのが現状です。たとえば、シリアスゲームズイニシアチブのプロデューサー、ベン・ソーヤーは、子ども向け学習ゲーム、企業や軍の教育シミュレーション、ヘルスケア用途で購入される（脳トレ系ゲームやフィットネスゲームなど）コンシューマーゲームなどの市場データから全米のシリアスゲーム市場を推計すると、2007年の時点で1億5,000万ドル（約135億円）程度、10年以内に10億ドル（9,000億円）規模になるだろうと予測しています[7]。

　このような推定とともに、個別タイトルの開発費用概算を参考にすることができます。たとえば、表14.2のような、シリアスゲームの開発費の概算が示されています[8]。

　当然ながら、公的セクターからの受託開発が目立つ米国と、そのような事業機会が限られている日本の市場の状況は異なりますし、シリアスゲームの事業モデルが未成熟な今日においては、ここに挙げた数字はあくまで参考に過ぎません。最近では *The Complete Guide to Simulations and Serious Games* の著者でシリアスゲームデザイナーのクラーク・アルドリッチがeラーニング開発会社 Web Coursework 社と提携して、「予算10万ドル、工期5ヶ月」のオリジナルシリアスゲーム開発サービスを展開すると報じられています[9]。こうした試みの成否が明らかになるのはこれからですが、このようなトライアルを積み重ねながら市場ニーズと開発コストのバランスの中で事業モデルが確立されていくものと思われます。

表14.2 主なシリアスゲーム開発コストと開発期間

タイトル	スポンサー	開発費	開発期間
America's Army（新兵募集）	米陸軍	750万ドル（約6億8,000万円）	約2年
Making History（歴史教育）	Muzzy Lane	300万ドル（約2億7,000万円）	約3年
Re-Mission（ガン教育）	HopeLab	250万ドル（約2億3,000万円）	―
Building Home of our Own（家屋建築教育）	全米住宅産業協会ほか	約100万ドル（約9,000万円）	約1年
Virtual U（大学経営教育）	スローン財団＆スペンサー財団	約100万ドル（約9,000万円）	約2年
Food Force（食糧支援活動啓発）	WFP	約30万ドル（約2,700万円）	―
Howard Dean for Iowa（選挙キャンペーン）	ハワード・ディーン（米民主党）	約2万ドル（約180万円）	約6週間
Ben's Game（ガン教育）	メイク・ア・ウィッシュ財団	（ボランティアによる開発）	約6ヶ月

シリアスゲームと社会活動

　シリアスゲームは、従来ゲーム産業が対象としてこなかった社会的ニーズに対応した事業展開の可能性を示しています。たとえば医療分野では、非営利組織のHopeLabが、がんの知識を学ぶゲーム「Re-Mission」を開発しました。HopeLabは研究機関として専門知識を提供するとともに、ゲームパブリッシャー的な存在となってゲーム開発に投資をしています。ゲームデザインや開発はゲーム開発会社のRealtime Associatesが担当しました。HopeLabにはゲーム開発に関心のある専門家がいて、ゲーム開発の意欲と資金がありましたが、実際にゲームを開発するノウハウを持つ開発者はいませんでした。そこにゲーム会社が事業として取り組むことでゲームの開発が実現しました。

　英国では、このようなシリアスゲームの社会との接点に着目して、産業振興につなげようとする取り組みも進められています。2007年に英国コベントリー大学はウェストミッドランド地域開発公社の支援を受けて、シリアスゲームの応用研究、事業化推進を行うための拠点として「Serious Games Institute」を設立しました。この組

織は、同大学の研究グループによる関連技術の応用研究とともに、英国中西部地域のゲーム開発会社の活動を支援する機能を提供しています。

また、前述したように、シリアスゲームの開発はゲーム会社にとっては事業機会である一方で、ゲーム開発のノウハウによって社会貢献ができるという側面があります。たとえば、国内の事例としては、ナムコの「リハビリテインメントマシン」事業がこれにあたります。同じく前述したFood Forceは、1つのシリアスゲームの開発から世界中のさまざまな企業の社会貢献活動につながっています。市販用ゲームの開発において、シリアスゲーム的な視点を加えることで、ゲームの社会的価値を高める動きも関連した取り組みだと言えます。たとえば、大手ゲーム会社のElectronic Artsが「SimCity」の続編「SimCity Societies」の開発の際、大手エネルギー会社のBPと協力して代替エネルギーに関する知識を付加することにより、このゲームを環境教育に役立てようとする取り組みが行われました[10]。また、大手ゲーム会社の2K Gamesが歴史シミュレーションゲーム「シヴィライゼーションIII」でカナダ史を学ぶModゲーム「HistoriCanada: The New World」を高校などに10万本無料配布する活動を行った例もこれにあたります[11]。

シリアスゲームと人材育成

もう1つシリアスゲームと社会をつなぐ重要な側面として、ゲーム開発者人材の育成に貢献している点が挙げられます。従来のゲーム開発者人材教育において、シリアスゲームを要素として加えることで、活性化につながることが米国の事例で示されています。

よく知られている事例は、カーネギーメロン大学エンターテインメントテクノロジーセンター（ETC）のプロジェクト型の教育活動です。ピッツバーグにキャンパスを置くETCでは、ゲームをはじめとするエンターテインメント分野の開発者育成のための大学院教育を行っています。大学院生たちが取り組むゲーム開発プロジェクトでは、シリアスゲームがテーマとして取り上げられ、関連する企業や公的機関などがスポンサーや協力者として参画する形で進められています。たとえば、このETCのプロジェクトから生まれた消防士訓練シミュレーション「Hazmat: Hotzone」は、マイクロソフトとアメリカ科学者連盟（FAS）がスポンサーとなり、ピッツバーグ市やニューヨーク市の消防局がパートナーとなって開発されました[12]。開発メンバーだった大学院生たちは卒業後に教育シミュレーション開発会社、Sim Ops Studiosを設立

第14章 シリアスゲーム

してシリアスゲーム開発に取り組んでいます。このほかにもETCからは、中東和平問題を扱ったゲーム「Peacemaker」を開発したメンバーが設立したImpactGamesや、同じくシリアスゲーム開発会社として事業展開しているEtcetera Edutainmentのようなベンチャー企業を輩出しています。

これ以外にも、シリアスゲーム関連のゲームデザインコンテストがゲーム開発者育成の場として機能している点が特徴的であると言えます。たとえば、非営利財団のLiemandt Foundationが主催する学校教育向けの学習ゲームデザインコンテスト「Hidden Agenda」は、ゲーム開発を学ぶ学生を対象としたコンテストです。このような教育や社会問題をテーマとしたゲームを開発するコンテストが主催されることで、社会的なテーマでゲーム開発を行う取り組みを増やし、ゲーム開発者と社会のさまざまな分野とをつなぐ機会が生まれています（表14.3）。

表14.3　これまでに開催された主なシリアスゲーム関連コンテスト

名称	スポンサー	内容
Hidden Agenda	Liemandt Foundation	中学生向け学習ゲームのデザイン
Games for Change "GaCha" Awards	Woodrow Wilson International Center for Scholars 他	社会変革・啓蒙をテーマとしたゲームデザイン
Xbox 360 Games for Change Challenge	Microsoft	地球温暖化問題をテーマとしたゲームデザイン
Games for Health Competition	Robert Wood Johnson Foundation	医療・健康関連のゲームデザイン
I/ITSEC Serious Games Showcase & Challenge	I/ITSEC	シリアスゲーム全般
Why Games Matter	Changemakers、Robert Wood Johnson Foundation	医療・健康分野のゲーム活用提案
Ruckus Nation	Hopelab	子ども向け医療・健康促進のためのゲーム活用提案
Digital Media and Learning Competition	MacArthur Foundation	デジタルメディアの学習への活用提案

14.4
おわりに

　本章では、シリアスゲームの概念とその事例、そしてこの可能性について解説しました。

　ここで紹介したように、すでに数多くのシリアスゲームが開発されてさまざまな場面で利用されており、ゲーム会社各社で、シリアスゲームの可能性に着目する動きが増えてきています。シリアスゲームズイニシアチブのプロデューサー、ベン・ソーヤーが「近いうちに、すべての大手ゲーム会社がシリアスゲームの担当者を置くことになるだろう」と予測していたことが[7]、現実のものになろうとしています。

　シリアスゲームの展開そのものはまだ歴史が浅く、事業も開発もそのノウハウは開発途上にあると言えます。しかし、ここ数年で欧米を中心に世界中に普及してきており、この流れの中で今後新たな魅力を備えた次世代のシリアスゲームの事業や製品が登場してくることでしょう。

　ゲームというメディアが、社会のさまざまな取り組みに役立つ機能や機会を提供して、人々の学びやコミュニケーションのあり方を変える重要な存在として広く認識されるのは、そう遠くないのかもしれません。そのころには、これまで「不真面目な」存在として捉えられがちであったゲームが、わざわざシリアスとつけなくても社会におけるポジティブな要素を持った存在として認知されていることでしょう。

14.5
参考文献

[1]　Abt, Clark, *Serious games: the art and science of games that simulate life in industry, government and education*, Viking Press, 1970

[2]　藤本徹,『シリアスゲーム−教育・社会に役立つデジタルゲーム』, 東京電機大学出版局, 2007

[3]　マーク・プレンスキー,『デジタルゲーム学習』, 藤本徹訳, 東京電機大学出版局, 2009

[4]　マーク・プレンスキー,『テレビゲーム教育論』, 藤本徹訳, 東京電機大学出版局, 2007

[5] 藤本徹, "米国・欧州におけるシリアスゲームの動向", シリアスゲームの現状調査報告書 (第4章1～3), 財団法人デジタルコンテンツ協会, 2008

[6] 経済産業省, "ゲーム産業戦略～ゲーム産業の発展と未来像～", 2006, http://www.meti.go.jp/press/20060824005/20060824005.html

[7] Scanlon, J., "Getting Serious About Gaming", Businessweek Special Report, August 13, 2007, http://www.businessweek.com/innovate/content/aug2007/id20070813_756874.htm

[8] 藤本徹, "欧米と日本のシリアスゲームの動向", 『テレビゲーム産業白書 2008』, メディアクリエイト, 2008

[9] "$100K Self-Paced Simulations Emerging as Market Sweet Spot - Web Courseworks and Clark Aldrich Align to Pursue", ExpertClick, 2010, http://www.expertclick.com/NewsReleaseWire/100K_SelfPaced_Simulations_Emerging_as_Market_Sweet_SpotWeb_Courseworks_and_Clark_Aldrich_Align_to_Pursue,201030267.aspx

[10] Alexander, L., "EA, BP partner for climate education in SimCity Societies", Serious Games Source, 2007, http://www.seriousgamessource.com/item.php?story=15764

[11] Carless, S., "Feature: 'SGS 2005: Hazmat: Hotzone - First-Person First Responder Gaming'", Serious Games Source, 2005, http://www.seriousgamessource.com/item.php?story=7051

[12] Dobson, J., "2K Games, Bitcasters Announce Educational Civ III Mod", Serious Games Source, 2007, http://www.seriousgamessource.com/item.php?story=14162

第15章
デジタルゲームを競技として捉える「e-sports」

松井悠

e-sportsとは

　e-sportsとは、electronic sportsの略称で、デジタルゲームを競技として捉える概念およびその競技活動を意味しています。
　ゲームをプレイすることを「遊技」としてではなく「競技」として見ること、とりわけ「スポーツ」として捉えることに関してはさまざまな意見が交わされていますが、アジア諸国をはじめ、ヨーロッパ、アメリカではさまざまなe-sportsイベントが開催されているほか、中国・韓国などでは政府が青少年の育成のためにe-sportsに取り組む事例も存在しています。
　ここでは、e-sportsとは何か、それからe-sportsにまつわるビジネスについて解説していきます。

e-sportsの産業構造

要素技術	▶ User Generated Contents
プラットフォーム	▶ PC、コンシューマーゲーム機、携帯ゲーム機、携帯電話
ビジネス形態	▶ イベントの運営、広告、コミュニティビジネス、スポンサー、ユーザー参加費など
ゲーム業界関連職種	▶ プロデューサー、プログラマー、プランナー、マーケティング、プロモーション
主流文化圏	▶ 中国、韓国、北米、欧州各国
代表的なタイトル	▶ Counter Strike1.6（Valve）、Star Craft:BroodWar（Blizzard）、Warcraft III:Frozen Throne（Blizzard）、ストリートファイターIV（カプコン）

第15章 デジタルゲームを競技として捉える「e-sports」

15.1
スポーツとは何か

　デジタルゲームを競技として捉えるカルチャー「e-sports」について説明する前に、「スポーツ」の概念について触れる必要があります。日本国内においては、「スポーツ≒体育」という認識で受け取られることが多いですが、欧米諸国では「sports」を遊戯・競争・身体の鍛錬を含む行為と広義に捉えています。

　現在、チェスや囲碁、ポーカーをスポーツの1ジャンル、「マインドスポーツ」として捉え、オリンピックの正式種目へと推進する動きもあるほどです。本稿ではスポーツを、体を使う「physical」、頭脳を使う「mind」、電子的なデバイスを使用する「electronic」の3つに分類して解説を進めていきます（図15.1）。

sports		
physical sports	mind sports	electronic sports
野球	チェス	Counter Strike
サッカー	囲碁	Star Craft
バスケットボール	将棋	War Craft
テニス	オセロ	ストリートファイター IV
ゴルフ	ポーカー	ギターヒーロー
マラソン	マジック：ザ・ギャザリング	FIFA09
フィギュアスケート	麻雀	テトリス
水泳		Need for Speed
そのほか身体的なスポーツ	そのほか思考的なスポーツ	そのほか電子的なスポーツ

図15.1　スポーツの3分類

　「physical」を身体的なスポーツ、「mind」を思考的なスポーツ、「electronic」を電子的なスポーツとして捉えると、日本的な「スポーツ」の多くがphysicalなスポーツに分類されていることがよくわかります。

15.2 e-sportsとは何か

　本題となるデジタルゲーム競技、e-sportsについて説明していきましょう。e-sportsについての定義は現在厳密に決まっているわけではありませんが、多くの場合「デジタルゲームを競技として捉える」、あるいは「デジタルゲームを使用して競技する」ことを示しています。

　欧米・アジア圏でのデジタルゲーム競技イベントで採用されるタイトルはFPS（First Person Shooter、一人称視点のシューティングゲーム）やRTS（Real Time Strategy、リアルタイム戦略ゲーム）が多いため、「デジタルゲーム競技＝FPS、RTS」という印象を持っている方も多いでしょう。ですが、デジタルゲーム競技は広義において「PC、アーケードゲーム、家庭用ゲームソフト、携帯ゲームソフト、携帯電話向けアプリケーション」等を使用して競技を行うもの、と定義したほうがスムーズに理解ができます。この場合の競技とは、複数ないしは個人戦で勝敗を決するものですから、デジタルゲーム側に競技システム（勝敗を決着するシステム）が存在していない場合でも、得点を競うスコアアタックやクリア時間を競うタイムアタックなど、ルールや外部のシステムを使用して競技を成立させることができます。国民的RPGの早解き競争も、ある意味「デジタルゲーム競技」と言えるわけです。つまり、「e-sports」とはジャンルやタイトルによって定義されるものではなく、そのデジタルゲームに携わる人々がそれを決定します。言い方を変えれば「すべてのデジタルゲームには、競技的な要素が存在する」と言ってもいいでしょう。

図15.2　競技としてのデジタルゲーム

15.3
e-sportsの歴史

　デジタルゲームが明確に競技化していったのは、1997年アメリカ・ダラスで開催された「Cyberathlate Professional League」（通称、CPL）からと言われています。その後、e-sportsブームは世界中に伝播し、韓国では2001年 International Cyber Marketing社による国際デジタルゲーム競技イベント「World Cyber Games（WCG）」が開催されます。WCGは年間予選の総参加人数が世界で150万人を数え、2008年、「世界最大のデジタルゲーム競技大会」としてギネスブックに認定さるほどに規模が拡大していきました。このほかに、中国・韓国政府主催の「International E-sports Festival（IEF）」や、韓国ソフトウェア振興院主催の「Game and Game World Championship」、アメリカのコンシューマーゲーム機のタイトルを使用して行われる「Major League Gaming」など、さまざまな競技大会が行われています。

北米圏 e-sportsの歴史と現状

　北米圏では、個人が自らのパソコン、モニターを持ち込む（Bring Your Own Computerの頭文字をとって、BYOCと呼ぶ）イベント「LANパーティー」カルチャーが90年代中ごろより流行し、各イベント内でトーナメントが開催され始めました。そのムーブメントを加速させる形で、数々のユーザー参加型e-sportsイベントが開催されます。アメリカでは、参加者数十人規模の小さなものから、数千人が集う大きなものまで、さまざまなイベントが開催されています。

　07年、北米放送局DirecTVが世界三大ネットワークを通じて、e-sportsにスポットを当てた番組「Championship Gaming Series（CGS）」をスタートさせます。最盛期には、北米、ヨーロッパ、アジアで合計16のプロチームを展開し、年間を通してリーグ戦を行うスタイルが話題を呼び、世界の視聴者数は3億5,000万人（主催者発表）を数え、賞金総額50億円という大規模な番組へと急激な成長を遂げましたが、08年11月、折しも始まった経済不況によってスポンサー獲得が困難になり、番組の終了を決定します。現在、CGSと契約していた世界160名のプロゲーマーたちの多くは、他のリーグへ移籍したり、他のスポンサーと個別に契約したりして、現在も活躍しています。

このほかに、07年アメリカ陸軍が新兵獲得のためのイベントとして、FPSタイトルを多数採用したデジタルゲーム競技大会「Army Gaming Championships」を開催しました。余談ですが、アメリカ陸軍はゲームを使用したキャンペーンを多数行っていることでも知られており、現在はフィジカルスポーツのプロ選手や、有名ミュージシャンと兵士によるデジタルゲームイベント「Pro VS GI JOE」が行われています。

LANパーティーがスタートした当初は、PCのFPSタイトルが主流でしたが、現在はコンシューマーゲーム機の対戦格闘ゲームやレースゲームなど、幅広いジャンルのタイトルを使用したイベントが行われています。

また、北米圏の特徴として、北米に籍を置くゲーム企業の多くが、自社タイトルを採用しているイベントに対して有形無形を問わず積極的な協力を行っている点も挙げられます。

図15.3　アメリカで開催されたWorld Cyber Games 2007の試合エリア風景

欧州圏e-sportsの歴史と現状

欧州のデジタルゲーム競技シーンは、北米と同じくLANパーティーカルチャーからのスタートであると言われています。スウェーデンでは、1995年にLANパーティーイベント「Dream Hack」がスタートし、現在では、1万人を超える参加者を集める巨大なイベントに進化しています。

欧州では00年に初期バージョンがリリースされて以来、世界中で親しまれているFPSタイトル「Half Life: Counter Strike 1.6」（Valve社）が盛んで、フランス、フィンランド、スウェーデン、ポーランド、デンマーク、ノルウェーなどではCounter Strikeを専門にプレイするチームが活動しています。さらにトップクラスのチームの中には、

第15章　デジタルゲームを競技として捉える「e-sports」

大会の賞金や企業からのスポンサードで生活するプロの選手も活躍しています。

図15.4　フランスで開催された、Electronic Sports World Cup本戦の風景

アジア圏e-sportsの歴史と現状

アジア圏については、韓国・中国それぞれについて説明していきます。

まず韓国は、90年代後半に巻き起こったPC房（日本でいうインターネットカフェ）ブームに伴い、PCでデジタルゲームをプレイする人口が若者を中心に爆発的な広がりを見せました。これは、PC房の使用料金が安価であること、日本産のコンシューマーゲーム機の輸入解禁が02年まで行われていなかったことなどがその理由として考えられます。

また、00年より社団法人韓国e-sports協会（Korea e-sports Association、KeSPA）がプロゲーマー登録制度を施行しました。09年末現在では、KeSPAによって認定されたプロゲーマーが371人、準プロゲーマーが392人と、世界でも有数のプロゲーマー数を誇っています。

韓国で人気の高いタイトルはRTSの「Star Craft Blood War」（Blizzard社）や、FPSのCS1.6、「サドンアタック」（GameHi社、日本国内運営はゲームヤロウ社）や「スペシャルフォース」（Dragon fly社、日本国内運営はNHN Japan社）などで、このほかにも、対戦格闘ゲームの「鉄拳」シリーズ（バンダイナムコゲームス社）や「The King of Fighters」シリーズ（SNKプレイモア社）も人気があります。また、ソウル市内のデパート「I'PARK MALL」の最上階には、ゲーム専門のテレビチャンネル「OnGameNet」の公開収録スタジオ「e-sports Studium」があり、ここで行われる試合を見るために足を運ぶ人も多い、ということです。

中国では、03年にe-sportsを99番目のスポーツ競技項目として中華全国体育総会に管理を委任しました。また、06年には、「電子競技運動項目(e-Sports)に関する規章制度」が公布され、e-sportsにおける審判ルールや選手の累積得点制度、競技ルールなどが制定されています。このほかに、05年より中国共産党青年団と韓国政府によるe-sports大会「IEF」が行われるなど、国家をあげてe-sportsを推進していることがわかります。また、08年に開催された北京オリンピックの公式イベントとしてデジタルゲーム競技大会「Digital Games08」が行われたほか、2010年の上海万博においても、デジタルゲーム競技イベントが開催される予定だということです。中国で人気の高いタイトルはPCゲームの「Warcraft III」(Blizzard社)で、韓国と同じく、SCの人気も非常に高く、多くのプレイヤーがe-sports大会に参加し、その腕を磨いています。

図15.5　韓国e-sports STADIUM

図15.6　中韓政府主催で行われた「IEF2009」開会式

このほかに、ベトナム、ハノイでは2009年、アジアオリンピック評議会が主催した「第3回アジア室内競技大会」でe-sportsが種目に登録され大きな話題となりました。また、シンガポールではWCGに参加しているアジア諸国を対象にしたWCG Asia Championshipが例年開催されているほか、年間を通して10以上のe-sportsイベントが開催されています。

日本国内e-sportsの歴史と現状

世界でe-sportsが流行を見せている一方、日本ではそもそもデジタルゲーム競技・e-sportsの存在を知る人が少ないという現状があります。日本でのe-sportsイベントは、エントリー数、観客数、スポンサー数いずれも他国に比べて非常に少なく、ビジネスとしても成り立ちにくい状況があります。

日本でも大きなデジタルゲームを使用した競技イベントは過去に開催されてきました。古いところでは、1993年にスーパーファミコン版の「ストリートファイターIIターボ」（カプコン）は両国国技館を使用して全国大会を開催していますし、近年では「ポケットモンスター ハートゴールド・ソウルシルバー」（ポケモン）を使用した世界大会も開催されています。

しかしこれらはゲームメーカー主催の販促的なイベントであり、いわゆる国際的なe-sportsイベントとはその趣を異にします。また、多くの日本のゲームメーカー、パブリッシャーは、1つのタイトルを長期間にわたってプレイするデジタルゲーム競技のカルチャーに馴染まないパッケージ販売型のビジネスモデルをすでに構築しているため、e-sportsの参与に積極的ではない企業も多く見受けられます。しかし、PCゲームを中心に、月額課金やアイテム課金を行うオンラインゲームパブリッシャーの中では、e-sportsをマーケティングの中に取り入れ始めている企業も増えつつあります。

図15.7　2008年Digital Contents EXPOで行われたe-sports Festival試合風景

07年には、日本eスポーツ協会設立準備委員会が、09年には日本eスポーツ学会が設立され、大学内でのe-sportsイベントの開催をはじめ、国際大会の日本予選開催や、日本独自のイベントの立ち上げなど、日本においてもe-sportsが徐々に定着し始めています。

世界におけるe-sportsの流れ

ユーザーが「コミュニティの場」を求める形でボトムアップ型で進化してきた北米・欧州と、企業や国家の主導によってトップダウン型で進化してきた中国・韓国ですが、ここ数年のトレンドとしては、コミュニティの場として進化を遂げてきたイベントと、国家や企業が手を組んで行われるハイブリッド型のe-sportsイベントが多く見られるようになってきました。

自己資本で行われるため、開催リスクが少ない代わりに大規模なイベントを行いにくいコミュニティ主導型と、資本を投下し、スポンサーマネーの獲得を目指す企業主導型、そして若者の育成や国家間の親善を目的とする国家主導型のそれぞれがお互いの強みを持ち寄り、それぞれの弱みを解決するという試みが、スウェーデンの「Dreamhack」や、中国の「CPL」などで見られ始めました。

08年以降の世界不況のため、スポンサーマネーを獲得できず、解散や倒産してしまったe-sportsイベントが数多くある中で、いろいろな形でe-sportsイベントの生き残りを模索しているようです。

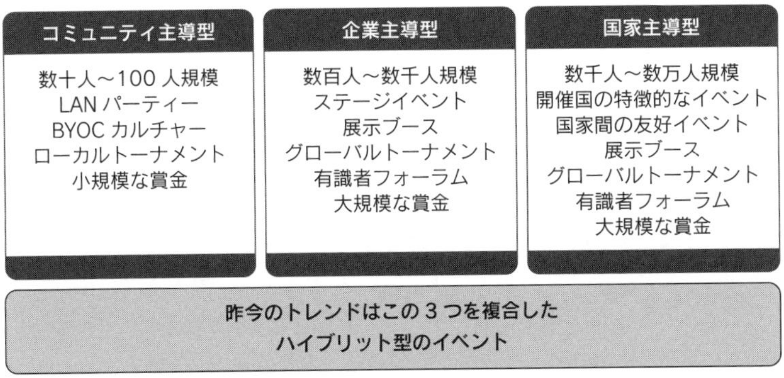

コミュニティ主導型	企業主導型	国家主導型
数十人〜100人規模 LANパーティー BYOCカルチャー ローカルトーナメント 小規模な賞金	数百人〜数千人規模 ステージイベント 展示ブース グローバルトーナメント 有識者フォーラム 大規模な賞金	数千人〜数万人規模 開催国の特徴的なイベント 国家間の友好イベント 展示ブース グローバルトーナメント 有識者フォーラム 大規模な賞金

昨今のトレンドはこの3つを複合した
ハイブリット型のイベント

図15.8　e-sportsイベントのさまざまな開催スタイル

世界のe-sportsイベントで開催される競技種目には、長期間採用され続けて

第15章　デジタルゲームを競技として捉える「e-sports」

いるスタンダードタイトルと、イベントごとに入れ替わるタイトルがあります。長期間にわたって競技が行われているタイトルとしては、RTSの「Star Craft: Broodwar」「Warcraft III: The Frozen Throne」、FPSの「Counter Strike」が有名です。このほかにも、サッカーゲームの「FIFA」シリーズや、ビリヤードゲームの「Carom 3D」も定番タイトルと言えるでしょう。タイトルがイベントごとに入れ替わる理由として、競技選手コミュニティの力が弱く、選手が集まりにくいことや、メーカーの意向などがあります。参考までに、2009年に国際的なe-sports大会で採用されたタイトルの一部を表15.1に示します。

表15.1　2009年の国際的e-sports大会で採用されたタイトル

タイトル名	メーカー	ジャンル	ハード
Counter Strike	Valve	FPS	PC
Star Craft:Brood War	Valve	RTS	PC
Warcraft III:The Frozen Throne	Valve	RTS	PC
FIFA 09	Electronic Arts	サッカー	PC
Dota Allstars	ユーザーカスタムマップ	RTS	PC
Guitar Hero:World Tour	Activision	リズムアクション	Xbox 360
Street Fighter 4	カプコン	対戦格闘	Xbox 360
Virtua Fighter 5 Live Arena	セガ	対戦格闘	Xbox 360
REDSTONE	L&K Logic Korea	MMORPG	PC
Carom3D	NeoAct	ビリヤード	PC

15.4
e-sportsとビジネス

　世界でe-sportsが普及している背景には、そこにビジネスの種があるから、という点も見逃せません。e-sportsビジネスは、競技大会運営、人材、開発の3種類に大別できます。

　もちろん、これらはすべてのe-sportsシーンで成立しているわけではありません。その理由としては、地域特性（その地域でのデジタルゲーム競技の成り立ち）や、競技タイトルとの親和性、競技のベースとなるハードウェアとの関係など、さまざまな

条件が有機的に絡み合っています。それぞれの項目について見ていきましょう。

表15.2　e-sportsビジネスの3要素

競技大会運営	人材	開発
スポンサー収入	スポンサー契約	タイトル開発
入場料収入	選手マネジメント	MOD※開発
映像・グッズ販売	選手派遣	デバイス開発

※MOD＝Modificationの略。メーカーから配布されたツール等を使用して新ルールやマップを開発したもの。

競技大会運営ビジネス

　まず競技大会運営ですが、競技大会のビジネスモデルの多くがスポンサー収入と、参加者の入場料収入で成り立っています。競技大会への参加者が増えれば増えるほど、当然ながらスポンサーからの収入は増えていくため、このモデルを採用している企業にとっては、定期的なイベントの開催と参加者の拡大が求められます。

　また、一般的なフィジカルスポーツビジネスと同じように、映像権やグッズの販売を行っているイベントもあります。

　図15.9に、e-sportsイベントと、販促・広告ゲームイベントとの違いをまとめました。

	e-sportsイベント	販促・広告ゲームイベント
主催	イベント運営企業・有志の個人	ゲームメーカー
目的	競技大会の運営	タイトルの広告・販促
運営費	スポンサー収入・入場費	販売促進費・広告宣伝費
ターゲット	特定タイトルのコアユーザー	購入想定層
成功条件	イベント運営の収支黒字	人々への露出
参加費	基本的に有料	基本的に無料
開催時期	タイトル発売3ヶ月～半年以降	タイトル発売直前(直後)

図15.9　e-sportsイベントと販促・広告ゲームイベントとの比較

　前述のとおり、日本の多くのゲームメーカーやパブリッシャーは、ゲームの販売促進を目的としたイベントを多数行います。多くは、開発者や声優によるトークショーやゲームのお披露目イベントなどですが、一部のタイトルでは、発売直後のゲーム競

技大会などを開催しています。この場合のイベントは販売促進を目的としているため、それ単体での収益は求められていません。そこがe-sportsのイベントとの大きな違いとなっています。

人材ビジネス

人材ビジネスについても一般的なフィジカルスポーツビジネスと同様、スポンサー契約や、選手のマネジメント、派遣といったさまざまなスタイルが存在しています。ただし、これらはアメリカや韓国、スウェーデン、フィンランドといった一部の国のみでしか成立していないものであり、e-sportsビジネスの中でも特殊な例と言えるでしょう。

日本でも、特定のゲームタイトルのトッププレイヤーをゲーム開発の現場に招聘してチューニングなどの助言を受けたり、ゲームイベントの解説者としてトッププレイヤーを招いたり、といったシーンがありますが、こういった部分でのマネジメントはまだまだ進んでいないと言っていいでしょう。

開発ビジネス

最後は開発に関するビジネスです。これについては、競技種目となるデジタルゲームの開発と、競技に使用するデバイスの開発に分けられます。

デジタルゲームの開発については競技種目の採用を目的、あるいは視野に入れたタイトルの開発のほかに、e-sports向けのMOD（Modification）開発などがあります。有名なところでは「Source Engine」をベースに競技的な「Counter-Strike」を開発するプロジェクト「CSPromod」が代表例として挙げられます。

e-sports向けデバイスの開発は現在、北米・アジア市場で大きなマーケットを築き上げています。主なデバイスは「マウス」「マウスパッド」「キーボード」「ヘッドセット」で、e-sports競技者のハードな使用環境と求められるスペックに応じた高いクオリティの製品が販売されています。

たとえばマウスでは、毎秒120,000カウントを越えるものや、100以上のマクロ機能を搭載しているもの、マウスの重さを調整するおもりが付いているものなど、通常のマウスとはかけ離れた機能が搭載されています。このほかに、激しいマウス操作を行ってもマウスの操作に影響しないA3サイズの巨大なマウスパッドや、PCゲームユーザーにとって不要とされることが多い「Win」キーが付いていないキーボードなど、その機能・種類はさまざまです。

15.5 コミュニティから見た e-sports とゲームメーカーの関係

e-sports 向けの製品メーカーとして知られている「Steel Series」は、ドイツの「SK Gaming」、デンマークの「Meet Your Makers」といった世界中の強豪プロゲーミングチームと共同開発を行っており、多くのプレイヤーから支持を集めています。

図15.10 Steel Series Aps の光学マウス「Steel Series Ikari Optical」

現在、日本国内でも e-sports プレイヤー用のデバイス開発・販売に参入する企業が増え、日本国内でも徐々にシェアを拡大し始めました。

15.5 コミュニティから見た e-sports とゲームメーカーの関係

e-sports では、競技種目としてのゲームタイトルが必要です。そして、その競技プレイヤーがいなければ競技が成立しなくなります。

つまり、タイトルを軸にコミュニティへの参加人数を増やし、競技人口全体を拡大させていくことも e-sports 存続のための課題となるわけです。そのため、e-sports を開催している団体や企業はコミュニティを重視しています。ほとんどのイベントでは専用の Web サイトを持ち、会員登録サービスのほか、ユーザーフォーラムを開設しています。これらの「ゲームにおいて競技志向の高いコミュニティ」はマーケティング的にも注目を集めており、コミュニティマーケティングの一例として e-sports（e-sports の名称が使用されていない場合もあります）が活用される例も出てきています。

ゲームメーカーとコミュニティの関係

日本で現在もなお主流のパッケージ販売型のビジネスモデルでは、ユーザーへの直接的なサービス提供は原則としてパッケージの販売までとなり、コミュニティの運営にまで踏み込んだ例は非常に少ないと言えます。もちろん、昨今ではパッケージの販売の後に、有料でのダウンロードコンテンツ配信といった追加サービスを行っている企業もありますが、これはパッケージ販売型のビジネスモデルの追加要素

と見てもいいでしょう。

　一方、オンラインゲームの月額課金、あるいはアイテム課金のビジネスモデルは、常にユーザーに対しての満足度を上げ、持続的に課金を行わせることを目的としています。そのためには、もちろん「ユーザーが求めるゲーム内経験を適切にサービスしていくこと」が最も重要ですが、オンラインゲームでは、既存のパッケージビジネスの枠では重要視されてこなかった「ゲームサービスの運営力」が強く求められ始めています。

　オンラインゲーム運営の指針、つまり「ユーザーが快適にゲームを楽しめる環境を提供し、持続的に課金を行わせる」ためには、パブリッシャーはどのようなサービスを行うべきなのでしょうか。

　オンラインゲームの成功の可否はユーザーコミュニティの形成に大きなヒントがあると言われています。そのため、多くのオンラインゲームパブリッシャーやメーカーは自社Webサイト内、あるいは外部Webサイトにおいてコミュニティのサービス提供を行っています。そのサイトには、ゲームに関するQ&Aや、次期アップデートに関する要望、イベントの情報など、そのタイトルに関するありとあらゆる情報を集約させています。クラン（オンラインゲームにおけるプレイヤーグループの呼称）システムのゲーム内実装をはじめ、ゲームメーカーのコミュニティ取り込みの活動にはさまざまなものがあり、今後も盛んになっていくことが予想されます。

　これらのコミュニティ運営ノウハウには、当然ながらゲーム制作とは異なるスキルが求められるため、どのようなアプローチをどのようなユーザーに行っていくか、的確な企画を実行しなければ意味がありません。競技的な志向のみでコミュニティにアプローチすればいい、というわけではなく、コミュニティへの参加を促す仕組みや、カジュアル志向のプレイヤーへアプローチできるものを並行して行っていくことが重要です。

e-sportsとコミュニティの関係

　国内外を問わず、e-sportsとゲームユーザーコミュニティには非常に密接な関連があります。e-sportsイベントを成立させるためには、その競技タイトルに精通した人間が存在しなければ、ルールの策定もままなりませんし、競技ルールがコミュニティに受け入れられなければ、競技者は集まりません。そのため、多くのe-sportsイベントでは、スーパーバイザーやプロデューサーとして、ゲームコミュニティのキープレ

イヤーを起用することが多く見受けられます。

　現在、ほとんどのe-sportsイベント採用タイトルは、課金・プレイ形態を問わず、オンラインに対応しているものが主流です。

　また、国際的に人気の高いデジタルゲーム競技タイトルのCounter Strikeなどは、試合観戦用のプログラム「HLTV」が一般公開されているほか、StarCraftやWarcraft IIIの試合では、いわゆる将棋の「棋譜データ」のように試合の内容がすべて保存されたリプレイファイルが公開されています。これらは、もともと、会場に足を運べない人のために「試合を見る」楽しさを提供するために行われていたサービスですが、現在では対戦相手の動きやパターンを研究・分析するためのツールとしても使用されています。余談ですが、試合中のチート（ルール上認められていない改ざんプログラムを使用した）行為の検証としてリプレイファイルが使用されることもあります。

　これらの「観戦」要素は、実際のゲームビジネスにおいて直接的な関連はありません（観戦ツール、リプレイファイルの多くは無料で配布されています）が、トップクラスのプレイを体験、観戦できる要素は、デジタルゲーム競技コミュニティにとって非常に重要であることは議論を待ちません。なぜならば、競技者とともに観戦者の数が増加していかなければ、その競技の将来は決して明るいものではないからです。

理想的なコミュニティの形とは

　e-sportsにおける理想的なコミュニティの形とはどういったものなのでしょうか。私が考える理想的なe-sportsコミュニティの形をまとめてみましょう。

- 「競技タイトルの作り手」「競技団体」「選手」「観客」が参加し、それぞれが欲する情報を効率よく取得できる場所である。
- 相互のディスカッションが成立する環境が構築されている。
- コミュニティが持続できるなんらかの仕組みが存在する（コミュニティの運営には金銭的、人的なリソースが必要になります）。

　現在の日本では、作り手、競技団体、選手、観客それぞれの半ば独立したコミュニティが存在していますが、それらを横断的につなぐことによって、大きな相乗効果が生まれることが期待できます。もちろん、このコミュニティはオンラインに限ったも

第15章　デジタルゲームを競技として捉える「e-sports」

のではなく、オフライン、オンライン両方にまたがったコミュニティとして成立させることが大切なのです。

ゲーム開発者がe-sportsコミュニティに対してできること

それでは、ゲーム開発者やメーカーがe-sportsコミュニティに向けてできることには、どのようなものがあるのでしょうか。

競技大会開催についてのガイドライン

まず1つ目が、「競技大会開催についてのガイドライン」の作成です。日本のメーカー、パブリッシャーの多くは自社コンテンツの二次利用を許諾していません。そのため、多くのコミュニティイベントがメーカーの許諾を得ることなく、ホームページを作成し、写真を使用し、動画をアップロードしています。現状では、彼らは権利者、つまりメーカーから訴えられた場合は、言い訳の余地もなく有罪となります。実際のところでは、ほとんどのゲームメーカーがユーザー大会を「黙認」しているため、ゲームの大会を行ったことで裁判になった例はありませんが、ユーザーが著作権の侵害行為を行っているという現状はあまりよろしいものではありません。日本国内でe-sportsを推進している方が講演の際に「現状（メーカー黙認）では、ユーザーが犯罪者になりかない危険をはらんだままで、これは非常に不健全な状態」と発言されていました。

とは言っても、個別の問い合わせに対して、メーカー側がいちいち対応するというのも手間がかかりすぎるでしょう。そこで、個別のタイトルについての「二次利用におけるガイドライン」を作成しておくことを提案します。

- 競技利用における写真の使用方法
- 競技利用におけるゲーム動画の使用方法
- 競技利用におけるゲームロゴの使用方法
- ゲームメーカー側への報告義務
- ロイヤリティ支払いの発生条件

上の記したものはあくまでも一例ですが、これらをクリアにしておくことで、メーカー側、コミュニティ側の双方にとって健全な競技大会の運営が可能になります。

15.5 コミュニティから見たe-sportsとゲームメーカーの関係

観戦用プログラムの開発

e-sportsが今後普及していくにあたって、大会運営者や競技者が渇望している機能の1つに「観戦用プログラム」があります。

たとえば、ゲーム画面をスクリーンに映し出して行われるイベントでは、格闘ゲームやパズルゲームなど、プレイヤーのモニターに表示される画面が両方とも同じタイプのゲームなら問題にならないのですが、RTSやFPSなどでは、それが試合の結果を大きく分けることにもなりかねません。

RTSやFPSではゲームデザイン上、プレイヤーそれぞれのモニターに表示される画面が異なっていますから、相手のゲーム画面が見えると、公正な試合環境が成立しなくなってしまいます。

この問題についてのアプローチには、2種類の解決方法があります。1つは、選手の試合環境を変える方法です。Star CraftやWarcraft IIIなどのRTSタイトルでは、選手が防音性の高い個室に入り、スクリーンや実況・解説の音声が聞こえないような環境で試合を行っています。

また、多人数で試合を行うCounter Strikeでは、**HLTV**という無償で公開されている観戦プログラムを使用していることもあります。これは、一人称視点固定でプレイしている選手の視点とは異なり、カメラの移動や、選手の切り替え、ゲーム内マップとキャラクターの位置情報といったさまざまな表示が可能になっているもので、実況・解説者はHLTVを使用して試合の内容を説明していくスタイルが一般的です。

これらの観戦プログラムは、競技を観戦する手段として必要であるという点と、昨今のYouTubeやニコニ

図15.11 StarCraftの試合風景

図15.12 HLTVを使用したCounter Strikeの試合オペレート席

コ動画に代表される「ゲームを見る」カルチャーに対してのアプローチとしても有効です。

国内での観戦プログラムに対する取り組み例として、セガの対戦格闘ゲーム「バーチャファイター」シリーズでは、アーケードゲーム版の有料会員向けにリプレイを動画にして配布する「対戦動画作成サービス」のほか、大会やハイレベルプレイヤーの試合動画をゲームセンター向けに配信している「VF.TV」などのサービスを行っています。このほかに、PlayStation 3で発売されたFPSの「KILLZONE2」でも観戦モードが実装されています。また、Xbox 360のレースゲーム「Project Gotham Racing 4」では、リプレイデータやスナップショットのアップロード、ダウンロードサービスが用意されており、ゲーム内でのコミュニティ活性化の一翼を担っています。

これらの観戦プログラムは、使用料金が無料であること、ゲームを立ち上げずに閲覧できること、拡張性が高いことが理想です。しかし、観戦に関連するサーバーコストやインフラをメーカー側が整備するのはなかなか現実的ではないため、観戦アプリケーションは無償で配布し、サーバーなどの手配はユーザーに任せるスタイルも取られています。

ちなみに、人気の高いe-sportsイベントの場合、数千人から数万人規模のアクセスが集中することがあります。この解決策は大会によって、アプローチはさまざまですが、近年では、ストリーミング動画放送サービスのUSTREAMや、ニコニコ生放送を使用してゲームイベントの生中継を行っているところも多く見受けられます。

ゲームの観戦モードについては、直接的な売上には直結しませんが、コミュニティの支援や長期的なオンラインゲームタイトルの運営にとって重要な役割を果たします。パッケージの販売のみではなく、コミュニティを軸に中長期的な収益を上げるビジネスモデルを採用する場合は、観戦モードの搭載を検討してみるのもアプローチの1つと言えるでしょう。

15.6
e-sportsのマーケティング的な活用

e-sportsのビジネスへの活用事例としては、直接的な開発ビジネスとは異なりますが、マーケティング的な手法が存在します。韓国ソフトウェア振興院（Korea IT Industry Promotion Agency、KIPA）が主宰するe-sportsイベント「Game and

Game World Championship」(GNGWC)は、韓国産のオンラインゲームのみを使用したイベントとなっており、2009年は、韓国、ドイツ、アメリカ、ブラジル、日本の各国で予選を行い、本戦を韓国の釜山で開催されるゲーム展示イベント「G-Star」で開催します。政府主導ではありますが、コンテンツの普及のためにe-sportsが活用されている事例と言えるでしょう。

　このほかに、世界各国のe-sportsイベントでは、さまざまな企業とのタイアップ・スポンサードが行われています。新作のゲーム発表の場として使用されるのはもちろんのこと、ネットワーク関連のインフラ企業や、飲料メーカー、ゲーム関連の商品を取り扱う小売店、PC関連ではマウスやキーボードなどのデバイス系の製品をはじめ、CPUやビデオボード、CPUクーラーなど、さまざまな企業がe-sportsイベントのスポンサードを行っています。

図15.13　World Cyber Games 2008のサムスンブース

　日本のe-sportsシーンでは、まだまだ規模が小さいため、大規模なマーケティングには向いていませんが、今後さまざまな活用事例が生まれていく可能性があります。

15.7 まとめ

　デジタルゲーム競技、e-sportsが日本で普及するためには、既存のスポーツに対する社会的イメージ、ゲームに対する社会的イメージの変革をはじめ、プレイヤーコミュニティの構築、ゲーム開発者との連携、国際シーンとの共存など、課題が山積

しているのが現状です。しかし、韓国・中国をはじめとしたアジア諸国は国策として、アメリカ・ヨーロッパの欧米諸国ではビジネスとして、e-sportsについてのさまざまな取り組みが始まっています。

開発者の中には「ゲームを競技として捉える志向は、プレイヤーの先鋭化が進み、結果としてユーザー離れを引き起こすのではないか」といった懸念を持つ方もいますが、この問題は、コミュニティの運営によってクリアすることが十分に可能だと考えられます。観戦プログラムの存在についても、「ユーザーがゲームの映像を見ることで満足してしまうのではないか？」という懸念があります。これについても、「ゲームをスタートするきっかけ」を創出する、つまりゲームユーザーの卵を獲得するための新たなチャンネルと理解するべきです。

デジタルゲームを使用した競技カルチャーは、世界でさらに発展を遂げていくことが予想されます。国際的なムーブメントの中で、日本産のコンテンツと日本のプレイヤーがどのような形で受け入れられていくのか、今後も目が離せないカルチャーだと言えるでしょう。

15.8
参考文献

[1] 玉木正之,『スポーツとは何か』, 講談社, 1999
[2] キング・ブラッド, ボーランド・ジョン, 平松徹訳,『ダンジョンズ＆ドリーマーズ～ネットゲームコミュニティの誕生』, ソフトバンク クリエイティブ, 2004
[3] 平成19年度シリアスゲームの現状調査委員会,「シリアスゲームの現状調査報告書」, 財団法人デジタルコンテンツ協会, 2007
[4] 岩間達也,「サドンアタックコミュニティの形成」, IGDA日本デジタルゲーム競技研究会講演資料, 2009
[5] IGDA日本デジタルゲーム競技研究会ブログ, http://igdajapan-esports.blogspot.com/

第16章 アーケードゲーム業界の歴史と現況

嶋原盛之

アーケードゲームとは

　アーケードゲームとは、ゲームセンターをはじめとする娯楽施設やSC（ショッピングセンター）などに筐体（ゲーム機）を設置して、利用者からプレイ料金を徴収することで売上・利益をあげていくゲームの総称です。コンシューマー用ゲームとは異なり、個人向けの販売は通常行っていませんので、一般のマスコミでは「業務用ゲーム」と表記する場合もあります。

　本章では、アーケードゲームの歴史や独特のビジネス形態についての解説をはじめ、将来へ向けての課題や開発者に求められる視点などについてお話していきたいと思います。

アーケードゲームの産業構造

要素技術	▶ プログラミング、マーケティングなど
プラットフォーム	▶ コンシューマーゲーム機とのコンパチブル基板、PCなど
ビジネス形態	▶ ゲームソフト・ハードの開発および販売、店舗経営
ゲーム業界関連職種	▶ プロデューサー、プログラマー、プランナー、システムエンジニア、オペレーター、ディストリビューター、ストアマネージャー
主流文化圏	▶ 日本、北米、欧州各国、韓国、台湾
代表的なタイトル	▶ 甲虫王者ムシキング（セガ）、UFOキャッチャーシリーズ（セガ）、プリント倶楽部シリーズ（アトラス）、ストリートファイターIV（カプコン）

第16章　アーケードゲーム業界の歴史と現況

16.1
アーケードゲームのジャンル・区分

アーケードゲームをジャンル別に分類すると、大まかに以下のような形となります。

ビデオゲーム

ゲームのプログラムを組み込んだコンピュータ基板（ソフト）を筐体に接続してプレイするゲーム機全般を指します。

ビデオゲームの場合は、その稼動方式によって**汎用型**と**専用型**との2種類に分けられます。業界規定に基づいて製造された汎用型の筐体を使用して、メーカーや発売時期に関係なく、任意の基板を接続して稼動させることができるものは「汎用型」、特定のタイトルしか遊べない専用筐体を使用するゲームが「専用型」となります。

メダルゲーム

直接現金を投入してプレイするビデオゲームとは異なり、店舗で購入した専用のメダル[†1]を使って遊ぶゲームの総称です。プレイヤーはゲームで遊ぶのと同時に、ゲームの結果に応じてメダルが増減するスリル感を楽しめるのが特徴です。

メダルゲーム機は、1人で遊ぶタイプの機種を**シングルメダル**、同時に多人数で遊べる大型の機種を**マスメダル**と呼んで区別することもあります。前者はスロットマシンやパチンコ・パチスロゲーム、後者は競馬やビンゴ、ルーレットなどをモチーフにしたゲームがその代表例です。

プライズ（クレーン）ゲーム

クレーンなどを操作して、ゲーム機内に陳列されているプライズ（景品）を取って遊ぶゲームを指します。プライズは、プライズゲーム機を開発したメーカーが直接製造するものだけでなく、菓子・玩具問屋などから仕入れたものを使用する場合もあります。

---

†1　メダルは風営法により店外への持ち出しが禁止されているため、正確には店舗側がメダルを客に「売る」のではなく「貸し出す」という形になります。また、メダルの価格やサイズ、材質などは各店舗ごとにそれぞれ異なります（風営法については278ページを参照）。

ベンダー

ゲーム性は特になく、利用者が料金を投入後に機械を操作することで雑貨や菓子類などを購入するマシンの総称。シールプリント機などがこれに該当します。

表16.1　アーケードゲームの種類

ジャンル	内容	主な作品
ビデオゲーム	ゲームがプログラムされたコンピュータ基板を使用して遊ぶゲーム全般を指す	「ストリートファイターIV」(カプコン)：汎用型 「ビートマニア」(KONAMI)：専用型
メダルゲーム	各店舗専用のメダルを購入してプレイするゲーム機	「ビンゴパーティー」シリーズ(セガ) 「スターホース」シリーズ(セガ) 「グランドクロス」(KONAMI)
プライズゲーム	クレーンなどを操作して景品を取るゲーム機	「UFOキャッチャー」シリーズ(セガ) 「スウィートランド」シリーズ(ナムコ)
ベンダー	シールや菓子などを販売するための機械類	「プリント倶楽部」シリーズ(アトラス)
その他	キッズ用の乗り物、スポーツ関連ゲーム(バスケットボールなど)機など	略

16.2 現在のアーケードゲームのトレンド

近年はブロードバンド環境の整備が急速に進んだこともあり、アーケードゲームにおいてもコンシューマーおよびPCゲームと同様にネットワーク対応型の作品が数多く登場しています。

ネットワーク対応ゲームの大きな特徴は、同じ店舗内にいる人だけでなく、全国各地のゲームセンターにいるプレイヤー同士で対戦や協力プレイができるところにあります。また、設置店舗で購入した専用のICカードを使用すれば、プレイデータを保存して持ち歩くことも可能です。一度登録したICカードは、登録したゲームセンターとは別の店にある筐体でも繰り返し使用できるので、全国のどこの店舗で遊んでも、前回プレイ時に保存したデータを読み出してゲームの続きが楽しめるようになっています。

アーケードゲームにおいて、ネットワーク対戦システムをいち早く実現したのが、

第16章　アーケードゲーム業界の歴史と現況

2002年に登場した「麻雀格闘倶楽部(ファイトクラブ)」(コナミ、以下KONAMIと表記)です。全国各地のゲームセンターにいるプレイヤー同士がリアルタイムでネットワーク対戦ができる新鮮さと、誰でも簡単に操作ができるタッチパネル方式を導入したことで人気を集め、現在でもシリーズ最新作「麻雀格闘倶楽部 我龍転生」が稼働しています。

図16.1　「麻雀格闘倶楽部」　© 2009 Konami Digital Entertainment

さらにここ数年の主流となっているのが、各ゲームごとに専用のトレーディングカードを使用して遊ぶ、いわゆる**カードゲーム**と呼ばれるジャンルの作品です。カードゲームの特徴はただゲームをプレイするだけでなく、ゲームの攻略とは別に数百〜数千種類にも及ぶカードをコレクションしながら楽しめるのが最大の特徴です。

カードゲーム用のカードは、毎回ゲーム終了後に必ず規定の枚数が払い出されるようになっていて、どの種類のカードが出るかはパッケージを開封するまでわからないようになっています。さらにこれらのカードの中には、封入されている確率が他のカードに比べて低い、いわゆる**レアカード**が必ずと言っていいほど存在します。レアカードは他のカードよりも特殊なデザインが施されていることが多く、またゲーム上で使用すると有利に戦えるメリットなどが存在するため、まだ手に入れていないプレイヤーに対してさらに来店を促す効果が期待できます。なお、作品によってはゲームを遊ばずにカードだけを購入できるものも存在します。

カードゲームが流行するきっかけを作ったのが、2002年に発売されたサッカーゲーム、「World Club Champion Football SERIE A 2001〜2002」(セガ)です。選手をレバーやボタンで操作する従来のサッカーゲームとは異なり、実在のプロ選手をプリントしたトレーディングカードを筐体の上に並べてプレイするという画期的なアイデアで、稼動直後から高い人気を集めました。この作品の登場以降、各社から数多くのカードゲームがリリースされるようになりました。

16.2 現在のアーケードゲームのトレンド

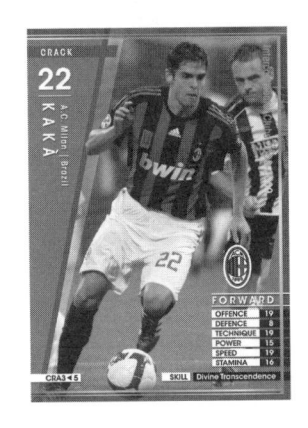

図16.2 「World Club Champion Football」　　　© SEGA

　同じくセガは、キッズ用のカードゲームとして2003年に「甲虫王者ムシキング」を発売し、少年マンガ雑誌などとのメディアミックス展開を仕掛けるなどして大ヒットとなりました。さらに2004年には、女児向けのカードゲームとして「オシャレ魔女 ラブ and ベリー」も発売され、こちらも多くの人気を集めました。また2006年に発売されたニンテンドーDS用ソフト、「オシャレ魔女 ラブ and ベリー DS コレクション」には専用のカードリーダーが同梱され、アーケード版で入手したカードをそのまま使って遊べるという、異なるプラットフォーム間での連動サービスも実現しています。

　また、現在では対戦格闘ゲームをはじめ、音楽ゲームやメダルゲームにおいてもネットワークに対応した作品が存在します。ネットワークを介して、プレイヤー同士での対戦や全国ランキングの集計を行ったり、あるいは定期的にアップデートを実施して新たなゲームモードやサービスを追加するなど、さまざまな工夫を施して人気および売上の向上を図っています。

　プライズおよびメダルゲームなどの定番ジャンルも、以前のように一般マスコミを賑わせるような大ヒット商品こそないものの、引き続き業界にとって大きな収益源となっています。ただしシールプリント機（ベンダー）に関しては近年苦戦が続いてお

り、ブームのきっかけとなった「プリント倶楽部」を開発したアトラスは、2009年4月よりアーケードゲーム事業からの撤退を発表しています。

図16.3 「甲虫王者ムシキング」
© SEGA

図16.4 「オシャレ魔女 ラブandベリー」
© SEGA

16.3 アーケードゲームの歴史

　アーケードゲームは、1978年にタイトーが発売した「スペースインベーダー」が全国的な大ブームになったことが大きなきっかけとなり、市場が急速に拡大しました。それまでのアーケードゲームは、フリッパー（ボールをパドルなどで弾いて遊ぶゲーム機）などのようにテレビモニターやコンピュータ基板を使用しないゲームが中心でしたが、このブームがきっかけで一般的にアーケードゲーム（あるいはテレビゲーム）といえばビデオゲームのことを指すように徐々になっていきました。また、タイトー以外にも多くのゲームおよび電子機械を製造するメーカー

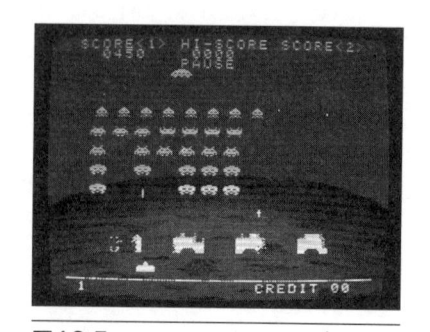

図16.5　スペースインベーダー
© TAITO CORPORATION 1978, 2010
ALL RIGHTS RESWRVED.

16.3 アーケードゲームの歴史

が、この時代からビデオゲームの開発に相次いで参入するようになりました。

1980年になると、ナムコ（現：バンダイナムコゲームス、以下同）から「パックマン」が発売されました。それまでのゲームにはなかった高い戦略性と、ポップで斬新なデザインのキャラクターが話題を呼んで大ヒットとなり、当時はアーケードゲームでほとんど遊ぶことのなかった女性からの人気を集めたという点でも特筆すべき作品です。海外でも人気を博し、特にアメリカではテレビアニメ化されたり、レコードの売上がビルボードで最高9位にランクされるなどの一大ブームを巻き起こしました。

さらに1982年に発売された「ゼビウス」（ナムコ）が大ヒットすると、以後背景がスクロールするタイプのシューティングゲームが、長らくアーケード用ビデオゲームにおける主流のジャンルとなりました。

メダルゲームについては、1971年にシグマ（現：アドアーズ）が日本初となる本格的なメダルゲームコーナーを設けた「ゲームファンタジア ミラノ」を東京都新宿区にオープンさせて人気を集めたことがきっかけで、以後ゲームセンターの定番ジャンルとなりました。当時は主に海外でギャンブルマシンとして使用されていたスロットマシンなどを輸入して設置していましたが、現在では国内の大手ゲームメーカーが開発したものがほとんどを占めています。また、元々はパチンコ店向けに作られたパチンコ・パチスロ機をゲームセンター用に改造した機種も、これまでに数多く登場しています。

1980年代後半になると、「スペースハリアー」「アウトラン」「アフターバーナー」（いずれもセガ）などに代表される、車や飛行機などのコックピットを模した専用の大型の筐体にプレイヤーが乗り込んでプレイするビデオゲームが相次いで発売されました。これらの作品では、ハンドルやジョイスティックを使ってキャラクターを動かすと、それに合わせてコックピットも上下や左右に傾く仕掛けになっており、プレイヤーはまるでパイロットになったかのような気分で、迫力と臨場感のあるゲームを楽しめるのが一番の特徴でした。

図16.6　「スペースハリアー」

© SEGA

第16章　アーケードゲーム業界の歴史と現況

　また1987年にシリーズ第1作目が発売された「ファイナルラップ」（ナムコ）というドライブゲームでは、それまでの大型筐体を使ったゲームは1人プレイ専用だったのに対して、複数の筐体同士を通信ケーブルでつなぎ、プレイヤー同士で対戦ができるようにしたことで人気となりました。

　1990年代に入ると、アーケードゲームのトレンドはシューティングゲームのように主に1人で遊ぶ形式のものから、プレイヤー同士で戦って勝敗を競う対戦格闘ゲームへと移っていきます。

　その大きなきっかけを作ったのが、1991年にカプコンが発売した「ストリートファイターII」です。プレイヤーは中国拳法や相撲、プロレスリングなど、それぞれプレイスタイルがまったく異なるキャラクターの中から好みのものを選んで遊ぶことが可能で、さらに高度な操作テクニックをマスターすれば強力な必殺技を出せるアイデアなどがプレイヤーから好評を博して大ヒットとなりました。

図16.7　「ストリートファイターII」　© CAPCOM U.S.A., INC. ALL RIGHTS RESERVED.

　発売してからしばらくたつと、今度は店舗側のアイデアにより、2人のプレイヤーが別々の筐体に分かれて対戦できるようにした、通称「通信対戦台」を使った運営方法が考案されました。これによって、それまでまったく面識のなったプレイヤー同士でも気軽に対戦プレイが楽しめるようになり、ブームはさらに加熱することとなりました。ソフト自体の面白さだけでなく、店舗運営の工夫によってゲームの人気が大きく高まったことは、アーケードゲームの歴史上でも過去に例のない出来事でした。

　この「ストリートファイターII」の流行がきっかけで、各社から数多くの対戦格闘ゲームが市場に投入されるようになりました。また、ちょうどこの時代に3Dポリゴンを使ったCGが使用できるハードが普及するようになり、より立体的でリアルなキャラク

ターが登場する「バーチャファイター」(セガ) や「鉄拳」(ナムコ) シリーズなどの人気タイトルも相次いで発売されました。

ビデオゲーム以外のヒット商品が相次いで登場したのもこの時代で、セガの「UFO キャッチャー」シリーズに代表されるプライズ (景品) ゲームも、1990 年代初頭に大ブームとなりました。それまでのプライズゲームは、主に駄菓子や安価な玩具類をプライズとして使用することが多かったのに対し、「UFO キャッチャー」ではこれに代わってかわいいデザインのぬいぐるみを投入したことが人気を呼んだ最大の理由です。さらに「アンパンマン」やディズニーのアニメーションなど、テレビでもおなじみの人気キャラクターをあしらったぬいぐるみが登場すると人気はさらに加速し、老若男女を問わず幅広い客層に親しまれるようになりました。

1995 年にはアトラス、セガ両社が開発した「プリント倶楽部」が登場しました。デジタルカメラで撮影した利用者の写真を、その場でシールに印刷するこのシールプリント機は「プリクラ」の愛称で親しまれ、主に学生を中心とする女性顧客の開拓に大きく貢献しました。

図 16.8 「UFO キャッチャー」
© SEGA

図 16.9 「プリント倶楽部」
© ATLUS 1995

1990 年代後半には、「ビートマニア」「ポップンミュージック」「ダンスダンスレボリューション」(いずれも KONAMI) などに代表される、曲のリズムに合わせてボタンを押したり踊ったりする、いわゆる音楽ゲームがゲームセンターの集客に大きく貢献するようになりました。さらに、2002 年に「太鼓の達人」(ナムコ) が登場するとファミリー層からも高い人気を集めるようになり、現在でもこれらのタイトルはシリーズ作品の発売が続いています。

図16.10 「ビートマニア」
© 1997 Konami Digital Entertainment

図16.11 「ダンスダンスレボリューション」
© 1998 Konami Digital Entertainment

16.4
アーケードゲームのビジネス形態

　アーケードゲームにおけるビジネスは、ゲームを開発および販売をするメーカーと、購入したゲームを自店に設置して収益をあげる店舗側との大きく2つに分けられます。

　メーカーは、自社の開発部門で作ったアーケードゲームを販売・営業部門を窓口として販売することで収益をあげています。開発以外にも、ナムコやセガなどのように長年にわたり自社直営のゲームセンターを経営しているメーカーも存在します。

　メーカーで製造されたアーケードゲームは、主にゲーム機器を専門に卸売りする業者へ販売されます。この卸売り業者のことを、アーケードゲーム業界では**ディストリビューター**と呼んでいます。ディストリビューターの中には、自社直営のゲームセンターを持っている業者も存在します。

　ゲームセンターを経営する業者は、ディストリビューターあるいはメーカーから直接購入したゲーム機を自店に設置して運営するのが普通ですが、場合によっては公共施設や観光地など、自店以外の場所に設置するケースもあります。他の施設にゲーム機を設置する場合は、売上金を施設のオーナーと配分（**レベニューシェア**）する形で運営します。アーケードゲーム業界では、このように店舗や施設にゲーム機を設置・運営して収益をあげる業種のことを総称して**オペレーター**と呼びます。

表16.2　アーケードゲームのビジネス形態

業種	事業内容
メーカー	アーケードゲームの開発・販売 ゲームセンター経営
ディストリビューター	アーケードゲーム機の売買 ゲームセンター経営
オペレーター	ゲームセンター経営 アーケードゲームの設置・運営

　店舗で不要になったゲーム機は、中古ゲーム機器を取り扱っているディストリビューターに売却された後、他の店舗が中古ゲーム機として購入して自店に設置することもあります。なおディストリビューターに買い取られた中古機は、国内以外にも海外に売却される場合もあります[†2]。

16.5 ゲームセンターの歴史

　アーケードゲームへの理解を深めるためには、ゲームのタイトルや機械についての知識だけでなく、実際にゲーム機を設置・運営しているゲームセンターの歴史やオペレーションに関する仕組みなどを知っておくことも欠かせません。本節では店舗運営にフォーカスしてアーケードゲームの歴史を振り返っていきます。

かつては「不良の温床」と呼ばれたゲームセンター

　現在ではなかなか想像のできないことですが、かつてのゲームセンターは一般的にきわめてネガティブな目で見られる存在でした。
　「スペースインベーダー」が大流行した1970年代後半になると、ゲームセンターが店名を「インベーダーハウス」と称して筐体の大半を「スペースインベーダー」に置き換えたり、喫茶店などの飲食店にあるテーブルを（テーブル型の）ゲーム筐体に代えて「ゲームコーナー」とするなど、アーケード用ビデオゲームを使って営業をする店舗が急速に増えました。

[†2] 国内向けに製造されたゲーム機を、許諾を得ることなく国外への販売や流通することを厳密に禁止しているメーカーもありますので、海外への売却を検討する際は注意が必要です。

しかし、当時は狭い店舗内に必要以上に多くの筐体を詰め込んで営業したり、あるいは終日フロアの照明を落として真っ暗にしていたところも非常に多く、子どもや女性1人では怖くてとても入れないような雰囲気になっていることも珍しくありませんでした。また、ゲームの結果に応じた賞品を提供して過度に射幸心をあおったり、酒やタバコ類を提供する店舗などもあったことから、未成年者の非行につながるとしてマスコミでもしばしば取り上げられ社会問題となっていました。

このため、生徒に対してゲームセンターへの入店を校則で禁止した学校も少なくありませんでした。さらに暴力団が投機目的でアーケードゲームを売買したり、「ゲーム喫茶」と称して賭博行為を行うなど、違法な運営によって警察の摘発を受けたケースも数多く存在しました。

風営法の改正を機に、業界をあげてイメージアップに尽力

事態を重く見た行政側は、ゲームセンターの法規制へと踏み切ります。1985年2月に改正施行された「風俗営業等の規制および業務の適正化に関する法律」（以下「風営法」）により、ゲームセンターは24時間営業が禁止されたのをはじめ、年少者の深夜の入店禁止、ゲームの結果に応じた賞品の提供、あるいは営業場所の制限など多くの制約を受けることになりました。現在でも、ゲームセンターを開店するためには所轄の警察署（正確には各都道府県の公安委員会）より審査を受け、営業許可証を発行されてからでないと営業をすることができなくなっています。

これに危機感を持ったJAMMA（社団法人日本アミューズメントマシン工業協会）などの業界団体に加盟する各社は、アーケードゲーム業界のイメージアップに一層努めるようになりました。法令の遵守以外にも、たとえば店内の照明や内装を明るいデザインにしたり、接客や各種サービスのレベル向上を図るなど健全な運営を徹底しました。その結果、今日では誰もが気軽に遊びに行ける施設として社会的にも認知されるようになっています。

風営法の改正後、『警察白書』によると1985年の調査では全国に約45,000軒あったゲームセンターが、1990年になると約38,000軒へと大きく減少しました。その理由として、営業時間の短縮やサービスレベルが近隣の競合店より低いため売上が落ち込み、経営から撤退したオペレーターが増えたことや、違法営業をしていた暴力団の摘発が進んだことなどが挙げられます。

これとは逆に、ゲームセンターの市場規模は1986年時点でおよそ2,500億円だ

ったのに対し、1992年には約4,900億円にまで急激に拡大しました。これは、人気ゲームが相次いで市場に投入されると同時に、各オペレーターによるサービスレベルの向上がもたらした結果であると言えるでしょう。

店舗形態の変遷

「スペースインベーダー」がブームだったころのゲームセンターは、主に駅前などにある雑居ビルのテナントや喫茶店を改装して営業するケースが多かったことから、比較的規模の小さな店がほとんどでした。

やがてゲーム業界全体が好況を迎える1980年代後半～1990年代前半になると、大手オペレーターが繁華街のビルを1棟丸ごと借り受けて、数百～数千坪にも及ぶ営業面積を持った大型店を相次いでオープンさせるようになりました。さらに内装にも多額の費用をかけるようになり、たとえば古代遺跡や宇宙空間などのコンセプトをもとに個性的なデザインを施し、非日常的空間を演出した店舗も増えていきました。

また大手メーカーの直営店では、自らが土地や建物を取得してデベロッパーとなり、ゲームセンター以外にも飲食店やカラオケ、ビデオレンタル店などのテナントを誘致して運営する複合型のアミューズメント施設を盛んに作るようになりました。このような大規模店舗は、駅前よりも郊外や地方のバイパス沿いにある広大な敷地を利用して作られるケースが大半でした。こうした郊外型の店は**ロードサイド型**とも呼ばれます。

ゲームセンター以外にも、ナムコが1992年に「ナムコ・ワンダーエッグ」を東京都世田谷区にオープンさせたのをはじめ、「ジョイポリス」（セガ）や「ネオジオランド」（SNK）など、一部の大手メーカーがテーマパーク事業に進出したのもこの時代です。現在でも、東京都豊島区の「ナムコ・ナンジャタウン」や、東京都港区にある「東京ジョイポリス」などが営業を続けています。

現在はゲームセンターの売上が全体的に伸び悩んでいるため、大手メーカーも投資のリスクが大きい複合型アミューズメント施設を新規にオープンさせるケースが非常に少なくなり、元々高い集客力を持った施設やSC（ショッピングセンター）のテナントとして出店することが多くなっています。

16.6
近年のアーケードゲーム市場概況

　2009年度版の「アミューズメント産業界の実態調査：報告書」によると、アーケードゲーム業界全体の売上高は2008年度で7,693億円となっています。このうち、メーカーなどが筐体や基板を販売した「アーケード用AM（アミューズメント）機製品販売高」が1,962億円、店舗に設置したゲーム機を運営することで発生した「オペレーション売上高」は5,731億円となっています。

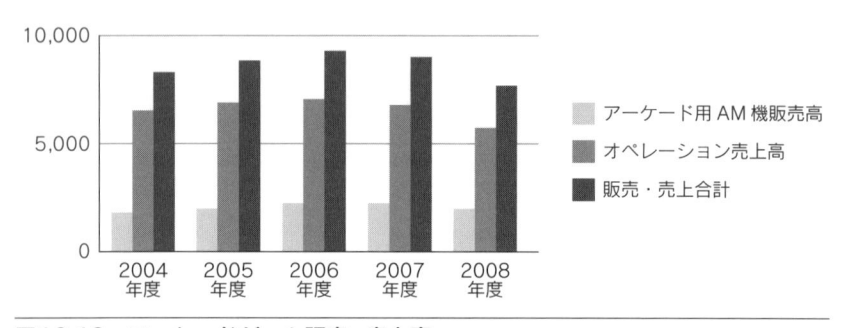

図16.12　アーケードゲーム販売・売上高
出典：「アミューズメント産業界の実態調査：報告書」（単位：億円）

　特に注目したいのは、近年のオペレーション売上高の急激な減少です。2008年のオペレーション売上高は前年比で15.5%減（2007年の売上高は6,781億円）となっており、かつてないほどの厳しい数値となりました。
　近年は主にネットワークおよびカードゲームが人気を牽引してきましたが、2009年の調査ではこれまで4年連続で増加していたネットワークゲームのオペレーション売上が前年比14.2%減とマイナスに転じ、またキッズ向けのカードゲームでも前年比36.7%の大幅減となっており、オペレーターにとってはきわめて厳しい状況になっていることが明らかになりました。
　ゲームセンターの店舗数の減少傾向にも歯止めがかからなくなっています。同じく、「アミューズメント産業界の実態調査：報告書」によると、2008年の店舗数は21,688軒で前年比4.6%減となり、10年連続での減少が続いています。ゲームの設置台数別に店舗数の推移を見ると、100台以下の小・中規模店舗が大きく減少し

ているのに対し、逆に101台以上設置している店舗は前年よりも増加しています。このことから、新規の出店はより資金力のある大手オペレーター系列による大型店舗が中心となり、逆に個人経営などによる小規模店舗は新規出店よりも閉店する数のほうが多くなっているものと考えられます。

表16.3　ゲームセンターの店舗数

年度	2004年	2005年	2006年	2007年	2008年
店舗数	25,044	23,091	23,613	22,723	21,688

出典：「アミューズメント産業界の実態調査：報告書」

16.7
かつてない苦境を迎えたアーケードゲーム業界の課題

「ゲームセンター離れ」の要因

　前節で説明したとおり、近年はゲームセンターの店舗数およびオペレーション売上高が低下しており、かつてないほどにプレイヤーの「ゲームセンター離れ」の傾向が顕著になっています。

　このマクロ的な原因として考えられるのは、日本経済全体の景気の悪化にともない多くの一般家庭で収入が頭打ちとなり、娯楽に対する支出が抑えられたことがまず挙げられるでしょう。

　さらに『CESAゲーム白書2007』のデータを見ると、2006年に実施した「主に利用するゲームプラットフォーム」というアンケート調査では、「パソコンのゲーム」または「携帯電話・PHSのゲーム」と答えた回答者が、わずかながらも「ゲームセンターのゲーム」と答えた人数を上回る結果となりました。最近では「モバゲータウン」や「mixi」「GREE」などに代表される、無料で多くのゲームが遊べるSNSの利用者が増えたこともあり、「ゲームはお金をかけなくても遊べる」という意識が消費者間に急激に浸透しているように思われます。

　また、デジタルカメラを搭載した携帯電話の普及が進んだこともあり、シールプリント機の売上が急減したことも見逃せないでしょう。「アミューズメント産業界の実態調査：報告書」のデータを見ると、2008年のベンダー機の売上は2004年の半分以下にまで落ち込んでいることがわかります。

アーケードゲームの技術的優位性の崩壊

　技術的な観点から見ると、1990年代後半ごろからアーケードゲーム機とコンシューマーゲーム機における性能の格差がなくなったことが大きなポイントとして挙げられるでしょう。

　その最大の理由は、コンシューマーゲーム機との互換性を持ったコンパチブル型のシステム基板が数多く開発されたことです。これらの基板を使用すれば、個々の作品ごとにその都度オリジナル基板を開発する手間やコストが省け、またコンシューマー用ソフトとして移植するのも容易になるというメリットがあるため、現在ほとんどの作品はコンパチブル基板を使って開発されています。また、最近ではWindowsやLinuxなどのOS上で開発ができるシステム基板も数多く登場しています。

表16.4　主なアーケードゲーム用コンパチブル基板

コンパチブル基板の名称	互換性のあるプラットフォーム
「SYSTEM246」（ナムコ）	「プレイステーション2」（SCE）
「トライフォース」（任天堂、ナムコ、セガ）	「ニンテンドーゲームキューブ」（任天堂）
「NAOMI（ナオミ）」（セガ）	「ドリームキャスト」（セガ）
「Chihiro（チヒロ）」（マイクロソフト、セガ）	「Xbox」（マイクロソフト）
「TAITO TypeX」（タイトー）	「Windows」対応PC

　かつてのアーケードゲームは、ソフト・ハード両面においてその時代の最先端の技術を結集して作られていました。コンシューマーゲームに比べて組み込めるプログラムの容量がはるかに大きく、またグラフィックやサウンドなどのあらゆる面においてアーケードゲームのほうが優れていたので、小さな子どもがひと目見ただけでもその性能の違いが容易にわかりました。このため昔のゲームセンターは、子どもたちにとって必然的に大きな夢、あるいはあこがれを持つ場所となっていたのです。

　しかしハードの性能差がなくなった現在では、ゲームセンターが常にあこがれの対象であるという図式は、少なくとも技術的な観点からは成り立たなくなりました。今となっては、アーケードよりもむしろ家庭用ゲーム機やPCのほうが性能的に優れているといっても過言ではありません。

　たとえハードの性能差がない開発環境であっても、プレイヤーがわざわざ外に出かけて遊びたくなるほどに魅力的なゲームを作り出すことが、これからのアーケード

ゲーム開発における大きな課題になっていると言えるでしょう。

運営コストの増大

今度はコスト面から考えてみましょう。アーケードゲームには、1枚20〜30万円程度で購入できるビデオゲーム基板もあれば、マスメダルや大型専用筐体を使用するカードゲームのように一式で数千万円もの投資が必要なものも存在します。さらにゲームのバージョンが新しくなった際には、改造のための基板やROM、あるいは筐体に取り付ける装飾品などの購入費もその都度かかります。

近年は、大型筐体を使用する高価なネットワーク対戦あるいはカードゲームが主流となっているため、もし新規に購入したゲームが早々にプレイヤーから飽きられてしまった場合は、オペレーターはたいへん大きな打撃を受けてしまいます。またゲーム機が高額になると、運転資金の限られた経営規模の小さなオペレーターは、人気機種を店舗に置きたくても断念せざるを得なくなるといった問題も発生します。

このため、近年ではメーカー側においても、よりオペレーターおよびディストリビューターの投資リスクを軽減するための動きが出始めています。アーケードゲーム業界においては、以前から新製品の初回生産分は基板や改造用のROM単体では販売せず、汎用筐体とのセットでのみ売り出すケースが少なくありませんでしたが、最近ではこの方式をとりやめる動きが徐々に出始めています。また、より高価な大型筐体を使用するゲームにおいては、筐体の直接販売だけでなく、メーカーがオペレーターに筐体をレンタルして売上を配分するレベニューシェア方式を採用するケースも出てきています。オペレーション売上の短期的な回復の見通しが立たない現状においては、今後もこの傾向はさらに加速するものと思われます。

また、現在主流となっているネットワーク対応ゲームの増加にともない、店舗では以前よりも常態発生費（ランニングコスト）がより多くかかるようになっています。ネットワーク対応ゲームの場合は、店舗側は設置している台数に応じて毎月定額の接続料を各メーカーに支払うことになっているためです。つまり、店舗側はネットワーク対応ゲームを増やすほど常態発生費がその分かさむことになるわけです。

以上のような理由から、ビデオゲームの収益改善が見込めないと判断した結果、ビデオゲームを撤去して最近人気の出てきたダーツを新たに設置するオペレーターが現われるようになりました。さらに2008年ごろからは、ビデオゲームのフロアをパチスロコーナーへと改装した店舗も徐々に増えてきています。風営法で禁止されて

いるため、どんなにメダルを増やしても景品をいっさい出すことはできませんが、よりゲーム性が高く、現在のパチンコ・パチスロ店では稼動させることができなくなった機種を重点的に設置するなどして、かつてパチスロに夢中になった経験のある客層への訴求を図っています。

見直しを迫られるコインオペレーション方式

現在のアーケードゲームにおける最も基本的な運営方法は、プレイヤーがコイン（料金）をゲーム機に直接投入することで売上が発生する**コインオペレーション**方式です。特にビデオゲームのプレイ料金については、「スペースインベーダー」がブームだった当時から現在まで30年以上にわたり、1プレイの相場が100円のままずっと変わっていません。アーケードゲーム業界が今日のように大きく発展したのは、このようにいつの時代も安価で気軽に遊べることが大きな要因となっていることは間違いないでしょう。

しかし、ここにきて現行のコインオペレーションには大きな問題が生じています。現在最も懸念されているのは、消費税率の改定がもし将来発生した場合、これに柔軟に対応できないビジネス構造になっていることです。

プレイヤーが投入した料金には当然ながら消費税も含まれているので、税率が上がるたびに100円玉1枚に占める純売上額もその分どんどん目減りします。オペレーション売上が伸び悩んでいる現状、プレイ料金を値上げすることで対処するのも1つの解決方法ですが、現実はそう簡単にはいきません。現行のアーケードゲーム機は、異なる金種のコインや紙幣が投入できたり、あるいは釣銭を払い出せる仕組みにはなっていないため、たとえばジュースやタバコの自動販売機のように、1プレイ110円や120円などといった細かい料金設定が容易にできないという大きな問題があるからです。

消費税が3%から5%にアップした1997年にも同様の問題提起がなされ、店舗によっては独自のプリペイドカードを発行したり、プレイヤーが店から出る際にまとめて料金を精算する後払い方式の導入を試みたオペレーターも現われました。しかし特別目立った成果がなかったため、現在も業界全体に定着するにはいたっていません。

2009年以降には、タイトーなどの大手メーカーおよびオペレーターが一部の直営店でプレイ料金を実験的に値上げしましたが、割高感がぬぐえないことや両替の手

間が多く発生するなどの問題があり、必ずしもプレイヤーからは好感を得られていないのが現状のようです。

そこで現在では、大手メーカーおよびオペレーターの間で電子マネーの「Edy」による決済システムの実験的な導入が始まっています。現金を使わなくても決済ができる電子マネーであれば、たとえば1プレイの料金を105円や108円といった端数にするという料金設定も容易に可能となります。

また、これとは別にKONAMIでは「PASELI」（パセリ）と呼ばれる自社製品に対応した電子マネーサービスを2010年より開始しました。「PASELI」を利用すると単に電子決済ができるだけでなく、現金を使用した際にはプレイできないゲームモードや、ゲームとプレイ料金が連動した新しい遊びが楽しめるサービスなどが受けられるようになっており、自社製品の付加価値をより高めるような仕組みになっているのが特徴です。コインオペレーションからの転換を図るのではなく、ゲームをより面白くすることを目的とした新サービスとして、今後の動向が大いに注目されます。

急減する新作タイトル数

現在のアーケードゲーム業界では、これといったヒット商品がなかなか出てこないこともあり、業績が厳しくなり研究開発費を縮小せざるを得なくなったメーカーも少なくないため、新製品のリリースも減少しています。

毎年9月に開催される、JAMMAなどが主催する新作アーケードゲームの展示イベント、「アミューズメントマシンショー」の出展数（主催者発表による）を見ると、2008年には54社から1,229台のゲームおよび関連機器が出展されましたが、2009年には出展社数が39社、台数が695台へと大きく減少しました。特にメダルゲームは454台から186台、ベンダーは71台から22台へと激減しています。

景気回復の見込みが立たない現状では、今後もしばらくの間は新作タイトルの数が増加傾向に転じる可能性は低いと思われます。よってオペレーター側においても、もし自店の主力商品となっているジャンルの新作リリースが少なくなった場合は、新製品の入荷がしばらくない状態でも安定して集客が見込めるよう、さらなるオペレーションの工夫が求められることになるでしょう。

図16.13　アミューズメントマシンショーの様子（2009年撮影）

16.8 まとめ

　繰り返しになりますが、現在のアーケードゲームのオペレーションはコインオペレーションが中心となっています。プレイヤーが筐体や画面をパッと見た瞬間にすぐ興味を引き、遊んでみたいと思ってくれるかどうかで、すべての勝負が決まると言っても過言ではありません。

　どうすれば自分が作ったゲームにプレイヤーが興味を持ってくれるのか、継続的に店舗へ足を運んでくれるためにはどんな仕掛けを用意すればいいのかなど、特にプロデューサー・ディレクター志望者は、ゲームシステム以外にも店舗でのオペレーションおよびマーケティングの観点からゲーム開発を考えることが必須であると言えます。

コンシューマー機とハード面での性能差がなくなり、またPCや携帯電話を使って無料で遊べるゲームが数多く出回るようになった現在、アーケードゲームには今まで以上に魅力あふれる商品作りが求められていると言えます。あるいは発想を転換して、これらのプラットフォームとの連動サービスに活路を見出すのも一案かもしれません。

　ここ数年の間は、新規顧客を取り込めるような大ヒット商品がなかなか出てきていないのが現状です。ビデオゲームに限らず、アーケードゲームにはメダルやプライズなどの多彩なジャンルが存在しますが、これからは今までにない新ジャンルの企画・開発ができる人材も望まれるようになるでしょう。また、近年苦戦が続くオペレーションの売上を回復させるためにも、オペレーター、ディストリビューターともWin-Winの関係になれるような、新たなビジネスモデルの確立も喫緊の課題です。

　長期的には、業界団体などを通じて風営法の改正や撤廃を目指した行政への働きかけも必要となるでしょう。たとえば店舗の24時間営業が可能になるだけでも、とりわけオペレーターの収益が大きく改善する可能性を秘めています。そのためにも、かつてゲームセンターが「不良の温床」とされていた時代へと逆戻りしないよう、アーケードゲーム業界に携わるすべての関係者には、引き続き健全運営への尽力が求められます。

16.9 参考文献

[1] 赤木真澄,『それは「ポン」から始まった』, アミューズメント通信社, 2005
[2] 岩谷徹,『パックマンのゲーム学入門』, エンターブレイン, 2005
[3] 眞鍋勝紀,『これからますます四次元ゲーム産業が面白い』, かんき出版, 1998
[4] 平林久和, 赤尾晃一,『ゲームの大學』, メディアファクトリー, 1996
[5] 藤田康幸, 藤本英介, 小倉秀夫,『著作権と中古ソフト問題』, システムファイブ, 1998
[6] ファミ通DC編集部編,『セガ・アーケード・ヒストリー』, エンターブレイン, 2002
[7] 大下英治,『セガ・ゲームの王国』, 講談社, 1993

［8］ 但野裕一,『これからのゲームセンター経営』, 経営情報出版社, 1994
［9］ コンピュータエンターテインメント協会,『CESAゲーム白書2007』, コンピュータエンターテインメント協会, 2008
［10］ 警察庁,『警察白書』, 大蔵省印刷局, 1983〜1988
［11］ 日本アミューズメント産業協会,『アミューズメント産業界の実態調査：報告書』, 日本アミューズメント産業協会, 2009

第17章 ゲーム業界に広がるインディペンデントの流れ

七邊信重

インディーズゲームとは

　個人のコンテンツ制作・発信力は、過去に比べ圧倒的に向上しています。書店やネットにあふれる情報を読み、パソコンのアプリケーションを用いれば、多様なコンテンツを比較的容易に制作できますし、インターネット、同人誌即売会、ショップを利用してそれらを発信することもできます。

　個人制作のコンテンツの中で、近年注目を集めているのがゲームです。日本でも、アマチュアたちはゲームを制作し、雑誌やインターネット、即売会で作品を発表しながらその腕を磨いてきました。近年ではXbox LIVEやApp Storeで世界中にダウンロード配信される作品や、即売会やショップを中心に50万本以上の売上を記録しメディア展開されるゲームも登場しています。

　本章では、商業ゲームとの比較に基づきながら、日本を中心としたインディーズゲームの開発について解説していきます。

インディーズゲームの産業構造

プラットフォーム	▶ PC、コンシューマーゲーム機、携帯ゲーム機
ビジネス形態	▶ 同人誌即売会、ショップ、ダウンロードサイトなど
ゲーム業界関連職種	▶ プログラマー、シナリオライター、グラフィッカー
主流文化圏	▶ 日本、北米、欧州各国
代表的なタイトル	▶ 東方Project（上海アリス幻樂団）、ひぐらしのなく頃に（07th Expansion）

第17章　ゲーム業界に広がるインディペンデントの流れ

17.1
同人・インディーズゲームとは

　最初に、同人・インディーズゲーム制作の概要を簡単に説明します。本章で言う、**同人・インディーズゲーム**とは、同人ゲーム、フリーゲーム、学生ゲーム等を総称したものです。「同人」「インディーズ」といった言葉には、流通や志向性などによって当事者自身によっても多様な定義が存在しますが、ここでは、「個人や小集団に開発・頒布されるゲーム」と広く定義します。

　アマチュアのゲーム制作活動は30年以上前から見られる「Do It Yourself」の活動です。彼らは自作のゲームを、雑誌、書籍、ショップ、コンテスト、学園祭、即売会、自動販売機、パソコン通信、インターネット、委託販売ショップ等、実に多様なルートで頒布・販売してきました。

　こうした活動の後、制作者の多くは、ゲーム会社へ就職したり起業していました。アマチュア活動の末に起業された日本のコンシューマーゲーム企業には、光栄、ハドソン、チュンソフト、エニックス、ゲームアーツなどがあります。また、PCゲーム企業では、TYPE-MOON、オーガスト、ねこねこソフトなどがあります。

　しかし近年では、RPGや格闘ゲームが作れる「ツクールシリーズ」（エンターブレイン）、ノベルゲームが作れる「NScripter」「吉里吉里」といった、制作を容易にするツールや、委託ショップ・ダウンロードサービスの充実[†1]とともに、ゲーム会社に入らずにゲームを制作する人も増えてきています。

　日本の同人・インディーズゲーム制作者の現在の活動の場は、主に「同人誌即売会・ショップ」と「インターネット・コンテスト」です。同人誌即売会としては最大規模（3日間で3万5千サークル、55万人が参加）の**コミックマーケット**（通称**コミケ**、**コミケット**）に参加する同人ゲーム制作サークルは、500〜600サークルです。彼らは同人誌即売会や、「とらのあな」「メロンブックス」「メッセサンオー」といった委託販売ショップ、ダウンロードショップ、あるいはAmazonなどでゲームを頒布・販売しています。

---

†1　インディーズゲームのダウンロードサービスとして世界的に著名なものとしては、アップルが運営する「App Store」や、Valve Softwareが運営する「Steam」などがあります。アップルによれば、App Storeでのダウンロード回数は累計30億回（2010年1月時点）、登録アプリケーションは10万タイトル（2009年11月時点）、うち2万タイトルがゲームとされています。

17.1 同人・インディーズゲームとは

図17.1 同人ゲーム「ぐろ～部」(フランスパン)

図17.2 フリーゲーム「Torus Trooper」(ABA Games)

　筆者たちは同人ゲーム販売ショップ等への調査から、アダルト要素の強い作品も含め、日本の同人・インディーズゲームの産業規模を、30～40億円程度と推計しています。これは、コンシューマーゲーム市場の約3,000億円、PCゲーム市場の約300億円という規模と比較すれば、大きくありません。しかし、独創的なオリジナル作品、二次創作の原作となる作品が多いことから、同人界や周辺産業への影響は大きいと考えられます。

　また、インターネットを活動拠点にする人もいます。彼らはコンテスト(表17.1)や、新しいゲーム開発環境が用意されると、それに積極的にコミットしていきます。

第17章 ゲーム業界に広がるインディペンデントの流れ

表17.1 主なコンテスト

コンテスト名	開催年
WonderWitch プログラミングコンテスト	2001～2002
P/ECE ソフトウェアコンテスト	2002
Game Brain ゲームコンテスト	2008
HSP コンテスト	2003～
XNA ゲームソフトウェアコンテスト	2008～
Sense of Wonder Night	2008～

図17.3 同人誌即売会での頒布（永久る～ぷ）

図17.4 販売ショップ（メッセサンオー）

17.2
同人・インディーズゲーム制作の特徴

　同人・インディーズゲーム制作の特徴は、商業ゲーム（コンシューマーゲーム、PCゲーム）と比較したときにはっきりと見えてきます。私たちが行った約70名の同人・インディーズゲーム制作者へのインタビューからは、その制作の特徴を、次の8つの観点から説明することができます。①志向性、②自律性、③柔軟性、④開発スピード、⑤デバッグ、⑥流通、⑦ユーザーとの距離、⑧売上。以下、順に見ていきましょう。

①志向性

　同人・インディーズゲーム制作者の志向（目的）はさまざまですが、「趣味への関わり方」というX軸と、「技術への関わり方」というY軸を掛け合わせた座標平面の4象限に分類してみます。

　X軸（趣味への関わり方）は、「手段的」であるか「即自的」であるか、という軸です。「手段的」であるとは、ゲーム制作という趣味を目的達成の手段として考えるということで、たとえば起業のための手段として、あるいは収入を得るための手段として、同人ゲーム制作を考えているということです。

　他方、「即自的」であるとは、趣味それ自体を行うことに意義を見出すということです。ただし、「即自的」志向であるから利潤を求めない（無私無欲である）、というわけではありません。「手段的」志向の人がお金のような「経済的利益」を求めるのに対し、「即自的」志向の人は、自分が楽しむ、人を喜ばせる、人に評価してもらうといった「非経済的・象徴的利益」を求めている、と言うことができます[2]。また、趣味への関わりが「即自的」である人は、仕事には「手段的」に関わる傾向が見られます。たとえば、「仕事は生計の手段、趣味が本業」といった考え方です。

　この基準で見ると、**同人動的ゲーム**[3]と**フリーゲーム**（フリーウェアとして公開されているゲーム）の制作者の多くは、制作の目的を「楽しみのため」と回答します（即

---

[2] こうした同人・インディーズゲーム制作者の特徴は、フランスの社会学者、ピエール・ブルデューが文化生産者の特徴として説明したものと共通しています［1］。なお、詳しい説明は省きますが、以降の記述は、ブルデューの「界」「利益」「ハビトゥス」「資本」といった理論を参照しています。

[3] 制作者間では「ノベル／ADV」以外のゲームは「動的ゲーム」と呼ばれています（特に「動的ゲーム」制作者に）。本章でもこの言葉を用います。

自的志向)。他方、ノベル制作者では、起業を目的にゲームを制作する人、販売ルートの1つとして同人流通を利用している商業関係者など、「手段的志向」を持つ人の割合が相対的に高くなります（表17.2）。なお、同人ゲーム制作者は、「即自的志向」を持つ人を高く評価する傾向があります。即自的志向を持つ人を「同人」、手段的志向を持つ人を「インディーズ」と区別し、後者を否定的に評価する人もいます。

表17.2　手段的志向サークルの比率

	手段的志向	サークル数	比率
同人動的ゲーム	2	21	9.5%
フリーゲーム	0	3	0.0%
同人ノベルゲーム	7	23	30.4%

　次に、Y軸（技術への関わり方）ですが、これは「技術重視型」か「アイデア重視型」か、という軸です。「技術重視型」が新しい技術を追求していくことを重視するのに対し、「アイデア重視型」は、使い慣れた技術や既存技術を利用して、そこに別の技術、アイデア、キャラクターなどを組み合わせることを重視します。技術重視型とアイデア重視型の特徴をまとめると、表17.3のようになります。技術重視型が、まだ誰も見たことがない作品を追求する傾向があるとすれば、アイデア重視型は商業作品を補完、あるいは不満点を改良したような作品を制作する傾向があります。

表17.3　技術重視型とアイデア重視型

	技術重視型	アイデア重視型
目標	実験、プロトタイプ	パロディ、完成品
美少女キャラ	×	○
発表方法	ネット、コンテスト	即売会、ショップ

　X軸とY軸からなる座標平面上に、「同人動的ゲーム制作者」「同人ノベルゲーム制作者」「フリーゲーム制作者」「海外のインディーズ」を配置すると、おおむね図17.5のようになります。同人ゲーム制作者には「アイデア重視型」が、フリーゲーム制作者には「技術重視型」が多くなります。また同人ノベルゲーム制作者には、商業化を目標とする人や、販売チャンネルの1つとして同人流通を用いる商業PCゲ

ーム開発者が比較的多く見られます[†4]。

ただし「手段的志向」の制作者も、同人・インディーズという場が、自分たちが好きなものを作ることができる場、作るべき場であると考えています。このことから、「経済的利益」を得ることを最優先に考える商業ゲーム会社との違いを、その「即自的志向」に見出すことができます[†5]。

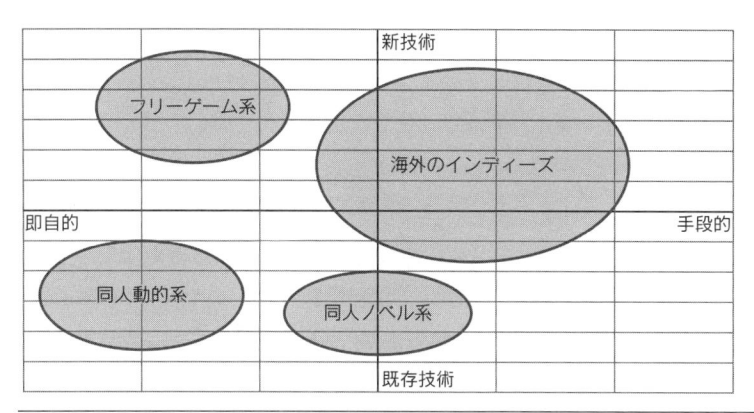

図17.5　ジャンル別の制作者の志向

② 自律性

同人・インディーズの特徴の2点目は、制作における自律性です。

商業ゲームでは、ゲーム制作の決定権は上司にあります。経営者は、組織を維持することを考えなければならず、安定した売上が見込める続編の企画をより好みます。また、会社のカラーがあるため、似たようなゲームを少しだけバージョンアップして作り続ける傾向もあります。企画者は数人で、残りの人間（ときには数百人規模[†6]）は、全体の仕事の中から小さな仕事（たとえばゲーム中の草のCGを作る仕

[†4]　図17.5はあくまで現在の傾向を示したものです。制作者・サークルの所有資源、場における位置、場への参入時期により、志向も異なります。たとえば、同人動的ゲーム制作者にも、技術志向の人（第2象限）や、ゲーム会社への就職や経済的利益の獲得を目指す人（第4象限）がいます。

[†5]　古くから商業ゲームを開発している人の中には、「好きなものを作る」同人のあり方を「昔の商業ゲーム開発の良さが残っている」と言う人もいます。

[†6]　少し古いデータですが、1998〜2000年に行われた調査によれば、平均的な開発規模は開発人員10〜20人、もしくは30人ですが、数百人という事例も存在します［2］。現在は当時よりも平均的な開発人員は増加していると考えられます。

事)を上司から割り振られ、歯車の1つとしてそれをこなすだけになります。仕事を自分で選ぶことはできないし、やりたくない仕事も割り振られます。そのため、モチベーションが上がらない、という声もあります。

これに対して同人・インディーズでは、自分たちが作りたいものを楽しんで作ることができますし、上からの制約がないため、会社では通らない奇抜な企画の作品も作ることができます。

商業ゲーム会社に所属していた方の話によると、「会社にいたときは、ゲームというより、ゲームの部品を作っている感覚で、内容がつまらなくても会社のせいにでき、発売日も知らないうちに決まっていた」そうです。しかし今は、「ゲームの全部の工程を自分でやらないといけないし、つまらなかったら自分たちの責任になりますけど、逆にそこが［やりがいがあって］いいです。さまざまなジャンルのゲーム、作りたいゲームを作ることができて楽しいです」と語っています。

しかし他人のチェックがないということは、自分を律することができなければクオリティはどこまでも落ち、完成できないことすらある、ということでもあります。実際、「同人ゲームの完成率は1割を切る」という声をよく耳にしました。制作に組織的な制約がないということは、逆に言うと、ゲーム制作のプロセスをコントロールする力が求められるということです。この力は、出身家庭の環境、ゲーム開発を始めた時期、学校生活やゲーム開発を通して築いた人脈、社会人経験などの影響を受けるでしょう。

③ 柔軟性

同人・インディーズは小規模開発のため、ゲームを柔軟に制作できます。商業ゲームの大規模開発では、開発途中での仕様変更は大きな混乱のもとになるため、大きな変更は難しいのが現実です。これに対して同人・インディーズでは、突発的に出てきたアイデアを取り入れたり、ゲームを動かしてみてつまらないところを修正したり、追加パッチで新しいキャラクターを加えてみたり、といった変更に比較的柔軟に対応することができます。インタビューでは、「書面でまとまってない分、作りながらフレキシブルに舵取りして、うまい具合にいい方向に［ゲーム開発が］進んでいる」という説明も聞かれました。

商業ゲーム（とりわけコンシューマーゲーム）が、開発に先立って作成した企画書・仕様書に基づき、各工程を計画的に行う、**ウォーターフォールモデル**を採用して

いる[†7]とすれば、同人・インディーズは、テストや意思疎通で浮かび上がった問題点を直すために仕様変更を頻繁に行う、**アジャイルモデル**を採用していると見ることができます。同人ゲーム制作の教育効果として、仕様変更への対応力が身につく点も指摘されていました。

ただし、資本投下量が影響するゲームや、人海戦術が必要なゲーム（3Dモデリングのゲームなど）は、同人・インディーズには向いていません。仕様に基づいて複数人で互いのパイプをつなぎながら開発する方法も、同人・インディーズでは身につきづらいという声もありました。

④ 開発スピード

商業作品の開発では、多くの人間や企業が関わるため、開発期間が長くなる傾向があります。上司、パブリッシャー、プラットフォームメーカー、レーティング機構[†8]のチェックがあり、それだけで数ヶ月かかります[†9]。しかし、この期間にも人件費が発生して損益分岐点[†10]は上昇し、会社の経営は厳しくなります。また、開発が長引けば、制作者のモチベーションも下がりますし、ユーザーも待ちくたびれてしまいます。

これに対し、自律性、柔軟性という特徴とも関連しますが、同人・インディーズではゲームへのチェックがないため、開発期間を短縮できます。商業ゲーム開発を経験した制作者からは、「商業で4ヶ月〜半年かかるゲームが、同人では3週間で作れる」「コンシューマーゲームだと企画の検討だけで半年かかるゲームが、同人では半年で販売できる」という意見が聞かれました。開発スピードの速さは、損益分岐点を低く抑える、制作者のモチベーションを下げずユーザーを待たせないで作れるといった利点があります。開発スピードが速く、コンスタントに開発・販売できる点が、同人・インディーズの強みであると言えます。

[†7] ただし、何人かの商業ゲーム開発者から聞いた限りでは、大手企業のゲーム開発でも、仕様書が曖昧で開発中にすり合わせが行われる場合もあるそうです。

[†8] コンシューマーゲームはコンピュータエンターテインメントレーティング機構（CERO）、PCゲームはコンピュータソフトウェア倫理機構（EOCS）などの倫理的な審査を受けなければなりません。この審査は自主規制であり、法的拘束力はありませんが、審査を受けない作品は、現在では基本的に流通・販売できなくなっています。

[†9] プラットフォームメーカーやレーティング機構のチェック基準が曖昧であるにもかかわらず内容変更を求められ、モチベーションが下がったという声もありました。

[†10] 損益分岐点（ペイライン）とは、売上高と開発費用が等しくなる売上高や売上本数のことです。売上高や売上本数が損益分岐点を上回ると、利益が出ることになります。

第17章　ゲーム業界に広がるインディペンデントの流れ

⑤ デバッグ

　同人・インディーズでは、デバッグ[†11]はユーザーに任せ、追加パッチで対応することが多くなります。もちろん制作者もデバッグを行いますが、ユーザーに任せてしまうという人が多く見られました。このような姿勢を取ることができるのは、1つには、ユーザー自身も作り手であることが多く、バグに理解があるためです。もう1つは、PCゲームではバグが出た場合にも、インターネットで追加パッチを頒布して対応できるためです。

　ただし近年では、同人ゲームを商品として見ていて、バグに厳しいユーザーが増えているという声もあります。とりわけ女性ユーザーにはその傾向があるため、女性向けゲームを制作しているサークルはデバッグを入念に行っています。

⑥ 流通

　同人・インディーズゲームと商業ゲームでは、流通が異なります。コンシューマーゲームは、プラットフォームメーカーと流通会社を経て、玩具店、百貨店、ゲーム専門店、大手量販店、コンビニエンスストア、ネット販売各社に卸されています。メーカーのネット直販やダウンロード販売も増えていますが、それほど一般的ではありません[3]。

　PCゲームの場合、プラットフォームメーカーはありませんが、流通会社[†12]を経て、ショップに卸される点は共通しています。また、低価格ソフトを中心にダウンロード販売も行われています。

　これに対し、同人ゲームでは作り手が直接ショップと交渉します。委託が承認されれば、発注・納品を経てゲームが販売されます。全国のショップに卸しを行う流通代行会社もありますが、アダルト系ゲームサークル以外ではあまり利用されることはありません。近年では、委託販売ショップが全国に展開されて（305ページの「全国流通の完成とプロ化」を参照）、同人作品の流通ネットワークができあがっています。同人・インディーズゲームは、コンシューマーゲーム、PCゲームに次ぐ第3のプラットフォームとしてすでに確立している、という声もありました。

---

†11　コンピュータプログラムの誤り（バグ）を探し、取り除くこと。

†12　ヴューズ、RSK、ホビボックスなどの会社があります。これらの企業は、流通だけでなく、開発資金の融資、情報・人材の提供なども行っています。

17.2 同人・インディーズゲーム制作の特徴

⑦ ユーザーとの距離

商業ゲームの場合、専門部署が宣伝・広報やサポートを行います。他方、現場制作者にはユーザーからのフィードバックが届かず、ファンを見ることもほとんどありません[†13]。開発者とユーザーの区別がはっきりしており、両者の距離は、物理的にも精神的にも遠いのです。この距離の遠さのため、制作者はユーザーに楽しんでもらうという嬉しさを実感することができず、「目の前の仕事をこなしさえすればよい」という考えに陥りやすいといいます。

これに対して同人・インディーズでは、制作者とユーザーの距離が近く、掲示板やメールで直接交流を行います。手売りの際には、制作者は対面でユーザーの姿を見、声を聞くこともできます。ある制作者は、「自分が作ったゲームにお金を出して買ってもらう価値があることを直接聞くことができて、それがモチベーションになる」と話してくれました。

また、デバッグの項でも触れたとおり、ユーザーはバグ報告、感想、意見といったフィードバックを与えてくれるため、制作者はこれらに基づいて作品を改善できます。ユーザーは作品の改善や制作モチベーションにつながるフィードバックを与え、また二次創作などを通して作品の価値を高めてくれます。ユーザーはゲームの「共同開発者」であるとも言えます（コラム「ユーザーの気持ち」も参照）。制作者とユーザーの距離が近い点、両者の境界が曖昧で相互作用が活発である点が、同人・インディーズの特徴の1つです。

⑧ 売上

同人・インディーズゲームの売上は、商業ゲームに比べれば当然のことながら、圧倒的に少ないのが現実です。商業ゲームは単価が高く、売上本数も多くなります。たとえば、2009年の売上1位は「ドラゴンクエストIX」の408万本です。10位の「イナズマイレブン2」も85万本を売り上げています。

対して、同人ゲームの単価は低く（約1,000円）、1タイトルあたり10万本を売り上げるサークルも中にはありますが、数万本を売るサークルですらごくわずかです。アダルトゲームサークルを除く47サークル（うち大手サークルが19）を私たちが調査した結果では、同人動的ゲームの売上の中央値は4,000本、ノベルゲームの売上の

---

†13　ある商業ゲーム制作者は、企業主催イベントでユーザーに話しかけても会話がほとんど成立しなかったと語っています。

第17章　ゲーム業界に広がるインディペンデントの流れ

> **Column ▶▶▶ ユーザーの気持ち**
>
> 　同人・インディーズゲームのユーザーの視点からは、商業の宣伝を素直に信じて買うと、自分の意志で決めたのではなく他人の口車に乗せられたのではないか、という不安を感じるそうです。これに対して同人作品の場合には、制作者が「経済的利益のためではなく、好きで作っている」という姿勢が感じ取れるため、それを信頼し応援したいという感覚を持つことができると言います。
>
> 　あるゲームが盛り上がるには、ユーザーが「自分たちが発掘し育てている」という感覚を持つことが重要です。逆に、経済的利益のためにゲームを作っていることや、商業企業やメディアが制作者の後ろにいることが見えてしまうと、ファンは警戒して離れてしまいます。

中央値は2,000本でした。大手サークルで数千本、中小サークルでは数本～数百本というのが実情です。

　しかし、売上がいかに少なくても、開発費が少なく、制作人数が少ない同人・インディーズのほうが、個人あたりの収入は多い可能性もあります。実際のところ、同人・インディーズゲームの売上で生活していくことはできるのでしょうか。

　ゲームを3人で制作し、1本1,000円（ショップでの販売価格は1,400円[†14]）でソフトを販売して年間で合計1万本を販売したとします。このとき開発費を除いた利益を等分すると、制作者1人あたりの年収は約250～300万円になります。しかし年間で1万本以上の売上があるサークルは、インタビューした47サークル中の10サークルほどでした。コストと比較した場合の価格の安さのため、同人誌や同人音楽に比べれば、同人・インディーズゲームの売上だけで生活することはやはり困難だと言えるでしょう。

　しかし、共同生活を送って家賃を浮かせたり、法人化して商業ゲームソフトの開発やデザインの仕事を受注したり、逆に副業として同人・インディーズゲームを制作することにより、ゲーム開発を行いながら生活することは必ずしも不可能ではありません（むしろ、かなり一般的です）。制作人数が少ないサークルであれば、商業ゲーム制作より同人・インディーズゲーム制作のほうが高収入である事例もあり、プロ野球のレギュラー選手並の収入がある制作者も現れています。

[†14] ショップで委託販売する場合、店頭販売価格の70%がサークルの取り分となります。

17.2 同人・インディーズゲーム制作の特徴

　従来は、同人・インディーズゲームを制作するアマチュアがゲームを作り続けるための方法は企業に入社したり自ら起業する以外にほとんどありませんでした。しかし、Windows機の普及、DirectXなどの開発ツールの充実、豊富な技術情報、制作・販売サービスを提供する産業の発展など、社会基盤が充実してきたことで、専業あるいは副業で、同人・インディーズゲームを持続的に作り続けることが可能になってきました。これにより、多様な表現を持続的に産み出す開発・流通・販売のエコシステム[†15]と、自律的で文化的にも経済的にも豊かなライフスタイルの可能性が、商業ゲーム業界とは別の場所から出現しています。

まとめ

　以上、8つの観点から同人・インディーズゲーム制作の特徴を見てきましたが、日本の同人・インディーズとコンシューマーゲーム産業の特徴をまとめると、表17.4のようになります（PCゲーム産業は両者のほぼ中間になります）。

表17.4　同人・インディーズとコンシューマーゲーム産業の比較

	同人・インディーズ	コンシューマー
志向性 （目的）	即自的 （非経済的利益）	手段的 （経済的利益）
損益分岐点	低い	高い
自律性	高い	低い
柔軟性	高い	低い
スピード	速い	遅い
ユーザーとの距離	近い	遠い
収入	ゼロ～極端に多い	やや少ない～多い

---

†15　制作者、ユーザー、ショップなどの行為者間の互酬的な関係。

17.3
同人・インディーズシーンと制作作品の関係

　前節では、同人・インディーズのゲーム制作の特徴を明らかにしました。それでは、こうした特徴を持つシーンから、「月姫」「ひぐらしのなく頃に」「東方Project」のような、独創的なオリジナルタイトルが創造されているのはなぜでしょうか。本節ではこの点について考えてみたいと思います。

　商業と同人の違いについてある制作者は「ゲームを企画するときにターゲット層を考えるか否かである」と語っています。また別の制作者は、「クソゲー（つまらないゲーム）をプレイしたときに自分だったらこう作る、と考えるところからアイデアが生まれる」と言います。

　高額な開発費の回収を考える必要がある商業ゲーム制作では、多くのユーザーに訴求する大量生産品を作らざるを得ません。しかし、価値観の多様化が進む現代社会において、ユーザーのニーズが大量生産品に正確に合致することはあり得ません。また、シューティングゲームや2D対戦格闘ゲーム、横スクロールアクションゲームのような、現在では大きなニーズが存在しないジャンルのゲームは、損益分岐点を越えるほどの売上を得ることが困難なため、コンシューマーゲームやPCゲームではほとんど開発されません。

　これに対し、経済的利益よりも非経済的・象徴的利益（制作の楽しさなど）を優先する同人・インディーズの人たちは、自分の資源（アイデア、技術）を使って、自らの欲求を満たす作品を作ろうとします。たとえばある制作者は、「ハードボイルドやリアルな話が好きなんだけど、PCゲームでは制作されていなかったので自分で作った」と語っています（逆に、超能力や異能の力が出てくるファンタジーはほとんど読んだことがないし、書けない（書かない）そうです）。

　現在はゲーム開発のリソースが豊富に用意されています。既存のコンテンツの知識や技術、開発・流通の社会基盤などです。商業作品のユーザーでもある制作者はこれらを利用して、自らの創作意欲やニーズと、彼に関心の近いユーザーのニーズを満たすゲームを制作することができます。

　先ほどのハードボイルド好きな制作者は、「商業化の話もあったけど、自分たちの作品（ハードボイルド）は普通のオタクが好きなジャンル（ファンタジー）ではないから無理」と語っています。一方、別の制作者は、「起業して商業でPCゲームを作ると

き、シューティングは売上が見込めないのでノベルゲームを制作した」と話しています。

このように同人・インディーズであれば、ハードボイルドやシューティングのようなニッチなジャンルの作品でも、開発コストが低いため、ユーザーが少なくても損益分岐点を越えるゲームを作ることができますし（第18章の表18.1も参照）、そもそも制作者は経済的利益をそれほど重視していません。このため、商業ゲームにはない、制作者のニーズや価値観、個性を反映した多様な作品、尖ったオリジナル作品が、持続的に制作されているのです。

ユーザー主導型イノベーションについて研究してきたヒッペルは、メーカーが制作したい大量生産品とユーザーのニーズが合致せず、かつユーザーに製品制作の関心とリソースがある場合、ユーザー自身が、自らのニーズを満たす独創的な製品を作り出すことがあることを説明しています[4]。

この説明を参考にすると次のようにまとめることができます。商業の大規模開発では、損益分岐点が高いため、多数のユーザーに訴求する製品（シリーズ作やリメイク）が制作されます。これに対して同人・インディーズでは、高度消費社会と制作・販売の社会基盤を背景に、独自の関心（象徴的利益の追求）、ニーズ、資源に基づいて、独創的なゲームが制作されます。しかも、彼らはショップ等を利用して小さな層（ビジネスユニット）をつかまえるだけで損益分岐点を越えることができます。すなわち、制作者や一部の消費者のニーズを満たす多様な作品、趣味に走った尖った作品を持続的に制作することができるエコシステムが、同人・インディーズゲーム界には形成されているのです。

17.4 同人・インディーズシーンの動向

ここまで、同人・インディーズゲーム制作について、商業ゲーム界との比較からその特徴をまとめてきました。ここでは、こうした特徴や独自性がどのような歴史的経緯を辿って形成されてきたかを、2000年代以降に注目して整理してみたいと思います。

2000年以降、同人・インディーズゲーム界には次に挙げるような大きな動きがありました（それ以前の動向については、文献[5][6]を参照してください）。

第17章　ゲーム業界に広がるインディペンデントの流れ

① 「同人の同人」現象と商業移植の活発化
② 全国流通の完成とプロ化
③ 作品の完成度の上昇と新規参入の難しさ

　これらの動きを、同人・インディーズ界の「自律化」という言葉で表現することができます。そしてこれは、制作への新規参入の難しさという問題とも結び付いています。

「同人の同人」現象と商業移植の活発化

　「同人の同人」現象とは、オリジナル同人ゲームの二次創作、合同作品、イベント、コスプレなどのファン活動が活発化する現象を言います。その端緒となったのは、2000年12月のコミックマーケットで、同人サークルTYPE-MOONが制作・頒布した「月姫」でした。すでにこのイベントで「月姫」の二次創作同人誌が登場しましたが、翌年には、同人の歴史では初となる、同人作品のオンリーイベント（特定の作品のみが出展できる即売会。この場合は、TYPE-MOON作品の二次創作のみが出展できる即売会）が開催されます。

　また、「月姫」の同人での盛り上がりを受けて、企業がこれを商業作品として制作・販売するようになります。2002年には商業アンソロジーが発売され、2003年には商業マンガ化・アニメ化がなされました。また、同じく人気同人サークルであった渡辺製作所とTYPE-MOONとが2002年12月に共同制作・頒布した同人ゲーム「MELTY BLOOD」についても、2005年にアーケードゲーム化され、その翌年、コンシューマーゲーム化されます（発売はともにエコールソフトウェア）。TYPE-MOONと渡辺製作所によって制作されたこの作品は、同人ゲームの共同制作の走りとなりました。

　「同人の同人」現象と商業移植は、その後、「東方Project」「ひぐらしのなく頃に」「花帰葬（はなきそう）」などにも見られました（コラム「プラットフォーム提供型」も参照）。とりわけ「東方Project」は、動画配信サイト（ニコニコ動画）やイラスト投稿・閲覧サイト（pixiv）と結びつき、また、「ひぐらしのなく頃に」は実写映画化や社会事件との関連をテレビや新聞で報じられたことで、同人・インディーズの枠を越えて、広く社会的に認知されています。また、両作品は現在、委託販売ショップの事業の柱になっています。かつての同人作品は、商業作品の二次創作が中心でした。しかし、オリ

> **Column ▶▶▶ プラットフォーム提供型**
>
> 「東方Project」「ひぐらしのなく頃に」「花帰葬」などの作品はそれぞれ独自の世界観を持ち、ユーザーはその世界の謎について調べたりコミュニケーションを楽しんだり、独自の物語を作ることができます[7]。
>
> ゲームプレイの楽しさだけでなく、ゲームを媒介としたコミュニケーションの楽しさを創発する仕組みを備えた作品を、「プラットフォーム提供型」と呼ぶことができます。ただし、プラットフォーム提供型ゲームは人気の一極集中をもたらすため、その作品やその二次創作に人気が集中して、他のゲームが注目されない（ショップの発注数が減る）という指摘もあります。

ジナルの同人・インディーズゲームが、同人・商業の二次創作の対象となっていることは、同人・インディーズゲーム界が「版権」という問題をクリアし、商業からの自律性をより高めていることと解釈することができます。

なお、商業移植への動きは現場の声からも伺えます。インタビューした47サークルのうち、ゲームが商業移植されたサークルは10サークル、今後作品の移植が予定されているサークルは10サークルでした。同人・インディーズゲームを商業移植する動きが、近年活発化しています。

全国流通の完成とプロ化

現在の同人ゲームの販売の大半は、同人誌即売会ではなく、委託販売ショップで行われています。この理由は、第1には、イベントへの持ち込み数に限界があるためですが、委託販売ショップが東京、名古屋、大阪などの大都市を中心に全国展開していること[†16]、通信販売やダウンロード販売を行う企業が増えていることとも関係しています。制作者からも、流通に関しては、商業流通も同人流通も現在ではほとんど変わらないという声があります。また、流通を介さないため、**掛率**（店頭販売価格のうち、制作者の手元に入る額の比率）が商業作品よりも高く（商業流通では50%、同人流通では70%、Amazonでは85%）、同人流通でゲームを販売すると多くの利益を得ることができます。そして、こうした流通の整備によって、同人・インディーズゲームの制作だけで生活すること、すなわちゲーム制作者の「プロ化」が

---

†16 たとえば、業界最大手のとらのあなは16都市、メロンブックスは18都市に店舗を展開しています。

第17章　ゲーム業界に広がるインディペンデントの流れ

進んでいます。

　1990年代後半から、アダルト系の商業会社が、掛率の高い同人流通でも作品を販売することはかなり一般的でした。一方、2000年以降は、一般作品の売上でも生活することができるようになり、また、法人化してゲームを作り続けるサークルも増えました。ただし、ここでの「法人」は一般の商業企業とは分けて考える必要があります。同人サークルを法人化する目的は、収支管理、税金対策、社会的信用などです。私たちの調査では、インタビュイーたちの約4分の1のサークルが法人化しています。このような「同人企業」は、象徴的利益を追求する一方、経済的利益は深く追求しない（楽しくなくなったら、経済的利益があっても解散する）点で、一般の商業企業とは異なる性格を有しています。

　過去には、同人・インディーズゲームを制作していたアマチュアは、いずれ商業に移っていきました。しかし、このころから、同人・インディーズゲームの売上で生計を立てながら、ゲームを持続的に制作し続けるというスタイルが普及したのです。

完成度の上昇と新規参入の難しさ

　同人ゲーム開発のプロ化（開発資金・ノウハウ・設備の蓄積、開発者ネットワークの充実など）や法人化、さらにショップ側の売れる作品を求める傾向、そしてユーザー側の期待水準の上昇などの影響で、競争は激しくなり、作品のクオリティや技術は年々向上しています。市販製品と変わらない完成度の作品も、現在では少なくありません。たとえばノベルゲームでは、商業作品並みの、ライトノベル10冊分程度、20時間以上遊べるボリュームの作品が多数制作されています。

　見た目に関しても、プレス会社を利用したCD・DVDプレス、パッケージ、レーベルデザインが一般的になり（それ以前はフロッピーディスクがむき出しで売られていました）、パッケージだけ見ると、商業作品と区別がつかなくなっています。ユーザー側も、「商業作品じゃないのに長く遊べるゲーム」として同人ゲームを見るようになっています。

　それでは、上記のような同人・インディーズゲーム界の自律化の結果、どのような結果が生じたのでしょうか。大学生のある制作者は、「開発ツールや情報が増えてゲームが作りやすくなったけれど、ゲームに求められる完成度も上がった。その結果、開発の敷居が高くなった」と説明しています。

17.4 同人・インディーズシーンの動向

図17.6　同人ソフトのパッケージ

　若い人たちは、インターネットですごい作品を次々に見てしまうので、自分が今作れるものとの落差を感じて、最初から作るモチベーションを失ってしまいます。このことは、ゲーム制作者の「高齢化」という問題とも結び付いています。ただし、同人・インディーズゲーム界の現状を「高齢化」という穏やかな表現で捉えること自体が争点となり得るもので、新たに参入した人には、同人でありながら、法人でゲームを作り続ける人に否定的な人も少なくありません。同じ同人・インディーズゲーム界であってもその中での立ち位置の違いによって、このような現状認識の対立が存在します。

　開発の敷居の高さは、コストの面からも浮かび上がってきます。価格（1,000円前後）や評価に比して、制作の手間やお金が圧倒的にかかり（制作に１年以上をかけるというサークルも少なくありません）、平日の退社後や週末の時間をすべて投入しないとゲームが作れない、という声があります。また、「同人ゲームには、同人誌のように気軽に趣味として制作を楽しむ文化が根づいていない」という意見も聞かれます。敷居の高さの上昇は、ゲーム開発へ動機づけるメディア（雑誌文化）の衰退や、Webプログラミングへの人材流出とも結びついて、いずれ同人・インディーズゲーム制作の場の停滞・衰退という形で表出することになるかもしれません。

　同人・インディーズゲーム界の自律化にともなう、界への新規参入の困難という問題は、制作者も認識しています。この問題に対処するため、ここ数年、ゲーム制作者間の交流や情報交換、交流会、イベント、ネットラジオ、コンテストなどが盛ん

に開催されています。私たちも、非営利のゲーム開発者団体である国際ゲーム開発者協会日本（IGDA日本）に「同人・インディーゲーム部会（SIG-INDIE）」を設立し、開発者が情報交換を行う研究会・イベントを定期開催しながら、この界の動向の調査研究を行っています。日本における同人・インディーズゲーム開発という現象がどのような展開を見せていくか、今後も見守っていきたいと思います。

17.5
謝辞、参考文献

謝辞

本研究は科学研究費補助金（21700275）の助成を受けています。

参考文献

［1］　ピエール・ブルデュー, ロイック・J・D・ヴァカン, 水島和則訳,『リフレクシヴ・ソシオロジーへの招待〜ブルデュー、社会学を語る』, 藤原書店, 2007

［2］　生稲史彦, "ソフトビジネスにおける企業像", 新宅純二郎・田中辰雄・柳川範之（編）,『ゲーム産業の経済分析』, pp.167〜205, 東洋経済新報社, 2003

［3］　橘寛基,『図解入門業界研究〜最新ゲーム業界の動向とカラクリがよ〜くわかる本』, 秀和システム, 2006

［4］　エリック・フォン・ヒッペル, サイコム・インターナショナル監訳,『民主化するイノベーションの時代〜メーカー主導からの脱却』, ファーストプレス, 2006

［5］　七邊信重, "文化創造の条件〜2つのゲーム「場」の文化生産論的考察から",『早稲田大学大学院文学研究科紀要』Vol.51, pp.65〜73, 2006, http://dspace.wul.waseda.ac.jp/dspace/bitstream/2065/27549/1/015.pdf

［6］　七邊信重, "同人・インディーズゲーム制作を可能にする『構造』〜制作・頒布の現状とその歴史に関する社会学的考察",『コンテンツ文化史研究』Vol.1, pp.35〜55, 2009

［7］　七邊信重, "同人ゲームの全体像〜同人ゲームの過去・現在・未来", 日本デジタルゲーム学会2008年9月公開講座, 東京大学, 2008

第18章
ノベルゲーム
デジタルゲームを使用した1つの表現

七邊信重

ノベルゲームとは

　ノベルゲームとは、シナリオ、CG、音楽、画面エフェクトで構成される、物語を読み進めていくタイプのゲームです。1990年代前半にコンシューマーゲーム市場で登場したこのジャンルは、90年代半ば以降、PCゲーム、同人・インディーズゲームシーンにも波及し、多種多様な物語とユーザーを楽しませるための独自技法が開発されてきました。また、マンガ、アニメ、小説、映画にクロスメディア展開される作品、ユーザーに二次創作される作品も登場し、現在では多くのファンを獲得しています。

　本章では、コンシューマーゲーム、PCゲーム、同人・インディーズゲームにおけるノベルゲームの潮流を確認しながら、このジャンルがゲームにもたらした表現上の可能性について解説していきます。

ノベルゲームの産業構造

要素技術	▶ スクリプトエンジン、2D CG
プラットフォーム	▶ コンシューマーゲーム機、PC、携帯ゲーム機
ビジネス形態	▶ ショップ、ダウンロードサイト、同人誌即売会など
ゲーム業界関連職種	▶ シナリオライター、スクリプター、グラフィッカー
主流文化圏	▶ 日本
代表的なタイトル	▶ かまいたちの夜（チュンソフト）、CLANNAD（Key）、Fate/Stay Night（TYPE-MOON）

第18章 ノベルゲーム

18.1
ノベルゲームの特徴

ノベルゲームとは、1990年代前半にスーパーファミコン用ソフトとして発売された「弟切草」「かまいたちの夜」（チュンソフト）を起源とする、物語を読み進めるタイプのゲームのことです。このゲームは次の7つの要素から構成されています[†1]。

① CG上、もしくは画面下ウインドウに表示される文章[†2]
② フル画面サイズのCG（場所を示す背景、もしくは特定シーンのCG）
③ キャラクターの立ち絵
④ キャラクターの心情や物語の展開に合わせたBGMや効果音
⑤ 画面エフェクト（画面が光る、揺れるなど）
⑥ 提示される選択肢からキャラクターの行動を選ぶことで、物語が枝分かれするマルチシナリオ
⑦ それへの入力により物語が進行するインターフェイス[†3]

ノベルゲームは、比較的低予算、少人数、短期間、既存技術で開発できることから、90年代後半以降、中小企業の多いPCゲーム市場の主流のスタイルとなっています。現在では、恋愛、ホラー、ミステリー、SF、ファンタジー、伝奇、ハードボイルドなど、多彩な作品と独自の表現技法が開発され、熱心なファンを獲得しています。

また、インターネット上で公開されているフリーのゲーム制作ソフト、CG、BGM、効果音を用いれば、個人でも容易にゲームを制作できることから、アマチュアによるゲーム開発も盛んです。近年では、「CLANNAD」（Key）、「Fate/stay night」（TYPE-MOON）、「ひぐらしのなく頃に」（07th Expansion）のように、ゲーム単体

[†1] 要素のいくつかがない作品もあります。たとえば、「弟切草」「風のリグレット」のようにCGや立ち絵、文章（①②③）がない作品や、分岐シナリオ（⑥）がない作品もあります。

[†2] CG上に文章があるゲームだけをノベルゲームと呼ぶ場合もありますが、文章の位置はプログラムで簡単に変えられること、シーンによって文章の位置を変更する作品もあることから、ここでは画面下ウインドウに文章が表示される作品もノベルゲームとします。

[†3] ゲームの条件の1つが「インタラクティブ性」であるとすると、ユーザーの入力によって文章が表示される（反応がある）点で、ノベルゲームはゲームの条件の1つを満たしていると言うことができます。

で数十万本の売上を誇るとともに、小説、マンガ、アニメ、映画などにメディア展開される作品も多数登場しています。

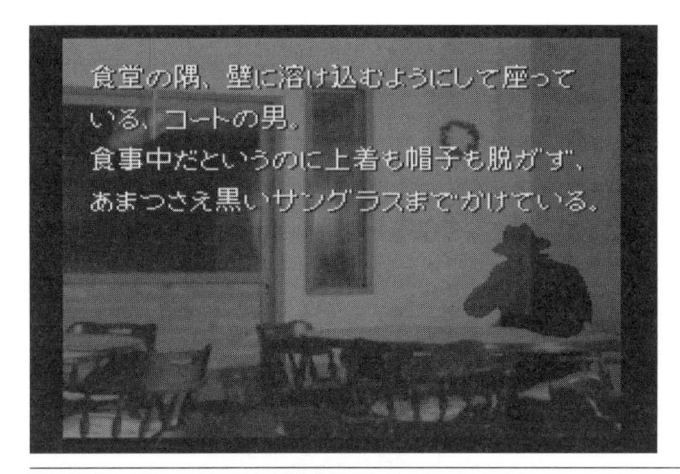

図18.1 ノベルゲームの代表作「かまいたちの夜」　　© 1994 CHUNSOFT/我孫子武丸

図18.2 「CLANNAD」　　© VisualArt's/Key

18.2
ノベルゲームの潮流

　ノベルゲームが多様なプラットフォームで開発されてきた歴史を振り返ることで、ゲームが、経済、技術、文化といったさまざまな社会的条件の下で開発されていることを理解することができます。本節では、ノベルゲームが、コンシューマーゲームから始まり、PCゲーム、同人・インディーズゲームに浸透していく歴史を説明していきます。

コンシューマーゲームにおけるノベルゲーム

　ノベルゲームの歴史は、1990年代初頭に始まります。ドラゴンクエストシリーズのプログラムを担当していたチュンソフトは、自分たちのブランドを立ち上げるため、スーパーファミコンのグラフィックス・サウンド機能を活かした、テキストベースのゲームを開発・販売することを選択します。その第1作が、1992年に発売された「弟切草」で、無人の洋館に辿り着いた主人公たちを襲う恐怖体験を描いた作品でした。続いて、スキー場とペンションで起こる連続殺人事件を描いた「かまいたちの夜」が、1994年に発売されます。「弟切草」と「かまいたちの夜」は、物語を読み、途中で提示される選択肢からキャラクターの行動を選ぶことでシナリオが分岐する、**サウンドノベル**というジャンルを確立することになりました。

　サウンドノベルの成功、とりわけ「かまいたちの夜」のヒット[†4]は、他メーカーにも影響を与えました。1990年代後半には、「街」「夜光虫」「学校であった怖い話」「魔女たちの眠り」「最終電車」といった、ミステリーやホラーをテーマにした作品が次々と発売されました。さらに2000年以降も、「かまいたちの夜」シリーズ、「流行り神」シリーズ、「Ever17」「428」「Steins;Gate」など、質の高い作品が開発されています。

PCゲームにおけるノベルゲーム

　「弟切草」「かまいたちの夜」が発売されたのと同じころ、「同級生」（1992年）と「ときめきメモリアル」（1994年）という2つの作品が発売されました。ゲーム内キャラクターとの恋愛を楽しむこれらのゲームは、**ギャルゲー**と呼ばれ、独自のジャンルを形

[†4] スーパーファミコン版の「弟切草」は30万本、「かまいたちの夜」は70万本の売上がありました。「かまいたちの夜」については、1998年に発売されたPlayStation版でも40万本以上を売り上げています。

成するに至ります。

　前項で説明したとおり、コンシューマーゲームにおけるサウンドノベルは、ホラー、ミステリー作品が主流でした。これに対し、PCゲームブランドLeafは、同時期に登場したサウンドノベルとギャルゲーという2つのフォーマットを組み合わせ、ノベルゲームに新たな展開をもたらします。それが、1996〜97年に発売された、「雫」「痕」「To Heart」という「ビジュアルノベル3部作」です。

　Leafが**ビジュアルノベル**という用語を使用したのは、「サウンドノベル」がチュンソフトの登録商標だったためです。しかし、ビジュアルノベルには、サウンドノベルにはない表現上の新しい要素がありました。ビジュアルノベルは、サウンドノベルの画面エフェクトや音楽（BGM）を強化するとともに、「かまいたちの夜」で用いられたキャラクターのシルエットを、2次元美少女キャラクターの立ち絵に変え、さらに**1枚絵**（特定シーンの全画面CG）を使用したのです。また、ビジュアルノベルの最初の2作、「雫」「痕」は、恋愛要素もあるものの、サウンドノベルのホラー・ミステリー路線を踏襲していました。しかし、第3作である「To Heart」は、恋愛を前面に押し出した作品として作られ、以後のPCノベルゲームのテンプレート的役割を果たすことになります。

　ビジュアルノベル3部作の後、PCゲーム、とりわけアダルトゲームでは、ノベルゲームというジャンルが主流になりました。この理由は、経済的要因と技術的要因によって主に説明することができます。

　ノベルゲームは他ジャンルのゲームより、比較的低いコスト・技術力で制作することができます。まず、CGが2Dであるため、3Dよりビジュアル面のコストが安く済みます。また、NScripterや吉里吉里といった優れたゲーム開発スクリプトエンジンが安価で使用できるため、プログラマーが必要でなく、技術水準はそれほど求められません。3D CGを使ったり演出に凝る場合は別ですが、プランナーやライターがスクリプトを組むこともあります。これらの理由から、資金力・技術力の高くないPCゲーム会社は、ノベルゲームをこぞって開発したのです。

　表18.1は、コンシューマーゲーム、PCゲーム、そして同人・インディーズゲームのさまざまな違いをまとめたものです。損益分岐点を考えた場合、コンシューマーゲームとPCゲームの開発費用、損益分岐点は大きく異なります[†5]。この点について、『2008オタク産業白書』では、次のように説明されています[1]。

---

†5　メーカーやタイトルによっても制作費用は大きく異なります。PCゲームであれば、3人で8ヶ月で制作して3,000本が売れれば損益分岐点を越えるという事例もあるようです[2][3]。

コンシューマーの場合、制作費7,000万円で定価6,800円（税別）とすると、メーカーの取り分（利益）は6,800円の45%で3,060円。7,000万円回収するには、22,876本［＝7,000万円÷3,060円］売る必要がある。一方、PCでは、ソフト1本あたり4,400円の利益で、制作費3,000万円を回収するには6,818本［＝3,000万円÷4,400円］売れればよい。コンシューマーとPCとではオタク層以外も含めた全体の市場規模に差があるとは言え、コンシューマーはPCの3倍以上販売しなければリクープ［開発費を回収］できないのである。

表18.1　コンシューマー、PC、同人・インディーズの違い

	コンシューマー	PC	同人・インディーズ
購入者層	10代半ば～30代前半 20歳前後が中心	10代後半～4、50代 20代後半が中心	
許諾の有無	ハードメーカーへロイヤルティ＋製造費を支払う必要あり	必要なし	必要なし
メーカー・サークル取り分	ロイヤルティなどを引き45～55%	50～60%	70～100%
平均価格	6,800円（税別）	8,800円（税別）	1,000円（税別）
損益分岐点	制作費7,000万円で約2.3万本	制作費3,000万円で約7,000本	制作費50万円で約500本
小売店	量販店、専門店、複合店など多岐	専門店、通販中心	同人誌即売会、委託ショップなど

文献［1］および、筆者らが行ったインタビュー調査をもとに作成

　損益分岐点の違いは、ゲーム内容にも影響します。コンシューマーゲーム市場では、高額な開発コストを回収するために、マス市場を意識した一般受けするゲームが制作されます。これに対してPCゲーム市場では、開発コストが低く、その回収が比較的容易です[†6]。しかもプラットフォームメーカーによるゲーム内容の規制がなく、

---

†6　PCゲーム市場は売上が損益分岐点に達する可能性が高いため、独創的なアイデアを持つ個人や企業が参入するのも比較的容易です。第17章では、同人ノベルゲームサークルに起業する傾向が強いと書きましたが、その要因の1つに、コンシューマーゲーム市場よりも、PCゲーム市場の方が参入しやすいという点が挙げられます。

レーティング機構の規制も比較的厳しくありません。そのため、PCゲーム市場では、美少女キャラクターや性表現をゲーム内に入れてマニア層の一定の購買を確保しつつ、年齢が高い層やより狭い層をターゲットに絞った独創的でバリエーションに富んだ物語のゲームを制作する、という戦略を取ることができます。

チュンソフトのイシイジロウ氏（代表作は「428」「極限脱出 9時間9人9の扉」）と、PCゲームブランドTYPE-MOONの奈須きのこ氏（代表作は「月姫」「Fate/Stay Night」「空の境界」）の次の対談[5]は、経済的条件がコンシューマーゲームとPCゲームの内容に、いかなる影響を与えるかをよく示しています。

――チュンソフトさんは、いつも全年齢向けの「マス」の市場を意識しておられますね。

イシイ：だから、冒険ができないところもあります。ビジュアルノベルに対しては、正直言って羨ましい部分もあります（笑）。マス向けにするとお金がかかるところを、うまくコンパクトにやっておられますから。

奈須：ピンポイントでやりたいことをやれるのが、こちらの強みです。一発を狙って、とんでもないものが生まれる。突然変異が許される、コアな業界なんですよ。

実際、PCゲーム界では、Leafの3部作以後、「Kanon」「AIR」「CLANNAD」「Phantom」「Fate/Stay Night」「家族計画」「CROSS†CHANNEL」「群青の空を越えて」など、名作と呼ばれるゲームが次々と制作されています。また、コンシューマーゲームでは正面から扱うことが難しい、性愛や暴力、差別、宗教、家族、死といったシリアスな物語が展開されるのも、PCノベルゲームの特徴であると言えます。たとえば、ゲームブランドKeyの「CLANNAD」では、片親である父親との生活から目をそらして日々を過ごす少年が、長期療養後に学校に復学した気弱な少女とのつながりの中で生きる支えを見つけていく姿や、その少女を失うことの不安が描かれています。

このように多彩な作品を生み出してきたPCゲーム界ですが、近年では損益分岐点が上昇しています。テキスト量、CG枚数、音楽について、ユーザーやショップが求める基準が上がり、また、セリフの声、デモムービー、初回特典（設定資料、音楽CDなど）が必須になったことで、開発コストや制作者の作業量が増加したためです（コラム「増大するデータと作業量」も参照）。

Column ▶▶▶ 増大するデータと作業量

ビジュアルノベル第1作の「零」のシナリオテキスト量は300KB（ライトノベル約1冊分）でした。これに対し、現在では、フルプライス（8,800円）の作品には、テキスト1MB以上（同4冊分）、CG100枚程度が求められます。大作となればそれ以上になります。たとえば、「Fate/Stay night」（TYPE-MOON）のテキスト量は、4.3MB（同17冊分）と言われています（プレイ時間は約50時間）。

このような状況の中、とりわけ物語重視のノベルゲームでは、シナリオライターの負担が重くなっています。その結果、①ネタの少ない若手が1作でネタを使い切り業界からいなくなってしまう、②ライターの高齢化が進む、③ライターがライトノベルに活動拠点を移す、といった影響が出ています。

1990年代からPCゲーム界で活躍する、あるPCノベルゲーム開発者は、「2000年前後に同人からの新規参入が多く、そこが現在の業界の中堅になっています。しかし、それ以降に起業した会社はうまくいっていません」と語っていました。PCゲームも開発費と損益分岐点の上昇という困難を抱えて、資金、ノウハウ、人脈がある企業でないと生き残れなくなっています。また、そのことがゲーム内容の保守化にも結びついているようです。

同人・インディーズゲームにおけるノベルゲーム

ノベルゲームは、商業企業だけでなく、アマチュアによっても制作されています。その制作を支援しているのが、インターネットなどでフリー公開されているゲーム制作ツールです。**ゲーム制作ツール**とは、少ない作業や短い命令文でゲームを制作するためのソフトウェアを言います。中でもノベルゲームについては、簡単にゲームを作れる優れたツールがいくつも公開されています。

その1つが、シナリオライターでありプログラマーでもある高橋直樹氏によって開発された**NScripter**[†7]です。このソフトを使えば、アマチュアでも1時間とかからずノベルゲームを制作することができます。また、相当高度な表現技法も用いることができるため、プロが制作したノベルゲームでもNScripterが使われています[4]。

---

†7 NScripterは高橋直樹氏のWebサイト「Takahashi's Web」（http://www.nscripter.com/）で公開されています。このツールは、商業企業が使用する場合、40万円の使用料が必要ですが、アマチュアは無料で使用することができます。

NScripterが制作された経緯は次のとおりです。Leafのビジュアルノベル3部作は、ファンからの熱狂的な支持を受けました。そして、多くの二次創作作品（同人誌やSS[†8]）が、ファンに制作されていました。高橋氏自身もまた、自分のサイトでLeafのゲームのSSを掲載していました。そして、自作のSSをノベルゲームらしく見せるソフト、「Scripter3」を自分のために開発すると同時に、これをインターネット上でフリーで公開します。

同人作家であった片岡とも氏は、このScripter3を使って、Leafの「White Album」（1998年）の二次創作を制作します。そして、同人から起業し商業PCゲームを制作するときに、ほしい機能の追加を高橋氏に依頼しました。2人の度重なる打ち合わせの後、1999年に「NScripter」が開発・公開されました。

そして、Scripter3とNScripterによって、「kanoso」のような商業ゲームの二次創作だけでなく、「月姫」「ひぐらしのなく頃に」「ナルキッソス」のようなオリジナルのノベルゲームが制作されるようになりました。また、NScripterより高度なプログラムが可能な**吉里吉里**[†9]というツールでも、「ひまわり」「花帰葬」「僕はキミだけを見つめる」「EDEN」「冬は幻の鏡」「グッバイトゥユー」といった質の高い同人・フリーゲームが制作されています。

図18.3 「ナルキッソス」（ステージ☆なな）

[†8] 主にインターネットで公開される、ショートストーリー（Short Story）、サイドストーリー（Side Story）、小説（ShouSetsu）のこと。

[†9] 吉里吉里はW.Dee氏のWebサイト「吉里吉里ダウンロードページ」（http://kikyou.info/tvp/）で公開されています。

第18章　ノベルゲーム

　さらに、ノベルゲーム制作に必要な素材として、背景画像や立ち絵、音楽、効果音も、フリー素材を提供するツールサイト[†10]で公開されています。もちろん、個人向けの安価なデジタル機器やソフトで収集・加工したデータを使うこともできます。これらの素材は、NScripterなどのゲーム開発ツールの簡単な命令で組み合わせ、ゲームにすることができます。ゲーム制作法を紹介するチュートリアルサイト[†11]、制作されたゲームの公開ができるファイルサイト、ゲームを紹介するニュースサイトも、アマチュアのパソコン用ゲーム制作と流通を支援しています[†12]。

図18.4　「EDEN ― 最終戦争少女伝説 ―」(LAST WHITE)

18.3
ノベルゲームの表現上の可能性

　シナリオ、CG、音楽などからなるノベルゲームは、小説でも映画でもゲームでもない、中途半端なメディアであると考えられがちです。しかし、ノベルゲームが多くのユーザーを集めてきたのは、これが小説や映画、その他のゲームジャンルをときに凌駕するような、深い感情移入や感動の体験を与えてくれるからでした。たとえば、

[†10]　「同人ゲーム背景素材の部屋」(http://ruta2.fc2web.com/)、「ザ・マッチメイカァズ」(http://osabisi.sakura.ne.jp/m2/)など。

[†11]　「同人ゲーム制作研究所」(http://www2.ocn.ne.jp/~katokiti/)など。

[†12]　七邊[6]は、「ひぐらしのなく頃に」と制作ツールの関係を説明しています。

18.3 ノベルゲームの表現上の可能性

Amazon.co.jpにある、「CLANNAD」や「Steins;Gate」に寄せられたカスタマーレビューからは、ユーザーが他のメディアと比べて、これらのゲームにどのような評価を下し、またこれらのゲームからどのようなシリアスな影響を受けたかを、読み取ることができます。

株式会社ビジュアルアーツのゲームブランドKeyで「AIR」「CLANNAD」といったノベルゲームを制作した涼元悠一氏は、ノベルゲームのシナリオ作成技法について解説した著書『ノベルゲームのシナリオ作成技法』[7]の中で、ノベルゲームの特性や固有性を、映画や小説と比較しながら捉えようとしています。涼元氏は、CGとテキスト（セリフと地書き）という表現法を組み合わせることができるノベルゲームは、キャラクターの行動、心理、情景のニュアンスを、映画や小説よりも細やかに伝えることができる、と説明します。そして、

- CG・テキストという多彩な表現法
- 音楽や演出エフェクトを用いた特殊演出
- ユーザーと主人公を同化させる「実況調一人称」[†13]
- キャラクターに感情移入させるための「萌やし泣き」の技法[†14]

といった複数の手法の組み合わせにより、「感情を昂ぶらせるための確実に作動する装置」として、ユーザーを感動させることができるとしています。涼元氏の説明からは、ノベルゲームが与える深い感動体験が、小説、映画、ゲームなどの特性を組み合わせ、これを進化させることによって可能になっている、と指摘できます。

こうしたノベルゲームの技法は、優れた開発者やアマチュアのユーザー、制作者の間で解明され、さらに新たな手法が探索、発見、共有されていくでしょう（コラム「可能性の空間」も参照）。また、こうしたさまざまな手法を咀嚼し、まだ顕在化していないシナリオの別様の可能性を探究する人だけが、目の肥えたノベルゲームユーザーをうならせ、ゲームシナリオにおけるイノベーションを生み出していくことができ

---

†13 主人公が自分の身に起こっていることを次々とプレイヤーに伝える形式。
†14 ①物語前半の日常シーンでヒロインを主人公にとって大切な存在として描く、②物語後半で事件を起こし、ヒロインと主人公の不幸な状況を描く、③クライマックスで不幸か大団円を描く、という技法。①と②の落差でプレイヤーを泣かせる（文献[7]、178〜179ページ）。Keyの「Kanon」「AIR」という作品で確立し、これを分析・咀嚼した制作者によって新たなバリエーションが生み出されています。

> **Column ▶▶▶ 可能性の空間**
>
> ノベルゲームのさまざまな技法を、フランスの社会学者、ピエール・ブルデューの用法にならって「可能性の空間」と呼ぶこともできます。「可能性の空間」とは、文化生産を試みる人が頭に入れておかなくてはいけない問題、知的指標、概念などを規定することにより、その探求を方向づけるものです。ノベルゲームで繰り返し用いられてきた技法—たとえば、主人公やキャラクターの属性（記憶喪失、ツンデレなど）、「萌やし泣き」、ループする物語世界など—は、制作者と作品を媒介し、新たなゲーム表現の探求を方向づけています。

ると考えられます。

ノベルゲームが切り開いている表現上・物語上の可能性は、ノベルゲーム以外のジャンルのゲーム開発者にとっても、啓発的なものであると考えられます。ゲームのシナリオ技法、プレイヤーの没入体験を理解する上で、ノベルゲームの面白さを分析することは、開発者に有用な情報と視点を与えてくれるはずです。

18.4
参考文献

[1] メディアクリエイト, "コンシューマー／PCゲーム市場動向",『2008オタク産業白書』, メディアクリエイト, 2007

[2] 堀田純司,『萌え萌えジャパン〜二兆円市場の萌える構造』, 講談社, 2005

[3] 島国大和,『ゲーム屋のお仕事〜それでもゲーム業界を目指しますか？』, MYCOM, 2004

[4] 畔田英明, 森皿尚行,『NScripterオフィシャルガイド』, 秀和システム, 2004

[5] イシイジロウ, 奈須きのこ, "金八先生・ミーツ・月姫！〜イシイジロウ×奈須きのこ",『CONTINUE』18, pp.73〜77, 講談社, 2004

[6] 七邊信重, "アマチュアとコンテンツ創造〜パソコン用ゲーム制作の文化社会学",『ソシオロジカル・ペーパーズ』15, pp.69〜76, 2006

[7] 涼元悠一,『ノベルゲームのシナリオ作成技法』, 秀和システム, 2006

第19章
ボードゲームから
デジタルゲームを捉える

三宅陽一郎

この章の目的

テーブルの上で行うカードゲームやボードゲーム（総称としてテーブルゲーム）をこの章では扱います。特にボードゲームに重点を置いて話を進めますが、ボードゲームの視点からデジタルゲームを捉え直し、デジタルゲーム開発にどのようにしてボードゲームのデザインが含んでいる知見を活用できるかを探求することが本章の目的です。

デジタルゲームの視点だけから見ていたのでは、デジタルゲームの全体像をつかむことはできません。ゲームという共通点を持ちつつも、デジタルとアナログというはっきりとした相違点を持つボードゲームは、デジタルゲームを捉え直すための素晴らしい足場を提供してくれます。

ボードゲームの産業構造

プラットフォーム	▶ ボードゲーム
ゲーム業界関連職種	▶ プロデューサー、ゲームデザイナー、プログラマー、プランナー
ビジネス形態	▶ 小売り販売
主流文化圏	▶ ドイツ
代表的なタイトル	▶ モノポリー、スコットランドヤード、カタン、6ニムト、カルカソンヌ、オセロ、シャドウハンターズ

19.1
ボードゲームとデジタルゲーム

　テーブルの上で行うカードゲーム、ボードゲーム、総称としてテーブルゲーム（あるいはときにアナログゲーム、非電源ゲームと呼ばれる）をこの章では扱います。特にテーブルゲームは近年ではドイツを中心として、年間500近いタイトルがリリースされています。ここでは主に、ボードゲームに主軸を置いて解説することにします。しかし本書は主にデジタルゲームの書籍であり、また、筆者もボードゲームの専門家ではありません。この章の目的は、ボードゲームからデジタルゲームを捉え直すこと、デジタルゲーム開発にいかにボードゲームを活用できるかを探求することにあります。

　デジタルゲームは70年代に普及が始まり、80年代に急激にポピュラーになり、90年代には成熟を始め、00年代には経済活動の一翼を担う分野として明確に社会の一部を占めるようになってきました。

　また、80年代には複数のゲーム雑誌が創刊され、90年代にはゲームに対する批判の言説が形成され、00年代には、Webのゲームサイトやブログ、さらには本格的な学術研究として盛んにゲームが議論されてきました。

　しかし、デジタルゲームだけからデジタルゲームを見ていては、デジタルゲームの全体像をつかむことができません。デジタルゲームから1歩外へ出て、他の足場からデジタルゲームを見直すことで、急速に発展・変化を遂げるデジタルゲームの姿を捉えることが必要です。デジタルゲームの外からデジタルゲームを見直す足場として、ボードゲームという足場は、ゲームというフィールドを共有しながら、デジタルとアナログを明確に境界として持つという著しい特徴のために、非常に有効です。特にゲームデザインの差異と共通点を分析し議論するためには格好の足場と言えるでしょう。

　この章では、全体を通じて、ボードゲームとデジタルゲームを比較しながら、何かを結論付けるというよりも、ゲームデザインについて語るフィールドがここにあることを示していこうと思います。

19.2
日本と欧州におけるボードゲームの現状

　ボードゲームは現在、ドイツを中心に一大シーンを築いているジャンルです。日本のボードゲームファンは決して多いとは言えませんが、熱心なファンがたくさんいます。また、ボードゲームは海外から入手するルートも限れているので体感することは難しいですが、ドイツを中心に年間500近いタイトルがリリースされ、毎年、ドイツのエッセン（Essen）で開催されている国際ゲーム祭**シュピール**（SPIEL）[1]では、ドイツゲーム賞が決定されます。また、もう1つ、ドイツ年間ゲーム大賞という賞があり、この大賞は毎年、質の高いゲームの接戦となっており、ノミネートされるだけでも名誉とされています。受賞作には赤い受賞マークが箱に印刷され、売上に大きく反映します。

　また「シュピール」はビジネスのための見本市としてテーブルゲーム関係者が集うとともに、家族連れがプレイすることを楽しみに集まる一般イベントでもあり、15万人規模の参加者を動員します。東京ゲームショウが18万人強ですから、ドイツを中心にヨーロッパでは、ボードゲームが大きな人気を博していることがわかります。

　日本では、トレーディングカードゲームが長い人気を博しており、特にキャラクター・トレーディングカードゲームは根強い人気があります[36]。そういったゲームを除けば、日本のボードゲーム専門店には、国産のテーブルゲームとともに欧州、米国などから輸入されたテーブルゲームが並ぶことになります。数の比重から言えば、圧倒的に輸入ゲームが多いのが現状です。ボードゲーム専門店が最も多い東京の神田・秋葉原付近には数店舗ありますが、一般に輸入ゲームが手に入りやすいとは言えません。また、ボードゲームは3,000円〜6,000円程度であり、海外からの入荷がいったん終わると、それ以降は直輸入する以外に入手できなくなるため、手に入れることがさらに困難になっています。

　それでも、大小さまざまなテーブルゲームサークルが結成され、休日を中心に活動しています。特に、「モノポリー」（Parker Brothers、1935）や「カタン」（Kosmos、1995）の大ヒットは、海外ボードゲームを一般に触れる機会を増やし、ファンの増大に貢献しました。日本においても、毎年春に**ゲームマーケット**[42]、夏には**テーブルゲームフェスティバル**[43]が開催され、多くの商業・アマチュアのゲームで賑わっています（1,000人前後の規模）。

第19章　ボードゲームからデジタルゲームを捉える

　日本でボードゲームと言えば「オセロ」（ツクダ、1973）、「人生ゲーム」（タカラ、1968）など大ヒットしたもののみのイメージが強く、世界のボードゲームシーンが一般に十分に普及しているとは言い難く、さまざまな方が普及に努力されています。

　世界でこれまで何千と作られてきたボードゲームは非常に多様であり、ビジネスの思考、交渉の思考、論理的思考などを多様なゲームデザインをもって、既存のゲームデザインの枠を常に乗り越えようとしてきました[2]。裏を返せば、素材としてはほとんど紙と木からなるボードゲームは、ゲームデザインが大きな勝負であり、そこにデジタルゲーム開発者を惹きつける要因の1つがあります。

　欧州のボードゲームは、基本として家族や友人が囲んで行うものであり、他のプレイヤーを「殺す」「殴る」などという表現は極力避け、資源を巡る競争や協調、コミュニケーションや論理的思考に重点を置いたものになっています。欧州におけるFPSの人気と対照的です。また日本ではキャラクター性を取り入れることが1つの条件として挙げられます。この点は日本のデジタルゲームと酷似していて興味深い点です。

19.3
ボードゲームと作家性

　海外では、有名なボードゲームデザイナーが存在します。たとえば、「モダンアート」（Hans im Gluck、Mayfair、1992）、「ケルト」（Kosmos、2008）、「ラー」（alea、1999）などで有名な数学の博士号を持つライナー・クニツィア（Reiner Knizia）[37]、「チャオチャオ！」（Drei Magier、1997）、「ガイスター」（Drei Magier、1981）、「ザーガランド」（Ravensburger、1982）などで有名な故アレックス・ランドルフ（Alex Randolph）、「6ニムト」（Amigo、1994）、「アンダーカバー」（Ravensburger、1984）、「エルグランデ」（Hans im Gluck、1995）などで有名な数多くの賞に輝くヴォルフガング・クラマー（Wolfgang Kramer）など、その名前とゲームの名が世界中のボードゲームファンに知れ渡っているスターと言える有名なゲームデザイナーがいます。日本でも「オセロ」などの長谷川五郎、「モンスターメーカー」（翔企画）などの鈴木銀一郎、「シャドウハンターズ」（Boardgame Republic、2005）などの池田康隆、「アールエコ」（カワサキファクトリー、2004）の川崎晋など、ボードゲームファンの間で名の知れ渡ったゲームデザイナーがいます。

ゲームデザインは通常1〜2名で行うため、それぞれの作家が独自の持ち味を出しており、そういった作家性のあるゲームに向き合うことができることも、ボードゲームの醍醐味の1つです。どの作家も子供向けの簡単なゲームから大人向けの複雑なゲームまでを作っていますが、特に小さなゲームは、わずかな数のルールからまるで魔法のように面白いゲームを作り上げてしまう技量には驚かされます。

ボードゲームにもパブリッシャーが存在します（またボードゲームを量産する専用の工場もあります[3]）。開発者（ディベロッパー）とパブリッシャーが分かれて存在しているところは、デジタルゲームと似ています。中には、本業のかたわらボードゲームのデザインをしている開発者もいます。

それほど多くはありませんが、最近はコンシューマー機用のオンラインゲームとして「カタン」（PlayStation 3、Xbox LIVEアーケード）、「カルカソンヌ（Hans im Gluck、2000）」（Xbox LIVE）などを始め、人気ボードゲームが移植される事例も増えています。また「カタン」「ケルト」「スコットランドヤード」（Ravensburger、1983）、「ラビリンス」（Ravensburger、1986）をはじめとする人気ボードゲームが、ニンテンドーDS（任天堂）など携帯ゲーム機の通信対戦機能の上にデジタルに移植されるという動きがあります。また、著名なゲームデザイナーに直接、デジタルゲーム環境でプレイするボードゲームを発注するという動きもあります[38]。

19.4
ボードゲームとデジタルゲームの本質的な相違点

この節では、ボードゲームとデジタルゲームの相違点を見ていきます。

対称ゲーム、非対称ゲーム

ボードゲームはほとんどの場合、対称ゲームとして作られています。**対称ゲーム**とは、すべてのプレイヤーがゲームに対して同じ立場にあるというものです。将棋、囲碁、麻雀、カタンなどの例を挙げればわかりやすいかと思います（「スコットランドヤード」は犯人と刑事に分かれるので非対称です）。ところが一方で、デジタルゲームは、プログラムによって、1人でもプレイできる**非対称ゲーム**の世界を大きく切り拓きました。また、デジタルゲームAIのおかげで、対戦さえ1人で行うことができるようになりました。

明示的なルール、非明示的なルール

ルールから見ても両者には大きな違いがあります。ボードゲームのルールはすべてプレイヤーによって行使されます。自動的なルール実行者がいない以上、ボードゲームではプレイヤーは同時にルール実行者でもあるのです。つまり、あらゆるルールはプレイヤーに対して**明示的に**示されていなければなりません。

一方、デジタルゲームでは、プレイヤーとルールの実行者は違います。ルールの実行者はコンピュータの中のプログラムであって、プログラムの中には、ユーザーに開示されない暗に含まれるさまざまなルールが含まれます。たとえば、アクションゲームでジャンプした後の落下曲線などの物理法則や、ゲーム世界内の物価変動曲線など、ゲーム内に含まれるさまざまなプロシージャル（自動的）な法則は、決してルールブックには明記されません。また、解説もできないものとして、そのまま暗にゲーム内に含まれています。

こういったルールの明示性、非明示性の違いは、ゲーム開発を行う立場からもプレイヤーの立場からも重要です。デジタルゲームは計算リソースの増大とともに、ますますプロシージャル（ゲーム内の自動的なダイナミクス）の傾向を強めており、シンプルなゲーム性を求めるユーザーがテーブルゲームに流れる傾向があります。テーブルゲームを嗜好するプレイヤーの中には論理的思考が好きな人が多く、思考に必要な全情報から最適な一手を導くことに全力を傾けたいという欲求があります。

一方、明示的と暗示的なルールが含まれるデジタルゲームにおけるプレイヤーは、ルールブックのルールに加えて、インタラクションの中からゲームに暗に含まれる設定・ルールを感じ取り、体得しながらゲームを進めていきます。つまり、表現のしにく、あるいは表現をしても仕方のない、暗に含まれるルールは、ある程度、ユーザーがインタラクションから動的に習得してもらうことを想定しています。デジタルゲームは、このようなインタラクションとゲーム進行による学習曲線を頭に入れて、デザインすることが必要です。

19.5
ボードゲーム制作とデジタルゲーム制作

ボードゲーム（カードゲーム）を制作しようとするとき、主な材料は紙、木材などです。ここからボードとカードを作り、駒を作り、ルールを設定し、プレイヤーに遊んでも

19.5 ボードゲーム制作とデジタルゲーム制作

らい、驚くような面白さを導くのが、ボードゲーム制作の醍醐味でもあります。また、ボードゲーム制作の良いところとして、次の点があります。

① プロトタイプ（試作）がすぐに作れるところ
② 実際にテストプレイがすぐにできること
③ 試作とテストを素早く繰り返すことができること

一方、デジタルゲームでは、小規模開発においては上記3つの良い点が依然として残っていますが、大規模開発になると、開発をモジュール化してインテグレーションする傾向にあり、開発の初期でプロトタイプを作る、中盤で模索する、終盤で模索する、など、後になればなるほど蓄積するデータも多くなり、ゲームデザインから素材まで、さまざまなものが動かしにくくなっていきます。開発後期になればなるほど、ゲームデザインの変更は、素材とプログラムの準備にまた時間がかかり、そういったプロセスを素早く繰り返すことは開発チームに大きな負担をかけることになり難しくなります。iPhone（アップル）などのスマートフォンの市場拡大で、北米そして日本でも大規模開発から小規模開発へ転向する傾向がありました。

現在、デジタルゲームが抱えている問題として、継続的な大規模開発におけるイノベーションの低下があります。現在のように大規模タイトルの開発が3〜5年に及ぶ場合に、開発者のモチベーションの維持とともに、開発の現場で新しいアイデアが育つ土壌が枯れていくという問題があります。こういった傾向への対策としては、たとえば大規模タイトルを部分的にリリースしていく、という方法があります[41]。

Lionhead Studios[4]のピーター・モリニューは、大規模開発の中でも社内の小規模プロジェクトを支援することで、イノベーションの空気を社内に生き返らせようとしています。数週間程度で小人数のプロジェクトを社内で提案し、採用されれば実行することができます。ゲームそのものでなくても、技術デモでもかまいません。実際、大型タイトル「Fable2」（Lionhead Studios、2008）に登場した犬は、こういった社内小規模プロジェクトで開発されたデモから生まれたものだということです[5]。

19.6
テーブルゲームの歴史

　デジタルゲームは技術的革新とその上に立つゲームデザインによって劇的な変化を体験しつつ進化してきました。一方、テーブルゲームは社会や技術の進化、印刷技術と絡み合いながらも物としての変化はなく、主にそのゲームデザインによって大きな変革を遂げてきました。

　本節では、IGDA日本の鈴木銀一郎[6][7]の講演内容を筆者なりに再構成しながら、テーブルゲームの歴史を説明することにしましょう[8]。

　テーブルゲーム界には20世紀の後半に大きく4回の変化がありました。

① 　シミュレーションゲーム
② 　（テーブルトーク）ロールプレイングゲーム（TRPG）
③ 　キャラクターカードゲーム
④ 　トレーディングカードゲーム

　順番に説明していきましょう。

　それまで伝統的なゲームは、囲碁やチェスのように盤を挟んで行う、プレイヤーが対称なゲームがほとんどでした。**シミュレーションゲーム**（主に戦場などを再現、いわゆる盤上のウォーゲーム）は、実際の戦場を簡略化したモデルの上に各プレイヤーについて異なる勝利条件を設定し、盤上で歴史的戦闘を再現することに成功し、1970年代をピークとして人気を獲得しました。こういった戦闘シミュレーションゲームは、リアルさを軸として評価され、そのためルールや設定がますます複雑になり先細りになってしまいました。

　70年代〜80年代にブームとなったのが**TRPG**（テーブルトークRPG）でした。TRPGはルールを単純にし、複雑な部分をゲームマスターに委ねることで豊かなゲーム世界を築こうとしました。ルールを複雑化することで精緻な世界を築こうとしたシミュレーションゲームとは対照的に、ゲームマスターがゲーム前やゲーム中にゲームをデザインしていくという新機軸であり、ルールブックや副読本など、ゲームマスターを支える資料も多数出版されました。また、TRPGは従来のゲームのように勝者と敗者を分かつのではなく、全員が勝者にさえなり得るゲームスタイルであり、そこ

に斬新さがありました。

次に80年代後半に入って大きな変化になったのが、**キャラクターカードゲーム**の登場でした。従来は「戦士」「魔法使い」程度の簡単な記号表現であったところに、1枚1枚のカードをキャラクター化し、イラストと名前を付け、パラメータを変化させました。こういったコンテンツレベルの変化がカードゲームの魅力の新しい面を切り拓きました。

90年代に入ってからの大きな変化は**トレーディングカードゲーム**の流行です。トレーディングカードゲームはビジネス的には、ユーザーがカードを購入し続けるという点が新しく大きな利益をもたらしました。また、それまで、ゲームの情報は「ゲーム会社からユーザーへ」という一方向であったところに、デッキの情報などをユーザーから発信するようになった点が革新的でした。また、1ゲームが短い時間（45分程度以下）に抑えられ、賞金や栄誉のついたトーナメント大会が開催できるように設計されていることも、ゲームデザインに織り込まれていました。

19.7
ボードゲーム開発とゲームデザインの学習・研修

ボードゲーム開発の良さを生かした、ゲームデザインの学習・研修はいくつかの方向で実現されています。それ自身が1つの研究にもなっています[39]。ゲーム開発者、ゲーム開発者志望を含む学生に向けても行われています[9]。また、こういったボード上の学習は図上演習として長い歴史を持っています[40]。

プロのゲーム開発者へ向けては、毎年サンフランシスコで開催されているGDC（Game Developers Conference）[10]におけるゲームデザインワークショップがあります[11]。このワークショップではゲームデザインの講義に加えて、グループに分かれたディスカッションや机上で紙の駒を実際に手で動かしてゲームデザインを確認するという過程が含まれています。

海外では、各企業で、新人あるいは社内研修として行っているケースがあります。EA（Electronic Arts）では2004年から、世界各地のプロダクションで、開発しているゲーム（「Medal of Honor Frontline」（EA, 2002）、「Lord of the Ring」（EA）など）のギミックを机の上に再現してゲームデザインやレベルデザインを試していくというワークショップが実施されました[12]。このワークショップの目的は、複雑化して

いくゲーム開発に対するプリプロダクションのスキルを、職種を超えて確認することにありました。

日本でも各企業が研修として行っているほか、IGDA日本ボードゲーム専門部会が開催した事例があり、これについては後述します。

教育におけるボードゲーム、カードゲームの利用はいくつかの試みとして行われてきました。1つはシリアスゲーム、つまり、環境問題や国際問題を考えるためのワークケースとしての役割を持っていました。たとえば、ボードゲーム「KEEP COOL」（Spieltrieb、2004）[13]では、プレイをしながら気候変動に対する国際間交渉を疑似体験できます。日本でも、災害対応カードゲーム教材「クロスロード」（チームクロスロード、2004）[14]が研究者によって作成され展開されています[15]。ゲームを用いたファシリテーションとして注目されています。

もう1つは、ゲーム開発の訓練としてのボードゲームなどの利用です。現在、デジタルゲーム開発を学べるコースは北米だけで250以上あり、その中にはボードゲームを使った授業を実施している大学もあります。特に、南カリフォルニア大学（USC、University of South California）の School of Cinematic Arts では、10年以上にわたる取り組みの中でゲームデザインを教えるカリキュラムを形成し、その成果を1冊の書籍 *Game Design Workshop: A Playcentric Approach to Creating Innovative Games*[12] として紹介しています。このコースの学生プロジェクトから生まれたタイトルとしては「flOw」があります[16]。

19.8
ゲームデザインについての概念・モデル

ボードゲームはゲームデザインを語るよい足場を提供してくれる、と最初に書きました。では、具体的にはどのようなゲームデザインについての概念があるでしょうか？

もちろん、ゲーム開発者や熱心なユーザーの皆さんは、自分なりにゲームデザイン論を持っているかと思われます。しかし、ゲーム開発者コミュニティ、ユーザーコミュニティにとって大切なのは、お互いに自分の意見を発表し合い議論し合うことで、コンセンサスや対立を内包しながら高度な概念へと登って行くことです。

そこでまず大切なのは、ゲームデザインを語る言葉（概念）を蓄積することです。ここでは、ごく簡単にゲームデザインの分野で提唱されてきた概念や、厳密な定義はさ

19.8 ゲームデザインについての概念・モデル

れてはいませんが、よく使われるゲームデザインの言葉を説明することにします[17]。

- **アゴーン（競争）、アレア（偶然）、ミミクリ（模倣）、イリンクス（めまい）**
  人類学者、ロジェ・カイヨワがその著書『遊びと人間』[18]で提唱した遊びの快楽についての4つの分類です。遊びについての議論では、古典的な議論としてよく引用されます。
- **ルドロジー（Ludology）**
  ゲームを他の分野の文脈の中で語るのではなく、ゲームの性質そのものに立脚して探求していく学問分野を指す言葉。アカデミックの分野でゲーム学を指す言葉として使われます[19][20][21]。
- **可能性空間（the space of possibility）**
  ユーザーのアクションが、ゲーム空間内で影響・意味を持つ範囲[22]
- **マジックサークル（Magic Circle）**
  プレイヤーにゲームの面白さを味わわせる一連の行為のループ[22]
- **フロー（Flow）**
  継続的に維持される安定な人間の没入状態[23]
- **学習曲線**
  厳密な意味ではなく、プレイヤーがゲームシステムに慣れていく過程を指す
- **報酬**
  プレイヤーがこなしたゲーム内のタスクに対する報酬を指す

ここからは、まとまったゲームデザインのフレークワークをいくつか紹介します。どれが唯一の正解というわけでもありません。こういったフレームワークは正しい理論を構築することを目指したものというよりは、ゲームを制作する過程で、ゲームをデザインする足場として構築されたものであり、非常に実践的な知識と言えます。

MDAフレームワーク（Mechanics-Dynamics-Aesthetics Framework）（Marc LeBlanc）

ゲームをデザイナーからプレイヤーに向けて、ゲームの仕組みであるメカニクス、仕組みの上にユーザーによってゲームが動的にプレイされるダイナミクス、ユーザーがプレイをしながら持つ反応・感情の美学（ここでは結果程度の意味）によってゲ

第19章　ボードゲームからデジタルゲームを捉える

ームデザインを捉える枠組みです[24][11][25]。

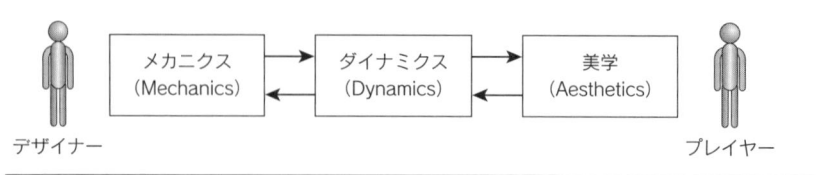

図19.1　MDAフレームワーク[24]

複数の時間スケールによるゲームデザイン（ウィル・ライトなど）

誰が言い出したものではないですが、ゲームデザインと時間スケールについての、短時間から長時間までの「トライ、成功、報酬」を準備しておく、という議論があります。たとえば、3秒のミッション（「敵を叩く、ダメージを与える」など）、30秒のミッション（「戦いの結果敵に対して優勢になる」「移動して優勢な位置取りをする」）、3分のミッション（「敵を一掃して経験値を得る」など）、30分のミッション（「ダンジョンをクリアする」「レベルが1つ上がる」など）、3時間のミッション（「1つのシナリオをクリアする」など）、短期から長期にわたる階層的な成功体験を準備しておくことで、短い時間から長い時間まで充実したプレイ設計を行うことができます。「SimCity」「The Sims」（EA）のゲームデザイナーとして著名なウィル・ライトの講演でもたびたび登場する概念です[26][27][28][29]。

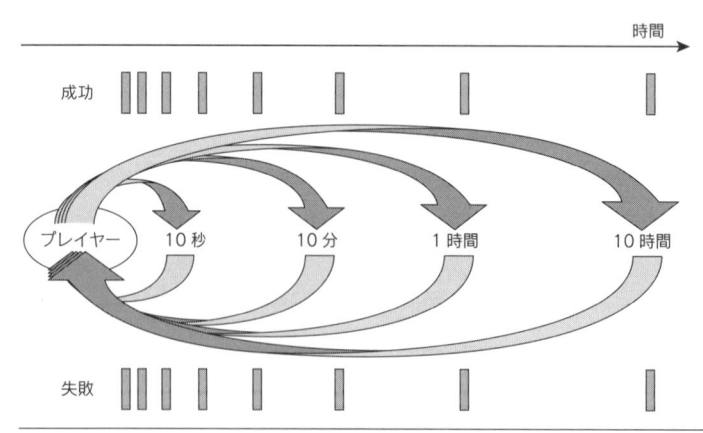

図19.2　時間スケールで階層化されたユーザーの試行とゲームデザイン[27]

19.8 ゲームデザインについての概念・モデル

コンセプト・テーマ・テクニック（鈴木銀一郎）

　ゲームデザインは3つのフェーズに分かれます。ゲーム全体の抽象的、本質的な楽しさを表す**コンセプト**、具体的な背景設計である**テーマ**、ゲームルールなど細部の設計方法としての**テクニック**です。たとえば「カタン」というゲームであれば、コンセプトは「資源の回収と交渉という面白さを実現したい」というところにあります（と筆者は見る）。テーマはそういったゲームをどのような設定の上で実現するかということであり、カタンでは「海に囲まれた資源が産まれる島」です。最後にテクニックは、コンセプトを実際にどのように具体的に実装していくか、ということで、カタンでは、「マップを6角形で区切る」「サイコロの目によって各ターンで取れる資源が決定する」「手番の人間が資源同士を他の全員と交渉で交換できる」などの細々としたルールです。

　「コンセプト」は3つの中で最も難しい部分で、ゲームデザイナーの稀有な発見によるゲームの面白さの本質そのものです。オリジナルと言えるものは、本当に少ないと言えます。たとえば、「セリ」「交渉」といったゲームコンセプトはさまざまなゲームで使用されていますが、これも最初に見つけ出したデザイナーがいます。こういった発見された「コンセプト」は、その後、他のゲームデザイナーによってくり返し模倣されることになります。最も優しいのが「テクニック」です。「テクニック」は数多くのゲームを遊ぶことで学ぶことができます。プレイしたゲームのデザインの細部の仕様を学んで記憶しておき、それらを組み合わせたり、アレンジすることで、自分のゲームへ応用することができます[8]。

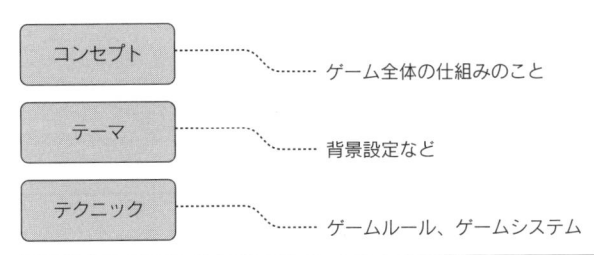

```
┌──────────┐
│ コンセプト │·········· ゲーム全体の仕組みのこと
└──────────┘
┌──────────┐
│  テーマ   │·········· 背景設定など
└──────────┘
┌──────────┐
│ テクニック │·········· ゲームルール、ゲームシステム
└──────────┘
```

図19.3　コンセプト・テーマ・テクニック、鈴木の説くゲームデザインの3階層[8]

19.9
テーブルゲームから学びデジタルゲーム開発に活かす

　実際にテーブルゲームから得た知見をデジタルゲーム開発へ活かしていくためには、ゲームを遊び続けて蓄積した知見をゲーム開発の実践へ活かしていくための橋渡しについても考えなければなりません。やはり、ただ漠然と遊んで面白さを理解するところから、ゲームをデザインする段階に至る過程を、何度も繰り返し練習して習得する必要があります。こういった実践については、現在、世界中でも研究者や開発者が探求しているところでもあります。ただ、日本では、そういったワークショップを実施する試みや、ノウハウの蓄積が、まだまだ少ないのが現状です。

　この節では、筆者も実施者の1人として関わったIGDA日本（国際ゲーム開発者協会日本支部）ボードゲーム専門部会が主催したゲームデザインワークショップを紹介しましょう[30][8]。

　このワークショップは、前節で挙げた鈴木銀一郎のゲームデザインフレームワーク、「コンセプト」「テーマ」「テクニック」を実践によって身につけることを目的としています。題材としたゲームは「カタン」です。本ワークショップは以下のような手順で進行しました。全体として4時間ほどの工程です

① 各グループ（4～7人ほど）に分かれ、カタンを1時間ほどプレイする。
② 各グループでカタンの面白さについての短い言葉で表現する。発言は、まずメモ用紙に言葉を書いて盤上に置いてから行うこととする。
③ ルールをどう修正すれば面白くなるかを議論する（テクニックの改善）。同様に発言はメモ用紙に書いて盤上に置いてから行うこととする。
④ 舞台を日本に置き換えたらどうなるかを議論する（テーマの変更）。
⑤ 「カタン」の面白さをさらに発展させたゲームを議論する（コンセプト発展）。
⑥ カタンの「コンセプト」「テーマ」「ルール」を自由に変更して、新しいゲームデザインを設計する。
⑦ 提案したデザインに基づき、用意された紙や駒でプロトタイプを作成し、テストプレイを行う。
⑧ 全グループが集まって、各グループ5分間で、新しいゲームデザインとその結果についてプレゼンテーションを行う。

各机にはメモ用紙が用意され、すべての過程で議論で出たアイデアを書いて、机の上に並べていき、アイデアを発展させてゆく形式を取ります。各グループは、「コンセプト」「テーマ」「テクニック」の3つの力点を駆使して自由にゲームを変形しながら新しいゲームデザインを行っていく中で、自然にこのフレームを習得していきます。

図19.4　IGDA日本ゲームデザインワークショップの風景

19.10
テーブル型ディスプレイとボードゲームの未来

最後に、iPad（アップル）[31]やMicrosoft Surface（MS Surface、Microsoft）[32]といった、マルチタッチのテーブル型ディスプレイについて触れておきましょう。

マウスやキーボードを使わず、複数の人間が同時にディスプレイを操作できるテーブル型のディスプレイは、手札をどのように扱うかという問題はあるものの、ボードゲームやカードゲームをそのディスプレイ上に再現させて遊ぶことができます。すでに、研究の一環として、カーネギーメロン大学の研究室では、D&D（Dungeon & Dragons）を、MS Surface上で遊ぶ環境を実現しています[33][34]。

こういったディスプレイ上でテーブルゲームを遊ぶ環境が整備されれば、ボードゲームはデジタル上で制作され、オンラインでダウンロード配信され、これまでのような膨大な箱の山に悩まされることもなく、遠隔地の友人ともリアルタイムに気軽にボードゲームを楽しむことができるようになります。

もしそうなったら、そういった時代のゲームデザイナーは、ギミックやボードのパッケージングや製造出荷に悩まされずに、世界中へ向けて瞬時に自分のゲームを配信できます。また拡張版の配信もより手軽になります。

　しかし、これは結局、ボードゲームをデジタルゲームにしただけで、ボードゲームデザイナーにデジタルゲーム制作工程と同じ悩みを与えるだけかもしれません。つまり、そこではもうボードゲームとデジタルゲームの境がほとんどなくなっていくかもしれません。そういった時代のボードゲームデザイナーは、デジタルゲームとボードゲームの融合した新しいゲームデザインを切り拓いて行く可能性を持ちます。

19.11
デジタルゲームの未来、ボードゲームの未来

　ボードゲームからデジタルゲームを見ると、どうしてそんなにゲームデザインとは関係のないものをたくさん入れようとするのか、ゲームとしては何1つ変わっていないのに、外面だけが変わっていく、という気がします。だんだんと、ゲームそのものが見えなくなっている、そんな感じです。

　一方、デジタルゲームからボードゲームを見ると、どうしてそんなに変わらないのか、少なくとも外見として何かが変わったように見えない、何が新しくなったのかわからない、そんな感じがします。

　前者はテクノロジーとともに進化して来たデジタルゲームの性であり、デジタルゲームはこれからも、デジタル空間を通じてあらゆる他のデジタルコンテンツと繋がろうとする運動の中にあるでしょう。その急激な波の中で、技術の進歩とともに新しいゲームを開拓する、それがデジタルゲームの本質です。

　後者はシンプルな素材から構築されるボードゲームの逃れられない立脚点であり、足場を変えることはできないけれど、それでもボードゲームは、そのゲームデザインの歴史をしっかりと積み上げて新しいゲームデザインの境地を切り開いて来ました。ボードゲームの歴史は、もちろんデザインだけが全てではないのですが、純度の高いゲームデザインの歴史そのものになっています。それが、アナログ、デジタルを問わず、ゲーム開発者を惹きつけるのだと思います。

　ボードゲームをしていると、ボードゲームが人と人の間にある関係性の空間を実によく探求していることに気が付きます。

19.11 デジタルゲームの未来、ボードゲームの未来

図19.5 IGDA日本第4回ボードゲーム交流会における池田康隆の講演に聴き入るデジタルゲーム開発とテーブルゲーム開発者（2009年2月、秋葉原UDX 東京フードシアター5+1）[35]

「じゃんけん」「にらめっこ」など単純な遊びでも、プレイヤーの性格がよく出ます。トランプなどのカードゲームだけでも無数の遊び方があり、ゲームによってプレイヤーの別の面が見え隠れします。ボードゲームはどうでしょう？ボードゲームもまた、ボードという広大な場を通じてプレイヤー同士がさまざまな相互作用を始めます。競争、協調、交渉、フェイク（だまし合い）、日常では見えないプレイヤーのさまざまな面が新しく見えてきます。逆に言えば、ボードゲームは、多様な人間関係を表現する場とも言えます。

デジタルゲームはその黎明期には、多くのゲームが1人プレイ専用のゲームとして出発しました。友人の家に行って、交代でお互いのプレイを見ながら順番を待つという体験をした方もおられるかと思います。しかし、それも少しずつ、複数のプレイヤー同士が戦闘できるゲームが多くなり、携帯ゲーム機では通信によってモンスターを交換できるようになり、デジタルの上で多様なプレイヤー同士のインタラクションとコミュニケーションの場を開拓してきました。さらにオンラインゲームが登場し、デジタル上で再現された広い大地や深い海の底といった空間を一緒に旅をして回ることができるようになりました。デジタルゲームは、ボードゲームが持っていた場を共有する楽しさをオンラインゲームの上に再現し始めたと言えます。

しかし、ボードゲームはそれだけではありません。プレイヤー同士の表情、声の抑揚、カードの切り方ひとつ、視線や身振りなど、身体を持つ人間同士が持つ、ありとあらゆる情報をもってゲームをプレイします。そういった場で、考え抜いた自分の手

を相手に伝えるという醍醐味があります。ボードゲームには、デジタルゲームが吸収しようとしてしきれない属性がまだ多分に残っています。

　ボードゲームが持つ身体性、場を共有する喜び、場の一回性といった、デジタルゲームが取り残してきた要素が、ボードゲームでは深くゲーム性に結びついているのです。

　現代においては、デジタルゲームとボードゲームはお互いを意識し、吸収し、互いのアイデンティティを揺さぶり合いながら進化していきます。デジタルゲームとボードゲームはお互いがお互いの姿を照らす光なのです。

19.12
ボードゲームに関する参考資料

[1] "Internationale Spieltage SPIEL", http://www.merz-verlag.com/spiel/
[2] 安田均,『ゲームを斬る!』, 新紀元社, 2006
[3] W. Eric Martin, "Mary Dimercurio Prasad: Ludo Fact Tour? How Games Are Made", boardgamenews.com, 2009, http://www.boardgamenews.com/index.php/boardgamenews/comments/mary_dimercurio_prasad_ludo_fact_tour_how_games_are_made/
[4] "Lionhead Studios", http://www.lionhead.com/
[5] 「ゲーム業界の大御所，ピーター・モリニュー氏が語るR&Dの意義と必要性」, 4gamers, 2009, http://www.4gamer.net/games/020/G002023/20090330035/
[6] 鈴木銀一郎,『RPGカードゲームの作り方』, マイクロデザイン, 1990
[7] 鈴木銀一郎,『ゲーム的人生論』, 新紀元社, 2006
[8] 三宅陽一郎,「IGDA日本ボードゲーム専門部会 ゲームデザインワークショップ」, Game Link (Shoot the Moon) vol.1, pp.64〜66, 2009
[9] Brenda Brathwaite, Ian Schreiber, *Challenges for Game Designers*, Charles River Media, 2008
[10] "Game Developers Conference", http://www.gdconf.com/
[11] Marc LeBlanc, "Game Design Workshop 資料 (2001-)", http://algorithmancy.8kindsoffun.com/

[12] Tracy Fullerton, *Game Design Workshop, Second Edition: A Playcentric Approach to Creating Innovative Games*, Morgan Kaufmann, 2008
[13] "KEEP COOL", http://www.spiel-keep-cool.de/
[14] "災害対応カードゲーム教材「クロスロード」", http://www.bousai.go.jp/km/gst/kth19005.html
[15] 矢守克也, 網代 剛, 吉川 肇子, 『防災ゲームで学ぶリスク・コミュニケーション——クロスロードへの招待』, ナカニシヤ出版, 2005
[16] "flOw", http://www.jp.playstation.com/scej/title/flow/
[17] 井上明人, 「遊びとゲームをめぐる試論——たとえば, にらめっこはコンピュータ・ゲームになるだろうか」, http://www.moba-ken.jp/wp-content/pdf/vol.13_inoueakito.pdf
[18] 多田道太郎, 塚崎幹夫, ロジェ・カイヨワ, 『遊びと人間』, 講談社学術文庫, 1990
[19] "ludology.org", http://www.ludology.org/
[20] "ゲーム開発者はプレイヤーを積極的に「刺激」しよう——Ludology のゴンザロ・フラスカ氏インタビュー", Slash Games, http://www.rbbtoday.com/column/gameint/20040930/
[21] "newsgaming.com", http://www.newsgaming.com/
[22] Katie Salen, Eric Zimmerman, *Rules of Play: Game Design Fundamentals*, The MIT Press, 2003
[23] M. チクセントミハイ, 『フロー体験 喜びの現象学』, 世界思想社, 1996
[24] Robin Hunicke, Marc LeBlanc, Robert Zubek, "MDA: A Formal Approach to Game Design and Game Research" http://www.cs.northwestern.edu/~hunicke/MDA.pdf
[25] Marc LeBlanc, "Game Design Workshop Overview", GDC, 2008, http://algorithmancy.8kindsoffun.com/GDC2008/OrientationHandout.doc
[26] Will Wright, "Dynamics for designers", GDC, 2003, http://thesims.ea.com/us/will/
[27] Will Wright, "Desing Plunder", GDC, 2001, http://thesims.ea.com/us/will/
[28] Will Wright, "AI: A Desing Perspective", AIIDE, 2005, 2005, http://

thesims.ea.com/us/will/

［29］ Will Wright, "MODELS COME ALIVE!", PC Forum, 2003, http://thesims.ea.com/us/will/

［30］ 徳岡正肇,「デジタルゲーム開発者を対象に，ボードゲームのデザインを考えるワークショップ開催。講師は"あの"鈴木銀一郎氏」, 4gamers, 2009, http://www.4gamer.net/games/000/G000000/20090622008/

［31］ "iPad", http://www.apple.com/jp/ipad/

［32］ "Microsoft Surface", http://www.microsoft.com/surface/

［33］ "Dungeons & Dragons done right on Microsoft Surface", 2010, http://blogs.msdn.com/surface/archive/2009/10/19/dungeons-dragons-done-right-on-microsoft-surface.aspx

［34］ カーネギーメロン大学, "the SurfaceScapes project", http://www.etc.cmu.edu/projects/surfacescapes/

［35］ 小野卓也, "講演録「Shadow Hunters 製作日誌」", ボードゲーム情報誌「シュピール」vol.14, pp.28〜31, 2009

［36］「オンラインゲームにも通じる？ トレーディングカードゲームビジネスの今。木谷氏に聞く，コンテンツビジネス最前線」, 4gamers, 2009, http://www.4gamer.net/games/085/G008583/20090525032/

［37］ "Steve Jackson meets Reiner Knizia", VIDEOGAME CULTURE EDGE, vol.212 pp.80〜85, 2010

［38］「ドイツゲーム界、任天堂 DS に進出」, Table Games in the World, 2008, http://www.tgiw.info/2008/02/ds_1.html

［39］ Kenneth Hullett, Sri Kurniawan, Noah Wardrip-Fruin, "Better Game Studies Education the Carcassonne Way", Proceedings of DiGRA 2009, 2009, http://www.digra.org/dl/db/09287.19006.pdf

［40］ 蔵原大,「20世紀のウォーゲーミング（図上演習の方法論）に関する歴史」, 戦略研究学会年報『戦略研究』, vol.6, 2009

［41］ "Interview: Peter Molyneux", Edge Online, 2009, http://www.edge-online.com/features/interview-peter-molyneux

［42］ ゲームマーケット, http://www.gamemarket.jp/

［43］ テーブルゲームフェスティバル, http://tgfhp.com/

第20章
ARG（Alternate Reality Game）
現実の世界を舞台とする代替現実ゲーム

八重尾昌輝

構成協力：IGDA日本 ARG専門部会（SIG-ARG）

ARGとは

　ARGとは「Alternate Reality Game」の略で、「代替現実ゲーム」と訳されます。

　ARGがほかのゲームと異なるのは、現実を舞台に日常の感覚をひきずったまま物語を遊ぶという構造になっている点です。現実を舞台にするため、プラットフォームやルールに依存しない設計も可能な、制作者にとってもプレイヤーにとっても自由度の高いゲームとなっています。ARGは数日〜数ヶ月にわたって行われる長大な内容であり、制作の際もこれといって制限というものはありません。ARGの含む範囲は非常に広いため、制作・運営には多方面にわたる能力が必要となってきます。

　本章では、国内において今後大きな発展が見込まれるARGについて、概要と歴史、ビジネスモデルについて解説します。

ARGの産業構造

プラットフォーム	▶ 現実に存在するあらゆるプラットフォーム
ビジネス形態	▶ スポンサー、コミュニティ、商品、ユーザー参加費など
ゲーム業界関連職種	▶ ゲームデザイナー、ストーリーテラー、コミュニティクリエイター、ITクリエイター、グラフィックデザイナー、営業、法務関係者
主流文化圏	▶ 北米、欧州各国

第20章　ARG（Alternate Reality Game）

20.1
ARGとは

　国内におけるARG（Alternate Reality Game、代替現実ゲーム）への認知度は非常に低いため、まずはARGとはなんなのかという点について説明したいと思います。

　ARGとはどのようなものなのか。それは現実で展開される遊びのことです。日常的に過ごしている環境がゲームの舞台となり、まるでゲームの世界に入り込んでしまったかのような（あるいはゲーム世界が現実を浸食してしまったかのような）感覚の中でゲームのクリアを目指します。クリアするために用いる道具はゲーム機のコントローラーではなく、インターネットや携帯電話、テレビ、ラジオ、新聞など、日常的に触れているごくごくあたり前のものです。これらの中にゲームを展開させるために必要な情報を紛れ込ませ、プレイヤーはそれを発見していく必要があります。情報がどこに紛れ込んでいるのかプレイヤーにはわからないため、探す範囲は非常に広大なものになります。そのためプレイヤー1人だけではカバーすることができません。そこでプレイヤー間の協力、つまりコミュニケーションが必要になってきます。これがARGの大きな特色となっています。

　ARGはコミュニケーションを根幹に持つゲームです。そのため遊ばせることを通してコミュニケーションの輪を拡大させるという点を用いて、特定の商品のプロモーションを行うなどといった手法の1つとして利用されることもあります。ARGをビジネスとして考えた場合、こうした用途に利用できるということは非常に重要な意味を持ちます。

　ARGは、現実を舞台にすること、およびコミュニケーションによって拡大するという大きな特色によって、プレイヤーに通常のゲームプレイでは得られない没入感を与えることができます。記憶に深く刷り込むことができれば、プロモーション効果としても期待できるというわけです。

　このように、ARGはゲーム単体で成り立つ場合のほか、広告手法としても利用できる側面を持っています。幅広い利用が可能なため、ARGの定義などについてはいまだ曖昧な部分も多くあります。北米では、ARGは映画やビデオゲームのプロモーション手法として定番となりつつありますが、特に国内では研究されるケース自体が少ないこともあり、どのようなARGが日本で受け入れられるのか、といったこ

20.1　ARGとは

となについては、今後の研究によって明らかにされていくでしょう。またこれから、ARGクリエイターの増加に合わせてさまざまなARGが登場すれば、ゲーム市場、広告市場など、さまざまな方面に影響を与えるARGが登場してくることが期待されます。

では、実際にARGとはどのようなものなのか、初めてのARGといわれている**The Beast**を事例として紹介します。「The Beast」は映画『A.I.』のプロモーションを目的として制作されました。

「The Beast」では、ARGをスタートするために必要な入り口（ラビットホール）が3つ設置されていました。1つ目は公開前に配布されたポスターや、トレイラー動画にクレジットされていた「ロボットセラピスト」という肩書きを持つ人物の名前。2つ目はトレイラー動画の1つに隠された電話番号。3つ目は事件が起こっていることを直接的に告知したポスター。これらの情報に触れたプレイヤーが、書かれている内容を不思議に思い、検索サイトなどで調べ始めたことでゲームはスタートしました。

「The Beast」は現実に存在するさまざまなメディアを使用して展開されました。映画、動画、ポスター、電話、FAX、メール、あるいは実在する場所など、日常に存在しているあらゆるコンテンツがゲームのアイテムに変わったのです。

散りばめられた情報はとても広範囲にわたる上、解決に有益なものから無関係なものまでさまざまあったため、とても1人では解決することができません。そこでプレイヤーは自らコミュニティサイトなどを立ち上げ、そこで情報の集約などを行い事件の解決を目指しました。4ヶ月にわたりゲームは行われ、これによってプレイヤーは「A.I.」に対する深い没入感と作品に対する知識を得ることができたのでした。「The Beast」には300万人を超えるプレイヤーが参加したと言われており、各種メディアに露出したことによる総インプレッションは3億にも上ると推測されています。[1][2]

図20.1　映画『A.I.』(2001)

A.I.　特別版
DVD　¥3,129（税込）
ワーナー・ホーム・ビデオ

第20章　ARG（Alternate Reality Game）

「The Beast」には、ARGの基本的な要素がすべて含まれていると考えられています。次節では、ARGの要素について説明します。

20.2 ARGの要素

ARGは現実に存在するさまざまなコンテンツを利用しているため、ゲームによって形態は大きく異なります。しかしARGを分解してみると、いくつかの要素が見えてきます。多くのARGはこの要素を備えていますが、すべてを備えているとは限りません。海外では数百を超えるARGがすでに制作されており、多様性も増しています。また、ここで紹介する要素が国内でそのまま適用できるかどうかはいまだ不透明であるという点を明記しておきます。

コミュニケーションゲームである

ARGは規模にかかわらず、多様なコミュニケーションを前提としたシステムになっています。コミュニケーションをとるという行為を遊びとして昇華させるための手段として、さまざまな謎やギミック、イベントが行われます。「コミュニケーションをとる」という行為は、ゲーム内で行われているかどうかという狭い範囲での話ではなく、ゲーム外でそのARGのことを話すというコミュニケーションも含まれます。すなわち、ゲーム内は完全に個人で完結するタイプのARGであったとしても、思わず誰かに話したくなるほど面白い内容であれば、コミュニケーションを展開させるという目的は達成できていると言えます。

フィクションである

ARGは現実を舞台にするがゆえに、他ゲームにはないリスクが伴います。現実感を出すためにリアリティを追求する運営側の思惑と、ゲームが現実的すぎるために参加を躊躇したり、行動に不安を持つプレイヤーの気持ちのバランスをうまくコントロールしなければ、ARGは破綻してしまいます。リリースされているARGの中でも成功しているゲームの多くは、ゲームであることを隠蔽して現実感を高める一方、フィクションであることを暗に示すことによって、「フィクションの世界で起こっている現実とリンクした出来事」という状況を作り出しています。これにより、プレイヤーはフィク

考古学的な物語展開

ARGはしばしば考古学の手法と似ている点が指摘されています。すなわちさまざまな断片を発見し、それを組み合わせて1つの事実を突き詰めていくという考古学の手法が、ARGの物語を展開していく際に使用される手法と似ているのです。考古学において1つの謎を解明するためには、一見すると関係なさそうな分野にまで手を伸ばしたり、脈略のなさそうなものを組み合わせてみるといったアプローチが必要な場合もあります。もちろん誰も発見していないものを発見するので、どこを発掘するのか、何を組み合わせればいいのかといったことは自ら判断しなければなりません。

ARGも同じで、プレイヤーが能動的に行動しなければ物語は展開しません。与えられた情報の中から解決方法を探すのではなく、自ら情報そのものの収集から始めなければならないのです。

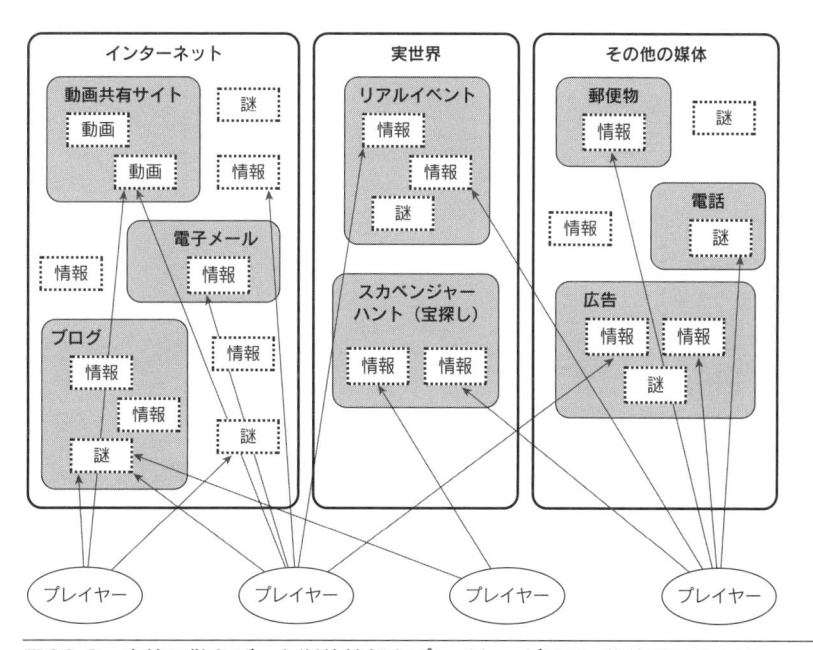

図20.2 広範に散らばった断片情報をプレイヤーが発見・集約することで、ARGの物語は展開していく

蜂の巣構造のデザイン

　ARGをクリアするためにはさまざまな知識や経験、行動が必要になってきます。多くのARGは1人で解決するのが非常に困難なデザインとなっているため、プレイヤーは自分では解決できない問題に対しては、他のプレイヤーに頼らなければなりません。このときコミュニケーションの発生が期待できます。ARGにおける謎が他ゲームと比較して非常に難度の高いものであったり、物理的に移動が困難な遠距離に目的地をばらけさせたりするのは、こうした問題に対してプレイヤー間でコミュニケーションを発生させる狙いがあるのです。このように、他者とコミュニケーションをとらなければ物語が進展しないデザインが、自分を中心としてさまざまな要素や人と複雑につながり合っているように見える様子から、蜂の巣構造のデザインと呼ばれています。

This Is Not A Game（TINAG）

　ARGは現実で展開されるゲームです。そのため、プレイヤーがゲームだと思って参加しているのか、それとも現実なのかゲームなのかわからない状態で参加しているのかで意識に大きな違いが出てきます。現実であればなかなかできないような行為も、ゲームならできてしまうという状況があるためです。

　TINAGの考えは「これはゲームである」という情報を意図的に隠蔽することによって、ゲームと現実の境界線を曖昧にし、プレイヤーにより一層の現実感を与える役目を担っています。TINAGによって、現実にあるさまざまなルール（たとえばマナーやモラル）を効果的に利用することができ、ゲームの難易度をコントロールしたり、ゲーム的なコミュニケーションとは違うコミュニケーションの生成も期待できます。また別の側面として、明確な（ゲーム的な）ルールが提示されないため、プレイヤー自身がルールを推論しなければならないという点も重要です。

　このようにプレイヤー自身に思考させる機会を増やすのはプレイヤーがそれだけゲームについて考えるということでもあり、没入感を高める大きな要因として機能します。

リアルタイムである

　現実は常に時間が流れています。つまり、現実を舞台にしているARGもリアルタイムで進行するということです。現実で時間が流れているのにARGではプレイヤー

が行動するまで時間が止まっているような状態では、当然現実感が薄れてしまいます。ARGに登場するキャラクターは実在している人間であるかのように振る舞わなければなりませんし、物語もリアルタイムに進行しなければなりません。

現実の時間が流れているというのは、プレイヤーに対して制限時間があることを暗黙のうちに示す効果もあります。時間さえかければ1人でクリアできるような問題でも、時間が差し迫っていた場合は協力する必要が出てくるかもしれません。リアルタイムであることも、コミュニケーションをとらせるための手段として重要な要素となっています。

なお、ARGは数日〜数ヶ月にわたって行われるケースが多いようです。

20.3 ARGのタイプ

幅広い利用が可能なARGは、そのタイプもさまざま考えられます。ARGはもともとプロモーション手法としてスタートした経緯があるため、広告関係に利用されるケースが多くなっています。ここでは、どういった形態でARGが利用されているのかを紹介します。

ミニタイプ

ミニタイプは基本的に非営利で、ゲームそのものを楽しむために制作されたARGを指します。ミニタイプはほとんどのケースが無料で参加することができ、内容は小規模です。

ミニタイプを行うのは、企業よりも個人や少人数のチームが多いようです。ミニタイプはどちらかというと本格的なARGを制作する前に行うトレーニング的な側面が強く、リスクやコストが最小限の状態で制作されます。そのため小規模なものが多いのです。

プロモーションタイプ

プロモーションタイプは、現在海外で最も多く制作されている営利ARGです。これはARG単体で収益を確保するのではなく、ARGを通して特定の商品のプロモーションを行う形の、いわゆる広告です。よってプロモーションタイプは広告費やス

第20章　ARG（Alternate Reality Game）

ポンサー料などによって収益を確保しています。

　広告としてプロモーションタイプのARGを利用することのメリットは、ゲームを通してプロモーション対象への没入感を高めることで、プレイヤーにプロモーション対象をより深く理解させ、強く記憶に残らせることができるという点です。プロモーションタイプは、プロモーション対象が販売される前に行われるケースが多いようです。販売されるころにはプレイヤーはその対象についてすでに多くの知識と没入感を持っているため、違和感なく購入へとつながることが期待できます。

　最新の代表例として、映画『ダークナイト』のプロモーションARG「Why so Serious?」は、2009年カンヌ国際広告祭のサイバー部門グランプリを獲得し、大きな注目を集めました。

図20.3　プロモーションARG「Why so Serious?」

商品タイプ

　商品タイプは、ARGそのものが商品となり、ARGをプレイするためにプレイヤーがお金を払うことで収益を得るタイプのARGです。ARG単体で収益を確保することができるため、デジタルゲームやアナログゲームといった従来のゲームに近いタイ

プと言えます。

　ミニタイプと異なるのは、ARG単体で利益を確保する必要性から、ミニタイプよりも自由度の幅が狭まるという点です。たとえば、後戻りできない（リアルタイムで進行する）商品タイプのARGの場合、途中から参加するプレイヤーは同じ料金を支払っているにもかかわらず、参加期間に差が出てしまいます。あとで参加するほど損をしてしまうため、あとになるほどプレイヤーが入ってこなくなってしまいます。そのため商品タイプの場合、どのタイミングで参加しても最初から参加できるような非同期性が求められます。また、どのプレイヤーにも同じストーリーを提供しなければならないため、プレイヤーの行動に合わせてプロットをコントロールするという手法も利用しにくくなります。

　このように、商品タイプはARGの利点をいくつか損なうものの、単体で利益が確保できるというメリットは魅力的です。また、非同期性やプロットコントロールがしにくい点なども、見方を変えればそれだけ運営側の負担が減る要因になり得るため、少人数でのビジネス展開にも向いています。

サービスタイプ

　サービスタイプは、ARGを有償サービスとしてプレイヤーに提供する形態のことです。商品タイプの一種とも言えますが、商品タイプが主に書籍やトレーディングカードのような既存の商材にARG的な価値を付加していくスタンスなのに対して、サービスそのものへ課金を行うという点が異なります。既存の商材の特性に引きずられないため、プロモーションタイプと同等以上の自由な展開が可能という利点があります。

　しかし、ビジネスとして成立するためには、ARGのプレイヤーコミュニティが十分に育つ必要があるため、現時点ではまだほとんど実施されていません。また、ゲームかどうかを明示しないというARGの性質と課金は相反するので、いかにARGへの没入感を妨げずに課金を行うかという点も課題です。

シリアスタイプ

　シリアスタイプは、広告や利益確保よりも、教育に比重を置いたタイプのARGです。ARGは現実を舞台にし、現実感を高める手法を用いることで架空の物語をあたかも現実で起こったかのように演出することができるため、現実で起こり得る問

題をゲーム感覚で学んだり考えたりといったことができるのです。ARGは構造がそもそもコミュニケーションをとる仕組みになっているため、1人では解決が難しいような問題を皆で協力して集合知によって解決方法を探すような内容に向いています。

シリアスタイプはARGの持つコミュニケーションの要素を特に増大させた結果生まれたタイプですが、現実問題に対してプレイヤーが話し合った結果、どのような結論が待ち受けているのか制作者にも予想できないため、厳密には「ゲーム」と言うことはできないかもしれません。

20.4
ARGの構造

ここでは、ARGの構成要素のそれぞれについて説明することで、ARGの構造を明らかにしていきます。主な構成要素としては、パペットマスター、ラビットホール、ミッション、プレイヤーが挙げられます。

パペットマスター

パペットマスター（Puppet Master、PM）はARGにおける運営側です。ARGはゲームを制作するまでが仕事ではなく、実際の運営までもこなさなければなりません。パペットマスターには、ゲーム制作者としての能力と、ゲーム運営者としての能力が求められます。

パペットマスターは常にプレイヤーの動向に気を配り、タイミングに応じて新しい展開をコントロールする役目を担っています。通常はプレイヤーの前にその姿を現しませんが、その代わりに物語の登場人物をコントロールしてプレイヤーと接触することがあるため、登場人物をパペット（操り人形）に見立ててこのように呼称されています。

ラビットホール

プレイヤーがARGに参加するきっかけとなるエントリーポイントのことです。その様子が「不思議の国のアリス」に登場する、アリスがウサギの穴に落ちていく様子に似ていることから、それになぞって**ラビットホール**（Rabbit Hole、ウサギの穴）と言われています。ラビットホールは一見すると発見しにくいように設置されており、ラビ

ットホール自体が一種の参加テストの役割を果たしています。すなわち、ラビットホールを発見してARGに参加するだけの力量があるプレイヤーは、そのままARG本編で登場する謎の攻略にも積極的に行動してくれる可能性が高いということです。

しかし、ラビットホールが単一だった場合、参入してくるプレイヤーの数は非常に限られるだけでなく、層にも偏りが出てしまいます。多くのプレイヤーがラビットホールから参加できるようにするためには、プレイヤー層に応じたさまざまな難易度のラビットホールを複数用意するか、1つにするのであればラビットホールの難易度を落としたものを用意する必要があります。

ラビットホールは一見するとなんでもないようなところに仕込まれています。たとえば、図20.4にもラビットホールが仕込まれています。ニュースのように見える写真やURLなどは、ラビットホールとしてよく利用されます。

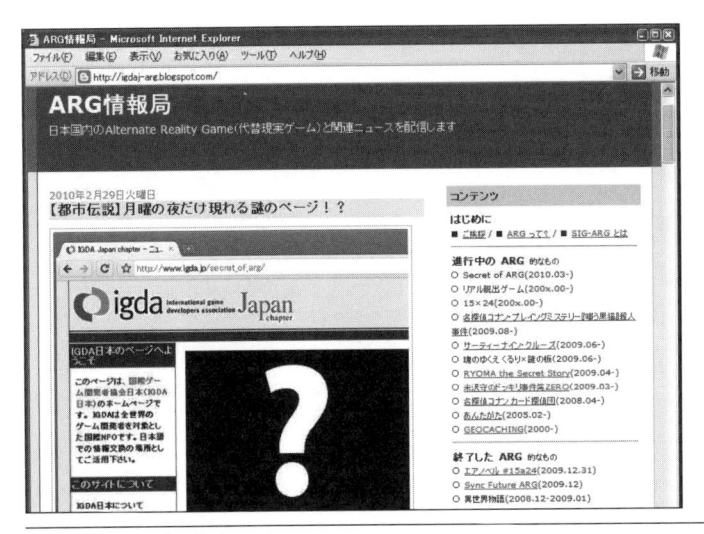

図20.4　ラビットホール

ミッション

ARGはプレイヤーに与えられるさまざまなミッションによって構成されています。プレイヤーがミッションをクリアしていくことでゲームは進展し、解決に近づいていきます。これから紹介する「ストーリー」「リアルイベント」「パズル」はいずれもARGにおいてとても重要です。

第20章 ARG（Alternate Reality Game）

ストーリー

　ストーリーはARGを構成する重要な要素です。ARGは多種多様なメディアや場所を利用して展開しますが、ストーリーがなければこれらは孤立してしまい、関連性を失ってしまいます。そのため特に長期間にわたって行われるARGの場合では、ストーリーがさまざまなミッションを結合する接着剤の役目を果たし、プレイヤーにとってのモチベーションとなります。ストーリーのプロットはプレイヤーの行動によっては変更する必要が出てくるかもしれません。プレイヤーの意志がストーリーに反映されれば、プレイヤーはよりARGの世界に深く没入していくことが期待できます。そのため、プレイヤーコミュニティがどのような方向を目指しているのかを把握し、それをプロットに反映させる作業が必要になってきます。

　ARGで用いられるストーリーは、現代を舞台にしていながらフィクションの要素も併せ持つものが多いようです。海外ではSF色の強いストーリーや、架空の都市や場所を舞台にしたストーリーのARGが比較的多く見られます。

リアルイベント

　リアルイベントは実際に存在する場所にプレイヤーがおもむいてなんらかの行動をしなければならないミッションのことを指します。たとえば、ある場所に隠されている手紙を回収してこなければならないとか、特定の時間に公衆電話が鳴るので、それを聞きにいかなければならないとか、イベントの形式はさまざまです。リアルイベントは1人でも現地に行けばクリアすることが可能なものから、複数集まってなんらかのアクションをとらなければならないものまであります。

パズル

　パズルはARGを構成する最も重要な要素の1つです。プレイヤーは基本的にさまざまな場所に散りばめられたパズルをクリアすることでストーリーを進行させます。パズルは単体で存在している場合もありますし、複数の情報を統合させた結果発生する場合もあります。パズルの種類も豊富で、ジグソーを組み立てるといったものから殺人事件の犯人を見つけ出すといったことまで、考え得るあらゆるパズルをARGでは使用することができます。

20.4 ARGの構造

図20.5
「RYOMA the secret story」のリアルイベントの様子
リアルイベントで入手したアイテムが次のパズルとなるケースも多い

Copyright © 2009 NISHIYA Bakumatsu Seminar. All Rights Reserved.

図20.6
「Halo2」のプロモーションARG「I Love Bees」
公衆電話を使ったリアルイベントでプレイヤーを熱狂させた

Photograph by Andrew Sorcini, used by permission

プレイヤーレベル

ARGにおける「プレイヤー」の範囲は非常に広範囲です。レベル0〜レベル3まで大きくわけて4つのレベルで考えられており、レベル0が最も多人数、レベル3が最も少人数というピラミッド型を形成しています。レベルは、プレイヤーがARGに対してどのくらい積極的に関わっているのかで判断されます。

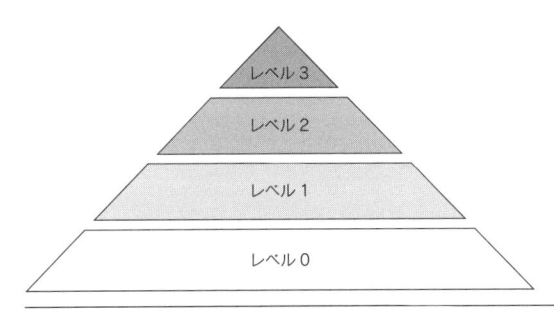

図20.7 プレイヤーレベルとプレイヤー数のイメージ
　　　　プレイヤーレベルの高い層ほど数が少ない

レベルが高いほど積極的に関わるプレイヤーでありゲームの展開には必要不可欠な存在ですが、数は少数であるためビジネスのメインターゲットとするにはリスク

353

第20章　ARG（Alternate Reality Game）

が大きくなります。通常、ターゲットとなるのはレベルの低いプレイヤーであり、レベルの高いプレイヤーは先導者として低いプレイヤーを牽引していく役目を負っています。このためARGの制作にあたっては、レベルの低い層をいかにレベルアップさせていくか、またレベルの低いプレイヤーをいかに増やしていくかが重要となります。

　物語の展開はレベルの高いプレイヤーが行いますが、そこだけを見てゲームを展開していくと、レベルの低いプレイヤーがついていけなくなり脱落してしまいますので、プレイヤー全体のバランスを見て物語をコントロールしていく必要があります。

レベル3　コアプレイヤー

　ARGを展開するにあたって重要な役目を果たすのがレベル3のコアプレイヤーです。コアプレイヤーはARGに対して能動的に関わるプレイヤーのことで、情報の探索、まとめ、リアルイベントにおもむくといった物語を進展させる要素に深く関わりたがるプレイヤーのことを指します。コアプレイヤーの数は決して多くありませんが、コアプレイヤーがいないと物語は停滞する恐れがあります。

　コアプレイヤーはARGのまとめサイトを自ら制作したり、レベルの低いプレイヤーに対しての先導者として機能します。

レベル2　アクティブプレイヤー

　レベル2はアクティブプレイヤーで、コアプレイヤーほどのめりこんでいるわけではないものの、ゲームに対して比較的能動的に行動するプレイヤーのことを指します。アクティブプレイヤーは自分の答えられる範囲の問題解決には積極的に貢献したりはしますが、ゲームのために新しい知識を勉強したりといったほどではありません。すでにあるフォーラムに書き込みをしたりはしますが、自らフォーラムを作るというほどではありません。

レベル1　カジュアルプレイヤー

　レベル1はカジュアルプレイヤーと呼ばれるプレイヤーで、受動的なプレイヤーのことを指します。ARGに対しての優先度は低く、ほかの用事を優先させるようなプレイヤーです。ARGを行うために登録が必要な場合は登録をするものの、それから積極的に参加をするということはあまりありません。近くでイベントがある場合、スケジュールが合い、かつ暇をもてあましていれば参加するかもしれません。

レベル0　オーディエンス

レベル0はオーディエンスと呼ばれており、ARGには参加せず見ているだけの存在です。いわゆるROM層と呼ばれる人々で、ARGの様子を見るだけで満足しているか、あるいは参加するきっかけがつかめないため留まっている人たちです。オーディエンスに対して訴求するのは、公式サイトやまとめwikiなどの情報です。オーディエンスは常にレベル1になる可能性を秘めており、数も最も多いため、こうした情報配信サイトなどで興味を引き寄せ、レベルアップさせる工夫をしなければなりません。

プレイヤーロール

プレイヤーの区分はプレイヤーレベルだけではありません。プレイヤーによってARGに対する取り組み方のスタイルは異なります。ARGは幅広いレベル、幅広いロールタイプに波及するような形で制作しなければ、満足できる規模のコミュニティにまで発達しません。ARGの根幹はコミュニケーションにあるので、ロールタイプに偏りが出ないような構成にして、どのロールタイプであっても楽しめるようにしなければなりません。

キャラクターインタラクター

キャラクターインタラクター（Character Interactor）は、キャラクターに対して積極的に接触することを好むロールタイプです。キャラクターに対してメールを送ったり電話をしたり、イベントに参加したりと、ARGのストーリーに深く没入することにモチベーションを感じるプレイヤーです。

コミュニティサポーター

コミュニティサポーター（Community Supporter）は、初心者プレイヤーに対してコミュニティに入りやすいようサポートしたり、コアプレイヤー同士の話し合いが行いやすいよう雰囲気作りを行ったりするロールタイプです。

インフォメーションスペシャリスト

インフォメーションスペシャリスト（Information Specialist）は、分散した情報をwikiなどにまとめるロールタイプです。大規模なARGであるほどインフォメーションスペシャリストのロールタイプの重要度は増していきます。また、カジュアルプレイヤ

ーやオーディエンスが情報のよりどころとするのも、インフォメーションスペシャリストのまとめたものになります。

パズルソルバー

パズルソルバー（Puzzle Solver）は、ミッションにおけるパズル解決に情熱を注ぐロールタイプです。このロールタイプが存在していないと、ARGは基本的に進行できなくなります。パズルソルバーはARGのゲーム的側面を強く求めるプレイヤーで、徐々に高度なパズルを求めていく傾向にありますが、コアプレイヤー/パズルソルバーにのみターゲットを絞ったパズルを提供し続けると、カジュアルプレイヤー/パズルソルバーが脱落する可能性が高くなるので注意が必要です。

リーダー（読者）

リーダー（Reader）はARGの進行に直接的には寄与しませんが、ARGの物語を読み、その面白さを外部の人たちに話して広めるロールタイプです。プレイヤーレベル別で考えると、コアプレイヤー/リーダーがARGの面白さを積極的に周囲に広めてくれるため、コミュニティ拡大のために最も必要なレベル/ロールタイプであると考えられます。また、ARGにおいて最も数が多いのはオーディエンス/リーダーであると考えられます。

ストーリーハッカー

ストーリーハッカー（Story Hacker）はキャラクターインタラクターに似ていますが、キャラクターインタラクターがキャラクターと一緒に物語を展開させようとするのに対して、ストーリーハッカーはプレイヤーの行動によって物語が影響を受けることにモチベーションを感じるロールタイプです。表面的に行っていることはキャラクターインタラクターと同じですが、行う目的が異なることに注意してください。

ストーリースペシャリスト

ストーリースペシャリスト（Story Specialist）は、ストーリーを解決させるために行動するロールタイプです。ストーリースペシャリストはARGのストーリーに惹かれてゲームを行っているため、ストーリーの続きを得るためにミッションに参加します。行動はパズルソルバーに近く、質の高いストーリーを求める傾向にあります。

20.5
ARGの歴史と現状

海外ARGの歴史と現状

　海外において明確に「ARG」と銘打ったゲームは2001年に始まったと言われています。それ以前にもARG的な試みはいくつかありましたが、自覚的なARGは前述した「The Beast」が草分け的な存在となっています。「The Beast」は初期ARGの特徴をすべて備えています。すなわち、TINAGであり、ラビットホールがあり、考古学的な物語展開がありました。初期ではARGという存在を知っているプレイヤーがいなかったため、こうした方法は非常に有効でした。このゲームに参加したコアプレイヤーはARGの魅力に心を奪われ、その後も多くのARGに対して積極的に関わるようになったようです。

　「The Beast」はプロモーションタイプのARGで、プレイヤーは無料で参加することができました。この時期を通して、プレイヤーはARGに慣れ親しみ、コミュニティが形成されていきます。

　プレイヤーとコミュニティが成熟するに従って2005年ごろから登場し始めたのが商品タイプのARGです。商品タイプはゲームを遊ぶためには何かしらの商品を購入する必要があるため、プロモーションタイプより参入障壁が高くなっています。しかし商品タイプの登場までにARGプレイヤーが成熟していたため、比較的スムーズに導引することができたようです。

　2007年ごろになると、ARGの持つ新しい側面としてシリアスタイプが注目され始めます。現実を舞台に架空の物語を遊ぶARGは、教育におけるさまざまな問題を考える点と親和性が高かったためです。特に知名度が高いのは「World Without Oil's」というARGで、これは「世界から石油がなくなったらどうなるのか」ということをプレイヤーたちが考えるシリアスタイプのARGでした。

　このように、海外ではプレイヤーやコミュニティの成熟に合わせてプロモーションタイプ、商品タイプ、シリアスタイプとARGの幅も広がっていきました。

国内ARGの歴史と現状

　日本国内の場合はどうでしょうか。国内においてはARGに対する認知度が非常に低いこともあり、自覚的にARGと謳っているゲームは少ないのが現状です。国内

第20章　ARG（Alternate Reality Game）

の場合、まず最初に発生したのはミニタイプでした。これらのARGは個人や非営利の少人数チームが制作しており、中でも「VIPPERのあんたがたに挑戦します」というARGは現在も続く長寿ARGとして注目されています。

　国内におけるARGの最初の波は、2008年3月から行われた全世界規模のARG「The Lost Ring」とほぼ同時期に発売された、商品タイプARGとしては日本初となる「名探偵コナン カード探偵団」でした。この2つのARGによって認知が広がり、ARGは知る人ぞ知るジャンルになっていきます。

　第2の波は2009年4月から開始された「RYOMA the secret story」というARGで、これは産学連携によるコンソーシアムが制作したトライアルARGでした。さらに6月には音楽グループ「くるり」のプロモーションを目的としたARG「魂のゆくえ」がスタートし、12月には早川書房『S-Fマガジン』創刊50周年を記念したARG「Future Player」や、小説『15×24』のストーリーと連動したARG「エアノベル#15a24」が行われるなど、徐々にビジネスを前提とした動きが本格的になっていきます。

　2010年になると、1月の段階ですでに『東のエデン』のプロモーションを目的としたAR（拡張現実）と連動したARGや、下北沢の地域振興を目的としたARG「ぼくらのシモキタストーリー」、さらにはネットドラマと連動したARG「マノスパイ」が実施されるなど、ARGの開催頻度も増加傾向にあります。

国内のARG事例

　ここでは、制作者が明確にARGと自覚した上で行われた事例をいくつか紹介したいと思います。

○ VIPPERのあんたがたに挑戦します

開始時期	2005年2月〜
デザイン	がすけつ
ゲームタイプ	ミニタイプ
Webサイト	http://yutori7.2ch.net/news4vip/
内容	巨大インターネット掲示板群の2chで有志により現在も不定期で行われているのが「VIPPERのあんたがたに挑戦します」（通称、あんたがた）です。ゲームはゲームマスター（ARG用語でいうパペットマスター）が公開する謎をプレイヤー側が解き、その謎の回答

によって明らかになった特定の場所に貼られているガムテープを回収するという流れになっています。ガムテープにはセブンイレブンのコピー機に用いられるネットプリントのIDが記載されており、新しい謎がプリントアウトできます。このように、「謎の解明」→「答えの場所に貼られたガムテープを回収」→「セブンイレブンで新たな謎を入手」というループを繰り返すのが「あんたがた」のルールとなっています。なお、「あんたがた」にはストーリーの要素が含まれていないため、ARGとは言えないとする立場もあります。

○ **The Lost Ring**

時期	2008年03月～2008年08月
デザイン	AKQA
ゲームタイプ	プロモーションタイプ
Webサイト	http://www.thelostring.com/
内容	「The Lost Ring」は2008年夏の北京オリンピックのプロモーションを目的とした全世界規模のARGでした。記憶を失ったアスリート6人が世界各地に出現し、彼らに課せられたミッションをプレイヤーたちとともに解決するというストーリーで、日本でも「のりこ」というキャラクターが登場し、さまざまなリアルイベントも開催されました。このような結果、YouTubeに公開されたトレイラー再生数は50万を超えたほか、海外のwikiのページは2,000ページを超え、1万回も更新されました[3]。

○ **名探偵コナン カード探偵団**

時期	2008年4月～
デザイン	メディアファクトリー
ゲームタイプ	商品タイプ
Webサイト	http://cardtantei.com/
内容	「名探偵コナン カード探偵団」は、国内における初めての商品型ARGです。プレイヤーは謎の書かれたカードを購入し、謎の答えを公式サイト上で回答することによってストーリーは展開していきま

す。「名探偵コナン カード探偵団」は、カードの謎を解くという遊び
方だけでも遊ぶことができますが、ARG 的なストーリーとして、実
はカードの企画者が失踪しており、なぜ失踪したのかその理由は
カードに隠されているという二重の構造を持っています。そのため
最初はカードの謎解きだけをしていたプレイヤーが、いつの間にか
カード企画者の失踪事件に巻き込まれていくという内容です。

- 宝探しサイト タカラッシュ！
    時期　　　　2003年1月～
    デザイン　　Rush Japan Corp.
    ゲームタイプ　プロモーションタイプ・商品タイプ
    Web サイト　http://www.akai-tori.com/
    内容　　　　「宝探しサイト タカラッシュ！」は宝探しを行うという内容のARGで
    す。近年になり自覚的にARGの要素を取り入れた展開を行うよう
    になりました。ゲームの内容は実施する地域によって異なります。
    地域振興やテーマパークのプロモーションとして利用されるケース
    が多く、その場所にふさわしいストーリーが展開されます。

図20.8　宝探しサイト タカラッシュ！　　© RUSH JAPAN CO,LTD.

参加するプレイヤーは宝の地図を入手することからスタートします。地図の謎を解き、最終的に宝物を発見するのが目的となっています。「タカラッシュ！」は意図的にゲームであると宣言しているのが特徴ですが、地図や宝箱など、ゲームに必要なアイテムの造形には非常にこだわっているなど、現実感が損なわれないような工夫によってゲームを盛り上げています。

○ RYOMA the secret story

時期	2009年4月〜
デザイン	ユビキタスエンターテインメント手法による事業創造コンソーシアム
ゲームタイプ	ミニタイプ
Web サイト	http://keglab.jp/ryoma_arg_phase2.php
内容	「RYOMA the secret story」はARGの効果の実証実験として産学連携のもと制作されたARGです。女子大生が誘拐されるという事件を発端にして、坂本竜馬暗殺の謎に迫るストーリーとなっています。トライアルが目的であるため、海外におけるオーソドックスなARGの構造を採用した内容となっているのが特徴です。

○ Future Player

時期	2009年12月
デザイン	ニコルソン（http://www.web-nicholson.com/）
ゲームタイプ	プロモーションタイプ
Web サイト	http://www.lpei.co.jp/sync_future/
内容	「Future Player」は早川書房『S-Fマガジン』創刊50周年を記念した「SF50展」やアートブック『SyncFuture』の発売などに合わせて展開されたARGです。「SF50展」で展示を予定していたイラストが未来からの干渉によって変化し、その謎をプレイヤーたちが解明するというストーリーとなっていました。ゲームにはAR（拡張現実）を積極的に取り入れた試みも行われ、店舗への誘因や販売にもつながり、期待していた効果を上げることができたようです。

第20章　ARG（Alternate Reality Game）

○ ぼくらのシモキタストーリー
時期　　　2010年1月
デザイン　慶應経済武山政直研究会ARGグループ
Webサイト　http://keg-arg-2009.blogspot.com/
内容　　　「ぼくらのシモキタストーリー」は、ARGを観光や街歩きへ応用するためのトライアルとして制作されたARGです。リアルタイムイベントに主軸が置かれており、携帯電話でプレイヤー同士が連携をとりながら物語を展開させていくという手法が使われていました。

20.6
ARGのビジネス展開

　現在国内でARGを制作するにあたって、最もネックになっているのがビジネスモデルが不透明であるという点です。ARGがエンタテインメントとして魅力的だということがわかったとしても、実際にビジネスとして本格的に実施するにはさまざまなビジネスモデル上の工夫が必要な状況です。

　国内のARGを取り巻くビジネス環境は、今後数年で大きく変化すると思われるので、ここでは実際の制作にあたって考慮すべき点や必要な要素に絞って説明を行います。

展開方法

　ARGはどのタイプで実施するにしても、展開方法には共通点があります。すなわち、まず少数ながらゲームに対して積極的なプレイヤーを集め、参加したプレイヤーが周囲に話したくなるような魅力的なコンテンツを提供し続けることでプレイヤーを拡大していき、最終的に広いプレイヤーをARGに没入させるという展開の仕方です。ARGを通してプレイヤーを育成し、プレイヤー主導で物語が展開するため、必然的にARGの開催期間は長期化する傾向にあります。短期間で行われるARGを開催する場合はプレイヤーを育成する期間が少ないため、プレイヤーレベルの低い層がARGの存在を知り、ゲームに慣れる前に終了してしまう可能性があります。

　初期プレイヤーを取り込むための方法としてラビットホールが用いられます。ラビットホールはプレイヤーレベルに応じて設置するのが望ましく、1〜3つほど設置される

ケースが多いようです。ゲーム中のミッションも、複数のプレイヤーレベル・ロールタイプに訴求する内容であることが求められます。ゲームに対するリテラシーの高いプレイヤーに対してミッションを投下するのはもちろんですが、ゲームに参加していないプレイヤーが見るだけでも楽しめる内容であるほうがARGのコンセプトには合っています。

ミニタイプのARGの場合、あえてターゲット層を絞って展開する方法もあり得ます。その場合は、どのレベル・ロールを最も拡大したいのかを考慮した上で設計する必要があります。ロールタイプの項でも紹介したように、いくつかのロールは行っていることが表面上同じであっても、モチベーションの置きどころが異なるケースがあります（たとえばパズルソルバーとストーリースペシャリストのように）。この場合、片方を切り落としたとしてもゲームを展開させるだけなら大きな影響を及ぼしにくいと考えられます。

パズルソルバーとストーリースペシャリストのケースで言うと、ストーリー部分を切り落としてパズルのポイントを高めたARGを展開したとしてもゲームは成り立ちます。ただしストーリーは複数のミッションをまとめる接着剤の役目も果たしているため、ストーリーを切り落とすことでARGのポテンシャルは大きく低下します。この逆もまた然りで、パズルを切り落としてストーリーだけで展開するARGも成立しますが、プレイヤーはパズルの解決を通してストーリーに介入する手段を失うため、プレイヤーの行動に対してストーリーが変化する可能性は低減します。

このように、ARGはすべての要素が複合的に関連することによって初めて、大きなプレイヤーコミュニティを形成させることができるのです。

効果測定

ARGは効果測定の難しいゲームと言えます。コンシューマーゲームのように売上本数という目に見える形で結果がわかるケースが稀であるためです。たとえばプロモーションタイプのARGを展開した際、結果のどのくらいの割合がARGによって得られたものなのか、という点が非常にわかりにくいのです。しかし1つの特長として挙げられるのが、ARGに参加したプレイヤーの多くがプロモーションされた商品・作品に対して深く没入しているため、長期的なリピーターになる可能性が高まるという点です。

商品タイプのARGでは、「名探偵コナン カード探偵団」の第1弾が数十万パック

の売上を達成し、第2弾も販売されるなど好調なようです。また、「名探偵コナン カード探偵団」の場合、売上が長期間続くというのも特長となっており、ARGによる長期的なリピーター形成が成功していると言えます。

このように、ARGは長期的な視点で効果測定を行う必要があると言えます。

制作

ARGは現実を利用したゲームであるため、どのような規模の内容でも制作することができます。個人で制作することも、あるいは数十人という大規模なチームによって制作されるケースもあります。ARGはコンシューマーゲームと異なり、ゲームを送り出したあと、ゲームをスタートさせたあとも制作を継続しなければなりません。プレイヤーのコミュニティを常時監視し、行動に目を光らせ、アクションに対してリアクションを行わなければなりません。場合によっては没入感を高めるためにプロットを修正する必要もあるかもしれません。現実を舞台にするため、予想もしなかった出来事が発生する可能性も十分に考えられます。このような理由により、制作チームはゲームが完全に終了するまで解散することは困難です。

さらに別の問題として、リアルタイムで進行する都合上、チームは常に身軽でなければいけません。チームの人数が多くなるほどチーム内の情報伝達速度は遅くなり、管理も難しくなります。

海外のARG制作会社の場合、ゲームの根幹を管理するコアチームと、状況に合わせて活動する外部チームにわけてゲームをコントロールしているようです。全世界規模で実施する場合は、コアチームのメンバーが直接全国各地におもむき、外部チームの指導・統括をするようです。これによってタイムラグなくゲームを運営することが可能ですが、ARGを制作するにあたっては、コアチームを形成する少数精鋭の人材が必要になります。

必要な人材

コアチームとして絶対必要と言われている人材は、「ゲームデザイナー」「ストーリーテラー」「コミュニティクリエイター」「ITクリエイター」「グラフィックデザイナー」です。さらに、ビジネスとして成立させるために「営業」と「法務関係者」も加える必要があります。

ゲームデザイナーは、ARG全体を統括する役目を負っており、ミッションの制作

やスケジュール管理などを行います。ストーリーテラーはストーリーを統括し、プレイヤーの行動によってはプロットを変更するほか、キャラクターの管理も行います。コミュニティクリエイターはプレイヤーのコミュニティを監視して、プレイヤーが現在どのような状況にあるのかを把握してミッションのタイミングや難易度を調整したり、コミュニケーションを促進するための活動を行います。ITクリエイターはサイトの制作・管理を行います。プレイヤーはあらゆる情報を収集するため、ソースやデータの更新日時などがストーリーと矛盾していることからストーリーが破綻の危機にさらされる可能性もあります。そのため、一般的なサイト管理とは注意する部分が異なる点に気をつける必要があります。グラフィックデザイナーはARGに必要な画像や動画を制作します。これもITクリエイターの場合と同様にあらゆる情報が調べられるため、予定していない情報が入っているかどうか注意しなければなりません。

ARG制作スキルの育成

このように、ARGの制作には広範囲にわたる人材が必要になってきます。そのため人件費を抑えるためには、マルチな才能を持つ人材が必要になってきます、そのような人材はなかなか見つかるものではありません。そこで海外で頻繁に実施されているのが、**トレーニングARG**です。これはその名のとおりトレーニングのために小規模なARGを作るというもので、多くはミニタイプのARGであり、個人〜少人数で制作されます。海外ではトレーニングARGを実施しているアマチュアARG制作者の中から才能のある人材を発掘し、会社に登用するというケースもあるようです。

こうしたトレーニングARGは、たいてい1日〜数日、長くても1〜2週間で終了する程度の規模となっているようです。

20.7
まとめ

ARGは海外では数百に上る数が制作され、数々の賞を獲得するなど今後も注目され続けていく分野であると言えます。しかし国内ではクリエイターが少ないこともあり、大規模なARGを展開するにはさまざまな点でリスクがあります。このため、今はミニタイプのARGを数多く制作してARGクリエイターを増やし、徐々に規模を大きくしていくことで、最終的に海外に匹敵する規模のARGにしていくという手順を

経る必要があると考えられます。

　制作にあたって忘れてはならないのは、ARG はコミュニケーション拡大を目的としたゲームであるという点です。ARG を制作する場合は、どのようなミッション、ストーリーなら最もコミュニティを拡大できるかを考慮して設計するのがベストでしょう。ARG が複雑なミッションを設置しているのは、コミュニケーションをとって複数人で挑戦してほしいからです。ミッションは必ずしも難しい必要はなく、コミュニケーションさえ形成されれば簡単でもかまわないのです。コアプレイヤー用、カジュアルプレイヤー用など複数のミッションを同時に展開できればなおベストです。もちろん管理にはスキルが必要となりますが、ミニタイプ ARG の制作・運営を繰り返すことで問題は解消されていくでしょう。

　ARG は国内ではまだ始まったばかりのジャンルであり、海外の例を見てもこれから拡大していく可能性が十分にある魅力的なゲームです。規模が小さいものであればコストやリスクを抑えて制作できるので、一度実際に制作してみて、ARG の魅力を体感してみるのもいいのではないでしょうか。

20.8
参考文献

[1] 42 Entertainment - the beast, http://www.42entertainment.com/beast.html
[2] Cloudmakers.org, http://www.cloudmakers.org/trail/
[3] The Lost Ring.com, http://www.thelostring.com/
- IGDA SIG-ARG 2006 Alternate Reality Games White Paper, http://www.igda.org/alternate-reality-games
- IGDA 日本, SIG-ARG ARG 情報局, http://igdaj-arg.blogspot.com/
- KEG ARG2009, http://keg-arg-2009.blogspot.com/

第4部

ゲーム開発の技術と人材

第21章
ミドルウェア

大前広樹

ゲーム開発に台頭してきたミドルウェア

　近年発売されているゲームをプレイすると、起動直後の画面やタイトル画面に、そのゲームの発売元や開発元のものではないロゴが表示されることが多くなってきたと感じる方も多いのではないでしょうか。ゲームの開始画面だけではなく、パッケージやマニュアルの裏面にも、同様にそのようなロゴや権利表記を見ることができます。これらのロゴや権利表記の多くは、そのゲームが利用している「ミドルウェア」のものなのです。

　近年のゲーム商品は、開発時にミドルウェアを利用するケースが多くなってきました。ここでは、ミドルウェアとは何か、どのようなミドルウェアがあり、なぜ近年のゲーム開発で普及し始めたのかについてを、ミドルウェアの発展の中心的存在である北米のゲーム開発事情を中心に解説していきます。

ミドルウェアの産業構造

要素技術	▶ グラフィックス、アニメーション、AI、各種シミュレーション、ネットワーク、サウンド、プロシージャル
プラットフォーム	▶ PC、コンシューマーゲーム機、携帯ゲーム機、携帯電話
ビジネス形態	▶ ソフトウェア使用ライセンスやサポートの販売
ゲーム業界関連職種	▶ プロデューサー、ディレクター、プログラマー、プランナー、アーティスト
主流文化圏	▶ 北米、日本、欧州各国

21.1
ミドルウェアとは

　一般に**ミドルウェア**というものは、OSとアプリケーションの間に位置する、特定の問題を解決するための機能をまとめたソフトウェアのことを指します。ミドルウェアは通常、アプリケーションのプログラムの一部として動作するもので、単体では機能しません。多くはライブラリやフレームワークといった形式で提供されますが、昨今はインターネットを介したサービス機能とセットで提供されるものも出てきています。また、ゲーム向けのミドルウェアに関しては、そのミドルウェア用のデータを作成するためのアプリケーション（ツール）とセットになって提供されることがほとんどです。

　ゲームの開発ではさまざまな問題を解決する必要があり、したがって、ミドルウェアもさまざまな分野の製品が存在します。表21.1にその一例を紹介します。

　ここにリストアップされているものは実際のゲーム開発で使用されているミドルウェアのほんの一部ですが、さまざまな分野や製品が存在することがわかっていただけるかと思います。

ゲームエンジンとミドルウェアの違い

　ところで、昨今のゲーム開発では、ミドルウェアと同様に**ゲームエンジン**と呼ばれるものも利用されます。ゲームエンジンもゲームの開発会社とはしばしば別の会社によって開発され、ゲーム開発のさまざまな問題を解決するために利用されます。表21.2に代表的なゲームエンジンの一例を紹介します。

　ゲームエンジンとミドルウェアの違いは何でしょうか？　一言で言うと、「ゲームエンジンはゲーム開発に関する包括的なソリューションを提供するのに対して、ミドルウェアは特定部分に特化した専門的なソリューションを提供する」と言えます。

　ゲームエンジン側ですでに持っている機能と被るミドルウェアもありますが、ゲームエンジン側で提供していない機能を提供するミドルウェアもたくさん存在するので、ゲームエンジンとミドルウェアを組み合わせてゲームの開発を行うこともあります。また、ゲームエンジンの開発会社が、エンジンの機能を拡張するために、ミドルウェア企業と業務提携して互いのソフトウエアを連動可能にするケースも多く見られます。

21.1 ミドルウェアとは

表21.1 ゲームに使用される代表的なミドルウェア

分野	製品名	開発元
グラフィックス	Granny 3D	RAD Game Tools
	DAIKOKU	シリコンスタジオ
ユーザーインターフェイス（HUD）	Scaleform GFx	Scaleform
物理シミュレーション・当たり判定	Havok Physics	Havok
	Nvidia PhysX	Nvidia
顔生成/シミュレーション	Facegen	Singular Inversions
植物生成/シミュレーション	SpeedTree	Interactive Data Visualization
モーション制御	euphoria	Natural Motion
	Havok Behavior	Havok
	HumanIK	Autodesk
	morpheme	Natural Motion
サウンド制御	FMOD	FMOD Technologies
	Miles Sound System	RAD Game Tools
ムービー制御	Bink Video	RAD Game Tools
	CRI Sofdec	CRI・ミドルウェア
AI・経路探索	Havok AI	Havok
	PathEngine	Pathengine
ネットワーク	Net-Z	Quazal
大域ボイスチャット	Dolby Axon	Dolby
ファイル管理	ファイルマジックPRO	CRI・ミドルウェア
コミュニティ形成・マッチング	Gamespy SDK	GameSpy
	OpenFeint	Aurora Feint
アニメーション	Havok Animation	Havok

表21.2 代表的なゲームエンジン

製品名	開発元
CryENGINE3	Crytek
Gamebryo LightSpeed	Emergent Game Technologies
MT Framework	カプコン（非公開）
Source Engine	Valve
Unreal Engine 3	Epic Games
Unity	Unity Technologies

第21章　ミドルウェア

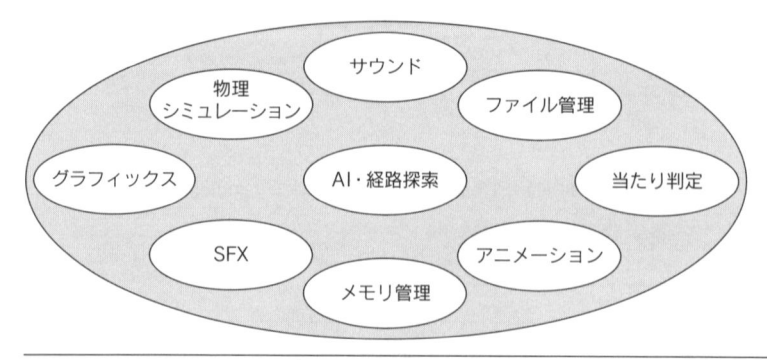

図21.1　ゲームエンジンが提供する機能セットの例

ミドルウェアの採用のしやすさ

　多くのゲーム開発会社は、多少の差はあるものの、自社開発したゲームエンジンと、そのエンジンでゲームを開発するためのツール群を持っています。企業の開発者たちは、どのようにゲームを作るのかというワークフローを自分たちで設計しており、自分たちの持つエンジンとツール群でそれが行えるように作り込みを行ってきています。当然、自分たちで作ってきたワークフローですから、それを使った開発手法については非常に高いレベルで習熟しています。

　先に挙げたゲームエンジンのような包括的なソリューションというのは、自分たちが今まで培ってきたやり方ではなく、ソリューションが提案するやり方で仕事をする必要がある、ということを意味します。これは、ワークフローが確立していない新興の開発会社にとってはメリットの大きいソリューションですが、自社のワークフローを持ち、実績を積み上げてきた開発会社にとっては、スタッフを再教育する必要があったり、自社で培ってきた技術の一部を捨てる必要があったりするため、相対的にデメリットの面も大きくなってしまいます。

　ゲーム用のミドルウェアの多くは、そうした開発会社の事情を考慮して、開発会社の欲しがる機能を提供しながらも、エンジンやワークフローなどに関しては可能な限り顧客の開発会社に合わせられるように工夫が凝らされています。製品のソースコードをすべて提供したり、ツールの大部分をスクリプト化することで各社の開発者が事情に合わせて自由にカスタマイズできるようにしたり、といった具合です。

　ゲームの開発会社は、ミドルウェアを使用することで、自社のエンジンとワークフローを大きく変更せずに、それらの資産的価値を伸ばす形で問題を解決することが

できるようになるわけです。

なぜミドルウェアを採用するのか

　ゲーム開発でミドルウェアを採用する理由はいくつかありますが、基本的には、ミドルウェアの採用というのは、ゲーム開発上のリスクを最小化するために行う保険のようなものです。そういった意味では、他社のゲームエンジンを採用する理由と、ミドルウェアを採用する理由の間には、大きな差はありません。以下に筆者の考える採用の理由を3つ挙げます。

- 技術トレンドに対応する際のリスクを抑えるため
- 開発期間に対するリスクを抑えるため
- 内容の作り込みに使える時間を増やすため

技術トレンドに対応する際のリスクを抑える

　商品としてのビデオゲームタイトルの成功・失敗は、必ずしも技術によって牽引されるものではありませんが、技術面でも他の商品と同等かそれ以上になるようにタイトルの開発をしていかなければ、発売時にすでに時代遅れとなってしまい、顧客に見向きされないというリスクがあります。しかし、グラフィックスにしろ、ネットワークにしろ、物理計算にしろ、大手のスタジオが提供するタイトルのクオリティを目標値にすると、技術的にも高度な要求となり、内部のスタッフで時間をかければ満足いくものができ上がるというほど簡単な問題ではなくなります。そこで、自分たちで開発する代わりに、すでにでき上がっている技術を購入して使いこなすことで、その技術に関する到達点が見えるようになり、技術面で乗り遅れたり、開発が行き詰まったりというリスクを下げることができるようになります。

開発期間に対するリスクを抑える

　ミドルウェアの技術が内部の開発者で実現可能なものだったとしても、ミドルウェアを購入する判断をする場合があります。ソフトウェアの実装というのは、『人月の神話』[1]をはじめとする多くのソフトウェアプロジェクト管理の本で指摘されているように、決して予定どおりにはいかないものです。ゲームのプロジェクトも規模が大きくなるに従って、実装しなければならない技術の数も、それに対応する開発者の数

第21章 ミドルウェア

も、増加の一途を辿っています。

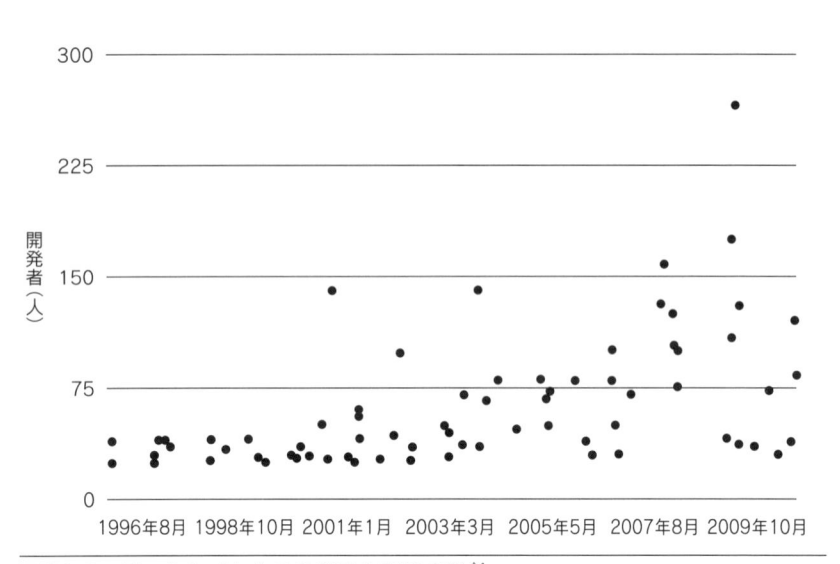

図21.2　ゲームタイトルの発売日と開発者数[†1]

　言い換えると、実装する技術の数が増える分だけ、それがたとえ簡単なものだったとしても、リスク自体は線形、もしくはそれ以上の速度で増加していきます。最終的にすべてのソフトウェアは1つのゲームプログラムとして動作し、少なからず互いに影響を与え合うので、どれか1つがうまく行っていないということが、他の部分の開発に影響を及ぼす可能性があるためです。こうした点のリスクを考えると、導入時にすでに完成していて、運用実績のある（＝バグの少ない）ミドルウェアを採用する意義が見えてきます。

内容の作り込みに使える時間を増やす

　当然のことですが、技術自体はコンテンツではないので、ゲームの面白さや売上に貢献することはあっても、面白さそのものではありません。しかし、近年のこうした

---

†1　掲載図は以下の資料を基に筆者が作成しました。
- Austin Grossman, *Postmortems from Game Developer: Insights from the Developers of Unreal Tournament, Black & White, Age of Empire, and Other Top-Selling Games*, Focal Press, 2003
- *Game Developer Magazine*, April 2002〜February 2010

技術のハードルによって、開発者が実際にゲームの面白さを作り込み始められるタイミングというのが、ゲーム開発のかなり後半まで満足に行えないというプロジェクトが増えてきました。面白さを提供するゲームのコンテンツが前提としている技術ができ上がっていなかったり、その技術を使って作り込むためのツール類が使用に耐えない状態であったりするためです。

こうした面白さの部分にフォーカスする時間を増やすという目的でも、ミドルウェアを採用するメリットがあります。プロジェクトの最初からその技術が利用可能であるという点ももちろん大きいですが、アーティストやゲームデザイナーが利用するためのツール類が付属しており、導入時からそれらをすぐに利用できる点も重要です。また、ミドルウェアの付属ツールは、時間をかけて作られていることもあり、開発会社によって内製されるツールよりもよくできていることが多いのも特徴です。

21.2
ゲーム向けミドルウェアの歴史

黎明期：1980年代～1990年代

ゲーム用のミドルウェアが一般に認知されはじめたのは1990年代の中盤ごろで、このころには3Dグラフィックスや音声、動画などの分野のミドルウェアが登場しました。このころ登場したのが、Criterion Software社のRenderWareやRenderMorphic社のReality Labといったグラフィックスエンジン、CRIのCRI SofdecやCRI ADXといった動画再生やマルチストリーム制御（CD-ROMから同時に複数の異なるデータを読み出す技術）です。

こうしたミドルウェアが登場した背景には、ゲームに使用されるデータの大容量化や、3Dグラフィックスの実装の難しさがあり、それらの問題を解決する方法として市場に浸透していきました。

余談ですが、後の1995年にRenderMorphicはマイクロソフトに買収され、Reality Labはその後Direct3Dの土台となったと言われています。また、RenderWareをリリースしていたCriterionも2004年にElectronic Artsに買収されました。CRI SofdecやCRI ADXは、プラチナゲームズの「ベヨネッタ」やアトラスの「ペルソナ3 ポータブル」などに、今も現役で使用されています。

存在感が出てきた2000年代前半（PlayStation 2）

　1990年代のミドルウェアはゲーム機よりはPCを中心に発展してきた印象がありますが、2000年にPlayStation 2、2001年にGameCube、Xboxが発売されたことで、ミドルウェアを取り巻く状況にも新しい動きが出てきました。

　まず、2000年には物理エンジンを提供するHavokがGame Developer Conferenceで初めてSDKを発表しました。また、当時セガ・CSKのグループ企業で、ドリームキャスト向けにミドルウェアを提供していたCRIは、2001年にCRI・ミドルウェアを新たに設立し、セガグループから脱却してこれらのハードに向けた製品をリリースしました。

　こうした動きの背景には、新しい世代のハードになり、ハードウェアの性能が上がったことで、ゲーム機の開発においてもミドルウェアを採用するという戦略が現実的になってきたということと、PlayStation 2での開発の技術的難易度の高さ、高度化・大容量化したハードでタイトルを開発する際に、予算やスケジュール面のリスクが増大したこと、といったことが考えられます。また、シェーダやメモリの制限を除けばPCとほとんど同じコードで動作するXboxの開発環境の優秀さなども、PCを中心に製品を開発していたミドルウェア開発会社の参入の敷居を下げ、背中を押したのではないでしょうか。

　PlayStation 2の世代の成熟期（2004～2005年ごろ）には、ミドルウェアを採用するタイトルは欧米を中心に非常に多くなりました。中でも、この時期に最も採用されたミドルウェアがRenderwareで、PlayStation 2世代では実に500以上のタイトルで採用され、北米でリリースされたその世代のハードのタイトル数の1/4が使用しているという状況になりました[2]。PlayStation 2の成熟期には、ミドルウェアはゲームハード向けのゲーム開発においても完全に市民権を獲得したと言えます。

　また、Double FineのPSYCHONAUTS（2005）のように、PlayStation 2/Xbox向けのタイトルでオープンソースのスクリプトエンジンであるLuaを採用し、コードの大半をLuaスクリプトで記述する[3]という、挑戦的な製品も登場しました。こうした動きも、「ゲームハード用のプログラムはすべて自分たちで一から実装するもの」という旧来のゲーム開発者のメンタリティが、徐々に変わってきたことの現れと捉えることができます。

花開いた2006年以降
(Xbox 360、PlayStation 3、PSP、Wii、DS)

　2005年にXbox 360が発売されると、ゲーム機をターゲットとしたミドルウェア製品はさらに増えました。具体的に増加したジャンルや傾向などは次節で取り上げていきますが、従来からあったグラフィックス、音声、映像、物理などに加えて、より幅広い分野の製品が登場しました。

　また、シミュレーションや自動生成の分野のミドルウェアを採用したゲームタイトルがそれまで以上に目立つようになってきました。たとえば、Havokの製品を利用したタイトルを見てみると、Xboxでは15本、PS2でも次世代機登場以前のタイトルでは14本ほどですが、次世代機登場以降では、Xbox 360が106本、PlayStation 3が90本、Wiiが51本で、PlayStation 2もマルチプラットフォームタイトルが増加したことで、合計で43本に増加しています（2010年3月現在）[4]。

　また、プラットフォームによっては、ベンダーがミドルウェア会社と提携し、そのプラットフォームで開発を行うゲーム開発者にさまざまなミドルウェアを特別なライセンスで提供する、といったこともなされるようになりました。特にソニーはPlayStation 3の立ち上げからこの点に熱心で、2005年7月にHavok、AGEIAと戦略的ライセンスを締結し、PlayStation 3向けのHavok AnimationやHavok Physics、AGEIA PhysX SDKを、PS3向け開発キットの一部として開発者に提供すると発表しました。こうした取り組みによって、開発者にとってのミドルウェア採用のハードルが下がったことも、採用事例増加の後押しをしたと考えられます。

　ミドルウェアの普及を促進した理由をもう1つ挙げるとすれば、マルチプラットフォームプロジェクトの増加が挙げられます。2006年以降は、Xbox 360、PlayStation 3、Wiiが相次いで発売されましたが、この世代のプラットフォームはユーザー数が拮抗していたり、国によって普及比率が異なっていたり、普及しているユーザー層が異なっていたりといった事情から、数年後の状態を予測しづらく、1つのプラットフォームに絞った開発を行うのが難しい状況でした。

　その上当時はまだPlayStation 2が支配的なユーザー数を獲得しており、旧プラットフォームを無視することにも懸念がありました。また、開発費の増大により必要とされる販売本数も従来より多く要求され、グローバル市場に向けて製品を発売する必要性が高まりました。

　そうした事情から、複数のプラットフォームに向けて同時に発売する戦略をとるプ

ロジェクトが増えてきました。しかし、据置型の新ハード3者だけを見てみても、基本スペックや設計理念がまったく違うため、これらすべてのハードを対象として開発を行うということには大きな技術的リスクが伴います。こうした問題を軽減する役割としても、ミドルウェアに期待が集まったのです。

21.3
近年のミドルウェア事情

　ここまでで1990年代からのミドルウェアを取り巻く環境の変遷を見てきましたが、ここでは近年のミドルウェア事情について紹介したいと思います。

対応分野の増加

　ミドルウェアはグラフィックス（描画）、アニメーション、サウンドなどの、どちらかというとゲームの基礎的な部分を担う分野が中心的な存在として発展してきましたが、近年ではもっと専門的な分野にフォーカスした製品が注目を浴びるようになってきました。たとえば、Singular InversionsのFacegenというミドルウェアは、実際の写真から顔のモデルを生成したり、パラメータを調整することで顔モデルをプログラムで動的に生成することができるミドルウェアです。2006年にBethesda Softworksが「Elder Scrolls Ⅳ：Oblivion」で採用したのを皮切りに、ゲームでの採用事例が増えています。

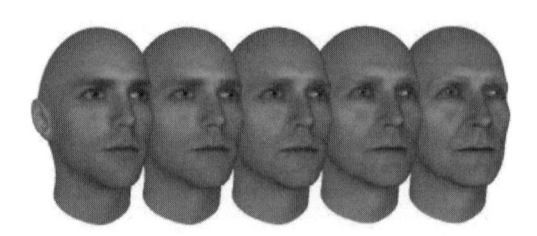

図21.3　Facegenを使った顔モデルの老化処理の一例

　他にも、Autodesk Kynapse、Havok AI、PathEngine、AI.implantといったNPCのための経路探索を行うミドルウェアや、プロシージャルに植物を生成したり、ゲーム中でのリアルタイムシミュレーションを行うSpeedTree、落下やオブジェクトの衝

突に合わせてリアルな人体の反応モーションを動的に生成するeuphoriaなど、問題の焦点を絞って優秀な解決策を提供するモデルのミドルウェアが増えています。

トレンドの変遷による変化

近年注目を集めているミドルウェア製品は、大別して以下の3つに分けられます。CPUを余分に使って制作をサポートする技術、キャラクターアニメーションの表現を強化する技術、経路探索およびNPC制御を行うAI技術です。

2006年以降のハードウェアに向けたゲームは、ハードウェアの性能増加によって、今まで以上にグラフィックスリソースの制作量や、1つ1つのリソースに要求される精細さが増大しました。374ページの図21.2はゲームタイトルの発売日とそのタイトルのピーク時の開発者数をまとめたものですが、2006年以降は開発者数が100人を超すプロジェクトが増えてきているのが見て取れると思います。中には、250人を超すビッグプロジェクトも出てきています。

また、図21.4を見ると、ゲームの開発期間も42ヶ月を超えるプロジェクトが増加してきていますが、多くは依然18ヶ月から36ヶ月の間で、これは10年前とあまり変わりがありません。資金の問題やゲームの流行の移り変わり、ハードの移り変わりのサイクルなどを考慮すると、プロジェクトが長引けば長引くほど、さまざまな面でリスクが高くなってくるからです。

こうした開発期間の限界と増加するチーム人数に対応する方法として、増大するリソース量をゲーム機のCPUを使って補おうという動きが出てきました。これらの技術は**プロシージャル**（手続き的、動的生成、自動生成）技術と呼ばれており、Facegen、SpeedTreeなどのミドルウェアがそれに相当します。プロシージャル技術の詳細ついては第22章に譲りますが、ここではプロシージャル技術を用いたミドルウェアの例として、SpeedTreeを紹介します。

Interactive Data Visualizationの**SpeedTree**は、プロシージャルに樹木を生成するツール（SpeedTree Modeler）を提供します。デザイナーはSpeedTreeを使うことで、作りたい木の種類を選択し、幹の形や木の高さ、枝葉の育ちぶりなどをマウスで操作することで、高精細な木のモデルを作ることができます。また、SpeedTreeは、モデリングツールだけでなくゲーム実行時のための描画エンジンや樹木用の物理シミュレーションも提供しています。そのため、これらを組み合わせることで、作られたデータを効率的に描画したい、あるいは枝が折れたり風になびいたりという表

第21章 ミドルウェア

現を導入したいといった開発者の要望にも応えられるようになっています。

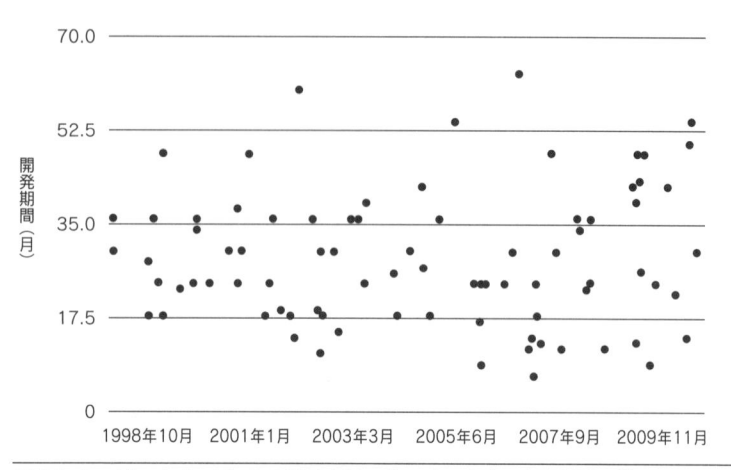

図21.4 ゲームタイトルの発売日とプロジェクトの開発期間[†2]

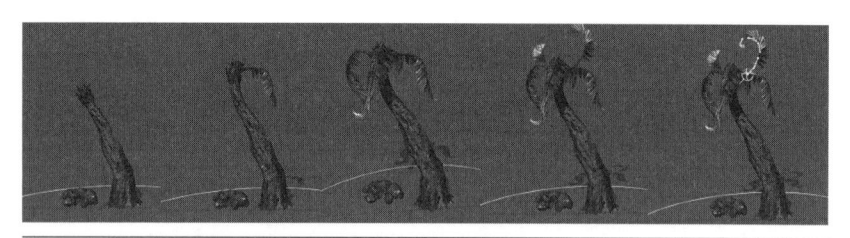

図21.5 SpeedTreeを使った椰子の木の作成例
SpeedTree® and IDVT (and associated logos) are registered trademarks and are used with permission from Interactive Data Visualization, Inc.

　Havokが2009年に発表したオブジェクトの動的な変形や破壊を実現する**Havok Destruction**も、プロシージャル技術の一種と捉えることができます。従来のゲームでの破壊・変形表現は、基本的にアーティストが「破壊前のオブジェクト」と「破壊後のオブジェクト」を個別に作成し、これらをゲーム内で入れ替えることで対

---

†2 掲載図は以下の資料を基に筆者が作成しました。
- Austin Grossman, *Postmortems from Game Developer: Insights from the Developers of Unreal Tournament, Black & White, Age of Empire, and Other Top-Selling Games*, Focal Press, 2003
- *Game Developer Magazine*, April 2002 〜 February 2010

応してきました。Havok Destructionはこれに対して、どのような破壊が起きるか（たとえば木と石では壊れ方が違います）をオブジェクトごとに設定することで、動的に変形、破壊を実現することができます。もちろん、こうした手法には「破壊結果が予測できない」「動的にメモリを確保するため、安全に製品を出荷させるためのハードルが上がる」といった負の面も存在しますが、よりリアルな破壊の実現と、増大するリソース量への対応ができるという正の面が、開発者の注目を集めています。

図21.6 Havok Destructionを使ったオブジェクトの破壊例

© Copyright 1999-2010 Havok.com Inc (or its licensors). All Rights Reserved.

また、ゲームのユーザーインターフェイスの開発に特化した**Scaleform GFx**も、CPUリソースを担保にしてゲーム開発の手間と難易度を下げるという意味合いにおいて、共通する考え方を持っています。Scaleform GFxは、Adobe Flashを使って作られたデータをゲーム機上で高速に動作させるためのミドルウェアです。ゲーム開発者は、GFxを導入することで、ゲーム画面上のゲージ等のユーザーインターフェイスや、保存・読み込み・面選択などのメニュー画面を、Flashを使って実装することができます。

Flashを使ってユーザーインターフェイスを実装する際のメリットは、デザイナーとプログラマーの仕事の分担がしやすいことです。通常、メニューやユーザーインターフェイスといった部分は、デザイナーが画像やアニメーションの仕様を作って、プログラマーがそれらを受け取って実装する、という流れが一般的ですが、そうしたワークフローは効率が悪く、トライ＆エラーをしづらいといった問題があります。デザイナーがFlashでユーザーインターフェイスを作成することができれば、デザイナーはデザインと表現に集中し、プログラマーは機能面に集中することができるわけです。

第21章　ミドルウェア

　GFxはFlashの動作をできるだけ忠実に再現するという方針もあり、ゲーム開発者が個別に実装したメニューやユーザーインターフェイスのシステムに比べると多くのメモリやCPUを必要としますが、こうしたメリットが評価されて、すでに多くのタイトルで採用されています。

図21.7　NINJA BLADEにおけるFlashを使ったUIの構築例。周りのゲージ類や画面下部のボタン説明部分などはFlashで作られています。

© 2009 FromSoftware, Inc. All rights reserved.

グラフィックス表現の飽和とアニメーション表現への期待

　PlayStation 3、Xbox 360の世代では、グラフィックス表現も飛躍的に進歩し、2009年にもさまざまな新しい技術・アイディアが発表されました。しかし一方で、グラフィックスに関しては大半のユーザーの満足度がくるところまできてしまった感があり、他のゲームに対して、見た目の美しさを売りとして差別化するのが難しくなってきました。

　そうしたグラフィックスへの満足度の

図21.8　キャラクターの動きの多さや自然さが話題になった「Assasin's Creed」

飽和から、「Assassin's Creed」のような、アニメーションを中心とするキャラクターの動きの自然さ、多彩さにフォーカスする作品が出てきました。

　ミドルウェアとしては、こうした要求に応える製品として、AutodeskからHuman IK、HavokからHavok Behavior、NaturalMotionからeuphoriaやmorphemeといった製品がリリースされています。なお、HumanIKは「Assassin's Creed」で採用されています。

Movement system
・122 movement and transition animations
・168 animations total related to ground movement

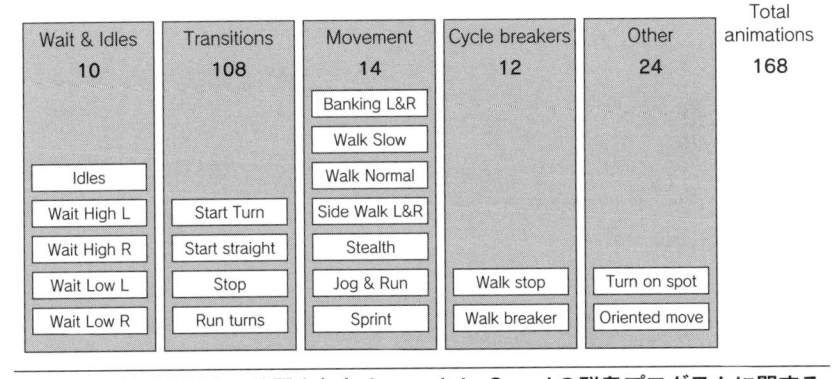

Wait & Idles 10	Transitions 108	Movement 14	Cycle breakers 12	Other 24	Total animations 168
		Banking L&R			
		Walk Slow			
Idles		Walk Normal			
Wait High L	Start Turn	Side Walk L&R			
Wait High R	Start straight	Stealth			
Wait Low L	Stop	Jog & Run	Walk stop	Turn on spot	
Wait Low R	Run turns	Sprint	Walk breaker	Oriented move	

図21.9　GDC2008で公開されたAssassin's Creedの群衆プログラムに関する技術セッションで公開された、NPCのアニメーションクリップ数とその内訳。NPCですら168個のクリップがあることがわかります。
GDC2008「Taming the Mob: Creating believable crowds in ASSASSIN'S CREED」（Ubi Montreal）講演資料を元に作成

　Havok Behaviorや**morpheme**は、それぞれ機能面で違いはありますが、大ざっぱに言うとどちらも、キャラクターの状態遷移を作り込むためのミドルウェアです。ゲームのキャラクターには「歩く」「走る」「剣を振る」といった状態があり、それぞれ個別にアニメーションデータがあります。これらのアニメーションデータは独立しているので、それぞれの状態に応じてただ個別のアニメーションクリップを再生するだけだと、手足の位置が突然戻ったり、身体の向きが突然変わったりします。そこで、キャラクターの状態の変化や現在の姿勢に合わせて、新しく再生するアニメーションを徐々に合成してキャラクターの動きを作っていくわけですが、近年のゲームではキャラクターのアニメーションクリップ数が100を超えることも珍しくなく、違和感のな

い形でこの設定を作り込んでいくのはたいへん手間のかかる作業になっています。これらのミドルウェアの状態遷移ツールは、アーティストがキャラクターの状態を定義し、どの状態からどの状態に遷移するときに、それぞれに対応するアニメーションをどのような重み付けでブレンドしていくのか、また、遷移時にはどのようなイベントが発生するのか、といったことを、リアルタイムに確認しながら設定していくことができます。

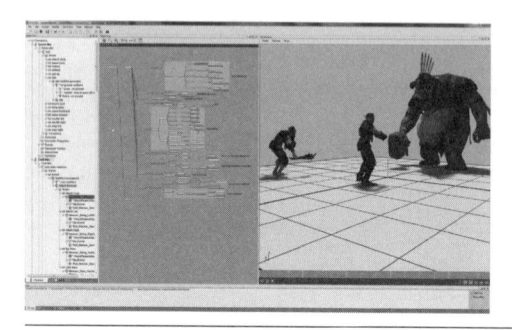

図21.10 Havok Behavior

© Copyright 1999-2010 Havok.com Inc (or its licensors). All Rights Reserved.

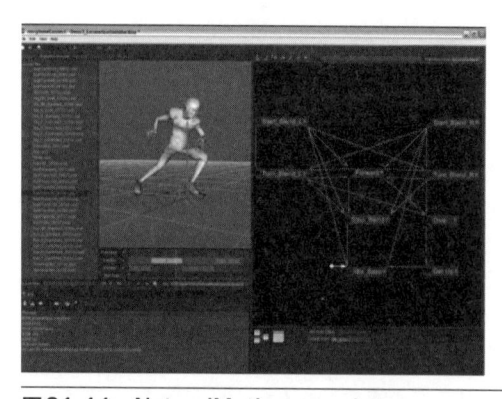

図21.11 NaturalMotion morpheme

Copyright © 2008, NaturalMotion. All Rights Reserved.

　こうした部分の作り込みは、従来のプロジェクトの多くではプログラマーが担当する分野でしたが、Havok Behaviorやmorphemeでは、強力なツールが存在することでアーティストやゲームデザイナーが直接担当することが可能になり、キャラクター

21.3　近年のミドルウェア事情

の振る舞いの作り込みを行うことができるようになっています。

　一方、HumanIKやeuphoriaは、キャラクターの置かれた環境や外部からの刺激に対して、人体がどのように対応するのかを動的に計算してアニメーションを調整・生成するミドルウェアです。

　たとえばeuphoriaは、人体の構造に特化した形で、骨格や筋肉のシミュレーション機能を持っていて、上からモノが降ってきたり、何かを身体にぶつけられたり、高いところから落ちたときに、骨格や筋肉からその状況に応じて自然に見えるようなアニメーションを自動生成します。こうした、外部からの力に対して反応する人体モデルとしては、従来では**ラグドール**（rag doll）と呼ばれるものがよく使われていました。ラグドールとはぬいぐるみを意味する言葉で、「人間の関節構造と関節の駆動方向については対応するが、自分から力を発散する機能を持たないもの」のことを指します。ラグドールはキャラクターが死んでしまったり、意識を持たない状態においての表現としては違和感少なく利用できますが、それ以外の部分で利用することは困難です。euphoriaは、乱暴に言えばラグドールの機能を向上させ、意識のある人間に対する表現として利用可能にしたもの、と言えます。また、euphoriaにはさまざまなシーンでの動的な振る舞いを定義したAdaptive Behaviourというデータライブラリが付属しており、デザイナーはeuphoriaのツールを使って、Adaptive Behaviourを指定したり、キャラクターの最終的なポーズを指定することで、特定の状況での振る舞い方をコントロールすることができるようになっています。

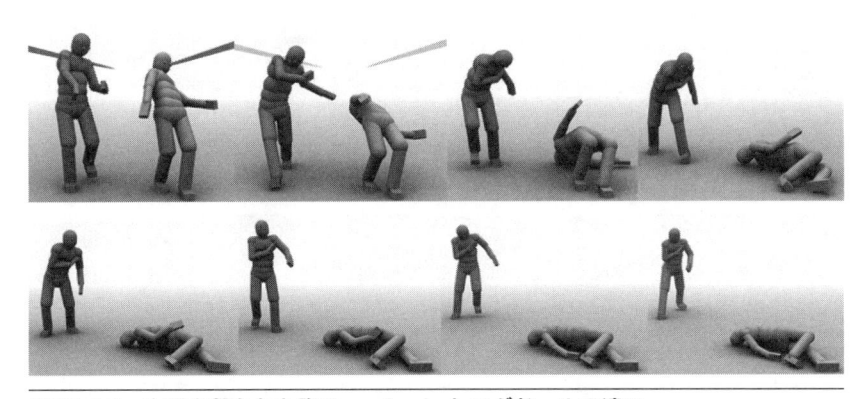

図21.12　右肩を撃たれた際のeuphoriaとラグドールの違い。
　　　　各コマ左がeuphoriaで右がラグドール。

Copyright © 2008, NaturalMotion. All Rights Reserved.

これに対してHumanIKは、人体の構造に特化した**フルボディIK**とよばれる機能を提供するミドルウェアです。IK（インバース・キネマティクス）とは、人体などの多関節のものの姿勢を、末端の関節から逆順に計算していく手法のことです。ゲームでは、坂や階段を上ったり、斜めの床に立つ際に、キャラクターの足が床に合わせてきちんと接地されるようにアニメーションを動的に修正する、といった目的で非常によく使われる技術ですが、人体の構造を踏まえて自然な形になるように計算するのは難しく、せいぜい手足の1〜2関節分の計算をするのみに留まるのが一般的です。

HumanIKは、これを身体全体に適用できるようにしたもので、そうすることでリアリティのある動きを実現しつつ、キャラクターアニメーションを再利用できる機会を増やすことを狙っています。たとえば、「はしごを登る」といった全身を使うアニメーションは、もし違う間隔のはしごが登場する場合、それぞれのはしごに別々のアニメーションを作ってくのが一般的な手法でした。HumanIKは人体の構造を考慮しながら身体全体にIKを適用するので、1種類のアニメーションで複数のはしごを登る動作を処理できるというわけです。また、身長や手足の長さの違うキャラクターに対して同じアニメーションを利用する際にも、HumanIKを利用できます。

こうした利点から、同じ動作のバリエーションを作る必要性を排除することができるので、アニメーションの制作量を抑えつつ、より自然な表現に近づけることが期待できます。

図21.13　HumanIKの利用例。下半身が地面に接地するよう修正されています。

21.3 近年のミドルウェア事情

進化する経路探索とNPC制御

近年注目され始めたミドルウェアの領域に、経路探索の分野があります。**経路探索**とはNPC（ノンプレイヤーキャラクター）がゲーム空間を移動する際に、どのような経路を辿っていくか、ということを処理する技術で、ゲーム技術の中ではAIの一種として認知されています。経路探索自体やゲームAIについては第23章で掘り下げていきますが、ここではミドルウェアに期待される経路探索のソリューションについて触れたいと思います。

経路探索の技術について近年求められているものは、次のような事柄です。

- 大量のNPCを制御したい
- 自然な経路で動かしたい
- 動的に変わる世界に対応させたい
- 経路情報用のデータを作る手間を減らしたい

大量のNPCを制御するには、効率的なデータ構造とアルゴリズムを必要とします。とは言え、これ自体は比較的枯れた技術なので独自に実装するプロジェクトも散見しますが、家が壊れたり、モノが倒れたりといった、動的に変わる世界の中で効率的に経路探索の処理を行うためには、経路探索用データの動的な書き換えや物理エンジンとの融合が必要となるため、実現のハードルは高くなります。また、こうした経路探索用のデータは、ゲームのステージを構成するジオメトリと矛盾しないように作る必要があるため、開発時のワークフローが複雑になりやすい、といった課題があります。

こうした課題に対応する製品として、Autodesk Kynapse、Havok AI、Path Engine、AI.implantといったミドルウェアが存在します。たとえば**Havok AI**は、Havok Physicsと統合されているので、物理計算によって起こったステージの変化をAI側で感知してくれる、といったメリットがあります。

図21.14　Havok AIの経路探索データ生成ツール
© Copyright 1999-2010 Havok.com Inc (or its licensors). All Rights Reserved.

　また、ワークフローの問題についても、ステージのジオメトリデータから半自動的に経路探索用のデータを生成してくれるツールが付属されており、開発者の負担を軽減する試みが行われています。

ローハード向けにも提供されるミドルウェア

　ここまでは、主にハイエンドのハードウェアのトレンドを追ってきましたが、ミドルウェアはニンテンドーDSなどのローエンドのハードウェアに向けたプロジェクトでも採用例が増加しています。

　ローエンド、特に携帯ハードでは、主にデータ圧縮や音声・動画の再生、読み込み時間短縮などの分野に採用事例が多くなっています。こうした分野の要望が強い理由としては、「携帯ハードのディスク容量の小ささ」「CPUがあまり強力でない」「移動中の短い時間で遊べるよう読み込み時間を極力排除したい」といったことが挙げられます。また、据置機を中心に人の声（ボイス）や動画をゲームに用いるのはすでにあたり前となっており、携帯ゲームに関してもこうした表現を取り入れた

21.3 近年のミドルウェア事情

いという開発者の要望があります。

こうした問題に対応するミドルウェアとしては、CRI・ミドルウェアから**CRI ADX**、**CRI Sofdec**、**救声主**、**ファイルマジックPRO**など、たくさんの製品がリリースされています。日本のゲームはアニメやキャラクターものの製品が多いという事情もあってか、動画や音声のミドルウェアとの相性がよく、採用例が急速に増えている印象があります。また、北米の製品ではRAD Game Toolsの**Bink Video**が、「The Sims 2 for Nintendo DS」や「Tomb Raider Legend for Nintendo DS」などに使われています。

増加するインディーズ開発者とiPhone向けミドルウェア

2007年以降のミドルウェアを巡る動きとしてもう1つ見逃せないのが、大手のゲーム企業に所属しないインディーズゲーム開発者の興隆と、iPhoneやソーシャルプラットフォームの存在です。

2008年7月、iPhone 3Gの発売とともにApp Storeのサービスが始まると、多くの個人開発者や小規模なゲーム開発会社の開発者が、iPhoneに向けたゲームを開発、発売し始めました。その速度は今までのプラットフォームの速度を完全に圧倒するもので、2009年12月までに、ゲームだけで25,000本以上のタイトルが発売されています。また、2007年にFacebookが自社のソーシャルプラットフォーム向けのアプリケーション開発フレームワークを提供すると、わずか9ヶ月で33,000本のアプリケーションが開発され、ゲームをリリースするプラットフォームとして、大きな期待を集めています。こうした動きを受けて、ライバル企業のMySpace、mixi、GREEといった日本のソーシャルプラットフォームもアプリケーション開発用のフレームワークを相次いで提供し、ソーシャルプラットフォームを巡る動きが非常に活発になってきました。

こうした、爆発的に増大したiPhoneとソーシャルメディアのプラットフォームの開発者に向けて、さまざまなゲームエンジン、ミドルウェアが提供され始めています。まず、この動きに素早く対応したのが、小規模スタジオ向けにゲームエンジンを提供していたUnity Technologiesの**Unity**やGarage Gamesの**Torque**です。これらのエンジンは、PC、Mac、および既存のゲームハードに向けた開発ができるだけでなく、iPhone向けのゲームやWebブラウザで動作するゲームの開発が可能になっています。また、ミドルウェア企業では、CRI・ミドルウェアが**CRI ADX**や**CRI**

第21章　ミドルウェア

SofdecをiPhoneに対応させています。今後こうした動きはますます加速し、新たな主戦場となっていくことは想像に難くありません。

また、iPhone向けのミドルウェアとして特徴的な部分に、広告・マーケティング支援やコミュニティ支援のミドルウェアの登場があります。iPhoneプラットフォームは間違いなくゲームプラットフォームとして成功を収めていますが、他のプラットフォームとの間に次のような違いがあり、大きな収益を上げたり、プロモーションを行うのが難しいという問題点があります。

- App Store上でのPR手段が少ない
- リリースされているアプリケーションの数が非常に多い
- アプリケーションの単価が安い
- 無料のアプリケーションをリリースできる

こうした事情を受けて、モバイル端末向け広告サービスの**Admob**が、iPhone向けのサービスとSDKを提供しています。iPhone開発者はAdmobのサービスを通して、自分のアプリケーションを広告媒体にしたり、逆に自分のアプリケーションを宣伝したりといったことができるわけです。また、ミドルウェア企業からは、CRI・ミドルウェアが2009年9月にiPhone向けのPRエンジンとして**CLOUDIA**を発表しました。CLOUDIAもサービス指向のミドルウェアで、CLOUDIAのSDKを組み込んだ自社のアプリケーションをPRの媒体として発展させるための機能が提供されています。

もう1つ、iPhoneのミドルウェアとして見逃せないのが**OpenFeint**の存在です。OpenFeintはiPhoneのゲームにコミュニティ機能を付与するミドルウェアで、実績やリーダーボード、フレンド、ライブチャットといったソーシャル機能を提供します。これらの機能は、従来のゲームハードではMicrosoftのXbox LIVEのように、プラットフォーム企業が提供するのが一般的でしたが、OpenFeintはこれを独自に提供しており、iPhone向けのゲームでもこうした機能を提供できるわけです。

OpenFeintの興味深い点は、開発者に対してもユーザーに対しても無料で自社のサービスを提供している点です。開発者はOpenFeintのサービスを利用する際にサーバーを構築する必要も、サービス利用料を支払う必要もありません。また、ユーザーも無料でサービスを利用できるので、OpenFeintに対応したゲームも、

OpenFeintに加入するユーザー数も、ともにどんどん増えていくというエコシステムが回り始めています。

無料化するゲームエンジンとミドルウェア

　ゲームエンジンやミドルウェアがゲーム開発の部品として一般化する中で、開発者の獲得に向けて、徐々に無料化するという動きを見せているのも、近年の重要な傾向の1つです。

　2006年11月に物理計算のミドルウェアを提供しているAgeiaが、同社のPhysX SDKを、ツールやゲーム製品に対して無料で利用可能にするという発表を行いました。また、Havok社が2007年インテルに買収されると、翌2008年の5月に、インテルをスポンサーとして、PC向けのHavok PhysicsとHavok Animationのバイナリ版を無償で利用可能にするライセンスプランを発表しました。

　2009年10月には、Unity Technologiesが同社のインディーズゲーム開発者向け商品であるUnity Indieを無償化する発表を行いました。この動きを受けてか、2009年11月にはEpicがUnreal Development Kitを、CrytekがCryENGINE 3を、それぞれ条件付きではありますが無償版を提供する旨の発表を行い、ゲーム開発者にとって大きなニュースとなりました。

　こうした動きの背景には、オープンソースのゲームエンジン・ミドルウェアの増加や、インディーズゲーム開発者やゲーム開発者を目指す学生を獲得するためのシェア争いがあります。ゲームエンジンやミドルウェアは確かにゲームの開発を楽にしますが、それぞれ一定の作法や約束事があり、使いこなすためにはそれなりに長い時間をかけて習熟する必要があります。無償化することで間口を広くし、自社の製品に習熟している人口を増やすことが、将来の採用例を増やす布石として非常に大切になってきているわけです。2009年12月には、Havokがインディーズゲーム開発者に向けて、同社の商品6種類をすべて提供するライセンスプログラムを発表しましたが、こうした点からも各社がデベロッパーの囲い込みに情熱を注いでいることが伺えると思います。

21.4
ミドルウェアの今後

　ここまでで、ミドルウェアを中心とした昨今のトレンドを紹介してきましたが、ここからは少しだけ、筆者の独断と偏見で、今後の動きを占ってみたいと思います。

Webサービス統合型のミドルウェアの存在感が増加する

　2008年、2009年は、iPhone、Facebook、MySpaceといった新しいプラットフォームが相次いで出現し、そこに巨大なマーケットが存在することを開発者が知った年でした。今後はOpenFeintやAdmobのようなコミュニティ機能やマーケティングという新分野を中心に、サービス統合型のミドルウェア・ソリューションを提供する企業が増えてきたり、こうしたサービス企業とミドルウェア企業が提携する、といった動きが出てくると思います。

　たとえば、DolbyはAxonというMMO向けの大規模ボイスチャットを可能にするミドルウェアを提供していますが、こうした製品がクラウド型のサービスを提供したり、コミュニティサービスと連携したりといったことが起きてくるのではないでしょうか。

ライセンス形態がサービス指向に変わる

　2009年11月に発売された「Call of Duty：Modern Warfare 2」は、初日で470万本以上のセールスを記録し、2010年1月までに10億ドルの売上を叩き出す快挙を成し遂げましたが、一方でゲーム開発のプロジェクトは、巨大な予算を組んで行うプロジェクトが減ってきています。そうした中で、インディーズゲーム開発者は爆発的に増加しており、ミドルウェア企業としても無視できないマーケットになりつつあります。こうした状況から、各社が提供するライセンス形態が、数百万円〜数千万円の単位で、プロジェクトやSKU（Store Keeping Unit）単位で行う形式のものの他に、売上本数に応じたロイヤリティ形式のような、小規模の開発者を取り込みやすいライセンスを発表する動きが加速してくるのではないかと予想できます。

21.5
まとめ

　ミドルウェアは1990年代にPCを中心として発展してきましたが、2006年以降、ゲームハードの高度化とゲームの大規模化に伴い、コンシューマープラットフォームでのゲーム開発においても重要な役割を果たすようになりました。また、グラフィックス、音楽、動画といった基本的な分野の他に、物理シミュレーションや顔生成、樹木生成、キャラクター制御やAIといった、より専門的な製品が多数登場し、ゲーム業界において先端技術を牽引する役割を担うといった側面を持つようになってきました。

　さらに、iPhoneやFacebook、MySpaceをはじめとする新しいプラットフォームの出現で、ミドルウェアの潜在市場は拡大しており、すでに新しい製品も登場してきています。こうした動きの中で、ゲームエンジンやミドルウェアを提供する各社は、自社製品を無償提供することで、開発者の囲い込み競争に口火を切りました。

　今後は、さらに専門的な製品が大型のゲーム開発者向けに発表され、技術面でのリーダーシップを発揮する企業がある一方で、Webサービスと統合したミドルウェア製品や、マーケティング機能としてのミドルウェア、課金プラットフォームとしてのミドルウェアなどを提供する企業が増え、プラットフォーマーとしての側面を見せていくようになるのではないかと予想されます。ゲームとミドルウェアを巡る業界の発展は、今後も注目に値する分野だと言えるでしょう。

21.6
参考文献

[1] Jr., フレデリック・P. ブルックス, 『人月の神話〜狼人間を撃つ銀の弾はない』(新装版), ピアソンエデュケーション, 2002
[2] *Game Developer Magazine* January 2005, Hall of Fame "Renderware"
[3] "C++の166,781行に対してLuaが332,650行", *Game Developer Magazine* August 2005 Postmortem "Double Fine's Psychonautic Break
[4] havok.com, Available Games, http://www.havok.com/index.php?page=all

第22章
プロシージャル技術

三宅陽一郎

この章の目的

　プロシージャルとは「手続き的に、順を追って、自動的に」という意味で、デジタルゲームにおける「プロシージャル」技術とは、ゲームコンテンツレベル、あるいは、ゲームコンテンツを直接支える部分で実現されている自動的な機能を言います。たとえば、自動生成、自動制御などです。

　すべてのではありませんが、多くのゲーム開発者はデジタル世界に1つの宇宙を作って、そこでユーザーを楽しませたい、という欲求を持っています。プロシージャル技術は、そういったデジタル世界（ゲーム）の中で実際に1つの動的な世界を実現する技術と言うことができます。

　本章では、実際にゲームで実装されたさまざまな事例を追いながら、デジタルゲームにおけるプロシージャル技術が果たす役割を見ていきます。

プロシージャル技術の産業構造

要素技術	▶ 自動生成、自動制御、社会シミュレーション、ユーザー生成コンテンツ
プラットフォーム	▶ PC、コンシューマーゲーム機、携帯ゲーム機
ビジネス形態	▶ 制作
ゲーム業界関連職種	▶ プロデューサー、ディレクター、プログラマー、プランナー
主流文化圏	▶ 北米、欧州
代表的なタイトル	▶ The Sims（EA）、SimCity（EA）、シーマン（ビバリウム）、Spore（EA）、Age of Empire（マイクロソフト）

第22章 プロシージャル技術

22.1
プロシージャル技術とは

　プロシージャルという言葉を聞いたことがあるでしょうか？　一般には聞きなれない言葉です。**プロシージャル**とは「手続き的に、順を追って、自動的に」という意味です。これに対する言葉は「マニュアルで、人の手で1つ1つ行う」という意味になります[1]。

　デジタルゲームにおける「プロシージャル」技術とは、ゲームコンテンツレベル、あるいは、ゲームコンテンツを直接支える部分で実現されている自動的な機能を言います[2]。

　たとえば、最も簡単な例として、ゲームステージの地形データを考えてみましょう。地形データは通常あらかじめ用意されデータに載せられたまま、基本的には変化しないで処理されます。しかし、地形を自動生成するアルゴリズムを用いて、たとえばゲーム開始時に「プロシージャルに」自動生成することができます。

　あるいは、敵モンスターの形状について考えてみましょう。通常、モデルとアニメーションによってモンスターの振る舞いは固定されていますが、プレイヤーが振り下ろした剣の向きと強さに応じて、モンスターのモデルがスライムのようにへこむ「プロシージャルな」処理を入れることができます。

　また、RPGにおけるNPCとの会話を考えてみましょう。たいていのRPGでは、NPCは1つのシーンで1つか、せいぜい数パターンしかセリフを返してくれません。しかし、その日の天候や、話かける回数、プレイヤーの状態に応じて「プロシージャルに」変化に富む返答を返してくれるNPCを考えることができます。

　このように、プロシージャルとは通常、デジタルゲームにおいて固定されていると考えられている部分を、素材となるデータとアルゴリズムによって動的に変化するものにし、そこに変化に富むバリエーションを実現することによって、ゲームコンテンツを富ませていく技術なのです[3][4][5]。

　すべてのではありませんが、多くのゲーム開発者はデジタル世界に1つの宇宙を作って、そこでユーザーを楽しませたい、という欲求を持っています。プロシージャル技術は、そういったデジタル世界（ゲーム）の中で実際に1つの動的な世界を実現する技術と言うことができます。

　また、プロシージャル技術はコンテンツを実際に作るのではなく、コンテンツを作

り出すソフトウェア技術と言うこともできます[88]。上記の例で言えば、プロシージャル技術は、地形そのものではなく、地形を生成するソフトウェアを産み出し、そのソフトウェアの力によってコンテンツを作り出す、という方法を取ります。そして、そのソフトウエアの力を実際のゲームのラインタイムで走らすことも、開発工程の中に組み込むことも可能です。

ゲームとプロシージャル

デジタルゲームは、用意したデータの集合自身の運動と、それに対するユーザーのインタラクションからなる、1つのダイナミックな（動的に運動する）システムとして捉えることもできます。

プロシージャル技術を導入するということは、それまでのダイナミックなシステムに、プロシージャルが作る新しいダイナミクスを含めて、新しく1つのシステムへ進化・発展させることであると捉えることができます。たとえば、地形自動生成や会話自動生成を持つゲームシステムは、単にそれまでのゲームにプラスアルファされただけでなく、自動生成がもたらすダイナミクスを含んで、新しいゲーム性、ゲームデザイン、ゲームシステムへ発展しているのです。

図22.1は、プロシージャル技術が導入されたデジタルゲームの例を示しています。ここでは、「完全に自動生成か、ユーザーとのインタラクションの中で生成するか？」という軸と「ゲーム内で動作させるか、開発中に動作させるのか？」という軸の2つの軸によって分類しています。

プロシージャル技術の効用と副作用

実際、プロシージャル技術を導入すれば、無限と言ってもよいバリエーションを実現でき、プロシージャルコンテンツの掛け合わせは、デザイナーさえ予期しない、多様性に満ちたコンテンツを実現することになります。プロシージャル技術は、無限にコンテンツを生成していくために強力な方法なのです。

しかし、良いことだけではありません。固定コンテンツの部位を動的に変化するコンテンツに変化させるということは、その場で生成されるコンテンツからバグが出現しやすくなる、ということでもあります[8]。また、動的な生成過程を調整することは、経験と勘の必要なことでもあります。

第22章 プロシージャル技術

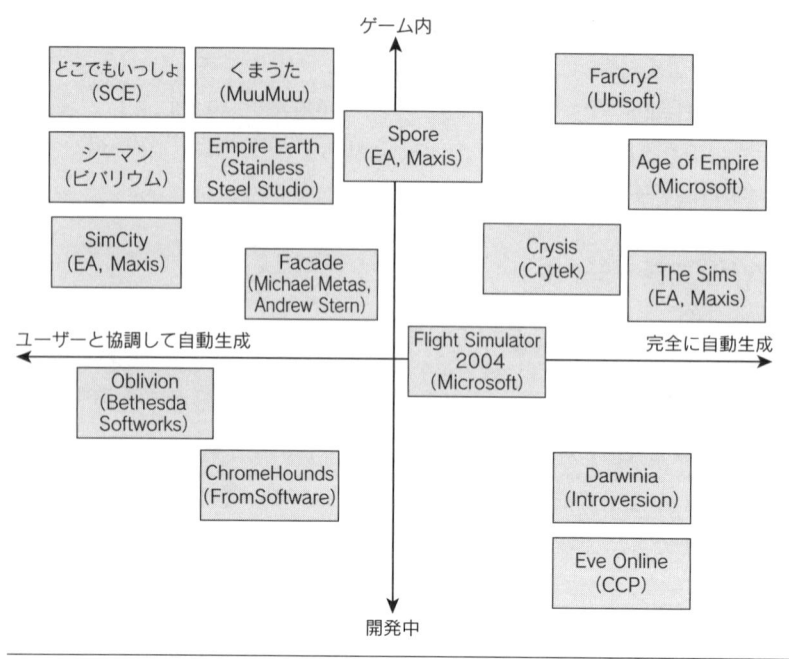

図22.1 プロシージャル技術が導入されたデジタルゲームの例[6][7]

つまり、プロシージャル技術の導入には、生成するコンテンツとともに管理する工程とアルゴリズムを導入することが必要です。デバッグチェックが比較的可能な固定コンテンツに対して、プロシージャルコンテンツの生成コンテンツはそのすべてをチェックすることが原理的に不可能です。デバッグ方法についても、1つ1つ方法を考えていく必要があります。そして、そういったノウハウを蓄積することが、プロシージャルという強力な技法を手なづけて応用するために必要な技術となります。

プロシージャル技術の持つ特徴

プロシージャル技術には2つの特性があります。

1つは、それが**あらゆるコンテンツを対象とする広大な技術分野にもかかわらず、1つ1つのコンテンツに対するプロシージャル技術は、非常にニッチで限定された手法である**という点です。たとえば、物語の自動生成と樹木の自動生成、会話生成、敵AIの動的出現コントロールの技法には技術的共通点がほとんどありません。つまり各分野に固有の方法とノウハウがあるだけなのです。これが「プロシージャル技術」

と言ったときの、捉えどころのなさの原因になっています。

もう1つは、**プロシージャル技術は非常に作家性の高い詩的な分野である**という点です。プロシージャル技術は、いわゆる手堅い分野ではありません。先入観に捉われず他の分野で使用されていた技術を援用して新しい生成手法を切り開いたり、動的にコンテンツを生成していく過程をデザインするセンスが求められる分野です。地形の自動生成ひとつ取っても、そこにはさまざまな技術の集積のさせ方と、地形のデザインの方向性があり、この技術を組み上げる技術者の作家性に依存する部分が大きいのです。

また、デジタルゲーム制作では、いったん技術的基盤ができた後、コンテンツをできるだけゲームデザイナーが完全にコントロールできる開発体制を築かねばなりません。その上でゲームデザイナーがプロシージャル技術を用いてさまざまなコンテンツをパラメータやGUIツールなどを操作して生成する過程も、また分野ごとに経験とセンスが必要とされます。逆に言えば、プロシージャル技術は技術分野でありながら、開発者の、あるいは、そのチームの作家性というものを大きく発揮できる分野でもあるのです。

プロシージャル技術の歴史

デジタルゲームにおけるプロシージャル技術には長い歴史があります。それこそ、デジタルゲームの黎明期から、プロシージャルという手法は、意識されないまでも、あたりまえに使われていました[8]。

まだパーソナルコンピュータのメモリがあまりに小さかったころには、さまざまなデータがプロシージャルに作られていました。たとえば、プログラムによってダンジョンを自動生成する「Rogue」（1980年）のようなゲームは、プロシージャル技術の嚆矢と言えるでしょう。また、「Elite」（Ian Bell、David Braben、1984年）というゲームでは、ユーザーが旅する8個の銀河星系マップが自動生成されていました[9]。

日本では、1980年代にコンシューマーゲーム機が一般に流行りだした時代に、アーケードゲームで腕を鍛えたユーザーと、初めてデジタルゲームに触れるユーザーのスキルの差を埋めるために、ゲーム内でユーザーのスキルに合わせて難易度が動的に変化する**レベルコントロール**という技術が導入されていました[10][11]。

1990年代後半からは、3Dコンテンツやテクスチャを自動生成しようという気運が高まり「プロシージャル技術」という方向が明確に意識されながら、研究・開発が進

第22章 プロシージャル技術

められてきました。2000年代に入っては、プロシージャル技術は、次世代ゲーム開発技術の主要な項目の1つとして位置づけられ、さまざまなゲームタイトルで導入されることになります。

このように、現代という立場に立って過去を振り返って初めて、脈々と受け継がれてきたプロシージャル技術の系譜が明確に浮かび上がります。また、この系譜がまだまだ探求の余地を持っており、その応用の始まりに立ったに過ぎないことが感じられます。

本章の方針

本章では、さまざまな事例を追いながら、デジタルゲームにおけるプロシージャル技術が果たす役割を見ていきます。そうすることで、デジタルゲームにおけるプロシージャル技術の置かれる位置と機能を理解し、デジタルゲームにおけるプロシージャル技術の本質を理解することを目的とします。

技術分野ごとにプロシージャル技術を説明していくのではなく、各分野の代表的なタイトル事例1～2個を紹介していきます。そこから、「プロシージャル技術を使ったゲームデザイン」を理解し、読者それぞれが自分のアイデアを膨らましていくことで、各々のゲーム開発に役立ててほしいと思います。

また本章では「ダイナミクス」という言葉を多用します。**ダイナミクス**とは動的なシステムのことです。自然界は物理や化学や天候や太陽系の科学法則に従って運動し続けるダイナミクスであり、社会は人の動きや経済の変動によって絶えず変化するダイナミクスです[12][13]。プロシージャル技術は、デジタルワールドにそういった躍動するダイナミクスを再現する技術でもあるのです。

22.2
地形自動生成とリアルタイムストラテジー

本節では、地形・レベルデザインの自動生成を見ていきます。

地形やレベルデザインは、通常は企画・CGデザイナー、海外ではレベルデザイナーがコンセプトに基づきプレイアビリティー（プレイのしやすさ）を考慮しながら決定し、テストを重ねながら修正していきます。こういった部分に自動生成を導入すると、ゲームはどのように変化するでしょうか？

22.2 地形自動生成とリアルタイムストラテジー

リアルタイムストラテジーゲーム（Real-time Strategy Game、RTS）の「Age of Empire」（以下AOE）シリーズ、「Halo Wars」（Ensemble Studios）、「Empire Earth」（Stainless Steel Studio、以下EE）シリーズでは、地形自動生成アルゴリズム（英語ではRandom Map Generationと言います）が導入されています。いずれも自動生成のアルゴリズムを持つと同時に、地形生成スクリプト（Random Map Script、RMS）によって、生成をある程度カスタマイズする機能を持っています。

「Empire Earth」における地形自動生成

EEでは「プレイヤー人数」「チーム数」「マップサイズ」「天候」「マップタイプ」「乱数シード」の入力に応じて、マップがプロシージャルに生成されるようになっています[14]。

まずプレイヤーの位置が決められ、その足場から地形エリアが平面的に成長していきます（地形エリア以外は水エリアになります）。地形エリアの成長は、生物の成長プロセスをモデル化したシミュレーションによって行われます。

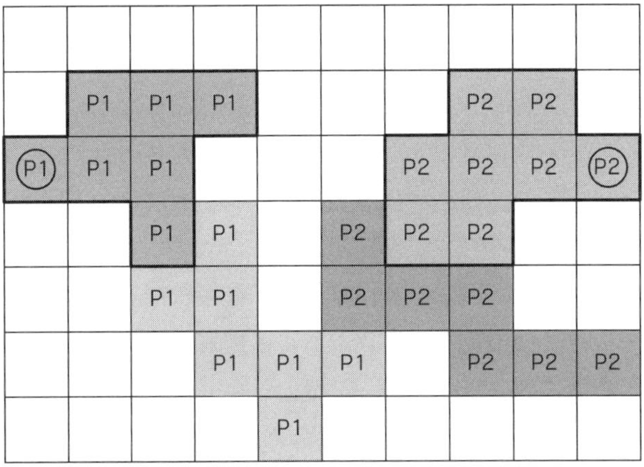

図22.2 「Empire Earth」における地形エリア生成の様子

地形エリア成長ジェネレータ（生成器）クラスには、生成するエリア（タイルの集まり）のサイズ、エリアの数、複雑度、形状の規定（Validation）を規定します。たとえば、プレイヤー1（P1）の足場をスタート地点とするジェネレータにエリアを2個、各エリアは7個のタイルからなるように指定します。すると、プレイヤーの足場のタイルか

ら始まって、形状規定に合格する範囲で自身の境界に接しているタイルからランダムに次のタイルを選んでいくことで成長していき、最終的に全体が7個のタイルになったときに成長が止まります。そして、2つ目のエリアの起点を周囲から選んで、同様にエリアを成長させていきます。これが終わると、プレイヤー2 (P2) の足場から出発するジェネレータにパラメータをセットして、同様なことを繰り返します。この地形エリア成長ジェネレータクラスには他にもさまざまなセッティングが可能であり、多様な地形を自動的に産み出していきます。

このように平面的なタイルの地形エリアが生成されると、今度は起伏を付けるために地形の持ち上げ(elevation)を行います。地形の持ち上げには、中点変移法[15][16]の一種である**ダイアモンドスクエア**(Diamond Square)アルゴリズムによって自然界にある地形と似た高さの分布(フラクタル)を与えていきます[17][18][19]。その後、プレイヤーの位置を中心に、生成された地形に沿って金や鉄の資源が配置されます。このとき、ある地形には置けない資源、たとえば傾斜のきつい地形には置けない資源が存在するため、こういった資源の自動配置は地形生成後に行われます。

「Age of Empire」における自動地形解析

AOEはEEと同様、**ハイトフィールド**(Height Field、高さマップ)による起伏生成方式ですが、「Age of Empire3」からは複雑な3Dの起伏地形[22]を行っています。また、同社の後継作品である「Halo Wars」では、**ベクターフィールド**(Vector Field)による起伏生成によって斜めに突き出したような特異な地形を生成しています[23][24]。

「Age of Empire 2」では、地形生成後に自動地形解析が徹底して行われます[25][26]。**地形解析**とは生成した地形の性質を解析して、その性質を抽出する技術です。抽出された情報は、資源配置、マップチェック、そしてAIの思考のために使用されます。

エリア分割とパス検査

地形解析の手法を紹介しましょう。まず同じ属性を持つタイルを集めて、マップを大きなエリアへ分割します。こういった**エリア分割**(Area Decomposition)は、よりグローバルな戦略思考を構築する上で役に立ちます[89]。また、エリア同士の連結情報を利用して、エリア上の**パス検索**によって大局的な高速パス検索が可能になり

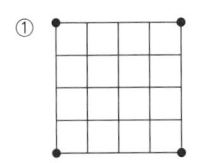

22.2 地形自動生成とリアルタイムストラテジー

① 4頂点に高さとして乱数を与える

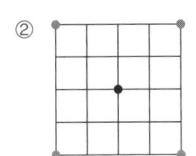

② 4頂点の対角線が交わる中心の頂点の高さとして、
4頂点の高さの平均に乱数幅dで振った値を加える（dは任意）
［ダイアモンド過程］

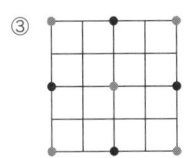

③ ダイアモンドの中心に位置する頂点に、周囲の頂点からの平均と
乱数幅dで振った乱数を加える［スクエア過程］
（ここでは境界に属する頂点が多く、純粋な内部の頂点が少ないので
わかりにくい。⑤の過程を参照）

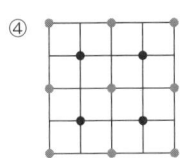

④ ②の操作を小さなスケールで行う［ダイアモンド過程］

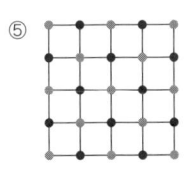

⑤ ダイアモンドを形成する4つの頂点の中心の頂点に
周囲の頂点からの平均と乱数幅dで振った乱数を加える
［スクエア過程］

以下、この2つの過程をスケールを小さくしながら繰り返し行う

図22.3　ダイアモンドスクエアアルゴリズム[20][21]

ハイトフィールド　　　ベクターフィールド

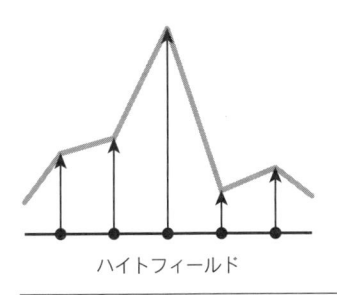

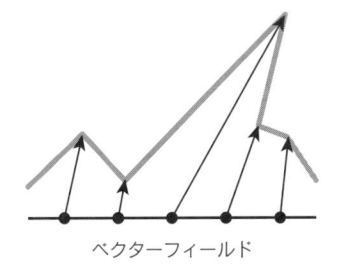

図22.4　ハイトフィールドとベクターフィールドによる地形生成の違い

ます。生成した地形に対するエリア上のパス検査（CanPathCheck）は、パス検査を高速化するのみならず、ある地点からある地点の接続性を確認する地形解析の強力な手法ともなります。

影響マップ

地形解析の強力な手法の1に、**影響マップ**（Influence Map）があります[27][28]。影響マップは、タイル上で、あるタイルが持つ影響度を周囲のタイルに定義していき、さまざまな影響度を重ねることで、マップの性質を解析する方法です。

たとえば、AOE2では、手すきの兵士たちを立たせるポイントを影響マップを用いて自動的に検出します。兵士たちをなるべく高い土地で、建物から遠い場所に立たせたい、とします。「高い場所」というプラス・ファクターを持つ場所を**アトラクター**（attractor）、「建物から近い」というマイナス・ファクターを持つ場所を**デトラクター**（detractor）と言います。このアトラクターとデトラクターの数値を足し合わせて、最適なポイント（タイル）を見つけ出します。

「高さによる影響マップ」というアトラクターと「建物からの近さによる影響マップ」というデトラクターを合わせて最適な位置が計算されます。ここでは単純に2つの層の値を足しただけですが、実際はより多くの層の値から、さまざまな関数を通す計算法が工夫されます。

影響マップについては他にも、敵が一度使ったルートや敵拠点をデトラクターにすることで、パス検索において、その値を参照し、より安全なルートを検出することに使用することができます。

このように「AOE2」では、地形を自動生成すると同時に、自動地形解析を行うことで、自動生成した地形に対応したAIを自動地形生成後に構築します。

RTSでは地形情報に基づいた思考による戦略・戦術によって戦うことが楽しみの中心ですが、地形が固定化した場合、最適な戦略は固定化されてしまう恐れがあります。プロシージャルによる地形生成は、地形を無限に変化させる機能を持つことで、常に新しいマップの上に新しい思考を要求し、ユーザーのゲームへの飽きを防ぎ、RTSの面白さを増幅させ、ゲームの寿命（ユーザーがそのゲームをプレイする期間）を延ばす役割を持ちます。同時に、そのマップを熟知した経験者が有利にならないようにする役割も持ちます。

また、自動生成した地形に対する地形解析技術は、「プロシージャル生成の副作

22.2 地形自動生成とリアルタイムストラテジー

0.8	0.8	0.8	0.6	0.4
0.8	1.0	0.8	0.6	0.4
0.8	0.8	0.6	0.8	1.0
0.4	0.6	0.8	1.2	1.0
0.2	0.4	0.6	1.0	1.0

アトラクター

-0.4	-0.6	-0.6	-0.6	-0.4
-0.6	-0.8	-0.8	-0.8	-0.4
-0.6	-0.8	-1.0	-0.8	-0.6
-0.6	-0.8	-0.8	-0.8	-0.6
-0.4	-0.6	-0.6	-0.6	-0.4

デトラクター

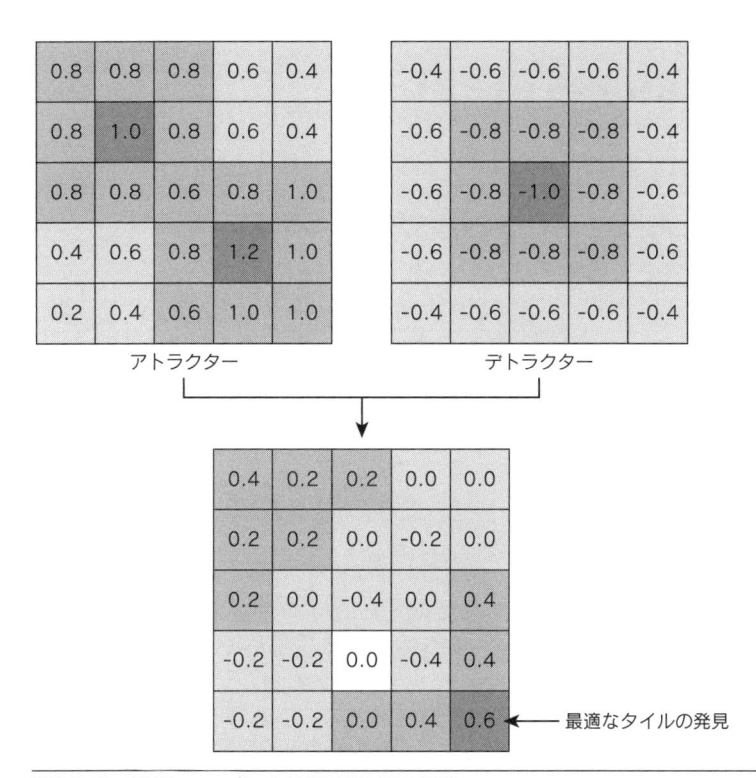

0.4	0.2	0.2	0.0	0.0
0.2	0.2	0.0	-0.2	0.0
0.2	0.0	-0.4	0.0	0.4
-0.2	-0.2	0.0	-0.4	0.4
-0.2	-0.2	0.0	0.4	0.6	← 最適なタイルの発見

図22.5 影響マップによる地形解析の過程

用であるマップの質の不備を防ぐ」「生成した地形に適応したAIをその場で生成する」ことを可能にします。

このように、プロシージャル技術によってRTSというゲームジャンルが、「RTS × 地形自動生成 × 地形解析」という一段高い段階へ引き上げられているのです。

また、「Killzone 2」（Guerrilla Games、2009）のようなFPSゲームでも、AIとプレイヤーがチームとなって戦う戦略性の高いマルチプレイヤーモードでは、自動的にエリア分割し生成した戦略マップ上に、ゲーム内の状況の変化に合わせて動的に影響マップをアップデートすることで、AIの戦略的思考、AIチームの戦略的移動を実現しています[89]。

22.3
プロシージャル技術とFPS

　欧米における最も人気のあるゲームジャンルとしてFPS（First Person Shooter、一人称視点のシューティング）が挙げられます。90年代前半に、城や迷路といった閉鎖的な人工空間から出発したFPSは、00年代では、序々に屋外のオープンワールドへと舞台を広げてきました。そこで問題となったのが、海、空、森、草、土、岩といった自然物のCG表現でした[29]。3Dモデル生成、レンダリング、アニメーションの分野です。また、当時の次世代機（Xbox 360、PS3、Wiiなど）やPCなどにおけるレベルデザインの圧倒的な広大化は、大規模な形で質の高いCG表現を要求し、制作工程の肥大化をもたらしました。そこで導入されたのが、CG表現におけるプロシージャル手法です。

自然モデル生成

　自然モデルの自動生成という研究分野は学術的に90年代に多く研究されていました[30]。その成果が00年代に入りゲーム開発に活かそうという気運がありました。ミドルウェアとしては樹木自動生成エンジン「SpeedTree」（IDV）が、「Oblivion」（Bethesda Softworks、2006）をはじめとするタイトルで使用されています。

　ここで**セミプロシージャル**（semi-procedural）という概念を説明しておきます。完全なプロシージャル生成に対して、ある程度の与えられたデータからプロシージャルを始めることを「セミプロシージャル」と言います。たとえば、キャラクターアニメーションをゼロから生成するのではなく、数個のアニメーションから他のあらゆるバリエーションのアニメーションを生成する例などが挙げられます[31][32]。樹木生成では、ある程度のプリセットを元にGUIやパラメータ設定を通して、モデルを形成・成長・修正していくパターンが多く見られます。

　樹木生成が、開発会社で独自に開発されたケースとしては、「FarCry2」（Ubisoft、2008）のゲームエンジン「Dunia Engine」が挙げられます。Dunia Engineは「FarCry2」のゲームエンジンとして開発され、樹木や草の成長を細かく制御できる点が特徴です。エンジン全体としては、天候の効果（風など）やゲーム世界全体が自律的に相互作用する世界を構築することができます[33]。樹木の生成についてはGUIによる開発ツールが準備され、エリアごとに樹木の種類、密度な

どを指定することで自動的に森が生成されていきます[34]。またゲーム内では、草原で起きた火事が燃え広がるなどの現象を実現することが可能です[35][36][37]。

プロシージャルシェーダ

「Frostbite Engine」（AMD）は次世代「Battle Field」用のプロシージャルなゲームエンジンです[38][39][40][41][42]。特徴としては、「オブジェクト自動配置」と「プロシージャルシェーダ」があります。

Frostbite Engineでは、ゲーム内でシェーダ自身が「高さ」「傾斜」「ノーマルマップ」「マスク（シェーダを適用する領域を特定）」を動的に計算してシェーディングをしていきます。ここでマスク処理は、たとえば傾斜から、崖や土としてシェーディングする領域を計算から求め、さらに破壊された領域に対するマスクを生成するなど、複数のマスクが計算され効果が重ねられます。こういったプロシージャルシェーダは、破壊などによるさまざまな地形の変化に動的に対応できるという特徴を持ちます。

また、やぶ（低い草）の自動配置も、ユーザーの視野に入ったグリッドに対して、ノーマルマップ（計算）と密度マップ（生成）から自動的に生成するシステムになっており、大幅に工程とメモリを削減しています。

プロシージャルアニメーション

CryEngineでは樹木にプロシージャルアニメーションが導入されており、配置された樹木が、ゲーム内で起こるさまざまな爆風の強さに応じて、あらかじめ幹、枝、葉に設定された曲がり度を元にアニメーションします[43]。このエンジンは、「FarCry」や「Crysis」で使用され、最新のレンダリング技術と合わさった高いビジュアル的効果を生むことで、一躍、FPSにおける最先端テクノロジーを持つエンジンとして評価されました。CryEngineはゲームタイトルとは独立した製品でもあり、ゲームエンジンとして有償提供されています[44][45][46]。

まとめ

このような自然物生成を含んだプロシージャルなゲームエンジンは、FPSの広大かつ多様なオープンワールドにおいて、多様かつ豊か、そしてリアリティーのある自然マップ実現しました。このような変化は、初期のFPSにあったような狭く単調なマップから、広大で多様な自然地形にプレイヤーを解き放ち、新しいゲーム体験をも

たらしました。

22.4
都市生成とシミュレーションゲーム

　90年代が自然生成物の研究が盛んであったとすれば、00年代は街や都市などの人工環境の自動生成が学術的な研究テーマでした[47]。「City Engine」（Procedural Inc.）[48] は研究成果をもとに都市の自動生成のミドルウェアとしてリリースされています。

　都市発展をテーマにしたゲームにはシミュレーションゲーム「SimCity」シリーズ（Maxis、1989〜）、「A列車で行こう」シリーズ（アートディンク、1985〜）があります。ここでは「SimCity」の都市発展のアルゴリズムを解説していきましょう[49]。

　「SimCity」はユーザーが都市のパーツを置いていくことで、自律的に街が発展していくゲームです。「商業地」「工業地」「住宅地」、ライフライン（「発電所」「浄水場」など）、公共施設（「学校」「警察」）など十数種類のアイコンを都市の区画に置いていくことで、それぞれがそれぞれの場所で相互作用しながら街全体が発展していきます。

「SimCity」の世界の動作原理

　「SimCity」の都市発展のシミュレーションはスケールごとに複数の階層に分かれた層から構成されます。各階層では、さまざまなパラメータの影響の時間発展がシミュレーションされます。

　1マスを単位とする最も精度が高い最上位のシミュレーション層では、1区画の鉄道や区画間の相互作用がシミュレーションされています。その下の2×2マスを単位とする層では、「人口密度」「交通渋滞」「環境汚染度」「ランドバリュー」「犯罪発生率」がシミュレーションされます。続いて4×4マスを単位とする層では、地形の影響を計算し、最後の8×8マスの層では「人口増加率」「消防署」「警察署」「消防署の影響」「警察署の影響」などがシミュレーションされます。

22.4 都市生成とシミュレーションゲーム

```
SimCityの多層構造モデル
```

第1層
道路や鉄道、要素の大きさ要素間の関係をシミュレーション

第2層
「人口密度」「交通渋滞」「環境汚染度」「ランドバリュー」「犯罪発生率」をシミュレーション

第3層
地形の影響をシミュレーション

第4層
「人口増加率」「消防署」「警察署」「消防署の影響」「警察署の影響」をシミュレーション

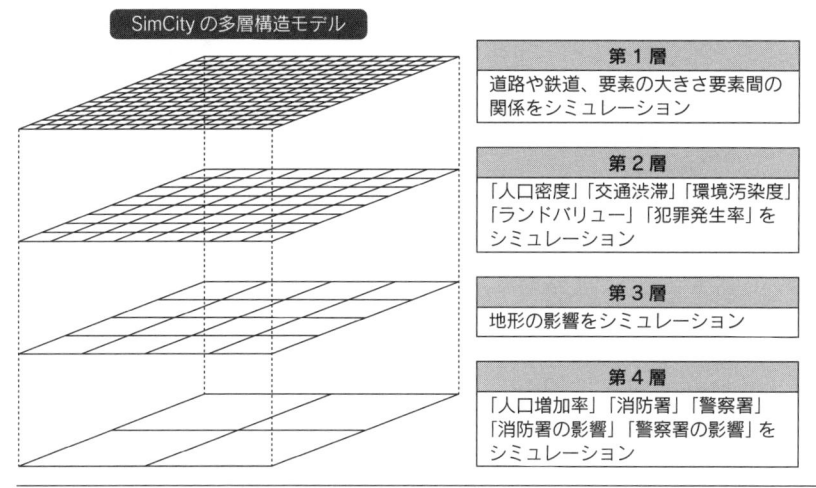

図22.6 「SimCity」の階層構造モデル[49]

「AOE2（Age of Empire 2）」では影響マップは静的なマップの解析に用いられていましたが、SimCityでは各階層のタイル上を動的に変化していきます。

「SimCity」の階層構造と階層間インタラクション

SimCityの階層構造では、プレイヤーのアクションの影響は、スケールの小さな階層から、大きな階層に伝わっていくため、大きなスケールの層のシミュレーション結果ほど、ゆっくりと最上位層の変化に還元されることになります。つまり、それぞれの層の変化の計算結果は、一定の時間が経過した後、実際に都市の発展に影響を及ぼすことになります。

たとえばエディットウィンドウで公園を作ると、次の層でランドバリューに影響を及ぼし、その次の層で犯罪発生率に影響を及ぼす、といった具体です。こういった伝播は、各パラメータ間の関係に従って行われます[50][51]。以下は解説用の簡易関係式ですが、こういった各階層のパラメータを繋ぐ関係式が各階層の関係を結んでいます。

- 犯罪発生率＝（人口密度の2乗）−（ランドバリュー）−（警察の影響力）
- ランドバリュー＝（距離パラメータ）＋（列車パラメータ）＋（輸送パラメータ）

第22章　プロシージャル技術

プレイヤーから見れば、自分のアクションが、あるものは遅く、あるものは素早く、さまざまな時間スケールで広がっていくのを感じ取ることができます。

プロシージャルの世界

このように複雑に仕組まれたプロシージャルによって、「SimCity」はプレイヤーが各アクションの及ぼす影響（交通渋滞は環境汚染に関係し、ランドバリューは犯罪発生率に関係している）を直感的に理解できる一方で、その影響を最後まで正確に追いきれない、という深みを持つシステムとして感じられます。本作のゲームデザイナーのウィル・ライト自身でさえ、影響が伝わっていく過程を追いきれないと言います。「SimCity」でユーザーは、階層化された複雑なダイナミクスとインタラクションを繰り返すことで、目に見える向こう側にある奥深い街の発展ダイナミクスに序々に巻き込まれていくことになります。

シミュレーションゲームの醍醐味の1つは、ユーザー自身が、自律的な世界の仕組みの中に、アクションを通じて組み込まれていくところです。プロシージャルは、当の制作者の意図と予測を超えて自律したシステムを実現する手法です。高度なシステムを平衡に運動させるには、ダイナミクスに対する数理的なセンスが必要とされます。決定論的に積み上げた処理だけでは実現できない、こういった高度なダイナミクスにユーザーを引き込むことは、新しいゲーム体験を提供することでもあります。

プロシージャルな自律型世界は、ルールが明示的に決定している将棋やチェスと比較すると、その特徴が明白に浮かび上がります。ボードゲームではすべてのルールは明示的に示されており、決定的に進行します。デジタルゲームにおけるプロシージャルな自律型世界は、ユーザーには開示されない非明示的な法則によって仮想世界を駆動させ続け、ユーザーはインタラクションによって背後にある法則やルールに序々に気づき始めるのです。ウィル・ライトのゲームでは、常にそういった背後にある自律世界が構築され、ユーザーを待ち受けるのです[52][53][54]。

22.5
マップ自動生成とアクションゲーム

　自動生成と聞いて真っ先に思い浮かぶのが、ダンジョン自動生成かもしれません。実際、きわめて早い段階でゲームに用いられたプロシージャル技術の1つは、1980年の「Rogue」(Glenn R. Wichman、1980)[55]（Unix上のフリーソフト）のダンジョン自動生成機能でした。「Rogue」のダンジョン自動生成機能は、まず部屋を長方形に分割し、その長方形の中に部屋を作り、部屋同士を交わらないような通路でつなぐ、というアプローチでした。

　実際、ダンジョン自動生成の手法は複数あり、ゲームによってさまざまに実装されています[56][57][58][59]。アルゴリズムが明らかにされていないゲームも多いですが、ダンジョン自動生成を謳ったタイトルは「Rogue」以来、「NetHack」(1985〜)、「不思議のダンジョン」シリーズ（チュンソフト、1993〜）、「ティル・ナ・ノーグ」（システムソフト、1987〜）、「Diablo」(Blizzard Entertainment、1997)など多数あります。また特殊な例ですが、MMORPG「Eve Online」(CCP Games、2003〜)では**拡散律速凝集**(Diffusion Limited Aggregation、DLA) シミュレーションを用いた星系全体マップの自動生成をしています[60]。またダンジョンとは別に迷路作成の方法でも、「棒倒し法」「穴掘り法」「壁延ばし法」などを含めさまざまな手法があります[61][90]。このようなダンジョン・迷路自動生成は、入るたびにダンジョン、敵、宝箱の配置が変化することで、アクションゲームにつきものの、ワンパターンの覚えプレイによる攻略を排除し、攻略の本質を抽象的なスキルにまで高めることで、アクションゲームの面白さを全面に出すという効果があります。

　ここでは「Eve Online」の事例を紹介しましょう。

　「Eve Online」の世界は、1ダースほどの惑星を持つ5,000個近い太陽系が集まってできています。ルートによってそれらが繋がり合い、コングロマリット的なリージョンを形成します。1つ1つの太陽系は、降着円盤モデル(Disc Accretion Model)のシミュレーションによって作られています。これは、質量粒子が中心の重力の周りに回転しながら降り積もることで、いくつかの凝縮した質量が形成され惑星になるモデルです。

　次にこれらの太陽系をつなぐ星系全体のマップは、拡散律速凝集シミュレーションを用いて行います。拡散律速凝集とは結晶の種（シード）となる中心に対し

て、遠方からブラウン運動（ランダムウォーク）する粒子が付着していくモデルです。「Eve Online」では、このDLAを3次元空間で複数のシードを用いてシミュレーションすることで、星系全体を生成しています。

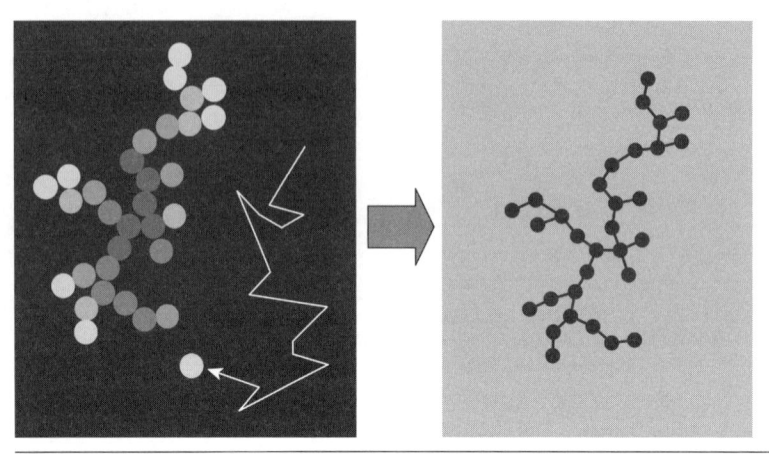

図22.7　拡散律速凝集シミュレーション[62]と星系ルート生成[49]

22.6 社会シミュレーションとAIの協調

　この節では、箱庭ゲームからFPS、アクションゲームまで、AI同士が自律的（autonomous）に協調動作するための技術を解説していきます。**箱庭ゲーム**とは、1つの自律的なデジタル世界を再現し、そこにユーザーが干渉しながら観察することを楽しむゲームのことを言います。先に挙げた「SimCity」のほか、街の中でさまざまな人がインタラクションしながら社会活動に干渉する「The Sims」（EA、Maxis、2000年、日本でのタイトルは「シムピープル」）もその一例です。さらに、この分野では「BLACK & WHITE」（Lionhead Studios、2001年）、「絢爛舞踏祭」（アルファ・システム、2005年）など秀逸なタイトルがあります。そういった社会シミュレーションを実現するためには、AI同士のソーシャルなインタラクションを実現する技術が必要です。

個人の内面モデルと環境の関係

「The Sims」では、街の中でさまざまな人（AI）が自律的に生活しながら、インタラクションを重ねていきます。

「The Sims」では、キャラクターは内面に複数のパラメータを持っています。そして、ステージ上の各オブジェクトは、オブジェクトに対する行動と、行動に伴う（AIが持っている）各パラメータへ及ぼす変化が設定されています。たとえば、さまざまな飲み物には、それを「飲むという行為」「渇きをいやす」（「喉が渇いている」パラメータが変化する）という効果がある、といった具合です。パラメータ変化率は、キャラクターの状態に依存します。

簡単な説明のために複数の感情と仕組まれたオブジェクトによって、どのようにAIが行動するかを、「満腹度」（hunger）、「社交」（social）、「楽しみ」（fun）という3つの内面パラメータを用いて考えてみます。Mood（総合幸福度、感情総合指標）がこの3つから計算されますが、AIはこのMoodが最大になるように行動します。つまり、最も大きくMoodを変化させる行動を選択します。

たとえば、ひどい空腹の場合には、たとえ少々さびしくても退屈でも、まず冷蔵庫へ行って空腹を満たします。ひどい空腹時にはそれがある程度緩和されただけで、空腹度が大きく回復します。しかしいったん空腹が満たされると、それ以上満たしてもわずかなパラメータしかアップしません（このような考えを**効用**と言いますが、効用がこのように働くようにパラメータの現在の値に応じた上昇変化係数（ウエイト）が定められています。）。

さて、空腹が満たされたので、今度は「楽しむ」（「楽しみ」パラメータをアップさせる）ためにゲームをします。TVゲームのほうがチェスよりMoodの上昇度が大きければTVゲームを選択して「楽しみ」度を上昇させます。このパラメータも満たされると、今度は友人と話すことで社交欲求を満たします。すると、時間の経過に伴ってまた空腹になるので、今度は食事を ...... といったシーケンスが繰り返されることになります。つまり「The Sims」のAIは

① 内面のパラメータを競合させる
② 内面のパラメータを時間変化させる
③ 内面のパラメータとその変化を外のオブジェクトと関連付ける

④ オブジェクトと行為を関連付けておく（アニメーションやエフェクトなどのデータを付随させておく）

という仕組みによって自律的にAI（たち）が駆動しています[51][63][64]。

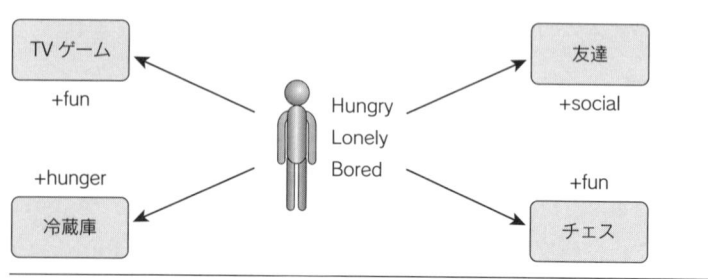

図22.8 「The Sims」AIの行動原理[63][64][51]

AI-AIインタラクション

「The Sims」では、AIとAIには、「Flirt」（いちゃつく）、「Talk」（しゃべる）、「Compliment」（褒める）といったさまざまな行為が定義されていて、それぞれの行為が、そのときのAIの内部状態によって「社交」（social）パラメータにもたらす効果が異なります。1人のAIから見た他のAIも、オブジェクトと同様に、行為と行為によるパラメータ上昇度が状況により決定されており、AIはそのパラメータ上昇率を参照しながら行動します。

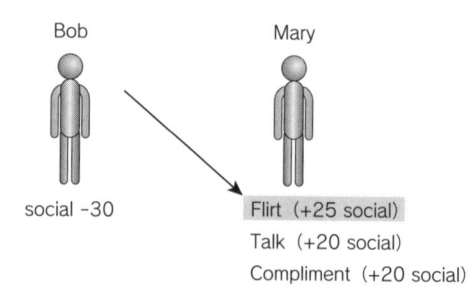

現在では、「Flirt」が「社交」パラメータを最も大きく引き上げるため、この行動を選択する。つまり、BobはMaryにいちゃつこうとする。

図22.9 「The Sims」AIのソーシャルインタラクション[64]

ブラックボードアーキテクチャとメッセージング

「The Sims」のような日常を扱う社会的ゲームでは、複雑な内面パラメータを用いたインタラクションが実現されていますが、戦闘を主とするFPSでは、より簡単な協調方式が取られています。次章の23.7節でも解説する**ブラックボードアーキテクチャ**は、最も簡単な意味では、AIがお互いの情報を参照する掲示板だと考えればよいのですが、たとえば、あるAI（COM: AとCOM: B）が敵2体X、Yに囲まれているときに、「XはCOM: Aが攻撃する」「Yを攻撃する人、募集」と書き込みます。すると、他のAIはあるタイミングでこの情報を読み取り、もし可能であれば「YはCOM: Bが攻撃する」と書き込みます。こうすることで、メッセージを直接相互にやり取りすることなく、非常に単純な協調行動が得られることになります[65]。

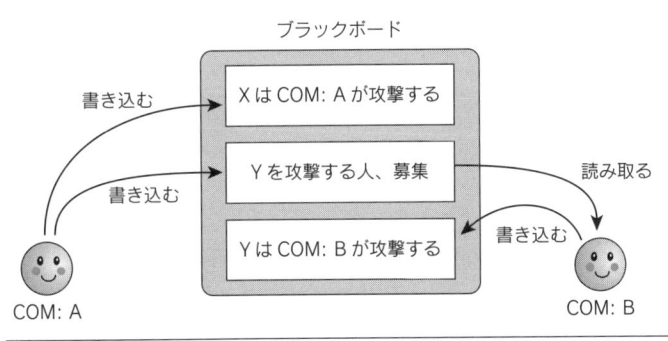

図22.10　ブラックボードによるシンプルな協調原理[65]

ゴール指向AIにおける協調方式

ゴール指向型AI（23.4節参照）においても、味方のAIに対して行う社交的なゴール（RPGであれば「ヒールする」「防御魔法をかける」）を設定しておくことで自発的な協調行動を実現することも可能です。「クロムハウンズ」（FromSoftware、2006年）では、各AIはゴール指向型であり、ゴールを決定することで行動を開始しますが、「窮地にある味方を助けに行くゴール」「スタート地点からボディガードとして付き添って行くゴール」が準備されています。意思決定の段階で、準備された各ゴールを評価し、各ゴールの中から最も評価値が高いゴールを選択することで自発的に行動します。上記のゴールの評価値が高ければ、「弱い味方を助ける」、あるいは「窮地にある味方と協調」して行動します[66][67][68]。

まとめ

この節では、AI同士のインタラクションの手法を紹介してきました。通常、人間同士の関係性は非常に複雑ですが、デジタルゲームでは、まずAIの内面を簡単にモデル化し、さらに、AI同士の関係性を単純で間接的なモデルで表現することで、社会をシミュレーションする手法を実現します。AIの内面構造とその間の関係性は相補的な関係にあり、一方を深めることは、もう一方を深めていきます。デジタルゲームにおけるAI同士のコミュニケーション空間の実現は、社会性という新しい局面の体験をユーザーにもたらすことになります。

22.7
音楽の自動生成とゲーム内エディット画面

ある科学博物館では、エントランスホールで流れる音楽が、その時点の光の射し込み具体によって変化すると聞いたことがあります。その博物館では、環境の変化が音楽をプロシージャルに（自動的に）作成するわけです[69]。しかし、音楽の場合、まったく何もないところから生成するのではなく、用意された音源、ある場合には音のシークエンスを、その場でエフェクトを加えたり、アレンジしたり、組み合わせたりして生成することになります[70]。実はそういった手法は、環境音楽（Ambient Music）やテクノミュージックなどの分野で広く使われている手法でもあります。実装手法としては、さまざまな音楽用プログラミング言語（スクリプト）や有償・無償のGUIツールを利用します。商業ソフトとしては、Max/MSP（Cycling74社）[71]などが普及していますが、以下はMiller Pucket[72]によるフリーの音楽生成環境 **Pure Data**（以下 **Pd**）[73][74]の応用例について解説します。

「Spore」（EA、Maxis、2008年）では、さまざまな局面でGUIツールを用いてクリーチャー、宇宙船、街といったオブジェクトをカスタマイズし生成していくエディット画面が現れます。「Spore」のエディット画面では、用意された音楽をループ再生するのではなく、プレイヤーのエディット操作（マウス操作）と連動して音楽が生成されるシステムが実現されています[75][6]。実際は、Pdを自社開発用にカスタマイズしたEAPdが開発に用いられましたが、基本はPdと同様です。

EAPdでは簡単なGUIによって、インプット操作を取り込んだ音楽生成シークエンスを用意することができます。EAPdのGUIは上から下へシークエンスを記述し

ていきます。スタートシグナルから始めて、モジュール化された乱数発生器、ストア（バッファ）、セレクタ（条件分岐）、ゲートを組み合わせてシークエンスを作り、最終的にはこれが音源へ繋がります。つまりGUI図を記述していくことで、タイミングやユーザーの入力条件によってさまざまな音が、あるタイミングで、あるエフェクトをかけられて鳴るということを制御するのです。こういった1つのGUI図は、サブルーチンのように、他のGUI図の中にモジュールとして使用することもでき、複雑な回路も階層的に記述していくことができます[6]。

　実際の「Spore」のエディット画面を触っていると、マウスがアイコンを横切ったり、カスタマイズした瞬間に、音が鳴り始め広がっていきます。さらに、また次の操作で別に鳴り始めた音と融合し、まるでエディット画面が1つの楽器のように音を奏でます。このようにプロシージャルに環境音楽を生成することで、「繰り返しのメロディーが耳に焼きつく」ことを回避し、エディット画面に新しい面白さを実現することに成功しています。

22.8
会話の実現と会話ゲーム

　「AIが自分で考えて会話する」というビジョンは、ユーザーにとっても開発者にとっても長い間の夢であり、いまだ実現されていない技術の1つです。その原因の1つは、AI自身がいったい「どのような状況で」「（相手も自分も）何を意図して」会話しているのか理解することができないからです。そこで通常の会話のシークエンスは、あらかじめ用意しておいたセリフを、どのタイミングで返すかをプログラミングしておきます。

　1歩進んだゲームとして、マイクやキーボードを使い、選択肢などを通じてAIと会話を楽しむゲームがあります。「どこでもいっしょ」（SCE、1999）、「シーマン」（ビバリウム、1999）、自動歌詞生成機能を持つゲーム「くまうた」（MuuMuu、2003）などが代表的な例として挙げられます。

　言語を扱うときに大切なのが、その単語がいったい名詞なのか、形容詞なのか、何について語っているのか、というカテゴライズとセマンティクス（意味）というメタ情報です。そういったメタ情報は人間ならば無意識の判別によって獲得していますが、コンピュータに分析させるには難しい技術です。

第22章　プロシージャル技術

　実際、デジタルゲームでは、そういったメタ情報をユーザーにインプットさせてしまうという巧みな仕掛けが使われます。プレイヤーから入力された単語とともに、それが何について語られているかをユーザー自身に入力させ、付加情報として入力単語とともに蓄積することで、簡単なデータベースを作っていきます。そういったメタ情報付きのデータベースが作成できれば、AI（プログラム）側は、そのメタ情報を用いて文章を自動生成することができます。

　たとえば、次のようなAIとユーザーの会話を仕組むことを考えましょう。

○ **シーン1**
　AI　「みやけが好きなものは何？」
　M　「じてんしゃ」
　AI　「それは食べられるもの？」
　M　「No」（Yes or No）
　AI　「それは大切なもの？」
　M　「Yes」（Yes or No）
　AI　「どれくらい大切？」
　M　「とっても」

○ **シーン2**
　AI　「この木は何ていうのかな？」
　M　「さくら」
　AI　「みやけはさくら、じてんしゃどっちが好き？」
　M　「さくら」
　AI　「僕もさくらと同じくらい、みやけに大切にしてもらいたい。
　　　　せめて、じてんしゃくらいに ……」
　M　「No」（Yes or No）

　AIはユーザーとの会話から、「じてんしゃ」がプレイヤーにとって「大切なもの」という意味を持つことを知り、「食べられないもの」というカテゴリーに分類しています。また「食べられないもの」というカテゴリーに木である「さくら」も入ってきた時点で、同じカテゴリーに入る言葉同志を比較するセリフを生成しています。このようにユー

ザーに言葉を入力させると同時にメタ情報を引き出すことで、AIにとって使いやすい指標が付加されたデータを構築し、会話生成に用いることができます。

上記の例で大切なことは、ユーザーが入力した言葉に応じてコンテンツをプロシージャルに作っているところです。プロシージャル技術はこのように、その動的生成力を活かして、ユーザーの入力、行動、状態、履歴などに応じたユーザー固有のコンテンツをその場で生成することで、（特に言葉を使った生成では）ユーザーの細かい心のひだに入り込むようなコンテンツを作り出すことを可能にします。

さて、こういった言語（単語）の背後にある意味やメタ情報を扱う技術を、**セマンティック**（semantic）、**オントロジー**（Ontology）と言います。たとえば、セマンティックウェブという分野では、XMLなどで情報にタグを付けて、メタ情報によってAIが情報の意味に基づいた活動をWeb上で実現する研究分野です[76]。また、セマンティックネット（意味ネットワーク）という分野は、さまざまな概念を相互の関係性から表現します[77][92]。オントロジーというのは、ある特定領域における概念階層のことで、このような概念階層を基底として、人工知能は具体的に情報の意味解釈を行っていきます[78]。

言葉というのは発する状況によって、まったく違った意味を持ってしまうものです。そこで、言語解析を行うことなく会話を限定した方向に持っていくことでそれらしい返答を準備し、あたかもAIがこちらを理解して会話をしているように見せかけることも、エンターテインメントとしてのゲームの技術です。音声で単語を入力する場合も、あらゆる単語を解釈することは難しいので、「Operators Side」（SCE、2003）や「SOCOM：U.S. NAVY SEALs」（SCE、2003）では、限定した単語を発するように誘導してパターンマッチングを行っています。

会話自動生成に真正面から取り組んだ研究として、ゲーム産業からも注目を集めた「Façade」[79]という、プロシージャルに人間ドラマを生成するゲーム（研究デモ）があります。「プレイヤーが、関係がこじれている友人夫婦の家を訪ねる」というクリティカルな状況において、AI夫婦の会話と振る舞いがプレイヤーの言動（入力できる）とインタラクションしながら進行していきます。

全体としてはビートシークエンサーと呼ばれる会話全体の方向を決定付ける情報を含んだビートがセットされ、そのビートに含まれるAIのダイアログとアクションがセットになったJDB（Joint Dialog Behavior、ABLというプランニング用の言語で記述される）によって、AI同士の行動が非同期に並列動作する、あるいは同期し

て実行されるようになっています[80][81][82]。

　会話を自動生成して、AI同士が状況に応じた会話を生成する、あるいは、ユーザーとAIが自然に会話できるゲームは多くのユーザーが待望するところですが、人工知能技術としても非常に繊細で難しい課題を含んでおり、現在は限定した状況の中で実現したり、演出によって見せかけることでゲームに応用しています。この分野は、研究の動向を追いながら、その時点で実現可能なシステムを実現する、あるいは、ゲーム特有の限定された会話エンジンを構築する、という方向で進んでいます。

22.9 プロシージャルアニメーションとゲームキャラクター生成

　プロシージャルアニメーションとは、アニメーションデータでモデルを運動させるのではなく、アニメーションがその場で生成されるシステムを言います。たとえば、水の表面をデータで動かすのではなく、三角関数でアニメーションを生成する事例などです。22.3節で紹介した「CryEngine」では、植物の曲がり度を定義して、その場の風のベクトルに応じて全体と幹、葉が揺れる、というシステムを実現していました[43]。

　また、ミドルウェアの「euphoria」や「morpheme」（Natural Motion）[91]では、キャラクターがオブジェクトとインタラクションする場合に、インタラクションの仕方に応じて用意したアニメーションを動作させるのではなく、ランタイムで自然なアニメーションを生成する手法が実現され、さまざまなゲームに組み込まれています。

　3Dキャラクターをユーザーに作成させる場合、最もネックになるのは、そのキャラクターをどうアニメーションさせるか、という問題です。もし、アニメーションを固定のものにしようとすれば、それだけ生成するキャラクターの幅を狭めてしまいます。たとえば、人の形状に合わせたアニメーションしか用意していなければ、人の形をしたキャラクターしか作成できません。

　「Spore」では、頭、胴、手足を自由に選択、伸長して、クリーチャーを生成できるエディタを用意し、作成したクリーチャーをその場でアニメーションさせるシステムが構築されました。その手法はSIGGRAPH 2008で「Real-time Motion Retargeting」として発表されました[83]。この手法は、さまざまな動作についてモー

ションデザイナーが入力したモーション情報を、より一般的な形で蓄積しておき、ユーザーが作成したモデルに合わせて、そのデータを変形して適用する手法です[84]。

たとえば、「上のほうにあるものをつかむ」という動作をモーションデザイナーが入力し、そのデータをタグ付けして（どういう動作であるかという分類の指標をつけた上で）一般化した形で保存しておきます。そういったデータをたくさん蓄積しておき、ゲーム内でユーザーが作成したクリーチャーの形態に合わせて、そのデータを逆に変換して適用するのです。

6年という開発期間をかけた「Spore」の根幹を成すこのシステムは、ユーザーのコンテンツ作成のレベルを1つ上げることに成功しました。アニメーションがプロシージャルに生成できるおかげで、ユーザーが大きな自由度をもって作成したクリーチャーを、その場でアニメーションさせることに成功したのです。

「Spore」が示した大きな事実の1つに、「プロシージャル技術は、ゲーム内のユーザー作成コンテンツ（UGC、User Generated Contents、ユーザー自らが作成したコンテンツ）の幅を大きく広げる」ということがあります。「Spore」ではユーザーが作成したどんな多手多足のクリーチャーも、作成後すぐに、ステージ内を動き回ることができます。これは、作成コンテンツに応じてアニメーションを瞬時に作成する機能が可能にしたことであり、アニメーション作成という専門性の高い仕事をすることなしに、ユーザーはプロシージャル技術の力を借りて、実際に動作するクリーチャーを作成することができます。「Spore」とは、プロシージャル技術が埋め込まれた巨大なユーザー作成コンテンツを産み出すシステムとして捉えることができます。UGCとPCG（Procedural Contents Generation）が見事に融合しています。

22.10
展望

プロシージャルは古くて新しい分野です。デジタルゲームにおけるプロシージャル技術の系譜は、ゲームの変化に対して、同じ技術、新しい技術がさまざまな形で実現されることで発展してきました。そしてプロシージャル技術は、計算リソース、メモリリソースの増大を追い風に、00年を境に、ニッチな分野から、一躍脚光を浴びる分野となりました。さらに00年代を通して、プロシージャル技術は、黎明期から発展期に移行し、今後も刷新を繰り返しながら、より深くゲームエンジンのコアのみならず、

第22章　プロシージャル技術

ゲームデザインのコアの部分へ浸透していくと予想されます。そして、この技術を確実に自分のものとするには、強力なデバッグ技術、安定化技術の蓄積が必要です。

プロシージャル技術は、ハードウェアのスペックの向上を追い風に受けて発展します。少し前までは重くて動かしにくかった生成エンジンも、マシンのスペックが向上すれば、現実的な稼動時間で動作するようになります。一方で、手作業で制作していたデータは、スペックの向上に対する作成データ量の増大を、そのままの比率で請け負うことになります。

00年代のゲーム開発では、「FarCry」「Crysis」「Spore」といったいくつかの大規模で挑戦的なタイトルが本格的にプロシージャル技術に取り組んでいく一方で、「Darwinia」(Introversion Software、2004)のような小規模なインディーズゲームでも、簡単なプロシージャル技術が応用されてきました。「Darwinia」[85]では、グラフィッカーのいない4人だけのチームによって、自動生成を用いて地形を生成するシステムが搭載されました[86]。また、Eskil Steenbergはプロシージャル技術を応用したツール群と開発環境を構築し、たった1人でMMORPG「LOVE」を作り上げ展開しています[19][87]。

プロシージャル技術は、大規模から小規模まで多様なスケールを持つ技術を有しており、大規模タイトルには大規模タイトル特有の、そして小規模タイトルには小規模タイトル特有のプロシージャル技術が準備されています。そういった柔軟性と多様性が、デジタルゲームの歴史を通じて常にプロシージャル技術が用いられてきた理由でもあります。

デジタルゲームには2つの捉え方があります。1つは、デジタルゲームの世界はユーザーを中心とした映画のセットのようなものだと捉えるものです。たくさんの素材を準備して、ユーザーを囲むように配置しゲーム世界を演出する、という方向です。もう1つは、さまざまな法則や秩序に従って運動する世界をシミュレーションによってまるごと作り、その中にユーザーを放り込む、という捉え方です。自律的な世界の中でユーザーに遊んでもらう、という方向です。

前者はユーザーを囲う世界を構築するために、足りないものをどんどん足していくことに限界があり、後者はシミュレーションだけではユーザーの主観的なゲーム体験をデザインできないという限界があります。両者とも極端な方法論であり、実際は、この2つの極の間に位置する広大な空間に、さまざまなゲームデザインの可能性が眠っています。プロシージャル技術はこの空間を探索し、新しいゲームデザイ

ン、新しいゲーム力学を見出すためのキーテクノロジーです。そして、その技術をもとに新しいユーザー体験を築いていくことが、プロシージャル技術を用いたゲームデザインの真骨頂と言えるでしょう。

　本章では、プロシージャル技術がどのようにゲームとゲームデザインの中で機能しているのかを見てきました。紹介した事例と参考文献をもとに、読者が自分のゲームにプロシージャル技術を導入するイメージを育み、新しいゲームの境地を開いていくことを望みます。

22.11
プロシージャル技術に関する参考資料

[1] David S. Ebert, F. Kenton Musgrave, Darwyn Peachey, Ken Perlin, Steve Worley, *Texturing and Modeling, Third Edition: A Procedural Approach*, Morgan Kaufmann, 2002

[2] 三宅陽一郎, 「ゲーム開発のためのプロシージャル技術の応用」, CEDEC2008講演資料, CEDEC2008, 2008, http://blogai.igda.jp/article/33936286.html

[3] 西川善司, 「CEDEC 2008 - コンピュータが知性でコンテンツを自動生成 -- プロシージャル技術とは（前編）」, マイコミジャーナル, 2008, http://journal.mycom.co.jp/articles/2008/10/08/cedec03/index.html

[4] 西川善司, 「CEDEC 2008 - コンピュータが知性でコンテンツを自動生成 -- プロシージャル技術とは（後編）」, マイコミジャーナル, 2008, http://journal.mycom.co.jp/articles/2008/10/15/cedec04/index.html

[5] Procedural Content Generation, http://pcg.wikidot.com/news

[6] 三宅陽一郎, 「ゲーム・プロシージャル技術分野」, 財団法人デジタルコンテンツ協会「デジタルコンテンツ制作の先端技術応用に関する調査研究報告書」（2007年度）, 2008, http://www.dcaj.org/report/2007/data/dc08_07.pdf

[7] 三宅陽一郎, ゲームAI連続セミナー最終回「次世代ゲームにおける自動生成技術」資料, 2008, http://page.freett.com/gameboy/gate.html?gameai6.zip

第22章　プロシージャル技術

［8］ "MIGS: Far Cry 2's Guay On The Importance Of Procedural Content", gamasutra, 2008, http://www.gamasutra.com/php-bin/news_index.php?story=21165

［9］ Matt Barton, Bill Loguidice, "The History of Elite: Space, the Endless Frontier", Gamasutra, 2009, http://www.gamasutra.com/view/feature/3983/the_history_of_elite_space_the_.php

［10］「パックマン」岩谷氏、「Rez」水口氏ら4人のクリエイターが語る世界のゲームデザイン論, GameWatch, 2005, http://game.watch.impress.co.jp/docs/20050312/gdc_int.htm

［11］遠藤雅伸, TV番組「ゼビウスセミナー」, 1987

［12］Hermann Haken,「自然の造形と社会の秩序」, 東海大学出版会, 1985

［13］三宅陽一郎, IGDA日本 ゲームAI連続セミナー第3回資料「相互作用系の科学と人工知能科学」, 2007, http://blogai.igda.jp/article/33936286.html

［14］Shawn Shoemaker, "7.4 Random Map Generation for Strategy Games", *AI Game Programming Wisdom*, vol.2, 2004

［15］ハインツ・オットー・パイトゲン, ディートマー・ザウペ,『フラクタルイメージ――理論とプログラミング』, シュプリンガー・フェアラーク東京, 1990

［16］Guy W. Lecky-Thompson, *Infinite Game Universe: Level Design, Terrain, and Sound*, Charles River Media, 2002

［17］Gregory Snook, *Real-Time 3d Terrain Engines Using C++ and Directx 9*, Charles River Media, 2003

［18］Trent Polack, *Focus on 3d Terrain Programming*, Course Technology, 2002

［19］Eskil Steenberg,「LOVE」, Quel Solaar, http://www.quelsolaar.com/love/development.html

［20］Keith Stanger, "Algorithms for Generating Fractal Landscapes", 2006, http://www.student.math.uwaterloo.ca/~pmat370/PROJECTS/2006/Keith_Stanger_Fractal_Landscapes.pdf

［21］Merlin Hughes, "3D Graphic Java: Render fractal landscapes", 1998, http://www.javaworld.com/javaworld/jw-08-1998/jw-08-step.html?page=2

22.11 プロシージャル技術に関する参考資料

[22] 西川善司,「3DゲームファンのためのAGE OF EMPIRESエンジン講座(後編)」, 2005, http://game.watch.impress.co.jp/docs/20050313/aoe3.htm

[23] Colt McAnlis, "Halo Wars: The Terrain of Next Gen", http://www.bonfire-studios.com/files/GDC_09_HW_Terrain_final.zip

[24] 三宅陽一郎,「HALO WARS における地形自動生成」, 財団法人デジタルコンテンツ協会「デジタルコンテンツ制作の先端技術応用に関する調査研究報告書」(2007年度), pp.357〜358, 2009, http://www.dcaj.org/report/2007/data/dc08_07.pdf

[25] Dave C. Pottinger, "Terrain Analysis in Realtime Strategy Games", http://zeniroy.springnote.com/pages/481669/attachments/212469

[26] "Terrain Analysis in Realtime Strategy Games(PPT)", http://vr.kaist.ac.kr/courses/cs682/data/ssw.ppt

[27] Paul Tozour, "Influence Mapping", *Game Programming Gems*, vol.2, 2001

[28] Steven Woodcock, "Recognizing Strategic Dispositions: Engaging the Enemy", *AI Game Programming Wisdom*, vol.1, 2002

[29] Niniane Wang, "Realistic and Fast Cloud Rendering", 2004, http://jgt.akpeters.com/papers/Wang04/

[30] Marco Grubert, "Simulating plant growth", ACM, http://www.acm.org/crossroads/xrds8-2/plantsim.html

[31] Rune Skovbo Johansen, "Automated Semi-Procedural Animation for Character Locomotion", Master's Thesis Department of Information and Media Studies Aarhus University, 2009, http://runevision.com/thesis/

[32] Unity, Locomotion System, http://unity3d.com/support/resources/unity-extensions/locomotion-ik

[33] 「最新技術が投入されまくった「Far Cry 2」のデモムービーを4Gamerに掲載」, 4gamers, 2008, http://www.4gamer.net/games/034/G003445/20080530015/

[34] 西川善司, "「FARCRY2」は「CRY ENGINE1」を独自拡張した「DUNIA ENGINE」で開発が進む!", 2008, http://jobent.jp/sp/080402_gdc2008_3.html

[35] "In-Depth: Far Cry 2's Guay Talks Dunia Engine, State Of PC", Gamasutra, http://www.gamasutra.com/php-bin/news_index.php?story=19344

[36] "Far Cry 2 Dunia Engine Tech Videos and Screens(N4G)", http://www.n4g.com/pc/News-89415.aspx

[37] Graham Rhodes, "Procedural Data Generation in FAR CRY 2", gamedev.net, 2008, http://www.gamedev.net/columns/events/gdc2008/article.asp?id=1331

[38] Johan Andersson, "Terrain Rendering in Frostbite Using Procedural Shader Splatting", SIGGRAPH 2007, 2007, http://ati.amd.com/developer/SIGGRAPH07/Chapter5-Andersson-Terrain_Rendering_in_Frostbite.pdf

[39] "Rendering Architecture and Real-time Procedural Shading & Texturing Techniques", GDC2007, 2007, http://developer.amd.com/media/gpu_assets/Andersson-Tatarchuk-FrostbiteRenderingArchitecture(GDC07_AMD_Session).pdf

[40] N. Tatarchuk, "The Importance of Being Noisy: Fast, High Quality Noise", GDC2007, 2007, http://developer.amd.com/Assets/Tatarchuk-Noise(GDC07-D3D_Day).pdf

[41] Johan Andersson, "Terrain Rendering in Frostbite using Procedural Shader Splatting", SIGGRAPH07, 2007, http://developer.amd.com/media/gpu_assets/Andersson-TerrainRendering(Siggraph07).pdf

[42] GPU Technology Papers, AMD, http://developer.amd.com/DOCUMENTATION/PRESENTATIONS/GPUTECHNOLOGYPAPERS/Pages/default.aspx

[43] Tiago Sousa, "Chapter 16: Vegetation Procedural Animation and Shading in Crysis", GPU Gems 3, Addison Wesley, 2007

[44] Chris "narby" Auty, "CryEngine 2 Tutorial", 2007, http://www.crymod.com/attachment.php?attachmentid=529
[45] Martin Mittring, "Finding Next Gen. CryEngine 2", 2007, http://ati.amd.com/developer/SIGGRAPH07/Chapter8-Mittring-Finding_NextGen_CryEngine2.pdf
[46] Crytek (Technology), http://www.crytek.com/technology/cryengine-3/specifications/
[47] George Kelly, Hugh McCabe, "A Survey of Procedural Techniques for City Generation", http://www.gamesitb.com/SurveyProcedural.pdf
[48] CityEngine, http://www.procedural.com/
[49] 多摩豊,『ウィル・ライトが明かすシムシティーのすべて』, 角川書店, 1990
[50] Will Wright, "MODELS COME ALIVE!", PC Forum 2003, 2003, http://thesims.ea.com/us/will/
[51] Will Wright, "AI: A Desing Perspective", AIIDE2005, 2005, http://thesims.ea.com/us/will/
[52] Will Wright, "Desing Plunder", GDC2001, 2001, http://thesims.ea.com/us/will/
[53] Will Wright, "Dynamics for designers", GDC2003, 2003, http://thesims.ea.com/us/will/
[54] 三宅陽一郎,「Sporeにおけるゲーム AI 技術とプロシージャル:ウィル・ライトのゲーム AI 論」, DiGRA JAPAN, 2008, http://www.digrajapan.org/modules/mydownloads/images/study/20080704.pdf
[55] Glenn R. Wichman, "A Brief History of "Rogue"", http://www.wichman.org/roguehistory.html
[56] Dungeondweller, http://www.roguelikedevelopment.org/
[57] Think Labyrinth: Maze Algorithms, http://www.astrolog.org/labyrnth/algrithm.htm
[58] DungeonMaker, http://dungeonmaker.sourceforge.net/
[59] 有馬元嗣,『ゲームプログラミング遊びのレシピ——アルゴリズムとデータ構造』, ソフトバンク クリエイティブ, 2001

［60］ Halldor Fannar, "The Server Technology of EVE Online: How to Cope With 300,000 Players on One Server", GDC Austion 2008, 2008, http://cmpmedia.vo.llnwd.net/o1/gdcradio-net/2008/agdc/slides/S7922i1.ppt

［61］ 有馬元嗣,「混沌の世界をプログラムで作るダンジョン生成のキュートなアルゴリズム」, CEDEC2004, 2004

［62］ Diffusion Limited Aggregation (a fractal growth model), http://apricot.polyu.edu.hk/~lam/dla/dla.html

［63］ Kenneth D. Forbus, Will Wright, "Some notes on programming objects in The Sims.", 2001, http://www.qrg.northwestern.edu/papers/Files/Programming_Objects_in_The_Sims.pdf

［64］ Ken Forbus, "Simulation and Modeling: Under the hood of The Sims", http://www.cs.northwestern.edu/%7Eforbus/c95-gd/lectures/The_Sims_Under_the_Hood_files/frame.htm

［65］ Isla,D, "Managing Complexity in the Halo2 AI", Game Developer's Conference 2005 Proceedings, 2005, https://www.cmpevents.com/Sessions/GD/ManagingComplexity2.ppt

［66］ 三宅陽一郎, ゲームAI連続セミナー第3回「Chrome Hounds におけるチームAI」資料, 2007, http://blogai.igda.jp/article/33936286.html

［67］ 三宅陽一郎, ゲームAI連続セミナー第3回補足資料（CEDEC2006講演資料）, 2006, http://blogai.igda.jp/article/33936286.html

［68］ 三宅陽一郎,「ゲームAI分野」, 財団法人デジタルコンテンツ協会 デジタルコンテンツ制作の先端技術応用に関する調査研究報告書, 2008, http://www.dcaj.org/report/2007/data/dc08_07.pdf

［69］ 「みらいCANニュースレター」, 日本未来科学館, vol.2, 2001, http://www.miraikan.jst.go.jp/info/docs/nwsltr02.pdf

［70］ 大野功二,「サウンドゲームとプロシージャル」, CEDEC 2009, 2009, http://o-planning.xii.jp/main_menu6.html

［71］ Max/MSP（Cycling74社）, http://www.cycling74.com/products/maxmsp

［72］ Miller Pucket'site, http://crca.ucsd.edu/~msp/

［73］ PDについて情報サイト, http://puredatainfo/

[74] bang | pure data（pure data の解説本），http://pd-graz.mur.at/label/book01/bangbook.pdf

[75] "The Beat Goes on: Dynamic Music in Spore", GameSpy, http://pc.gamespy.com/pc/spore/853810p1.html

[76] 曽根原登，赤埴淳一，岸上順一，『メタデータ技術とセマンティックウェブ』，東京電機大学出版局，2006

[77] ジョゼフ・P. ビーガス, ジェニファー・ビーガス，『Java による知的エージェント入門』，ソフトバンク クリエイティブ, 2002

[78] 特集：「開発されたオントロジー」，人工知能学会誌, vol.19, pp.135〜193, 2004

[79] Michael Mateas, Andrew Stern, "Facade", http://www.interactivestory.net/

[80] Michael Mateas and Andrew Stern, "Facade: An Experiment in Building a Fully-Realized Interactive Drama Game Developers Conference,Game Design track, March 2003", GDC2003, 2003, http://www.interactivestory.net/papers/MateasSternGDC03.pdf

[81] Michael Mateas and Andrew Stern, "A Behavior Language for Story-based Believable Agents", appeared in Artificial Intelligence and Interactive Entertainment, AAAI symposium", 2002, http://users.soe.ucsc.edu/~michaelm/publications/mateas-is-2002.pdf

[82] Michael Mateas and Andrew Stern, "A Behavior Language: Joint Action and Behavioral Idioms", http://www.interactivestory.net/papers/MateasSternLifelikeBook04.pdf

[83] Chris Hecker, "Real-time Motion Retargeting to Highly Varied User-Created Morphologies", SIGGRAPH 2008, http://chrishecker.com/Real-time_Motion_Retargeting_to_Highly_Varied_User-Created_Morphologies

[84] 倉地紀子,「Spore のモーションリターゲット・パイプライン」, CGWORLD 2009年1月号, vol.125, 2009

[85] Darwinia［英］(Introversion Software), 4gamers, http://www.4gamer.net/patch/demo/darwinia/darwinia.shtml

[86] Introversion Software, "Procedural Content Generation", GameCareer guide.com, 2007, http://www.gamecareerGUIde.com/features/336/procedural_content_.php
[87] Eskil Steenberg, "Making Love(GDC talk 2009)", GDC 2009, 2009, http://news.quelsolaar.com/#post41
[88] 宮田一乗,「プロシージャル技術の動向」, CEDEC 2008 講演資料, 2008, http://cedec.cesa.or.jp/2008/archives/file/ac11.pdf
[89] Alex Champandard, Tim Verweij, Remco Straatman, "Killzone 2 Multiplayer Bots", Game AI Conference, Paris, 2009, http://files.aigamedev.com/coverage/GAIC09_Killzone2Bots_Straatman Champandard.pdf
[90] Ishida So,「迷路のプログラム」, http://www5d.biglobe.ne.jp/~stssk/maze/
[91] Natural Motion, http://www.naturalmotion.com/
[92] 木下哲男,『人工知能と知識処理』, 昭晃堂, 2009

第23章
デジタルゲームAI

三宅陽一郎

この章の目的

　人工知能（Artificial Intelligence、AI）の分野の探求が本格的に始まって50有余年の間、人工知能の研究はコンピュータの発展とともに歩んできました。そして、現実世界における人間の代替としての人工知能モデルから、コンピュータの性能が向上した現在においては、コンピュータが作り出す3次元仮想空間の中で息づく生命としての人工知能の探求も始められています。デジタルゲームのAIとは、そういった仮想世界の中で息づく知性のことです。

　本章では、そういったデジタル空間、ゲーム空間に息づく知性を構築する方法と、ゲーム開発者やゲームAI研究者が探求してきた手法と成果の概要を紹介します。この章を読まれることで皆さんがゲームAI開発に興味を持ち、その深みを楽しみ、その試みに挑戦される、そういったガイドとなることを目的とします。

デジタルゲームAIの産業構造

要素技術	▶ 意思決定、知識表現、世界表現、エージェント・アーキテクチャー、学習
プラットフォーム	▶ PC、コンシューマーゲーム機
ビジネス形態	▶ 制作
ゲーム業界関連職種	▶ プロデューサー、ディレクター、プログラマー、プランナー
主流文化圏	▶ 北米、欧州、日本
代表的なタイトル	▶ アストロノーカ（MuuMuu）、The Sims（EA）、F.E.A.R.（Monolith Productions）、Killzone（Guerrilla Games）、クロムハウンズ（フロム・ソフトウェア）

第23章 デジタルゲーム AI

23.1
デジタルゲーム AI とは

　誰もがこの世界の中のたくさんの生命、知性を知っています。この世界には自然があり、人がいて、動物がいて、虫がいて、細菌がいて、生命があふれています。それぞれの生命が知性という側面を持っていて、たくさんの学者が知性の謎に挑んできました。この挑戦は今なお続いていますが、まだ、ほんの入り口に達したに過ぎません。**人工知能**（Artificial Intelligence、**AI**）という学問は、ダートマス会議（1956年、John McCarthy が主催した人工知能研究者を集めた2ヶ月にわたるワークショップ。ここで人工知能という名称が提案された）から数えれば、まだ50歳になったばかりなのです[1]。

　ものを作ろうとする学問を**工学**、ものを知ろうとする学問を**理学**と言いますが、人工知能は知能を知ろうとする理学であると同時に、知能を作ろうとする工学でもあります。工学としての人工知能は、現在知られている科学の知識を総動員して、現在到達し得る最高の知性を作ろうとします。そういった試みは、コンピュータの発展とともにずっと試みられてきました。コンピュータの中の知性からロボットに搭載される知性まで、数多くの知性が作られて改良され、発展してきました。おそらくコンピュータの黎明期においては、AIとコンピュータはほぼ同じ意味を持っていたでしょう。コンピュータにせよロボットにせよ、AIとは、この現実世界で人間の代わりを、人間ができないことをしてくれる知性として構築されてきました。人間の代わりに計算してくれるソフトウェアとして、人間の代わりに掃除をしてくれるロボットとして、人間の代わりに情報を検索してくれる存在として。

　コンピュータの性能が上がるに従い、コンピュータの中に1つの仮想的な世界を構築することが可能になってきました。その萌芽は、科学シミュレーションの中にありました。科学シミュレーションは物理世界を仮定して、たとえば天気の変化や物理実験の結果をシミュレートすることで予測してくれます。しかし、それは単なる計算プログラムに過ぎなかったわけですが、ブルックヘブン国立研究所で、仮想世界をビジュアル化した最初のテニスゲームが作られ（1958年）、その萌芽は急速に発展しました[2]。現代では、スクリーンとコントローラーいうインターフェイスを通して3次元仮想空間へアクセスすることができます。

　デジタルゲームのAIとは、そういった仮想空間の中で息づく知性のことです。そ

23.1 デジタルゲームAIとは

こには現実空間のAIとある程度、共通した面もありますが、まったく違った側面も持っています。デジタルゲームAIは伝統的な人工知能技術の応用の場であると同時に、仮想世界の中のAIの研究・発展の場として新しく重要な役割を持っているのです。

知性は環境に対して相対的に形成されていきます。それぞれの環境に適した知性というものがあります。人間もまた地球に適応した知性であり、我々の主な関心は日常という現実に支配されていると言っていいでしょう。デジタルゲームの中には人間が作り上げた環境があり、ルールがあり、物理法則があり、ゲーム特有の法則や事象が総合された世界が構築されています。その世界は、意外に思えるかもしれませんが、人工的とは言え、開発者の思いもつかない複雑さと混沌を持つ世界になります[3][4]。そういった世界で、それぞれのデジタルゲームのAIは自分が直面する現実に適応していかなければならないのです。

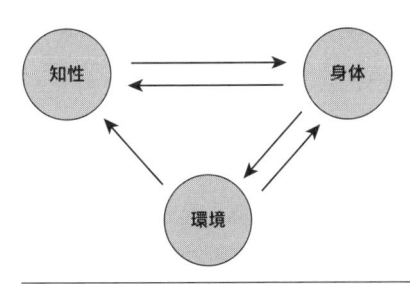

図23.1　知性をめぐる3つの要素と相互作用[5]

我々という知性は常に現実に直面しています。単に現実に直面するのみならず、我々は身体によってこの世界に息づき、身体と精神の両方を守りながら日々を生き抜いています[6][7][8]。デジタルゲームのキャラクターたちが直面するゲーム世界は、ゲーム特有のルールが支配し、オブジェクト（物）や他のAIが存在する世界です。それぞれのAIはそこで、その身体によって世界に根づき、知能において、それぞれに現実を再構成しながら生きています。ここで紹介するのは、そういったデジタル空間、ゲーム空間に息づく知性を構築する方法であり、ゲーム開発者やゲームAI研究者が探求してきた手法と成果の概要です。

ゲームAIを理解・制作する場合には、大きく3つの要素について探求・制作することが必要です。まず、そのゲームAIが属する世界の環境がどのような原理で運

動しているかを十分に注意する必要があります。その世界が2次元世界なのか3次元世界なのか、固定されたステージ構成なのか、岩を動かせば転がる世界なのか、物理法則に満ちた世界なのか、生物の成長がある世界なのか、経済変動のある世界なのか、世界がどのようなダイナミクスを持っているかによって、その世界の最高の知性のレベルと多様性は自ずから決定してくるのです。

次に大切なのが、AIの身体です。身体が1枚のスプライトなのか、関節を持っているのか、どのような動作アニメーションを準備するのか、いったい身体に対して、どのような指令を出せばよいのか、などを考慮する必要があります。この「身体」「環境」という2つの制約と、AIがそのゲームで果たす役割によって、要求される知性の形が決定されていきます[5][9]。

知性というものを決して「わかったもの」「自分みたいなもの」と軽々しく考えてはなりません。それは我々の外なる宇宙全体の謎と同じくらいの深さを持つ内なる謎であり、我々はまだ、その謎の発端をつかんだ段階に過ぎません。その謎は、他のさまざまな分野、脳科学、認知科学、心理学などと相互作用しつつ解明が続けられており、同時に、実際に知性を作るという試みの中で絶えずテストされ、新しく更新されていきます[1]。AIを構築するということは、決して終わる作業ではないと同時に、その1つ1つの試みが人間の知と工学的発展に重要なものであり、可能な限り、その成果は共有されるべきです。ここで紹介する多くの結果も、そういった先人たちが切り開いた成果の報告の一端です。

デジタルゲームAIの探求は、ようやくその揺籃期を越えて、本格的に形成され始めたばかりです。この数年で欧米では大学におけるデジタルゲームAIの研究も活発になってきました[10][98]。ただ、まだ用語や概念が統一されておらず、また基本的な概念も明確に定義されていません。いくつかの概念は、他の分野からそのまま拝借したものです。

この章では、デジタルゲームAIをバックボーンにしながら、上記のような他の研究分野とどう繋がっていくかを示すことで、皆さんの開発研究・学習に役立つ知識体系を展開したいと思います。紙面の都合から個々の技術解説に深く踏み入ることはできないので、章末に参考文献を挙げておきます。この章を読まれることで、皆さんがゲームAI開発に興味を持ち、その深みを楽しみ、その試みに挑戦されるガイドとなることを目標にします。

さて、解説を始める前に、本章で用いる用語について定義しておきましょう。ゲ

ーム産業においてAIという言葉はほとんどの場合、ゲームに登場するキャラクター（COMとも呼ばれる）のことを指します。本章でも、その慣例に習って、AIと言えば知能を持つゲームキャラクター、あるいは知能を持つキャラクターを指すと思ってください。ただ、稀にキャラクターの知能部分のみを指すこともあります。

23.2 デジタルゲームAIの発展

　AIは、ゲーム環境に対して定義されます。人間がそうであるように、知能は環境との相互作用の中で身体とともに形成されるものだからです。ここで、知性と環境の関係を振り返ってみましょう。

　細菌から昆虫、動物、人間に至るまでの環境との関わりは、高等な生物になるほど自律性を獲得していきます。ここで言う**自律性**とは、「環境に対する反射だけでなく、その生物の内面・内部構造から発した自由な意思決定を持つ」という意味です。一方、自律性に対して、環境に対する応答としての知性の運動を**反射**と言います。自律性と反射性は知性が持つ対立の1つで、このバランスが知性の性質を決める要因の1つです。

　さて、もし進化論を信じるのであれば、生物というのは、反射の運動の連続からなるような原始的な生物から、ある程度自律性を確立した高等な生物へと進化してきました。複雑な反射性の果てに自律性が発生するのか、それとも自律性はそれとは独立した性質なのかという問いは「自由意志の問題」と呼ばれ、これは結論を出すことが難しい問題です。

　実は、デジタルゲームAIについても同じことが言えます。初期には、ゲームステージの仕組みの一部にしか過ぎなかったAI（遊園地のお化け屋敷のお化けのように決まったタイミングで決められた動作をするAI）は、複雑な反射の組み合わせの上に、やがて自己判断能力を持つようになり、ステージ内を自由に移動し、やがて自分で長期計画を立てて行動する自律性の高いAIへと発展していきます[11]。その背景には、同時にゲーム世界そのものの進化があります。ゲームロジック自体が単純だった時代から、3次元の複雑な空間まで、ゲーム空間の広がりと多様性に対応しようとすることが、ゲームAIの進化の促進力でもあったのです。ここでは、そういったゲームAIの発展の歴史を見ていきます。

第1期：ステージ駆動型AI

　初期（1970年代～1980年代）のデジタルゲームでは、AIとはステージの一部を成す装置でした。たとえば「スペースインベーダー」（タイトー、1978年）は、インベーダーというAIが、プレイヤーの動きに関係なく、決められたタイミングで、決められた動きをして降下してきます。また、他のゲームの多くも、画面内の決められた場所で決められたアクションをするAIがほとんどでした。つまり、デジタルゲームの黎明期において、プレイヤーにとってのアクションゲームの攻略とは「敵のパターンを読み取って攻撃して倒す」ことであったわけです。

　これは、当時のマシンスペックや開発環境の背景からして当然のことでした。1970年代後半のアーケードゲームにおけるゲーム制作とは電子回路の設計のことでもあり、プログラム言語はアセンブリ言語などだったのです[12]。それに何より、デジタルゲームの出現自体が多くの人々を驚かせた時代でしたから、妙にAIに凝ったりせず、そういった場所からスタートするのが時代の流れだったと言えるでしょう。こういったAIは環境との相互作用を持たないので、AIと言うより「ステージの一部」と言ったほうがいいかもしれません。しかし、デジタルゲームのAIがここからスタートしたことは、しっかり覚えておきましょう。

　ゲームAIはゲームステージ、つまり、ゲームそのものの進化とともに、次第に独立したモジュールとして自律していくことになります。

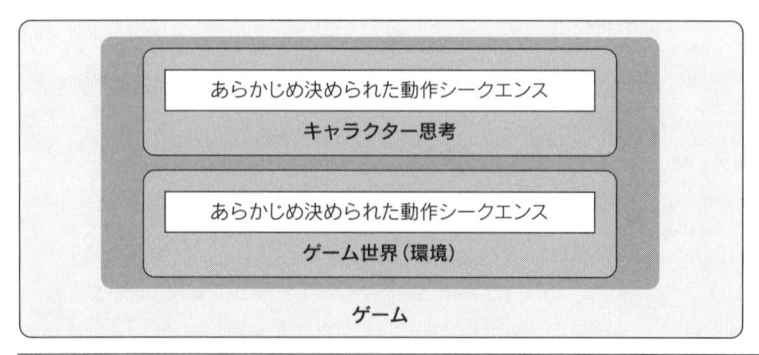

図23.2　ゲームAI構造図（1）──ステージ駆動型
デジタルゲームの初期は、AIもステージのオブジェクトもプログラムされた動作を遂行することでゲームが成立していた

第2期：反射型AI

　ゲームAIの歴史というものは、コンピュータの進化や思想のように、ある時期が終われば次に移行して、前のものがなくなる、というようには進みません。さまざまなスペックのマシンの上で多様なAIが必要とされるこの分野では、過去の流れはそのまま現在まで受け継がれており、「ステージの一部としてのAI」も、携帯ゲームから大型ゲームの一部のAIまで、現在でも使われています。これからいくつかの時期を解説していきますが、現在はそのすべての流れの層を引き継いでいると言えます。たとえば、単純なゲームやカジュアルゲームのように、敵を簡単な作りにしたい場合には、初期のAIの作り方を踏襲している場合が多く見られます。

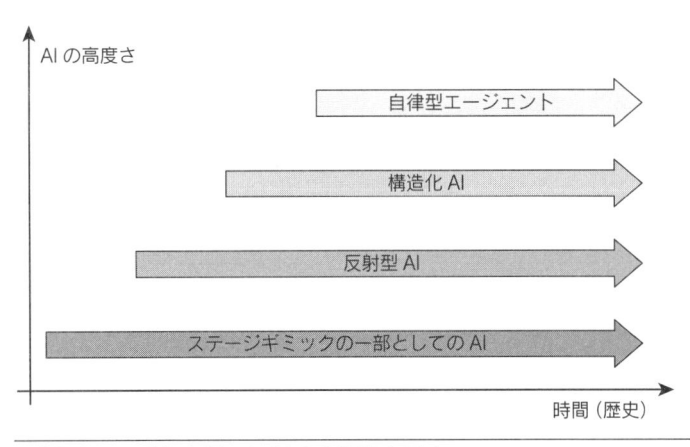

図23.3　デジタルゲームAIの多層的な歴史

　第1期に続いて、次にゲームAIの明確な分岐と言えるのが「反射型AI」です。反射型AIとは、環境やキャラクターのアクションに応じた動きをするAIのことです。イメージとしては昆虫の動作を思い浮かべるとよいでしょう。昆虫の動作は多くが反射からなることが知られています[13]。

　反射にもいろいろなレベルがありますが、ここで言う反射は、プレイヤーや環境の変化に対して、目に見える形でアクション対応する、という動作的な反射のことです。反射型AIは、プレイヤーが近付けば遠ざかり、剣を振りかざせば盾でガードするといった、「アクション－アクション」の決まった対応の重ね合わせからなります。対応を増やせば増やすほど、AIの動きは複雑になります。「パンチに対してガード」

「キックに対してジャンプ」など、これを2つ、3つと増やしていくと、あたかも状況に対応したようなAIを作ることができます（**単純反射型エージェント**[1]）。

そのため、プレイヤーにとっては、反射型AIからなるゲームの攻略は「AIの複数の動作パターンを学習して倒すこと」になります。1980年代のアクションゲームの多くはそうでしたし、現在でも多くのAIがこの形式で作られています。開発者のみならず、ゲームユーザーにとっても、AIと言えばどんなイメージかと聞けば、こういった反射型AIを思い浮かべることが多いかと思います。

この時期、ゲームAIはアセンブラによってプログラミングされていたわけですが、タスクによってゲーム内イベントを制御する**タスクシステム**が始まったのも1980年ごろのことでした。AIの制御も、各オブジェクトの移動制御や破壊制御も、各フレーム単位のタスクとして（現代ではこれは並列処理されることもあります）、タスクシステムの中で処理される仕組みです。特に、最も堅牢なシステムを持っていたのはナムコが開発していたタスクシステムで、現代的な言葉で言えばゲームエンジンと言ってよいほど、ゲーム全体を統一的な仕組みでコントロールしていました[14]。

この時期のゲーム開発者は、いかに反射パターンを組み合わせることでAIを賢く見せるか、という点に力を注ぎ、ユーザーはいかにそれを見抜き攻略するか、という応酬を繰り返していました。現在ではやや弱まっているとは言え、こういった開発者とプレイヤーのゲームを通じた間接的なコミュニケーションが続いています。

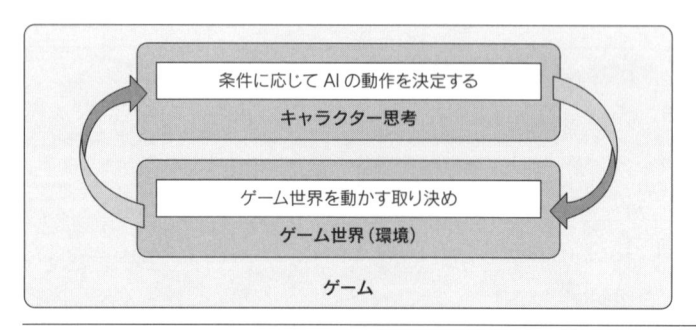

図23.4 ゲームAI構造図（2）——反射型AI
環境の変化に対する反射から環境とAIの間の関係が形成される。この時期には、AIのダイナミクスと環境のダイナミクスが独立し相互作用をする形ができ始めた（Reactive Architecture[15]）

第3期：構造化AI

　AIを、外部から情報を入力（インプット）して行動を紡ぎ出す（アウトプットする）主体と見なしてみましょう。AIが取得する外部からの情報が増えれば増えるほど、AIの処理能力（思考）は高度でなければならず、記憶容量を大きくしなければなりません。そして思考には、膨大な情報を効率よく処理するための質的向上が要求されます。そこには、情報を構造化し、思考の中のさまざまな処理ルーチンに情報の処理を振り分けるメタ的な機能も要求されてきます。

　90年代におけるゲームAIの最も大きな変化とは、ゲーム全体の3D化でした。マップの2Dから3Dへの変化は、それまでそれほど時間的に急激に変化しない俯瞰的な情報を処理していたところから、3次元空間内の1点の視点から見た、移動とともに急激に変化する情報を処理しなければならないことを意味しています。こういった3次元空間におけるAIの構築は、90年代、00年代の大きな課題でしたが、主に欧米のFPSのAI開発・研究を通じて克服されていきました。

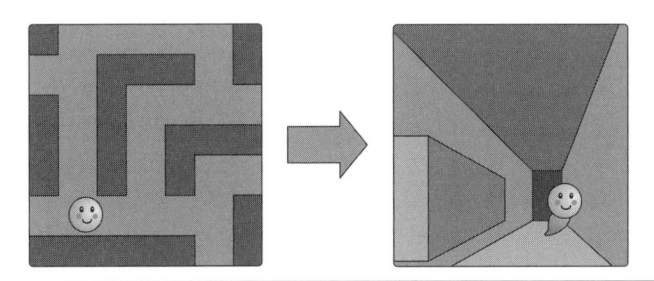

図23.5　2次元マップから3次元マップへの変化
　2次元マップから3次元マップへの変化はAIが瞬時に処理するべき情報を圧倒的に増大させた。特に、視線（LOS、Line of Sight）と射線（LOF、Line of Fire）は大きな計算負荷となった。

　また同時に、開発環境において高級言語（主にC言語）が主流になり始め、AIアルゴリズムの実装が比較的容易になりました。この時期には、80年代に盛り上がったAI研究の余波もあり、さまざまなAI分野の、あるいはAI周辺分野のアルゴリズムが導入され始めたのでした。それらを1つ1つ見ていきましょう。

第23章 デジタルゲームAI

有限状態機械

有限状態機械(Finite State Machine、**FSM**)は、複数の状態と、その状態間の遷移条件を定義し、条件によって状態を切り替える装置です[16]。この装置の原理をAIの制御、あるいは思考に取り入れる手法が導入され、多くのゲームに応用されてきました[17][18][19]。

有限の状態がループ状になった部位を持つFSMを**サイクリックなFSM**、あるいは単にFSMと言います。多くの事例がありますが、FPS (First Person Shooter、一人称視点のシューティング)の分野の事例を挙げておくと、かなり多くの状態を駆使している「No One Lives Forever 2」(Monolith Productions、2003)[20][21]、初期のFPSとしては複雑な攻撃をする敵を作り上げた「Quake」(id Software、1996)[22]、エージェントアーキテクチャの中にFSMを埋め込んだ「Halo」(Bungie Studios、2001)[23]などが挙げられます。

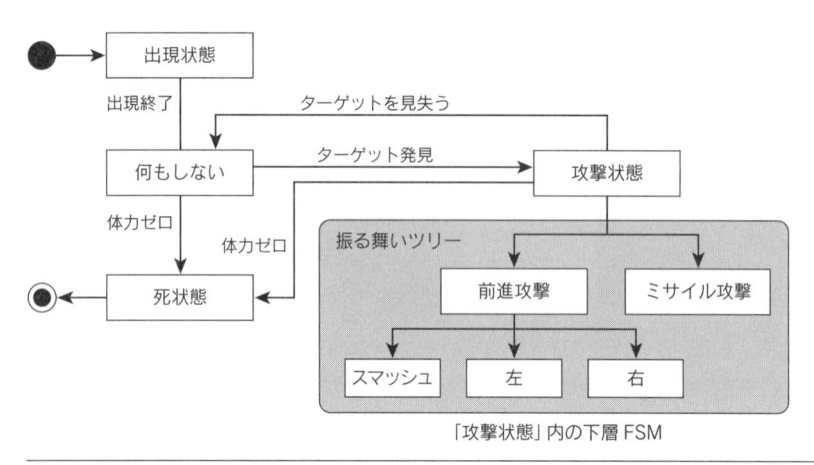

図23.6 Quakeの「Shambler」というモンスターの思考に使用されたFSM[22]

循環遷移経路を持たず1つの方向性を持つFSMを**方向付けられたFSM** (Directed Acyclic Graph、**DAG**)と言います。「Halo2」(Bungie Studios、2004)が用いたFSMは、DAGで階層型のFSMです[24][25][26]。

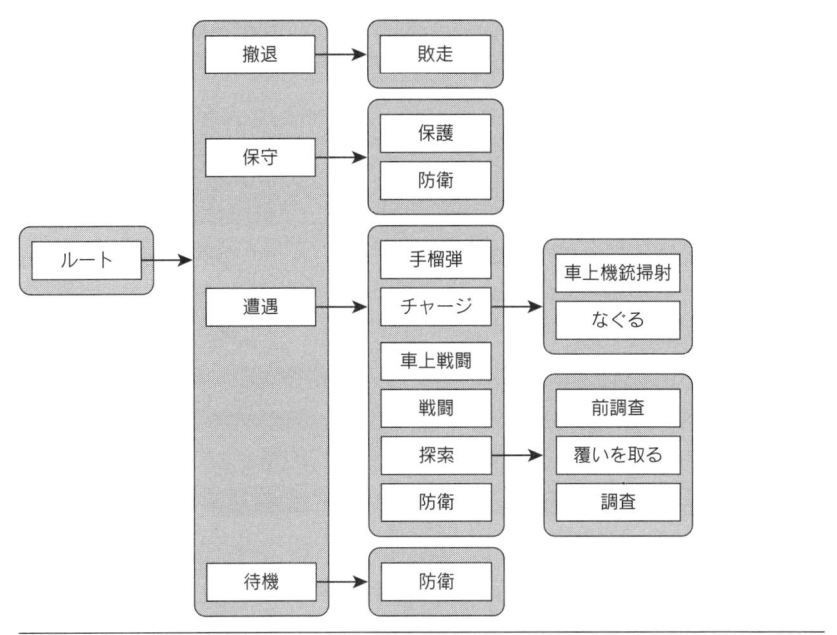

図23.7 Halo2の振る舞いツリー（DAG形式のHFSM）[24][25][26]

階層型FSM（Hierarchical FSM、**HFSM**）はまず上位階層で1つのFSMが構成されますが、その各状態が、それぞれより細かな状態からなるFSMを含む、あるいは、単に状態を複数含む、という方式です。状態が特にビヘイビア（振る舞い）である場合、これを**振る舞いツリー**（Behavior Tree）と言います。これは、状態の複雑さを階層によって解決する、という方法です。

　FSMは状態と遷移条件を付け加えて拡張していきます。このような拡張性（スケーラビリティー）は、ゲームAIの開発ではとても重要です。最初から完全にゲームとAIの仕様が決定されていれば言うことはありませんが、たいていの場合、デジタルゲーム開発では、ゲームもAIも同時に構築しながら進んでいくために、漸近的に仕様を拡張して開発していく手法が必要とされます。この点は、ゲームの仕様が最初から確定している囲碁やチェスのAIと違うところです。

　FSMはスクリプトやプログラムから作成する場合もありますが、ゲームデザイナーが作成できるように、多くの場合GUIツール環境が用意されます。

遺伝的アルゴリズム

ゲーム開発者、ユーザーを問わず、デジタルゲームにおける「学習するAI」というビジョンには心躍らされるものがあると思います。しかし、実際に学習アルゴリズムが組み込まれたゲームAIは驚くほど少ないのが現状です。ここでは、その数少ない例を紹介していきましょう[27]。

遺伝的アルゴリズム（Genetic Algorithm、GA）や、このあと紹介するニューラルネットワークは、学習アルゴリズムであると同時に、最適化アルゴリズムの一手法でもあります[28]。

学習アルゴリズムをゲームに適用する狙いは、AIが学習していく過程をユーザーに楽しんでもらうという点にあります。あるいは、AIの調整に使用したいという願望もあるかと思います。しかし、こういった数学的なアルゴリズムは、ターゲットとするパラメータが逐次的に更新されていく過程を通じて学習するのであって、動物や人間が学習していくような面白みを持っているわけではありません。そういった学習最適化の過程を「見せる」技術が必要になります。

遺伝的アルゴリズムは、ある一群のAIを1つの方向に統計的に進化させる方法です。遺伝的アルゴリズムのデジタルゲームにおける使用法には、1つの典型的な方法が存在します[17][29][3]。

① 各AIに遺伝子（Gene）を割り振る。遺伝子には、AIの属性と行動をカスタマイズするパラメータが付与されている。たとえば、体力、攻撃力の属性パラメータや、攻撃ヒット率や、逃げやすさなど。

② すべてのAIをゲーム世界に放り込み、実際に行動させる（シミュレーション）。一定時間後AIを取り出し、各AIの評価点（成績）を計算する。

③ AIの評価点を基準として、より優秀なAI同士をかけ合わせて、次の世代のAIを作る。手順1へ戻る。

「アストロノーカ」（MuuMuu、1998）もこの手法でAIを進化させています[30][31][32]。実際、ユーザーに進化のスピードを体感させるために、1～3体のAIがトラップバトル（シミュレーション）されるのを見ている間に、バックグラウンドで全AIの数世代にわたる進化シミュレーションが行われています。

23.2 デジタルゲームAIの発展

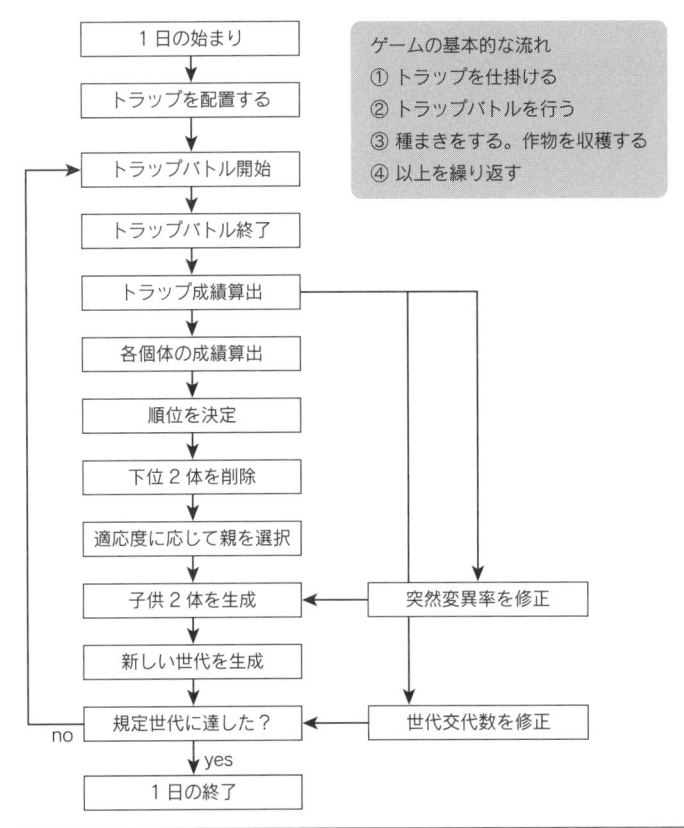

```
1日の始まり
   ↓
トラップを配置する
   ↓
トラップバトル開始 ←─┐
   ↓                │
トラップバトル終了    │
   ↓                │
トラップ成績算出 ──┐ │
   ↓              │ │
各個体の成績算出   │ │
   ↓              │ │
順位を決定         │ │
   ↓              │ │
下位2体を削除      │ │
   ↓              │ │
適応度に応じて親を選択│ │
   ↓              │ │
子供2体を生成 ← 突然変異率を修正
   ↓              │
新しい世代を生成    │
   ↓              │
規定世代に達した? ← 世代交代数を修正
   ↓yes   no──────┘
1日の終了
```

ゲームの基本的な流れ
① トラップを仕掛ける
② トラップバトルを行う
③ 種まきをする。作物を収穫する
④ 以上を繰り返す

図23.8 「アストロノーカ」の遺伝的アルゴリズムを利用したAIの進化[30][31][32]
アストロノーカは、プレイヤーが育てた野菜を食べにくるAIをトラップで撃退するゲームですが、トラップバトルを通じてAIが進化するので次第に手ごわくなっていきます。

ニューラルネットワーク

遺伝的アルゴリズムは、何世代にもわたる生物群の環境への適応をシミュレーションします。一方、**ニューラルネットワーク**(Neural Network、NN)は、1個体における学習アルゴリズムです。ニューラルネットワークは脳内の神経回路の原理を模したネットワーク回路からなるアルゴリズムであり、ゲームAIでは、主に入力層、中間層、出力層からなるパーセプトロン型のニューラルネットワークが使われることがほとんどです[27]。しかし、ニューラルネットワークを使用したゲームタイトルは、数例を数えるのみとなっています[3]。

第23章 デジタルゲームAI

表23.1 ニューラルネットワークが使用された代表的なゲームタイトルリスト

リリース年	タイトル名
1996年	Creatures (Millennium) BATTLECRUISER：3000AD (3000AD)
1997年	がんばれ森川君2号 (MuuMuu) [30][32]
2000年	Colin McRae Rally 2.0 (Codemasters)
2001年	Black & White (Lionhead Studios)

「Creatures」では各AIのブレインが、1,000個ほどのニューロンが数個のLOBEと呼ばれるユニットに分けられ接続されたシステムから構成されています。ユーザーはAIの前にさまざまなオブジェクトを置くことができ、「動詞＋目的オブジェクト」という形式のアクションを覚えさせることができます[33][34][35]。

テキサス大学で研究用に作られたゲーム「NERO」では、個々の兵士のニューラルネットワークを成長させ、その接続の形を遺伝コードに変換し、遺伝的アルゴリズムを働かせることで、ニューラルネットワークの形状自体が変化しつつ進化するという手法を実証しています[36]。これは遺伝的アルゴリズムとニューラルネットワークを掛け合わせた進化の手法で、**NEAT**（Neuro Evolving of Augmenting Topologies）と呼ばれています[37][29]。

遺伝的アルゴリズムは70、80年代の研究を経て、ニューラルネットワークは60年代からの研究の長い発展を経て、デジタルゲームに対する応用技術としてはようやく90年代後半に集中的に取り組まれました。しかし、高度な数学的基礎と、動的な数学的調整が必要とされる本手法を実用の段階まで持っていくことができたタイトルは多くありませんでした。いずれも、ゲーム開発のセンスと数理的なセンスを併せ持つ開発者の力に依存するところが多く、90年代後期は、そういった開発者が台頭した時期でもありました。

2000年代に入ると、ゲーム開発は大規模開発への助走を始め、市場の成熟とともに前衛的なタイトルよりも、大きな市場を獲得する安定したタイトル開発へと向かっていき、この分野の勢いは90年代後期をピークとして下降していきます。次にこの分野が再び注目を浴びるのはいつでしょうか？ それは、技術的基盤の充実と、開発と技術をつなぐ卓越した開発者の到来を待たねばならないことでしょう。

強化学習

強化学習(Reinforcement Learning)は、エージェントが環境への行為を為し、そこから受ける利得(報酬)を通じて、徐々に学習をしていく手法です[38]。たとえば、MIT メディアラボの C4 アーキテクチャ(次項で解説します)が実装されたバーチャルワールド犬「Duncan」では、プレイヤーが音声によって行為を指定し、Duncan の取る行動によって報酬(ここでは食べ物)を与えることで、学習していくプロセスが実現されています[39][40]。また近年では、「Forza Motorsports」(Microsoft、2005年)に「Drivatars」という学習 AI が搭載されています。「Drivatars」はプレイヤーのドライブテクニックを学習する AI であり、キャラクターのドライブの癖を学習した分身をゲーム内に産み出すことを可能にしています[41][42][43]。

第4期:自律型エージェントとエージェントアーキテクチャ

90年代は来るべき00年代のゲーム AI に向けての揺籃期でした。ニューラルネットワーク、遺伝的アルゴリズムといった学習アルゴリズム系の流れがメジャーになる代わりに、00年代を貫いたのは、AI のアーキテクチャ化の流れでした[11]。

エージェントとは

80年代から90年代を通して次第に形成されてきた概念として**エージェント**(Agent)があります[44]。エージェントという言葉は、その原義「代理」が示すように、何かの役目を与えて、(ここではデジタル空間の中で)目的を果たす AI のことです。ゲームではキャラクターとほぼ同義です。**自律型エージェント**というのは、エージェント自身が、周囲の環境と状況を判断して対応しながら、目的を遂行する能力を持ったエージェントのことです[45]。また、こういったエージェントを複数連携させて、小さな目標の遂行を積み重ねて大きな目標を達成する分野を**マルチエージェント**(Multi-agent)と言います。エージェント、マルチエージェントが応用される分野としては、「Web エージェント」や「サッカーエージェント」など、ネットワーク上で機能するものやサッカーロボットなどの AI 研究が有名です[46][47][48][49]。

90年代のデジタルゲームにおいて、最初にエージェントという概念が入ってきたときイメージされていたのは、仮想空間の環境を学び適応して動き回るエージェントでした。これまでに説明したような学習型アルゴリズムを組み込むことで、周囲の環境に適応し自律的に行動するエージェントを作ろうとしたのです。こういった商

業ゲームにおけるエージェント開発が進められていた一方で、別の重要な研究がMITメディアラボで行われていました[50][51]。C4アーキテクチャです。実は、ニューラルネットワークや遺伝的アルゴリズムから自律型エージェントを作るという流れの一方で、00年代のゲームAIの流れを築いたのは、こちらの研究のほうでした。

C4アーキテクチャ

　MIT Media Laboratory's Synthetic Charactersグループを中心に研究されていたのは、仮想3次元世界におけるペットクリーチャーの研究でした[52]。目標とされたのが、「学習する」「人間とインタラクションする」「自律性を持つ」ペット型エージェントでした。「AlphaWolf」（狼）、「Duncan」（犬）といった生物を仮想世界に再現し、かつ人間の指示に応じて手なづけられていくエージェントの開発の中で、同時に、賢明なエージェントを作るためのAIソフトウェアの基本アーキテクチャ（エージェントアーキテクチャ）が探求されていきました。改良の末に彼らが得たモデルは**C4アーキテクチャ**と命名され、学会やGDC（Game Developers Conference）で発表されました[40][39]。このモデルが改良や変形を重ねながら、00年代のいくつかのFPSの基本フレームとして応用され、結果として00年代を貫く流れとなったのです。

　エージェントアーキテクチャの考え方は、まず、環境世界とAIを明確に分離するところから始まります。環境世界から情報を集める機能を**センサー**（受容器）、AIから環境世界に影響を与える機能を**エフェクター**（効果器）と言います（C4ではモーションがエフェクターにあたります）。AIの内部では、センサーから得た情報から行動（の指令）を生み出す、という機能を持たねばなりません。特にアクションゲームの場合は、連続的な入力情報に対して、アクションの指令を連続的に出す、という機能を持つ必要があります。

　センサーから得た情報を基に、AIにとっての認識世界が構築されます。これを**モデル化**と言います。このモデル化の上に思考し、意思決定が行われます。その意思決定に基づいて行動をデザインして、行動司令、あるいは行動のシークエンスを出力します。この指令は、ボディに伝えられ実行されます。C4アーキテクチャでは、このアクション指令はいったんブラックボードに書き込まれ、ボディがそれを読み取る、という手法が採用されています。

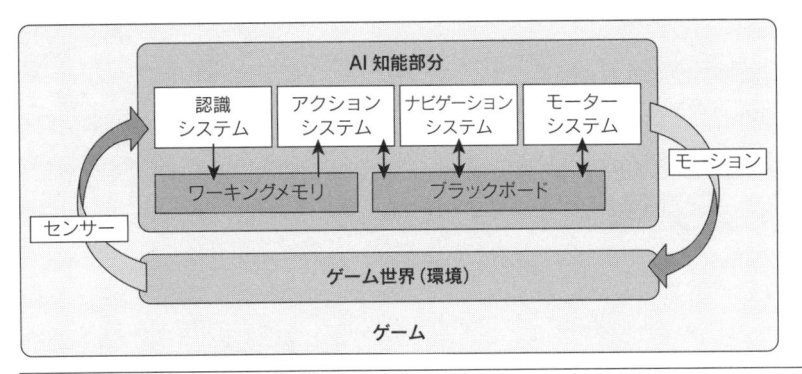

図23.9　ゲームAI構造図（3）──C4アーキテクチャの概略図[40][39]

　このようにエージェントアーキテクチャというフレームを採用すれば、「各モジュールにどのような技術・実装を採用しようか、あるいは、新しく開発しようか、意思決定にはこういった技術を用いて、センサー部分はこうして、エフェクター部分はこうして、その間の情報の受け渡しはこうして」というように、各モジュールについて考えていくことができます。たとえば、思考の部分には条件反射、プランニング技術、有限状態機械など、ここまでで解説してきた意思決定の手法を採用することができます（プランニング技術については23.4節で説明します）。

　FPSという分野は銃撃による戦闘がメインであり、1フレームを争って高速なレイキャスト計算（視線が通るか、射線が通るかの判断）や状況判断を繰り返し、行動を生成・更新しなければならないため、エージェントアーキテクチャの上でさまざまな工夫が加えられました。

　MITの同グループで研究していたDamian Islaは後に「Halo2」「Halo3」のAI制作に参加し、もともと優秀であったHaloのAIをさらに発展させ、00年代のゲームAIの流れに大きな影響を与えました。「Halo2」はエージェントアーキテクチャの中で意思決定の部分に、先に解説したHFSM（階層型FSM）を採用しています。また、同じく、MITメディアラボ出身のJeff OrikinはMITで研究を続けるかたわら、「F.E.A.R.」（Monolith Productions、2004）のAI開発に参加し、エージェントアーキテクチャの上にゴール指向型アクションプランニング（Goal-Oriented Action Planning）という、目的に応じた一連の動作を動的に生成するアルゴリズムを組み込み、プランニング技術の重要さを開発者に知らしめました[53]。

　このように、それまで曖昧だったゲームAIの技術的流れが、大学で育まれた研

第23章 デジタルゲームAI

究を出発点として、また優れた人材を拠りどころとしてFPSのAIという特定の分野を通じ、強く大きな流れを形成していくことになります。また、時を同じくして欧州でも「Killzone」（Guerrilla Games、2004）というタイトルにおいて学術的研究を背景とした技術を導入してAIが開発されました[54][55]。00年代はAIが専門的な技術的分野として広く認識され、大きな潮流を作っていった時期でした。

日常生活を営むエージェント

2000年を前後する同時期に、上記のような戦闘を主とするFPSのエージェントとは別に出現したのが、「The Sims」に代表される日常生活を営むAIです。「The Sims」（EA、Maxis、2000年、邦題は「シムピープル」）は複数の家からなる街の箱庭の中で、AIたち（シムと呼ばれる）を生活させ、AI同士のインタラクションを、ときどきプレイヤーが指示を出したりステージにアイテムを増やしたりしながら楽しむゲームです。こういった日常系のAIは、FPSとは逆に、ゆっくりとした日常生活の時間をできるだけ自然に面白く過ごすだけのインテリジェンスを持たなければならないという点で別の難しさがあります。

まずFPSのAIと大きく違うのは、エージェントが内面的に豊かでならなければいけないという点です。「敵を倒して生き延びる」という極限状態に置かれたFPSのAIと違って、日常生活でAIは「人と話したい」「寂しい」「お腹がすいた」「つまらない」「眠たい」「トイレへ行きたい」「部屋を綺麗にしたい」などのさまざまな欲求を持ち、それぞれの欲求の「強さ」が時間的に変化する中で日々を過ごしています。行動にしても、「誰かと話す」「冷蔵庫を調べて食べる」「TVを見る」「眠る」「掃除する」「トイレへ行く」「シャワーを浴びる」など多様なものがあります。

このような日常系のエージェントは「オブジェクト」「それに対するエージェントの行為」「行為によって満たされる感情」の関係を精緻に作り込むことで形成されます。

「The Sims」では各オブジェクトに、エージェントがそのオブジェクトを用いる「行為」と「行為を行ったときの感情の変化」のリストが付属されています。たとえば、「風呂」というオブジェクトであれば「風呂に入る」という行為のデータ（「風呂に入るアニメーション」「水面のスプライトのアニメーション」「音」）と「風呂に入ることで『リラックスさ』がアップする」という情報が付属されています。また、同じ「風呂」というオブジェクトに対して、1つだけでなく別のデータ「風呂を洗う」「風呂を洗って家が綺

23.2 デジタルゲームAIの発展

麗になったので『快適さという感情パラメータ』がアップする」という情報など、複数の情報が付属されています。

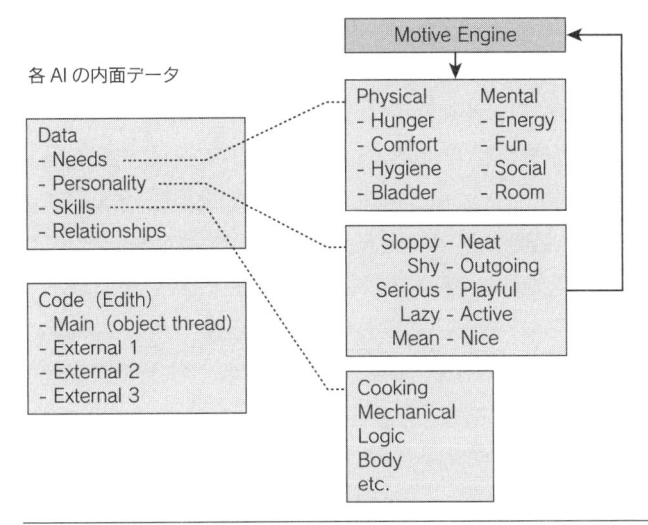

図23.10 「The Sims」のAIの内面構造と行動原理[56][57][58]

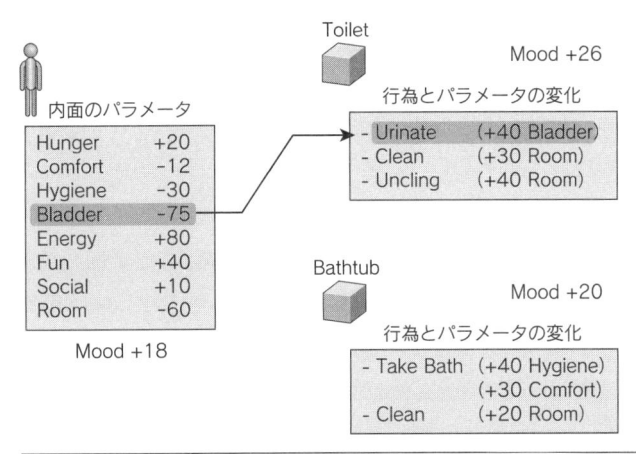

各AIの内面データ

Data
- Needs
- Personality
- Skills
- Relationships

Code（Edith）
- Main（object thread）
- External 1
- External 2
- External 3

Motive Engine

Physical
- Hunger
- Comfort
- Hygiene
- Bladder

Mental
- Energy
- Fun
- Social
- Room

Sloppy - Neat
Shy - Outgoing
Serious - Playful
Lazy - Active
Mean - Nice

Cooking
Mechanical
Logic
Body
etc.

図23.11 「The Sims」の行動原理[56][57][58]

内面のパラメータ

Hunger +20
Comfort -12
Hygiene -30
Bladder -75
Energy +80
Fun +40
Social +10
Room -60

Mood +18

Toilet
Mood +26
行為とパラメータの変化
- Urinate （+40 Bladder）
- Clean （+30 Room）
- Uncling （+40 Room）

Bathtub
Mood +20
行為とパラメータの変化
- Take Bath （+40 Hygiene）
       （+30 Comfort）
- Clean （+20 Room）

Mood（総合幸福度、感情総合指標）を最大にするように行為を選択する。行為によるパラメータ変化はAIの現在の状態に依存する。上記では、最低値にあるBladder（消化指標）を回復するように行動を選択している。

各オブジェクトにはこういった情報が付与されており、エージェントは、自分の現在の状態から計算される総合点（欲求の満たされ具合のパラメータ）を最もアップするオブジェクトを選択して行動します。

たとえば、お腹がとても空いているなら「料理をして昼食を作り食べる」、すると「空腹度」が満たされ、結果として総合点がアップします。ここでさらに食べ続けてもいいのですが、すでに空腹が満たされた後では若干しか総合点が上がりません。そこで今度は、数ある行動の中から「社交欲求」パラメータを満たせば総合点が大きくアップすると計算して、「友人のところへ行って話をする」を選択します。一定時間、話をすると「社交欲求」が満たされるので、それ以上話しても少ししか総合点がアップしなくなります。しかも、時間が経ったので「空腹度」が上がってきてしまっています。それとも、風呂に入ってすっきりするか、あるいは、もう眠たくなってきているから眠るか……、といった具合で、AIが内的状態の変化に応じて自律的に動き回ることになります[57][58][59][56]。さらに、こういった内面のパラメータとオブジェクトの関係をキャラクターごとに変えれば、キャラクターに個性を与えることができます。

上記では短期的な目標のみが主題とされていましたが、「The Sims」シリーズでは、より長期的なプラン（家を建てるとか、将来の夢だとか）を持たせたエージェントを構築する方向に開発が進められています。

23.3
デジタルゲームAI分野と他のゲームAI分野との比較

囲碁・将棋のAI

ゲームAIの中でその始まりから研究されている分野は、主にボードゲームの分野です。チェス、チェッカーをはじめとして、囲碁・将棋、オセロ、バックギャモン、種々のトランプゲームなどが、ゲームAI自身の研究、人工知能技術を前進させる応用の場として研究されてきました[1][60][61]。さまざまな対戦ソフトが販売されているこの分野は、分野のフレームがはっきりしていることと、30年近い歴史を持つため、研究者と開発者のコミュニティが形成され、技術革新や発表が盛んです[62][63]。

近年、将棋と囲碁の分野で大きな技術革新がありました。特に囲碁では革命的な「モンテカルロ木探索」という手法の発見によって、「過去10年の進化を数ヶ月で行った」と言われるような進歩が見られています[106]。この手法の出現により、囲碁

23.3 デジタルゲームAI分野と他のゲームAI分野との比較

では設計が困難であるとされてきた評価関数や探索を、統計的手法と確率的最適化手法を組みあわせる新しい手法で補完しています。これによって、アマチュア初段前後だった棋力が数年で、アマチュア五段レベルの強さに進化し、九路盤では、プロに公開対局で勝利するまでの強さを示すようになっています。現在もなお改良が続けられ、急速な進歩を遂げています[64][65]。商業ソフトとしても、「天頂の囲碁」（毎日コミュニケーションズ、2009）、「世界最強銀星囲碁10」（株式会社シルバースタージャパン、2009）などのソフトで、この技術の搭載が始まっています。

一方、将棋の分野でも、局面の評価関数を最適化する新手法を持ち込んだ「Bonanza」[97]が大きな変革をもたらしています。「Bonanza」の作者保木邦仁がこの技術を一般に公開したので、この評価関数の最適化手法（関係者の間では「Bonanza」メソッドと呼ばれる）が広まり、多くの将棋プログラムが取り入れるスタンダードな手法になっています[66]。

モンテカルロ木探索もBonanzaメソッドも、囲碁や将棋の専門的知識を持たないプログラマーでも開発できる技術である点が大きな特徴です。これらの手法は、思考ゲームに対する汎用的な手法である可能性も指摘されており、注目すべき技術です。

デジタルアクションゲームのAIと囲碁・将棋のAIとの比較

このようなボードゲーム上のAIの研究と、これまで解説してきたような、この10年で研究の助走がやっと始まったと言えるデジタルゲームとでは、どのような違いがあるでしょうか？ ここでは、特にボードゲーム上のAIとデジタルゲームの中のアクションゲームにおけるAIとを比較して、両者の違いを浮き彫りにしてみましょう。

表23.2　ターン制ゲームのAIとアクションゲームのAIの比較

	ボードゲーム（将棋等）AI	アクションゲーム（デジタル）AI
ルール	最初から決定しているルールはすべて明示的	制作しながら変化していく非明示的なルールが存在する
AIの役割	対戦プレイヤーの代理	ゲームの一部、対戦プレイヤーの代理
時間	離散	連続
モデル化	ゲームツリーなど	ゲームごとに工夫
意思決定事項	1ターン分の手	連続的な行動

第23章　デジタルゲームAI

　第1に、囲碁や将棋は最初からルールが決まっています。そして、ゲームにおけるAIの役割はプレイヤーの代わりに手を決定することです。一方、実際のアクションゲームの制作では、仕様書でだいたいのルールは決められていますが、最終調整が終わるまで大小さまざまなルールが変更され続けます。またAIはプレイヤーの代わりとは限らず、AIはステージ上の敵などゲームの一部として機能しています。アクションゲームでは、ときにAIがゲームの設定の一部であり、ルールの一部でもあるのです。

　第2に、時間の連続性です。ほとんどのボードゲームはターン制であり、手番の行使という離散的なアクションによってしかゲーム内の時間は進行しません。一方アクションゲームでは、現実世界と同じく連続的に時間が推移する中で、AIを動作させなければなりません（制御上1秒間に60フレームとしても人間には連続です）。

　第3に、ゲーム世界のモデル化です。AIを構築する場合、最も大切なことの1つは、対象とする現実をどうモデル化するか、ということです。たとえば、人間も世界をそのまま見ることはできず、ある簡略化した描像によって世界を把握しています。ボードゲームの場合、盤面は離散化された状態であり、状況を明確に記述できるという強みがあります。この点に関しては、囲碁も将棋もチェスもゲームツリーとして全状態を仮想的に把握することが可能です[1][106]。そこで、この分野ではモデル化よりも、モデル化した後のアルゴリズムが自然、研究の焦点となります。一方、アクションゲームではAI構築のために、まず最初にAIを取り巻く環境世界のモデル化自体が最も大きな問題となります。たとえば3Dゲームで、AIの視点から切り取る世界をどうモデル化すればよいでしょうか？　環境もプレイヤーも他のAIも移動し行動し続ける時空間連続世界を、どうモデル化すれば、その上にアクションを生み出す思考を実現できるでしょうか？　この点に関しては、次節でより深く議論しましょう。

　第4に、AIが直面するゲームのルールについて考えてみましょう。たとえば将棋の場合、ルールはすべて明示的です。ボードゲームではルールを遂行するのはプレイヤーですから、そこに「隠れたルール」は存在しません。しかし、デジタルゲームでは、ルールブックに書かれていないようなルールが多数存在します。たとえばゲーム内の重力加速度や床のすべり具合といった、アクションを行いながら感覚で把握していくような設定が、そこかしこに埋め込まれています。こういった非明示的なルールが多数埋め込まれているのがデジタルゲームの特徴であり、AIがデジタルゲームの世界を単純にモデル化できない原因の1つになっています。スポーツゲームの同じジャンルのゲームでさえ、ゲームごとに癖があります。これは結局、たとえば同じサ

ッカーゲームであっても、サッカーのルールだけでなく、他のさまざまな設定、キャラクターの運動やインタラクションのルールを加えることなしにゲームを作ることができないことを意味しています。

　第5に、AIが出力として持つ行動について考えてみましょう。将棋、囲碁の場合、次の1手を決定することです。たとえ何手先を読もうとルール上、決定するのは次の1手だけです。それが、非連続的に交互に行われます。ボードゲームでも、1手から、あるいは一連の手続きを1回できるだけです。ところが、アクションゲームが決定するのは連続的な行動です。ある場合には、先に出したアクションを途中で取り消して新しい行動に移る、あるいは、ゴール指向アクションプランニングなどでは、行動を数個繋げた一連のアクションのプランを作成して順番に実行します。そして、この連続的な行動の生成は連続的に行われます。

　さて、主にアカデミックに研究されてきた盤上のゲームAI分野と、デジタルゲームにおけるアクションゲームAIの違いを大まかに見てきました。このような相違点は必然的に、AIの作り方に大きな違いをもたらします。そして、デジタルゲームのAIは、こういった新しいAIを探求するための1つのまとまった研究分野として形成されつつあります[11]。

　以下に、アクションゲームAIのような、連続時空間におけるAIを作るための基礎技術を見ていきましょう。

23.4 デジタルゲームAIの基礎技術

　前節では、ボードゲームのAIとアクションゲームのAIを比較しながら、デジタルゲームAI特有の性格を浮き彫りにしてきました。そこで、こういった固有の問題をどのように解決するかを、これまで解説してきた技術を補完し完成させる方向で解説していきます。

　デジタルゲームのキャラクターAIのクオリティは、「そのAIが時間と空間をどれだけ支配しながら活動できるか」によって決まります。どれくらいの周囲の環境を認識し、どれくらいの時間幅と時間スケールの中で行動を組み立てることができるか、ということです。それでは、「AIの空間の認識」「AIの時間の支配」の2つに分けて解説していきましょう。

第23章　デジタルゲームAI

空間と物の認識
ウェイポイント、ナビゲーションメッシュ

　一般のデジタルゲームにおけるフィールドは囲碁や将棋のように盤の目ではなく、段差もあれば建物もあり、川もあれば海もある多様な地形です。そこで、こういった複雑な空間を「表現」するために、地形全体に場所の指標となるポイントか三角形を敷き詰めます。ポイントを敷き詰める方法を**ウェイポイント**（Waypoint）法[18]と言い、凸角形を敷き詰める方法を**ナビゲーションメッシュ**（Navigation Mesh）法[99]と言います。隣り合う各要素を繋ぐとそれはネットワークグラフを形成します。この連結されたデータは、もとの地形情報を抽出しているので、地形を把握するデータとして用いることができます。

　こういったネットワークグラフの最重要な機能は、ネットワークグラフ上の任意の点から点への最短経路（パス）を計算によって求めることができる点です。パス探索法には、出発点から順番に周囲を探索していく最もシンプルな**ダイクストラ法**（Dijkstra's Algorithm）や、目的地からの距離を計算しながら発見的に（ヒューリスティックに）探索する **A* 探索法**があります[18][67]。通常、デジタルゲームでは、省メモリ最高速のA*を実装します。パス探索技術は古くからありますが、デジタルゲームでは90年代後半から広く使われ始め、00年代にはさまざまな形で応用の幅を広げていきました。このパス探索法によって初めてAIは、どんな複雑な地形でも任意のポイントへ移動できる自由を持つことになります[68]。

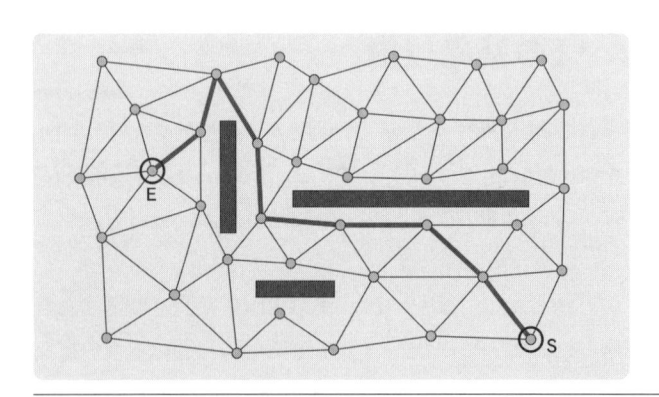

図23.12　パス探索のイメージ
　　地形に沿って置かれたパスノードの任意の2点（Start地点、End地点）間の経路を、探索アルゴリズムによって導くことができる。

23.4 デジタルゲームAIの基礎技術

実際の開発においては、アルゴリズムよりも、与えられたマップに対してどのようにしてパスデータ（ネットワークグラフ）を生成するかが問題となります。小さなマップなら手で1つ1つ結んでいってもいいでしょうが、広大なマップになると数万ポイントにもなり、そこには自動生成の方法が必要になります。これは、これからのゲームAIの研究課題の1つです。「クロムハウンズ」（FromSoftware、2006）では、マップの当たりモデルからの自動生成を行っています[69]。

知識表現・世界表現

一般に、ある世界に存在するAIがその世界を認識するときには、AIがその世界を認識、解釈できるように「もの」「世界」「事象」について知識の形を与えておいてやらなければなりません。これを**知識表現**（Knowledge Representation、KR）と言います[1][46]。AIが自ら知識表現の形を見出すことは非常に難しい課題です。世界からいったい何を切り取るか、それをどう解釈するかは、知性の本質の問題です[8]。人工知能では知識表現は人間がAIに、ゲームの場合は開発者がAIに与えてやらなければなりません。「The Sims」のAIの説明でも、さまざまなオブジェクトに対して知識表現を与えることで、AIがその対象をどう捉えるかを構築したのでした。

知識表現の中でも、デジタルゲームAIについて特に大切なのが、マップ全体の大局的な知識表現である**世界表現**（World Representation）です[54][55][70]。前項で解説したネットワークグラフは、AIにとって地形を表現した世界表現となっています。

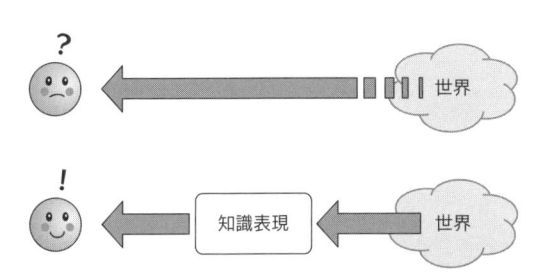

図23.13　知識表現は環境とAIの間の情報の解釈と変形を担う

AIをより賢明にしていくには、思考のアルゴリズムに凝るより前に、この知識表現と世界表現を豊かにすることが必要です。

第23章　デジタルゲームAI

たとえば、前項のネットワークグラフは地形をウェイポイントとその接続によって表しただけですが、各ポイントに「そのポイントの明るさ」「どれくらい遠くまで見渡せるか」「一番近い壁までの距離」「足場の状態」「現在の敵から視線が通っているか」「敵までの射線が通っているか」などの付加情報をどんどん加えていくことで、AIの認識そのものを豊かにし、さまざまな思考を展開する土壌になります。たとえば、こういった付加情報に基づいて「攻撃最適ポイント」「待ち伏せるのに最も適した場所」を各ポイントの評価値を計算することによって導くことができます。また、この付加情報に基づいてA*のコスト関数を変化させることで、「敵から見つかりにくいパス探索」「敵発見パトロールのためのパス探索」「敵攻撃のためのパス」などを導くことができます。

実際、「Killzone」「Killzone2」（Guerrilla Games、2009）では、各ウェイポイントから見た単位角度あたりの最大射線距離を事前に計算しておき、ゲーム中に各ポイントが現在の敵の位置から攻撃可能か否かを、簡単な不等式によって高速に判定することで、敵から巧みに隠れたパス移動経路を辿ることができるようになっています[54][55][70][105]。

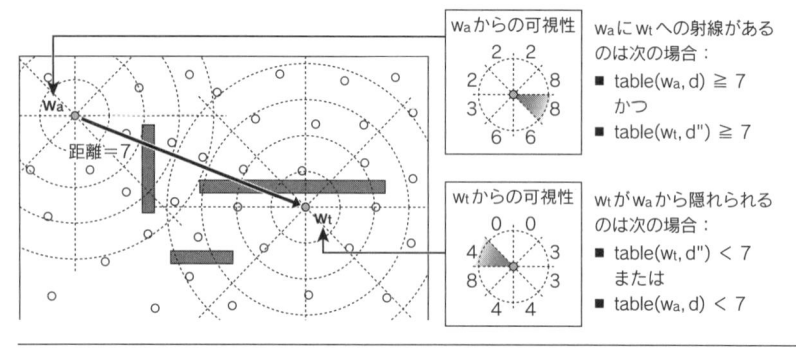

図23.14 「Killzone」の射線（Line of fire、LOF）事前計算の結果をウェイポイントに埋め込んでおく方法[54][55]
　　　　　8方向に対してLOFの最大値を事前に計算しておく。その情報を用いて、簡単な計算で、「射線計算」「隠れる判定」を行う。

ゲームAIでは、知識表現の決まった形というものはまだありません。それぞれのゲームにおいて適した知識表現の形を探求するところから、ゲームAIの設計が始まるのです。

23.4 デジタルゲームAIの基礎技術

空間スケール階層化技術

では実際に、AIがより高度な思考ができるように世界表現の形をレベルアップしてみましょう。ウェイポイントやナビゲーションメッシュを1つの層として敷き詰めただけでは、位置単位の細かい思考しか行うことができません。そういった単位を一定の大きさでまとめてクラスター化することで、1つのまとまった領域を表現することができます。このような「空間をスケールで階層化する技術」によって、AIは、より大きな領域を単位として戦術・戦略的思考を築くことができるようになります[71]。

ここでは「Halo2」の「オーダー&スタイル」というAIの制御方法を紹介します[24]。

「Halo2」はナビゲーションメッシュによる基本移動機能を持っていますが、その他に、デザイナーの手で、AIにとって防衛や攻撃の要所となるポイントに戦術ポイントが置かれています。さらに、戦術ポイントは、領域ごとにグルーピングされています（敵が攻めてくる方向から「前域」「中域」「後域」など）。

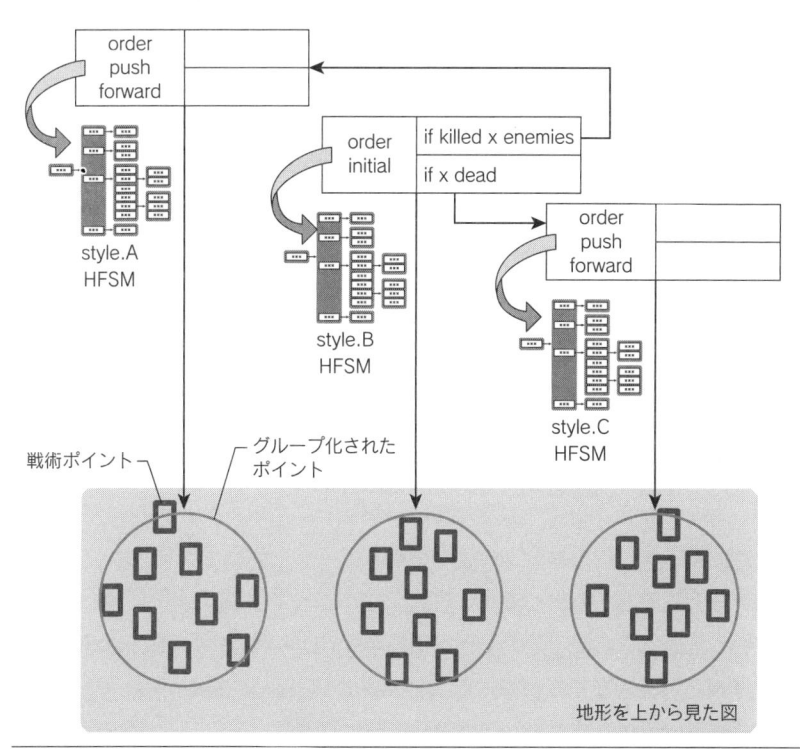

図23.15 「Halo2」のAI制御方法「オーダー&スタイル」[24]

各領域には「攻撃的」「防衛的」「保守的」など異なるスタイルのHFSM（階層型FSM）が定義されています。このHFSMによって、領域ごとにAI（たち）にさまざまに違った戦い方をさせることができます。

また、戦場全体をコントロールするために、「大将がやっつけられたら後域に後退する」「敵を3体以上やっつけたら前域に移動する」などの命令（オーダー）によって、AIたちの大域移動を定義しておきます。つまり「Halo2」はスタイルで個々のAIの振る舞いを制御しながら、オーダーでAI全体の動きを制御しています。

アフォーダンス

アフォーダンス（Affordance）は認知科学の分野からきた概念で、「知性の環境に対して可能な行動の自覚」のことです[72][73][74][7]。たとえば、人は空間があるとそこを「歩ける」、椅子があればそれに「座れる」、ボールは「転がすことができる」と考えることなく自覚しています。こういった人間の認知をアフォーダンスと言います。

AIのゲーム世界におけるアフォーダンスとは、オブジェクトについて可能な行為の情報のことです。そのAIが各オブジェクトに対して為し得る行為の情報を、各オブジェクトに付与しておくことが、アフォーダンス情報となります。

「Halo2」では、アフォーダンス情報が各オブジェクトにリンクされています[26]。たとえば、ステージ上の車には「運転する」「どの方向に動かすことができる」というアフォーンダンス情報が付与されています。アフォーダンスは各キャラクターで平等ではありません。車を運転できないAIにとって「車を運転する」というアフォーダンスは存在しないので、そういったキャラクターには、そのアフォーダンスはマスク（隠蔽）されることになります。そういったアフォーダンス情報をマップに満たしておくと、AIがそのマップに入ったときに、AIの為し得る行動のリストを作ることができ、そこから最適な行動を選ぶことができます。

時間の認識

我々人間は、現在という一瞬だけを生きているわけではありません。過去を持ち未来を持ち、過去という記憶は自分の記憶のみならず、他者の経験を巻き込んで大きな領域を抱え込んでおり、未来に対しても知識以上に想像とシミュレーションによって予測や予知の混ざり合った世界を予感しながら生きています。デジタルゲームにおいてAIを時間から眺めることはとても大切です。

23.4 デジタルゲームAIの基礎技術

「現在の入力から現在の行動を出力する」という反射型AIから、より長い時間の上に根ざしたAIを築いていくには、そのAIに一定の時間幅の過去と未来の時間を与えることが必要です。過去と現在の情報から現在の状況と経緯を理解し、未来に対してプランを築いていく、そのようなAIへと発展させていく方法を考えていきましょう。

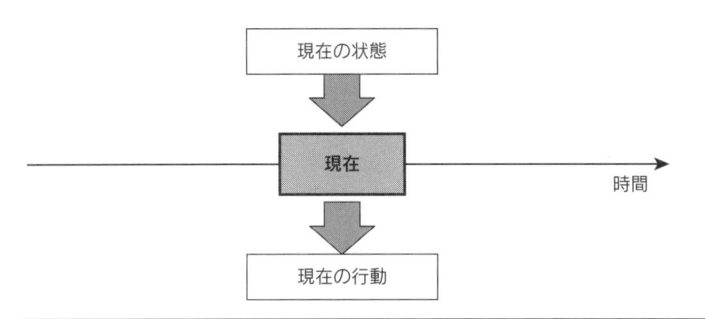

図23.16　現在の入力から現在の行動を出力する反射型AI

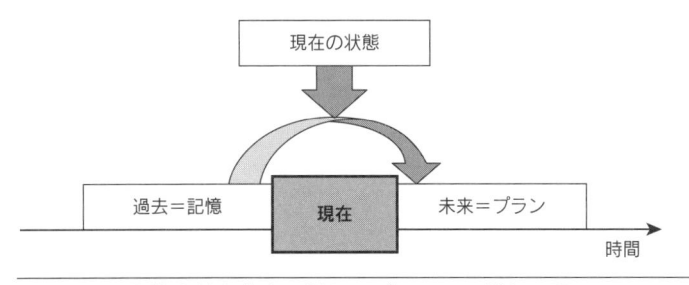

図23.17　記憶を持ち未来に対してプランニングするAI

AIに過去を与える（記憶）

AIに記憶を与えるには、まず記憶領域（メモリ）の確保と、その記憶の形式を決定することが必要です。記憶の形式が、そのAIの知的基盤を決定します。たとえば、「F.E.A.R.」（Monolith Production、2004）では、そのステージのオブジェクトや敵について、「AIから見た場所、方向、刺激、欲求、情報取得時刻、情報信頼度」という共通の知識フォーマットで記憶の形成を行います。この記憶を利用して、AIは情報を抽出して意思決定に用います[75][21]。

たとえば、一番近い時間に敵を見た記憶を検索して、該当する敵を探しに行く、

目撃した中で現在一番近い場所にいるであろう敵を倒しに行く、などです。あるいは、先に紹介したMITメディアラボの「Duncan」は、同じオブジェクトについて、タイムスタンプ付きの記憶を保持しています。この時系列記憶によって、壁の後ろに見失った球が、いつ壁の反対側から出てくるかを予測します。そして面白いことに、「予想どおりに球が出てこなければ驚く」という機能を加えることもできます[40]。

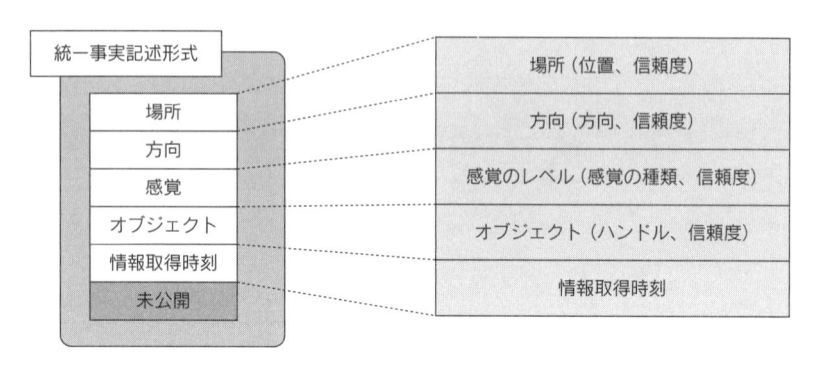

```
統一事実記述形式
    場所                           場所（位置、信頼度）
    方向                           方向（方向、信頼度）
    感覚                           感覚のレベル（感覚の種類、信頼度）
    オブジェクト                    オブジェクト（ハンドル、信頼度）
    情報取得時刻                    情報取得時刻
    未公開
```

```
WorkingMemoryFact                           Attribute<Type>
{                                           {
    Attribute<Vector3D>      Position           Type  Value
    Attribute<Vector3D>      Direction          float fConfidence
    Attribute<StimulusType>  Stimulus       }
    Attribute<Handle>        Object
    Attribute<float>         Desire
}
```

図23.18 「F.E.A.R.」における統一事実記述形式[75][21]

AIに未来を与える（プランニング）

AIに、未来の感覚を与えるにはどうすればよいでしょうか？

00年代以降のデジタルゲームにおけるステージの拡大は、同時にAIが一連の行動を実行する時間（スコープ時間）を増大させました。FPSの大きなフィールドは数km、数十km四方に及びます。デジタルゲームAIは、そういった大きな空間が生み出す長い行動時間を渡り切るだけの知力を持つ必要に迫られてきました。

ゴール指向プランニング

AIが未来の時間に対してイメージを働かす方法はさまざまにあります。そんな中

で、デジタルゲームのAIのために人工知能技術から援用されたのが、**ゴール指向**（Goal-oriented、Goal-based、ゴール主導とも呼ばれます）という概念と**プランニング**（Planning）という手法です[1]。この2つは多くの場合組み合わせて用いられるので**ゴール指向型プランニング**（Goal-Oriented Planning）と呼ばれます[18]。

ゴール指向とは、AIの行動原理であり、第1に目標（ゴール）を決定して、それを達成するように行動を設計するという手法です。反射型のAIが現在の環境に対応するのに対して、ゴール指向型AIは、まず未来に目標を設計してから行動します。たとえば、あらかじめ複数のゴールを用意しておき、意思決定においてどのゴールを遂行するかを決定します。目標に対して、行動を組み合わせてプランを生成する技術をプランニングと言います。

このゴール指向プランニングという方法は、90年代にも、シミュレーションゲームなどで使われてきました。シミュレーションゲームでは「生産」というプロセスがある場合があり、「Aを作るためにはBが、Bを作るためにはCが必要」といった取り決めに従って、順番にCからB、BからAを作っていきます。つまり、「Aを作る」という目標のために、B、Cを作っていくプランニングが為されています。

通常、シミュレーションゲームでは、こういった生産の順序がツリー状のデータで与えられていて、AIはそれに従って（固定された）プランに従って生産活動を行っていきます（「Age of Empire」（Ensemble Studio、1997）のtechnology treeなど[19]）。ただ、これはゴールを選択できるものの、プランがツリーで固定されているので静的にプランニングが実行されるだけです。以降では、動的にプランニングしていく手法を紹介します。

連鎖プランニング

プランニングをFPSの敵のようなリアルタイムに行動（アクション）するAIに組み込むという手法が2004年になって、「F.E.A.R」（Monolith Production）の敵AIに組み込まれました[21][76][75][20][77]。これは、あらかじめアクションを、「（アクションを行える）前提条件」「行動」「行動の結果」の3つの要素によって記述して、複数のアクションの中で「前提」が「結果」に含まれる行動を繋いでいく、という**連鎖プランニング**という手法です[1]。この方法は開発者（MITの研究者）のJeff Orkinによって「Goal-Oriented Action Planning」（GOAP）と命名され、GDCや学界で発表されると、広くゲームAI開発者に知られ影響を与えていくことになりました。

第23章 デジタルゲームAI

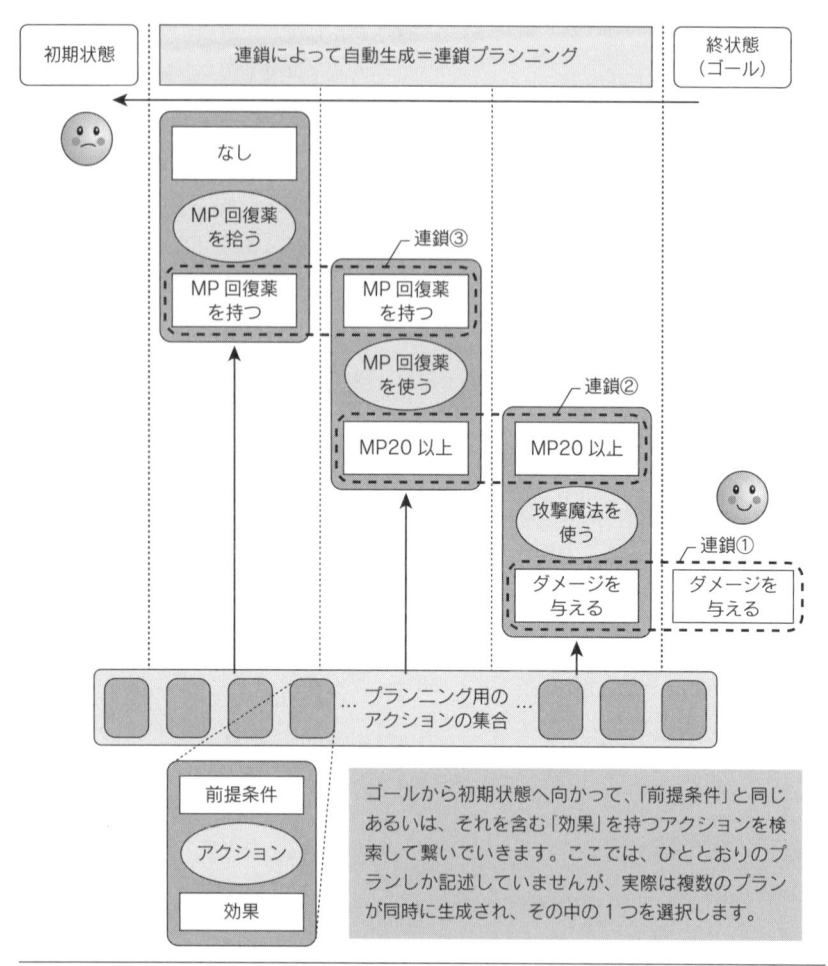

図23.19 連鎖プランニングの原理[75][1]

階層型プランニング

連鎖型プランニングはエレガントな方法ですが、同じ次元の要素（上ではアクション）をつなぐこととか、条件が明確に記述されなければならないなど、厳しい制限があります。しかし、現実にはより複雑な問題が存在している場合にもプランニングを行わなければなりません。そこで、**階層型プランニング**という方法があります[1]。階層型プランニングとは、ゴールをまずいくつかの中ゴールに分解し、さらに、その中ゴールを小ゴールに分解し、そのゴールを順番に達成していくことで、最終的にも

とのゴールを達成するという手法です。連鎖プランニングとの違いは、ゴールの分解の仕方を定義しておくことができるところです[18]。「クロムハウンズ」ではこの方式を導入しています[69][68][78]。

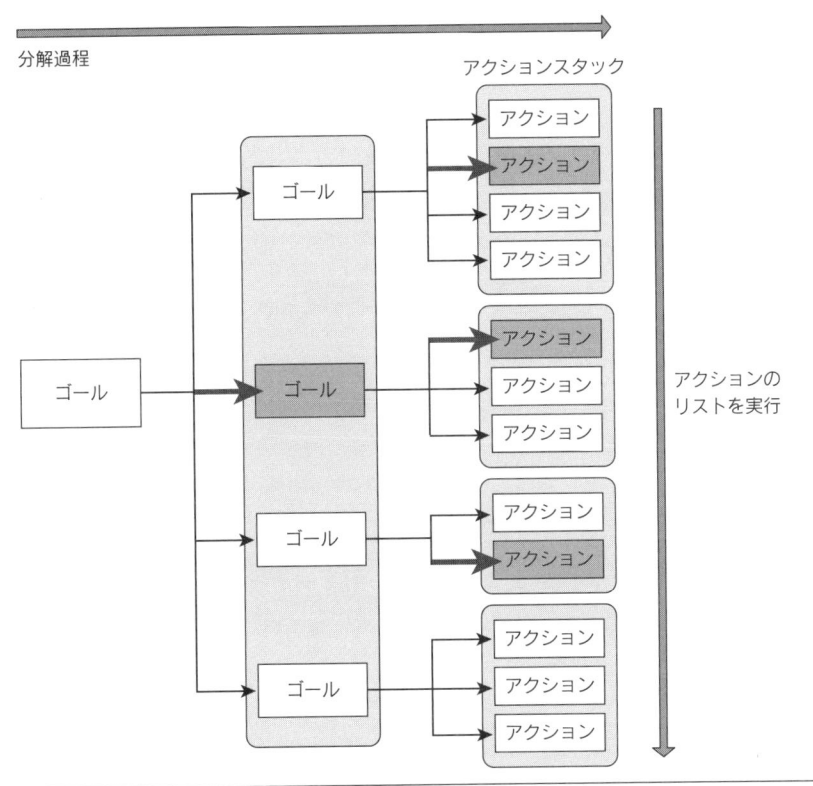

図23.20　階層型プランニングの原理（文献[18]を参照のこと）
網掛けされたゴール、アクションは、分解された時点で動的に挿入されたゴール、アクション

　階層型プランニングでは、単にゴールが静的に分解されていくわけではありません。そのゴールがアクティブになった時点で、状況に合わせて動的に次の階層のゴールに分解されます（スタックに積まれる）。スタックに積まれたゴールを順番にアクティブにして実行しますが、アクティブになったゴールはアクティブになった時点で、そのときの状況に応じて次の階層に分解されます。そうやって、最終的にはアクションへと分解されていきます。たとえば、たまたま目の前に敵がいれば「攻撃する」と

いうゴールが加えられ、敵、自分の位置、武器に応じたアクションプランへと分解されます。つまり、同じシステムを走らせても、ゴールがアクティブになった時点の状況によって分解のされ方が違うので、毎回、異なるプランが生成されます。

　実際の、階層型プランニングはゲームの要求に従いながら、各階層のゴールを漸近的に増やしていきますが、それぞれのゴールが再利用できる形でモジュール化されているために、他のゴールのために用意した中間ゴールを別のゴールで役立たせることが可能です。また、同種類のゲームを作る場合にも再利用が可能な形になっています。意思決定は、戦略層の各ゴールの評価式によって、意思決定のタイミングで最大の評価値を持つゴールを選択します。

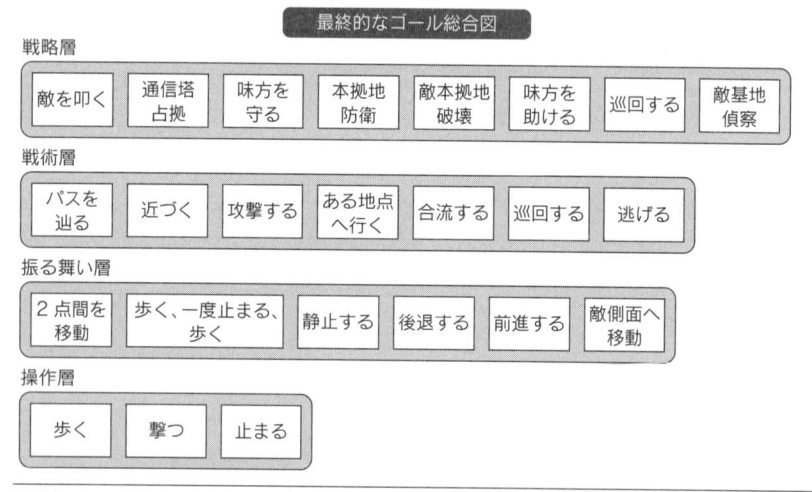

最終的なゴール総合図

戦略層
| 敵を叩く | 通信塔占拠 | 味方を守る | 本拠地防衛 | 敵本拠地破壊 | 味方を助ける | 巡回する | 敵基地偵察 |

戦術層
| パスを辿る | 近づく | 攻撃する | ある地点へ行く | 合流する | 巡回する | 逃げる |

振る舞い層
| 2点間を移動 | 歩く、一度止まる、歩く | 静止する | 後退する | 前進する | 敵側面へ移動 |

操作層
| 歩く | 撃つ | 止まる |

図23.21　「クロムハウンズ」における階層型ゴール図
　上位層は、それより下位のゴールモジュールの組み合わせによって構築される[68][79]。たとえば、「味方を助ける」は「合流する」「攻撃する」に分解され、「攻撃する」は、「敵側面へ移動」「撃つ」に分解される、といった具合である。意思決定では、戦略層のゴールを評価関数によって順位づけして、最も評価の高いゴールを選択する。

時間スケール階層化技術

　反射型AIの良い点は、文字どおり状況の変化に即座に反応できるところです。一方、プランニングの良さは、現在の状態に惑わされず、未来への計画を立てることができるところです。実際に、アクションゲームで両者を実装すれば、反射型AI

は狭い領域の短い時間で最も性能を発揮し、プランニング機能を持つAIは、一定の時間か、広い領域で真価を発揮します。しかし、プランニングの決定は、反射型AIが回避できるような一瞬の危機的な状況に対応できません。つまり、アクションゲームで本当に優秀なAIを構築するには、さまざまな時間スケールに合った知能を同時に持ち合わせていなければなりません。

これを「クロムハウンズ」のAIを例に説明しましょう。

「クロムハウンズ」は15mスケールのロボットがチームになって、数kmのマップでオンライン対戦するゲームです。相手チームがいないときはAIチームが相手をします。最長で5分スケールの思考を階層型プランニングの技術を用いて構築しています。たとえば「3km先の敵の基地を探して破壊する」ために、長期プランを立てて行動します。

仮に、一定距離以内で敵の部隊と偶然に遭遇した場合には、実行中の長期プランをいったん保留して「敵と対戦する」という中ゴールをゴールスタックに挟み込みます。これは15秒ほどの期限付きのゴールで、もし15秒経ったときに敵から十分に離れていたら、元の長期プランに戻ります。もし、まだ敵が近くにいれば、再び戦闘ゴールを挟み込みます。こういった、その場の変化に対応してプランを生成・変化する技術を**即応プランニング**（Reactive Planning）と言います[1][18]。あるいは、それまでのプランを取り消してやり直す方式を**再プランニング**（Re-planning）と言います。「F.E.A.R.」では、プランの途中で失敗すると、再プランニングが発生します[21]。

さらに、クロムハウンズのAIでは、プレイヤーからの射撃に反射して撃ち返す機能を追加しています。これは、一定距離に近づく遭遇以前に狙撃された場合の処置です。この機能を入れないと、AIが単に撃たれ続けることになってしまいます。

このように、クロムハウンズのAIでは、複数の時間スケールごとに思考を作り、かつ、その場では、時間スケールの最も小さい対応を優先し、その間は、それより大きな時間スケールの思考は凍結させています。

また、AIでは**サブサンプション**（Subsumption）方式という作り方があります。これは、最も原始的な反射行動から、高度な行動を1つの層がそれより下位の層をまるで包むように機能を保持しながら、構築していく方式です[80][81]。たとえば、「センサーに反応があれば曲がる」「なければ進む」が第1層、その機能を利用したより高度な行動「徘徊する」「避ける」が第2層、さらに「徘徊する」「避ける」を利用して

「パスプラン」「調査する」などの行動を作るが第3層、といった具合です[82][83]。

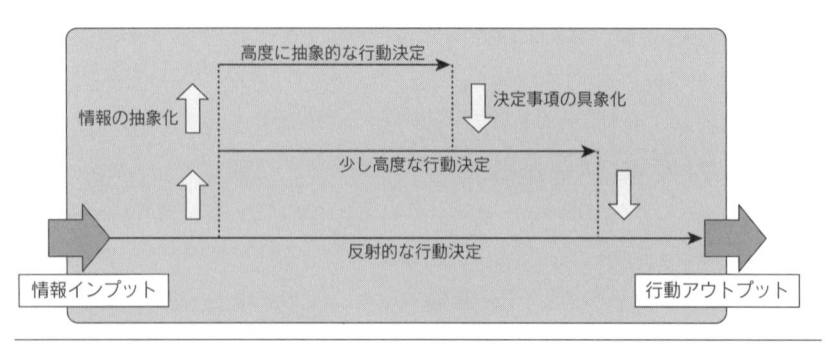

図23.22　時間スケールで階層化された思考構造

基礎技術まとめ

　知識表現はAIの足腰にあたります。知識表現と世界表現があって初めて、その上に高度な思考を構築することができます。こういった基礎部分を忘れば、思考でいくら凝ったことをやっても、複雑なコードを重ねるだけになってしまいます。コードをエレガントに保ちつつ高度な知性を築くには、AIが拠って立つところの知識表現としてのデータを整備しておく必要があるのです。

　動的なプランニングは00年代の新しい潮流、そしてこれからのゲームAIを貫く中心的な技術として注目されています。デジタルゲームAIがより深く時間と関わり合い、より長い時間を支配する能力を身に付けていくとき、AIはこれまでと違った知性の相をプレイヤーに見せることになります。

　時間と空間を統べる力、この2つの力を手に入れるとき、AIは、時間と空間というプレイヤーと同じフィールドの中で思考を持つ存在としてプレイヤーの前に現れてくることになります。そのとき、人間がAIに対して持つ感覚は、新しくぞっとするものになるでしょう。そして、そこで産まれる新しいユーザーエクスペリエンス（ユーザー体験）こそ、ゲームAIが切り開く新しいゲームの領野です。

23.5
エージェントアーキテクチャ

　これまで解説してきた技術をエージェントアーキテクチャの上にまとめて、キャラクターAIの技術解説を終わろうと思います。エージェントアーキテクチャでは、ゲーム世界からセンサーを通して知能部分へ、知能部分から身体を通してゲーム世界へ影響を及ぼす、という1つの情報の流れが形成されています。たとえるならば「情報という水の流れが回す水車が知性である」と最も単純な意味では言えるでしょう。実際は、次の3つのフェーズに分かれていきます。

① 　情報の流れを、抽象化しつつ情報固定した記憶へと保存する
② 　保存した記憶と現在の状態をもとに意思決定を行う
③ 　意思決定に基づいた身体制御を行う

第1フェーズ

　デジタルゲームAIでは、ゲーム世界から知能へ流れ込む情報の流れには、知識表現・世界表現というフィルターをかけることで、洗練された情報を効率よく取得できる仕組みになっています。センサーはまた、受動的な情報の取得に加え、リアルタイムにLOF (Line of Fire、射線) やLOS (Line of Sight、視線) を計算して、環境からの情報を積極的に抽出する機能を持ちます。つまり実際のセンサーの実装は、データ取得とかなり大規模な計算からなります。

第2フェーズ

　意思決定においては、情報の抽象（モデル化）の度合いに応じた、意思決定の階層が存在します。抽象度の高い意思決定アルゴリズムには、これまで解説してきたような、ゴール指向プランニングやHFSM、推論システム[46]など、ゲームに合ったシステムが利用可能です。また、即応的な意思決定には、反射型のアルゴリズムが適しています。意思決定の階層を持つことで、さまざまな時間スケールの反応に対応できます。

第3フェーズ

　身体は、知能の制御、身体自身の自律性、環境からの干渉がせめぎ合う場です。デジタルゲームではアニメーションデータや骨格のデータが基礎になります。もし、意思決定による身体運動の指定が完全に遂行されるならば問題はありませんが、実際は運動によって周囲の環境との衝突判定が起こり、インタラクションが発生します。

　このインタラクションは、意思決定部分で解決される部分と、身体の自律性によって解決される部分があります。身体と環境とのインタラクションは衝突判定ですが、環境の束縛に対する身体の自律制御には「プロシージャルアニメーション」(反射動作や身体バランスを自動的に制御する)や、「IK物理」(身体が環境と接する境界を束縛点として自然な姿勢が計算される)があります[84]。このような身体の自律性と意思決定の間の相互作用をどう設計するかが、これからの課題になっています[5]。

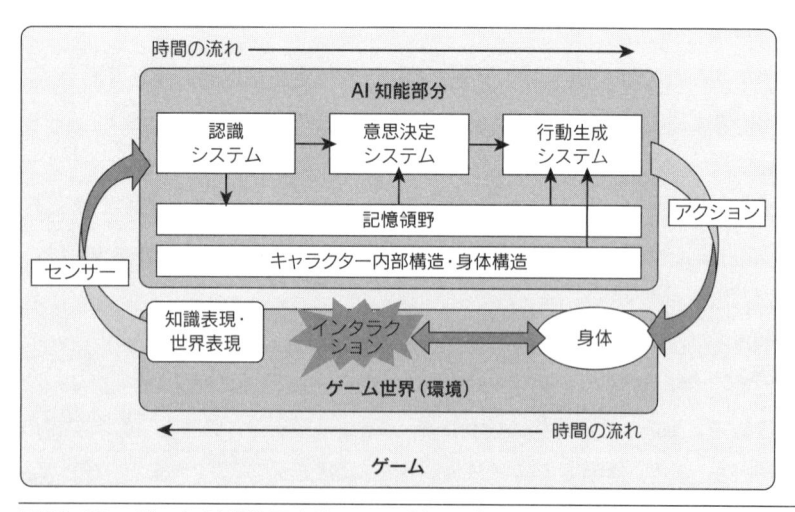

図23.23　ゲームAI構造図(4)——デジタルゲームにおける　　　　　　　　エージェントアーキテクチャの概略図[11]

23.6
メタAI

キャラクターAIに対して、ゲームシステム全体を知性化したAIを**メタAI**と呼びます。たとえば、ゲーム全体を監視しながらゲーム全体を制御・調整するAIのことです（「メタAI」とは正式な言葉ではありませんが、適切な言葉が定着していないのでこう呼ぶことにします）[5]。

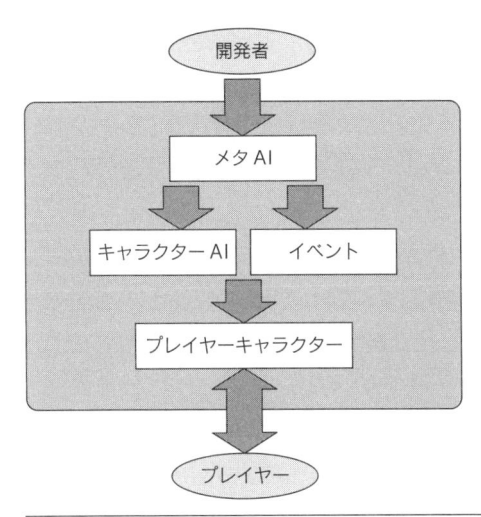

図23.24　メタAIがゲーム内で果たす役割
　　　　　メタAIは実際にゲームが進行する中で、その状況に応じてゲームをコントロールする役割を持つ

メタAIの概念は、デジタルゲームの黎明期から漠然と捉えられてきたものでした。ファミリーコンピュータ（任天堂）をはじめとするコンシューマーゲーム機が日本で本格的に普及した時代（1980年代）に、スキルの高いアーケードゲーマー、PCゲーマーと、初めてデジタルゲームに触れる世代のギャップが問題になり、プレイヤーの戦績に合わせてゲームの難易度を動的に調整する「レベルコントロールシステム」が導入されたのでした（正式な名称はありません。セルフゲームコントロールシステムとも呼ばれます[85]）。また「ゼビウス」（ナムコ、1983）にも、このようなプレイヤーのスキルによって難易度が変化するAIが組み込まれていました[86]。

第23章　デジタルゲームAI

　2009年、こういったレベルコントロールをより積極的に使った「Left 4 Dead」（Valve Software、2008）というオンラインゲームタイトルが注目を浴びました。「Left 4 Dead」は4人が1チームとなってゾンビなどがいるマップを進むゲームです。このゲームには「AI Director」と呼ばれるシステムがあり、ここには、ユーザーをモデル化して、ユーザーの緊張度を計算してモニターし続け、そのチームの緊張度に応じて敵を放つタイミングと数を調整するアルゴリズムが組み込まれています[87][88]。

　このようなメタAIは、ユーザーの（仮想的な）内面に応じてゲームを変化させることで、プレイを毎回少しずつ変化させ、繰り返しプレイを飽きさせない、また、ちょうどレベルにあった戦闘を演出する、という役割を果たしています。

23.7 集団の知性

　これまでは単体のAIについて考えてきました。我々がそうであるように、生物というのは社会的な生き物です。社会と個は相互作用しながら、お互いの形を成しています。知性もまた同様です。個として自分を守り目的を達成する一方で、社会の中で社会を守り役割を果たしていく社会的な知性も、生物には必要なのです。

　単にたくさんのAIが集まって個々に活動しているだけでは集団の知能とは言いません。AIの相互作用を定義して初めて、集団の知能が生成されます。集団の知能には、群知能からマルチエージェントまでさまざまな段階があります[89]。ここでは、この2つの極を紹介します。

群知能

　群知能は、個々のAIに比較的単純な動作を与えることで、集団として実現する知能です。これはその群が何か目的を達成するというものではなく、集団がある特性を持つ、ということになります。こういった個々の特性から全体として1つの特性が浮かび上がる現象を**創発**（Eergence）と言います[3]。

　最も有名な例は、レイノルズ（Craig Reynolds）が作り出した群れの移動をシミュレーションするための技術です。個々のAIには「①離散、②整列、③集合」という3つの移動アルゴリズムを組み込むだけで、たとえば鳥や魚の群れなどの、集団の

動きをシミュレーションできるというものです[90]。人間が自然界で観察する集団の動きに近い動きになっていますが、パラメータを調整することで、さまざまな動きを実現することができます[18]。

　こういった群知能をゲームに応用するときにはいくつか注意があります。まず、こういったシミュレーションのデモはほとんどの場合、俯瞰的に見て群れのように動くよう設計されています。しかし、3Dゲームでは敵は前面に展開するものなので、必ずしも俯瞰的に群れに見えるものが、主観視点から群れに見えるとは限りません。これは調整でそのように見せることができる場合も、そもそもいくら調整しても群れに見えない場合があります。

　群知能に限らず、こういったちょっとした工夫が、研究の知識を開発に持ち込もうとするときには必要になります。研究的な知識を開発の現場に持ち込むときには、こういった点に注意しましょう。

　また、こういった創発的なダイナミクスをゲームに持ち込むことは、冒険であると同時に危険を伴います。相互作用の連続から完全に制御できない運動を持ち込む、特にそれをキャラクターの運動に持ち込むことは、ゲームコンテンツの調整を難しくし、バグを産む可能性を高くします。またゲームコンテンツの調整は、技術者ではなく、ゲーム企画者が直感的に調整できるようにしておかなければなりません。

　こういったいくつかの障壁を乗り越えれば群知能をゲームに応用することができますが、群知能がゲームに応用された例はそれほど多くありません。たくさんのAIが出ていても、個々のAIが決められた動作を繰り返しているパターンが多いのが現状です。しかし、群知能を応用して新しいゲーム性を探求する試みが、インディーズや挑戦的なゲームで断続的に進められています。ゲーム技術としてこの技術を使いこなすには、ノウハウを蓄積して、確実に使いこなす基盤を作る必要があります。

マルチエージェント

　先に説明したようにエージェントというのは、それぞれ目的や能力を持っています。**マルチエージェント**は、そういったエージェントを連携させて大きな目標を達成する技術です。群知能との違いは、個々のAIがエージェントとして機能と目的を持ち、かつ、群全体として目的性を持っているところです。

　マルチエージェント技術は、WEBサービスや交通シミュレーション、ロボカップサッカーなど、さまざまなフィールドで活用されています[46][47][48][49]。その連携の方

第23章 デジタルゲームAI

法が研究され、さまざまな手法が提案されています[45][91][92][93]。ここでは、デジタルゲームのマルチエージェントで使用されるタスク分解型の協調方式について解説します。

タスク分解型のアルゴリズムとは、チーム全体の目的を、いくつかの中目標に分解し、さらにその目標を個々のAIが達成できるタスクにまで分解した上で割り振る、という方式の協調方式です[94][18]。「Halo3」や「クロムハウンズ」「Killzone2」で採用されています[100][101]。ここでは「クロムハウンズ」を例に解説します。

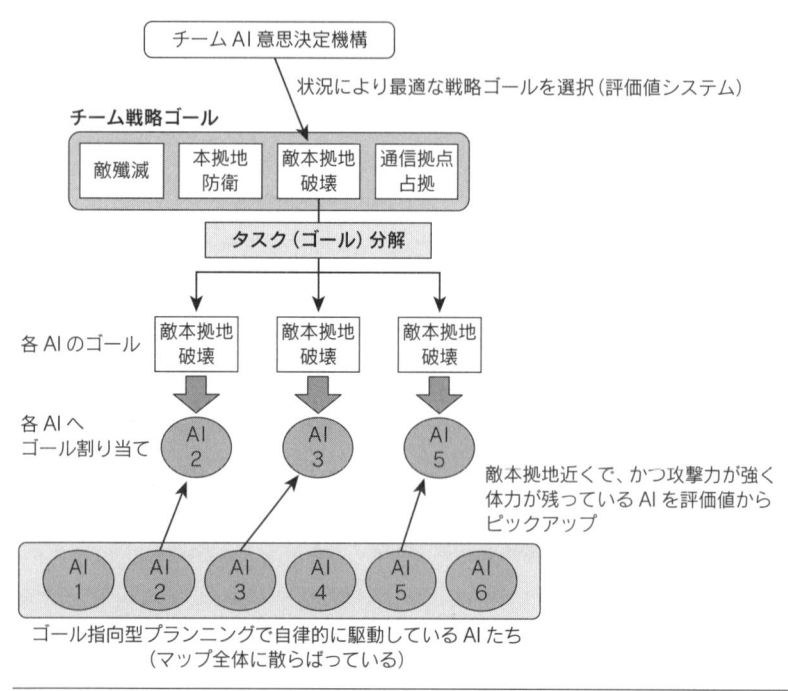

図23.25 「クロムハウンズ」におけるゴール割り当て方式

さらに各AIは、割り当てゴールと現在遂行中のゴールの優先度を計算して評価値の高いほうを選択する[69][89][79]。つまり、ゴールが割り当てられても、現在、遂行中のゴールがより重要だと判断すれば継続して実行する。

「クロムハウンズ」ではまず、AIチーム全体をコントロールする「チーム思考」と呼ばれる思考が、ゲーム全体を演出するためにゲームの中盤から終盤にかけて登場します。チーム思考は以下のようなシークエンスからなります。

① チーム戦略ゴールの中から、最も状況に即したゴールを選択する。
② 選択したゴールを個々のAIのためのゴールへと分解する。
③ 分解したゴールに対して、チームメンバーの中から、最もそれを実行するにふさわしいAIを評価して選択し、割り当てる（動的にチームを編成）。
④ 割り当てられたAIは、現在実行中のゴールを継続するか、割り振られたゴールを新しく採用するかを、現状から比較して選択する。これは、チームとしての大局的な合理性と、個としてのローカルな合理性を対立させることで、チーム全体の知性に多様性を保たせるために行っています[45]。

ブラックボードアーキテクチャ

集団における記憶と制御のマネージメント法として、**ブラックボードアーキテクチャ**というものがあります[95][102]。ブラックボードとは、各エージェントが自分の取得した記憶を書き込む場所であり、そこで集められた記憶を整理して推論し新しい情報を抽出します。

たとえば、Aというエージェントから「いつプレイヤーを見た」、Bというエージェントから「いつプレイヤーを見た」という情報が取得されると、それらの情報を辿って、キャラクターの移動経路や向きや速度を知ることができます。

また、ステージに3つの部屋があって、Aというエージェントが1つ目の部屋にプレイヤーがいないことを確認し、Bというエージェントが2つ目の部屋にプレイヤーがいないことを確認すれば、3つ目の部屋にプレイヤーがいる、という推論を行うことができます。

さらに、ブラックボードは、これからAIが行おうとする行動を書き込むことで集団の協調活動に用いることができます。たとえば、Aというエージェントが「Xという敵を倒しに行く」とブラックボードに宣言したとします。するとBというエージェントは、X以外の敵、Yを倒しに行く、というように、ターゲッティングの重複を避けるというきわめて単純な使い方も可能です。

23.8
まとめ

　AIは閉じた分野ではありません。公理や定義から定理を導く分野ではなく、脳科学、認知科学、精神科学など、他のさまざまな分野との相互作用の運動の中で発展していく分野です。そして、同時に「知能とは何か？」という基礎を掘り進めていく分野でもあります。我々は皆、我々自身という知能の見本を持っています。本章では特に、デジタルゲームAIと我々の知性を関連付けて解説を行いました。

　ゲームAIはゲーム関連技術の中でも、最もゲームコンテンツに直接的な関係を持つ分野であり、ますます発展するゲームエンターテインメントにおいて、中心的かつ重要な位置を占める技術です。

　しかしこれまでのところ、ゲームAIの固定したイメージやゲームAIへの中途半端なアプローチが、むしろゲームデザインの足枷となってきました。ゲーム企画者は従来のAIのイメージを元にゲームをデザインし、技術者は、制限された形の従来通りのAIを実装する。すると、ゲームデザイナーは、その古典的なAIの形こそがAIと思い込み、そういったイメージの上でゲームをデザインする。そして、そのデザインに沿って技術者が従来型のAIを実装する。さらに、それを見てまたゲームデザイナーが……。こういった事態が繰り返されます。こういったデッドロックの悪循環から抜け出すためには、企画者、技術者の思い切った挑戦が必要です[103][104]。

　ですからゲームAI分野を切り開いていくことは、これまでの循環から抜け出して、新しいゲームとゲームデザインへと辿り着く方法でもあります。ぜひ本書で紹介した技術を応用して、新しいゲームの未来を切り開いてください。

　なお、本章ではゲームAIの背景から技術までを簡単に紹介しましたが、1つ1つの技術や事例を掘り下げるだけの余裕はありませんでした。最小限の記述に留めてあるので、詳細については参考文献をあたってください[96]。

23.9
デジタルゲームAIに関する参考資料

[1] スチュワート・ラッセル, ピーター・ノーヴィグ,『エージェントアプローチ 人工知能』, 共立出版, 1997

[2] Simon Egenfeldt Nielson, Jonas Heide Smith, Susana Pajares Tosca, *Understanding Video Games: The Essential Introduction*, Routledge , 2008

[3] Penny Sweetser, *Emergence in Games*, Charles River Media, 2007

[4] スティーブン・ジョンソン,『創発——蟻・脳・都市・ソフトウェアの自己組織化ネットワーク』, ソフトバンク クリエイティブ, 2004

[5] 三宅陽一郎, "プログラミングAI", 財団法人デジタルコンテンツ協会「デジタルコンテンツ制作の先端技術応用に関する調査研究報告書」(2008年度), pp.73〜137, 2009, http://www.dcaj.org/report/2008/data/dc_08_03.pdf

[6] M・メルロー・ポンティ,『知覚の現象学1、2』, みすず書房, 1967, 1974

[7] ニコライ・アレクサンドロヴィッチ・ベルンシュタイン,『デクステリティ 巧みさとその発達』, 金子書房, 2003

[8] 浅田稔, 國吉康夫,『ロボットインテリジェンス』, 岩波書店, 2005

[9] Rolf Pfeifer, Josh C. Bongard, *How the Body Shapes the Way We Think*, The MIT Press, 2006

[10] 特集「ゲームAI」, 人工知能学会誌, vol.23, pp.43〜84, 2008/1

[11] 三宅陽一郎,「ディジタルゲームにおける人工知能技術の応用」, 人工知能学会誌, vol.23, pp.44〜51, 2008

[12] 西角友宏,「生誕30周年を迎えた『スペースインベーダー』」, テレビゲームのちょっといいおはなし, vol.5, pp.43〜50, 2008

[13] ユクスキュル, クリサート,『生物から見た世界』, 岩波文庫, 2005

[14] 「タスクシステムについて黒須一雄氏インタビュー」, デジタルコンテンツ制作の先端技術応用に関する調査研究報告書(2008年度版), pp.301〜330, 2009, http://www.dcaj.org/report/2008/ix1_03.html

[15] M. Tim Jones, *Artificial Intelligence: A Systems Approach*, Jones & Bartlett Publishers , 2007

[16] 三宅陽一郎, IGDA日本 ゲームAI連続セミナー第4回「Halo2 におけるHFSM（階層型有限状態マシン）」資料, 2007, http://blogai.igda.jp/article/33936286.html

[17] Mat Buckland, "Building Better Genetic Algorithms", *AI Game Programming Wisdom*, vol.2, pp.649〜660, 2004

[18] Mat Buckland, *Programming Game AI By Example*, Wordware, 2004, 邦訳『実例で学ぶゲームAIプログラミング』, オライリー・ジャパン, 2007

[19] Brian Schab, *AI Game Engine Progrmming*, Charles River Media, 2004

[20] Jeff Orkin, "Three States and a Plan: The AI. of F.E.A.R.", 2006, http://web.media.mit.edu/~jorkin/gdc2006_orkin_jeff_fear.pdf

[21] Jeff Orkin, "Three States and a Plan: The AI. Of F.E.A.R(GDC2006)(Document,PPT,Movie)", 2006, http://www.jorkin.com/gdc2006_orkin_jeff_fear.zip

[22] Jason Brownlee, "A Practical Analysis of FSM within the domain of first-person shooter (FPS) computer game", http://ai-depot.com/FiniteStateMachines/FSM-Practical.html

[23] Griesemer, J, "The Illusion of Intelligence: The Integration of AI and Level Design in Halo", 2002, http://www.bungie.net/images/Inside/publications/presentations/publicationsdes/design/gdc02_jaime_griesemer.pdf

[24] Damian Isla, "Handling Complexity in the Halo 2 AI", Gamasutra, 2005, http://www.gamasutra.com/gdc2005/features/20050311/isla_01.shtml

[25] Isla, D, "Managing Complexity in the Halo2 AI, Game Developer's Conference Proceedings", Game Developer's Conference 2005 Proceedings, 2005, https://www.cmpevents.com/Sessions/GD/ManagingComplexity2.ppt

[26] Damian Isla, "From Pathfinding to General Spatial Competence", AIIDE 2005, 2005, http://nikon.bungie.org/misc/aiide_2005_pathfinding/index.html

[27] 三宅陽一郎, IGDA日本 ゲームAI連続セミナー第5回「NEROにおける学習と進化」資料, 2007, http://blogai.igda.jp/article/33936286.html
[28] 長尾智晴,『最適化アルゴリズム』, 昭晃堂, 2000
[29] Mat Buckland, *AI Techniques for Game Programming*, Premier Press, 2002
[30] 森川幸人,『マッチ箱の脳』, 新紀元社, 2000
[31] 森川幸人,「AI DAY（3）ゲームとAIはホントに相性がいいのか？（GDC2008）」, 2008, http://www.muumuu.com/other/cedec2008/index.html
[32] 森川幸人,「テレビゲームへの人工知能技術の利用」, 人工知能学会誌 vol.14 No.2, 1999-3, 1999, http://www.1101.com/morikawa/1999-04-10.html
[33] Stephen Grand, Dave Cliff, "Creatures: Entertainment Software Agents with Artificial Life", Autonomous Agents and Multi-Agent Systems, vol.1 pp.39〜57, 1997, http://citeseerx.ist.psu.edu/viewdoc/summary?doi=10.1.1.18.9182
[34] "Creatures: Entertainment Software Agents with Artificial Life", 1997, http://www.sci.brooklyn.cuny.edu/~sklar/teaching/f05/alife/notes/ali-Creatures4.pdf
[35] Stephen Grand, Dave Cliff, Anil Malhotra, "Creatures: Artificial Life Autonomous Software Agents for Home Entertainment", International Conference on Autonomous Agents, 1997, http://sigart.acm.org/proceedings/agents97/A157/A157.PDF
[36] Ryan Cornelius, Kenneth O. Stanley, and Risto Miikkulainen, "Constructing Adaptive AI Using Knowledge-Based Neuro-Evolution", *AI Game Programming Wisdom*, vol.3 pp.693〜708, 2006
[37] NERO, http://www.nerogame.org/
[38] Richard S. Sutton, Andrew G. Barto,『強化学習』, 森北出版, 2000
[39] D. Isla, R. Burke, M. Downie, B. Blumberg, "A Layered Brain Architecture for Synthetic Creatures", 2001, http://characters.media.mit.edu/Papers/ijcai01.pdf

[40] R.Burke, D.Isla, M.Downie, Y. Ivanov, B. Blumberg, "The Art and Architecture of a Virtual Brain. In Proceedings of the Game Developers Conference", 2001, http://characters.media.mit.edu/Papers/gdc01.pdf

[41] "Microsoft Research Drivatar", http://research.microsoft.com/en-us/projects/drivatar/theory.aspx

[42] Ralf Herbrich, "Forza, Halo, Xbox Live: The Magic of Research in Microsoft Products", http://www.microsoft.com/uk/academia/studenttechnologyday/default.mspx

[43] "Drivatar in Forza Motorsport", Microsoft Research, http://research.microsoft.com/en-us/projects/drivatar/forza.aspx

[44] 三宅陽一郎,「エージェント・アーキテクチャから作るキャラクターAI」, CEDEC2007講演資料, CEDEC2007, http://blogai.igda.jp/article/33936286.html

[45] 生天目章,『マルチエージェントと複雑系』, 森北出版, 1998

[46] ジョゼフ・P. ビーガス, ジェニファー・ビーガス, 井田 昌之(訳),『Javaによる知的エージェント入門』, ソフトバンク クリエイティブ, 2002

[47] 秋山英久,『ロボカップサッカー シミュレーション2Dリーグ必勝ガイド』, 秀和システム, 2006

[48] 高橋友一, 伊藤暢浩, ロボカップ日本委員会,『RoboCupではじめるエージェントプログラミング』, 共立出版, 2001

[49] 特集「ロボカップ12年」, 人工知能学会誌, vol.25 pp.181〜236, 2010/3

[50] MITメディアラボ, http://www.media.mit.edu/

[51] 馬場哲治,「MIT Media Laboratoryの産学連携」, デジタルコンテンツの次世代基盤技術に関する調査研究報告書, 2007, http://www.dcaj.org/report/2006/data/dc07_07.pdf

[52] "The MIT Media Laboratory's Synthetic Characters group", http://characters.media.mit.edu/

[53] Jeff Orkin, Jeff Orkin(MITのサイト), http://web.media.mit.edu/~jorkin/

[54] Straatman, R., Beij, A., Sterren, W. V. D., "Killzone's AI: Dynamic Procedural Combat Tactics", 2005, http://www.cgf-ai.com/docs/straatman_remco_killzone_ai.pdf

［55］ Arjen Beij, William van der Sterren, "Killzone's AI : Dynamic Procedural Combat Tactics (GDC2005)", 2005, http://www.cgf-ai.com/docs/killzone_ai_gdc2005_slides.pdf

［56］ Ken Forbus, "Simulation and Modeling: Under the hood of The Sims", http://www.cs.northwestern.edu/%7Eforbus/c95-gd/lectures/The_Sims_Under_the_Hood_files/frame.htm

［57］ Kenneth D. Forbus, Will Wright, "Some notes on programming objects in The Sims.", 2001, http://www.qrg.northwestern.edu/papers/Files/Programming_Objects_in_The_Sims.pdf

［58］ Will Wright, "AI: A Desing Perspective"（講演資料）, AIIDE 2005, 2005, http://thesims.ea.com/us/will/

［59］ Jake Simpson, "Scripting and Sims2: Coding the Psychology of Little people", GDC 2005, 2005, https://www.cmpevents.com/Sessions/GD/ScriptingAndSims2.ppt

［60］ 松原仁,『将棋とコンピュータ』, 共立出版, 1994

［61］ 羽生善治, 松原仁, 伊藤 毅志,『先を読む頭脳』, 新潮社, 2006

［62］ 伊藤毅志,「ゲーム情報学から見たコンピュータ囲碁」（DiGRA JAPAN 公開講座資料）, 2008, http://www.digrajapan.org/uploads/Digra11-28-Ito.pdf

［63］ 清愼一, 佐々木宣介, 山下宏, コンピュータ囲碁フォーラム（編集）,『コンピュータ囲碁の入門』, 共立出版, 2005

［64］ 山下宏,「モンテカルロ木探索 実践編」（DiGRA JAPAN 公開講座資料）, 2008, http://www.digrajapan.org/uploads/Digra11-28-Yamashita.pdf

［65］ 美添一樹,「モンテカルロ木探索 理論編」（DiGRA JAPAN 公開講座資料）, 2008, http://www.digrajapan.org/uploads/Digra11-28-Yoshizoe.pdf

［66］ 保木邦仁,「ゲームプログラミング コンピュータが将棋を指す仕組み」（CEDEC2008資料）, 2008

［67］ R. ブランデンベルク,『最短経路の本』, シュプリンガー・ジャパン, 2007

［68］ 三宅陽一郎,「ゲームAI分野」, 財団法人デジタルコンテンツ協会「デジタルコンテンツ制作の先端技術応用に関する調査研究報告書」（2007年度）, pp.37〜113, 2008, http://www.dcaj.org/report/2007/data/dc08_07.pdf

［69］三宅陽一郎,「クロムハウンズにおける人工知能開発から見るゲームAIの展望」, CEDEC2006, 2006, http://blogai.igda.jp/article/33936286.html

［70］三宅陽一郎, IGDA日本 ゲームAI連続セミナー第1回「Killzoneにおける NPCの動的な制御方法」資料, 2006, http://blogai.igda.jp/article/33936286.html

［71］Ian Millington, *4.6 Hierarchical Pathfinding, Artificial Intelligence for Games*, Morgan Kaufmann, 2006

［72］佐々木正人,『アフォーダンス入門──知性はどこに生まれるか』, 講談社学術文庫, 2008

［73］佐々木正人,『アフォーダンス──新しい認知の理論』, 岩波書店, 1994

［74］J. J. ギブソン,『生態学的視覚論』, サイエンス社, 1986

［75］Jeff Orkin, "Agent Architecture Considerations for Real-Time Planning in Games, AIIDE Proceedings.", 2005, http://web.media.mit.edu/~jorkin/aiide05OrkinJ.pdf

［76］Jeff Orkin, "Applying Goal-Oriented Action Planning to Games", *AI Game Programming Wisdom 2*, Charles River Media, pp.217〜228, 2003

［77］三宅陽一郎, IGDA日本 ゲームAI連続セミナー第2回「F.E.A.Rにおけるゴール指向型アクションプランニング」資料, 2007, http://blogai.igda.jp/article/33936286.html

［78］三宅陽一郎,「人工知能が拓くオンラインゲームの可能性」, AOGC2007, 2007, http://www.bba.or.jp/AOGC2007/2007/03/download.html

［79］三宅陽一郎,「エージェント・アーキテクチャに基づくキャラクターAIの実装－クロムハウンズのキャラクターAIを例として」, 第4回デジタルコンテンツシンポジウム プロシーディングス, 2008, http://blogai.igda.jp/article/33936286.html

［80］Rodney A. Brooks, "How to Build Complete Creatures Rather than Isolated Cognitive Simulators", 1991, http://www.ai.mit.edu/people/brooks/papers/how-to-build.ps.Z

［81］Rodney A. Brooks, "Intelligence without representation", 1991, http://people.csail.mit.edu/brooks/papers/representation.pdf

［82］Paul Reiners,「ロボットと迷路、そしてサブサンプション・アーキテクチャー」, 2007, http://www.ibm.com/developerworks/jp/java/library/j-robots/index.html

［83］Alex J. Champandard, *AI Game Development: Synthetic Creatures with Learning and Reactive Behaviors*, New Riders Games, pp.612〜615, 2003

［84］Jason Gregory, *Game Engine Architecture*, A K Peters Ltd, 2009

［85］「パックマン」岩谷氏、「Rez」水口氏ら4人のクリエイターが語る世界のゲームデザイン論「International Game Designers Panel」, GameWatch, 2005, http://game.watch.impress.co.jp/docs/20050312/gdc_int.htm

［86］遠藤雅伸, TV番組「ゼビウスセミナー」, 1987

［87］Michael Booth, "The AI Systems of Left 4 Dead", Artificial Intelligence and Interactive Digital Entertainment Conference at Stanford, 2009, http://www.valvesoftware.com/publications/2009/ai_systems_of_l4d_mike_booth.pdf

［88］Michael Booth, "Replayable Cooperative Game Design: Left 4 Dead", Game Developer's Conference, 2009, http://www.valvesoftware.com/publications/2009/GDC2009_ReplayableCooperativeGameDesign_Left4Dead.pdf

［89］三宅陽一郎, IGDA日本 ゲームAI連続セミナー第3回「Chrome Hounds におけるチームAI」資料, 2007, http://blogai.igda.jp/article/33936286.html

［90］Craig Reynolds, "Boids", http://www.red3d.com/cwr/boids/

［91］大内東, 川村秀憲, 山本雅人,『マルチエージェントシステムの基礎と応用──複雑系工学の計算パラダイム』, コロナ社, 2002

［92］伊庭斉志,『複雑系のシミュレーション──Swarmによるマルチエージェント・システム』, コロナ社, 2007

［93］高玉圭樹,『マルチエージェント学習──相互作用の謎に迫る』, コロナ社, 2003

［94］Hai Hoang, Stephen Lee-Urban, Hector Munoz-Avila, "Hierarchical Plan Representations for Encoding Strategic Game AI", AIIDE-05, 2005

[95] Bruce Blumberg, Damian Isla, "Blackboard Architectures", *AI Game Programming Wisdom*, Charles River Media, 2002
[96] 三宅陽一郎, IGDA日本 ゲームAI連続セミナー資料集, http://blogai.igda.jp/article/33936286.html
[97] コンピュータ将棋「Bonanza」のページ, http://www.geocities.jp/bonanza_shogi/
[98] 山根信二, 「ゲームAIにおける産学連携戦略の10年」, CEDEC2009, http://handsout.jp/slide/1679
[99] Greg Snook, 「ナビゲーション メッシュによる3D移動とパス発見の単純化」, 『Game Programming Gems』, ボーンデジタル, pp.279〜294, 2001
[100] Alex Champandard, Tim Verweij, Remco Straatman, "Killzone 2 Multiplayer Bots", Game AI Conference, Paris, 2009, http://files.aigamedev.com/coverage/GAIC09_Killzone2Bots_StraatmanChampandard.pdf
[101] Damian Isla, "Building a Better Battle: HALO 3 AI Objectives", GDC 2008, 2008, http://www.bungie.net/Inside/publications.aspx
[102] 石田亨, 桑原和宏, 片桐恭弘, 『分散人工知能』, コロナ社, 1996
[103] 松井悠, 「ゲームとアカデミーの素敵なカンケイ（第2回）：大学からゲームメーカーへ—AI研究で広がるステキなゲームの世界とは？（前編）」, IT Media, 2009, http://gamez.itmedia.co.jp/games/articles/0901/08/news129.html
[104] 松井悠, 「ゲームとアカデミーの素敵なカンケイ（第2回）：大学からゲームメーカーへ—AI研究で広がるステキなゲームの世界とは？（後編）」, IT Media, 2009, http://gamez.itmedia.co.jp/games/articles/0901/09/news075.html
[105] 三宅陽一郎, 「GDCにおける海外のゲーム関連技術についての調査」, 財団法人デジタルコンテンツ協会, 「デジタルコンテンツ制作の先端技術応用に関する調査研究報告書」（2008年度）, pp.331〜369, 2009, http://www.dcaj.org/report/2008/data/dc_08_03.pdf
[106] 小谷善行, 岸本章宏, 柴原一友, 鈴木豪, 『ゲーム計算メカニズム』, コロナ社, 2010

第24章
ゲーム開発者のキャリア形成

藤原正仁

この章の概要

　我が国では、企業間競争、技術革新、海外展開、ビジネスモデルの創造などを背景としてデジタルゲーム市場が急速に拡大し、ゲーム産業が早期に形成されました。同時に、ゲームクリエイターあるいはゲーム開発者と呼ばれる職業も社会的認知が高まり、今や若者のあこがれの職業として確立されつつあります。

　しかし、近年の劇的な技術革新、国際競争の激化、多様化する顧客ニーズなどの経営環境の変化を背景として、ゲーム産業においては、特に開発者のキャリアに関する諸問題の解決が緊急の課題となっています。

　そこで、本章では、第1に、職業分類上におけるゲーム開発者の位置づけ、ゲーム開発者に求められる能力などをもとに、ゲーム開発者の職業情報に関する問題を俯瞰しながら、情報の非対称性について検討します。

　第2に、企業組織（ゲーム会社）の観点から開発者のキャリアを考察します。採用、育成・配置、評価・処遇という人材マネジメントにおける主要な問題を取り上げて、開発者のキャリア形成のための基礎データを提示します。

　第3に、個人（ゲーム開発者）の観点からキャリアを考察します。ここでは、外的キャリアおよび内的キャリアに整理し、開発者のキャリア発達プロセスについて検討します。

　最後に、ゲーム業界団体や産学官連携組織、ゲーム会社によるキャリア支援の事例を紹介し、次代を担う開発者のキャリア形成を展望します。

第24章 ゲーム開発者のキャリア形成

24.1
職業情報の非対称性

ゲーム開発者とは

近年、ゲームクリエイターあるいはゲーム開発者と呼ばれる職業は、若者の羨望の職業として確立されつつあります。たとえば、Benesse教育研究開発センター（2004）が行った調査によれば、男子のなりたい職業ランキングにおいて、ゲームクリエイター・プログラマーは、小学生では7位、中学生では8位という位置を占めています[1]。

しかし、あこがれだけでゲーム産業に入ることは困難です。正確な職業情報をもとに、自らのキャリアを内省し、展望して、主体的な行動に移していくことが必要となります。それでは、**職業情報**とはどのようなものなのでしょうか。ここでは、「職業の分類・名称、仕事の内容等を記述した情報」と捉えます。

ゲーム開発者に関する職業分類としては、我が国では、**日本標準職業分類**（Japanese Standard Classification of Occupation、**JSCO**）と、**労働省編職業分類**（Classification of Occupation for Employment Security Service、**ESCO**）が存在します。

JSCOは、国勢調査などの統計調査結果を職業別に表示するために、個人が従事している仕事の類似性に着目して区分されています。それを体系的に配列し、国際比較にも考慮して、国際労働機関（International Labor Organization、ILO）の国際標準職業分類（International Standard Classification of Occupation、ISCO）をもとに設定されています。JSCOは、社会経済情勢の変化に伴って、1960年3月設定以降、これまでに4回の改訂（1970年3月、1979年12月、1986年6月、1997年12月）が行われ、現在、9分類（専門的・技術的職業、管理的職業、事務的職業、販売の職業、サービスの職業、保安の職業、農林漁業の職業、運輸・通信の職業、生産工程・労務の職業）に整理されています。

ESCOは、大分類・中分類・小分類の3階層で構成されたJSCOに、実務上の必要性から手を加えて、4階層に細分類したものです。このうち上位階層（大分類・中分類）の項目は、JSCOの大分類・中分類に設定された項目（分類項目名・仕事の範囲）との整合性が確保されています。現行の労働省編職業分類には約2万8千の職業名が収録されています。ESCOは、職業安定法第15条の規定に基づい

て制定されており、職業指導・職業紹介の実務に用いることが主な目的となっています。

ESCOからゲーム開発の職業を見てみると、表24.1のとおり整理することができます。「ゲームプログラマー」は細分類のプログラマー（062-10）に、「グラフィッカー」は細分類のグラフィックデザイナー（184-11）に、「ゲームクリエイター」「ゲームサウンドクリエイター」「ゲームデザイナー」は、細分類の他に分類されないその他の専門的職業（209-99）に位置づけられています。いずれも、大分類の専門的・技術的職業です。

表24.1　ESCOによるゲーム開発関連職業分類

大分類	A：専門的・技術的職業
中分類 小分類 細分類	06：情報処理技術者 　062：プログラマー 　　062-10：プログラマー 　　　　ゲームプログラマー
中分類 小分類 細分類	18：美術家・デザイナー・写真家 　184：デザイナー 　　184-11：グラフィックデザイナー 　　　　グラフィッカー
中分類 小分類 細分類	20：その他の専門的職業 　209：他に分類されない専門的職業 　　209-99：他に分類されないその他の専門的職業 　　　　ゲームクリエイター 　　　　ゲームサウンドクリエイター 　　　　ゲームデザイナー

ゲーム開発者と呼ばれる職業が社会的に認知される以前に、日本では、1990年代後半以降、**ゲームクリエイター**という名称の認知が高まっていきました。これは、家庭用ゲーム産業の発展とともに、ゲームを制作する人々が注目され、ゲーム雑誌や関連メディアで、数多くのゲームクリエイターが紹介されたことに起因します。2002年4月に、国際ゲーム開発者協会日本（IGDA日本）が設立されて以降、**ゲーム開発者**という名称が次第に定着し、日本国内に普及し始めました。

北米では、Marc Mencher（2003）、Ernest Adams（2003）などの文献で、ゲーム開発者の職務記述書（Job Description）が紹介され、ゲーム開発者に求められ

第24章　ゲーム開発者のキャリア形成

る能力や責任の範囲などが明文化されています[2][3]。

しかし、ゲーム産業を取り巻く環境の急激な変化に伴って、ゲーム開発者は多様化しており、日本においては十分に定義されていません。そこで本稿では、「ゲームの企画・開発を担う構成員の総称」として、ゲーム開発者を広義に定義することとします。

ゲーム開発者に求められる能力

ゲーム開発者にはどのような能力が求められているのでしょうか。エンタテインメント業界リサーチ編（2003）の有効サンプル（N＝47）をもとに、ゲーム開発者に求められる能力・資質を見てみましょう（図24.1）[4]。

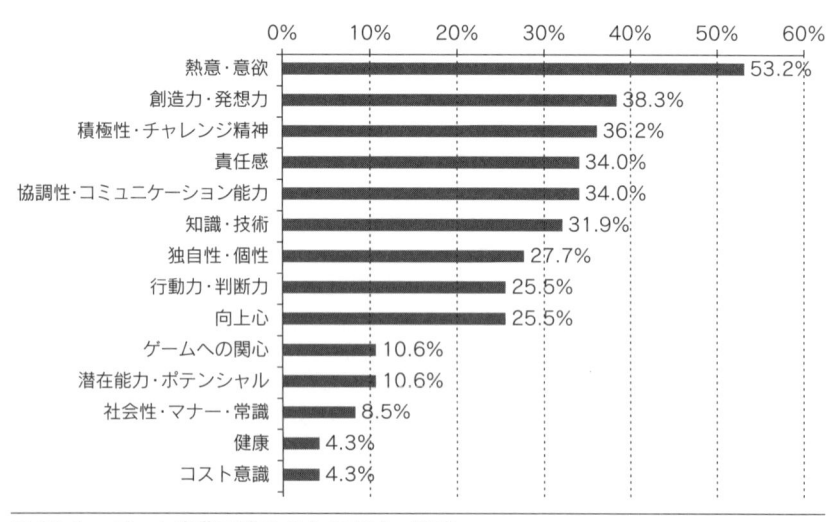

能力・資質	割合
熱意・意欲	53.2%
創造力・発想力	38.3%
積極性・チャレンジ精神	36.2%
責任感	34.0%
協調性・コミュニケーション能力	34.0%
知識・技術	31.9%
独自性・個性	27.7%
行動力・判断力	25.5%
向上心	25.5%
ゲームへの関心	10.6%
潜在能力・ポテンシャル	10.6%
社会性・マナー・常識	8.5%
健康	4.3%
コスト意識	4.3%

図24.1　ゲーム産業で求められる能力・資質

エンタテインメント業界リサーチ編（2003）より著者作成

ゲーム産業で最も求められている資質は、「熱意・意欲」（53.2%）です。具体的には、やる気、意欲、情熱、ものづくりに興味がある、夢を持っている、熱意、頭角を現す意欲、作りたいゲームがある、誰もが楽しく遊べるテレビゲームを目指す、ユーザーが楽しめるゲームを提供する、人の心を捉える本質的な感情、時代を先取りした新しい遊びを創造できる、というキーワードが記載されています。

次に求められている能力は、「創造力・発想力」（38.3%）です。発想力、アイデ

ィア、創造力、クリエイティブなセンス、遊び心、柔軟な発想、想像力、企画力、未来を捉える感覚的頭脳、が示されています。

続いて「積極性・チャレンジ精神」(36.2%)となっており、チャレンジ精神、積極性、前向き、アグレッシブ、バイタリティ、が含まれます。

このように、「熱意・意欲」「創造力・発想力」「積極性・チャレンジ精神」などの「ポスト近代型能力」と総称されるような柔軟で不定形の、情動までをも含む諸能力(本田、2005)[5]が重視されているものの、具体的な知識や技能、専門性は、ゲーム産業からは提示されていないのが実状です。

そこで、社団法人コンピュータエンターテインメント協会(2008)は、産学の有識者によって人材育成分科会を組織し、新卒者向けの職業やスキルなどについて明らかにしています[6]。ゲーム開発者は、「プログラマー」と「グラフィックデザイナー」の2職種に大別され、それぞれの職務内容と必要な能力・知識が明示されています(表24.2、24.3)。

第1に、プログラマーは、ゲームプログラマー、サーバープログラマー、開発環境エンジニア、サウンドプログラマーに分類されています。プログラマーに共通の必要な能力・知識は、コンピュータ言語(C++、Java等)でのコーディング能力と、問題解決に利用するアルゴリズムに関する知識です。

第2に、グラフィックデザイナーは、アートデザイナー(コンセプトデザイナー)、モデルデザイナー、モーションデザイナー、エフェクトデザイナー、メニューデザイナー(インターフェイスデザイナー)、カットシーンデザイナー(ムービーデザイナー)、ドットデザイナーに分類されています。グラフィックデザイナーに共通の能力・知識は、デザイン、デッサン、色彩・質感表現等の基礎項目となっています。

プログラマー、グラフィックデザイナーのいずれのキャリアパスも「ジュニア→レギュラー→シニア」とステップアップしていきます。その後は、プログラマーについては、メインプログラマー・テクニカルディレクターとエキスパートに分岐します。一方、グラフィックデザイナーはマネジメントエキスパートを辿ります。

第24章　ゲーム開発者のキャリア形成

表24.2　プログラマーの職務内容および必要な能力・知識

職務内容	必要な能力・知識
ゲームプログラマー	
ゲームプログラム全般、シェーダプログラミング作成、ネットワークプログラミング、マルチコアCPUプログラミング、開発ツール作成など	グラフィックス表現、アニメーション表現、AIなどゲームに使用される技術の基礎となる物理・数学の知識
サーバープログラマー	
ネットワークコンテンツの各種サーバーソフトウェアの提案・設計・開発・保守・運用までをトータルに手がける業務	ネットワークを介した通信やサーバー、データベース、ネットワークストレージ等に関する基礎的な知識
開発環境エンジニア	
広範囲でのゲーム開発を支える開発環境の開発／開発者のためのプログラム作成	ワークステーション上でのツール開発に関する知識／データリソース管理、ゲームをビルドするための環境全般に関する基礎的な知識
サウンドプログラマー	
ゲーム開発でサウンドを鳴らすためのドライバやツールなどを作成。また、コンポーザやサウンドデザイナーの開発環境の整備	各種音声フォーマットや音声処理に関する基礎的な知識
プログラマー共通	
	コンピュータ言語（C++、Java等）でのコーディング能力／問題解決に利用するアルゴリズムに関する知識

社団法人コンピュータエンターテインメント協会（2008）p.21

表24.3　グラフィックデザイナーの職務内容および必要な能力・知識

職務内容	必要な能力・知識
アートデザイナー	
ゲームに登場するキャラクターのデザイン／ゲーム全体の世界観、背景・ステージのデザイン／ゲームの方向性、世界観、キャラクター人物像等のコンセプトワーク	デザイン、デッサン、色彩・質感表現等の基礎項目／人物（生物）構造・動き／立体構造、空間認識／演出等々全項目に広くわたる知識

職務内容	必要な能力・知識
モデルデザイナー	
キャラクターのモデリング、テクスチャ、マッピング／メカ・ロボットのモデリング、テクスチャ、マッピング／地形、ステージ、自然物のモデリング、テクスチャ、マッピング	デッサン、色彩・質感表現、デザイン等の基礎項目／人物（生物）構造・動き／立体構造・ギミック、空間認識、地形・植生
モーションデザイナー	
キャラクターの身体アニメーション制作／キャラクターのフェイシャル（表情）アニメーション制作／無機物、物理現象のアニメーション制作	デッサン、色彩・質感表現、デザイン等の基礎項目／人物（生物）構造・動き、感情表現立体構造・ギミック、物理現象
エフェクトデザイナー	
キャラクターのアクションエフェクト（魔法、ヒットマーク等）制作背景、環境エフェクト（炎、水面、街灯、雨・雪・霧、埃等）制作／ムービー、カットシーン（イベント）エフェクト制作	色彩・質感表現、デザイン、デッサン等の基礎項目／映像演出、物理現象、自然現象
メニューデザイナー	
ユーザーインターフェイスフォント、アイコン、メニュー・ステイタス画面等のレイアウト・デザイン	デザイン、色彩・質感表現、デッサン等の基礎項目／空間認識
カットシーンデザイナー	
シナリオの映像化（絵コンテ）／絵コンテの動画化（アニマティクス）／ムービーの映像編集（カッティング）／プリレンダームービーの合成（コンポジット）／シーンのライト設定（ライティング）	デザイン、デッサン、色彩・質感表現等の基礎項目／映像演出、カメラワーク／人物（生物）構造・動き、立体構造・ギミック
ドットデザイナー	
キャラクター、背景、アニメーション等のドット描画全般	デザイン、デッサン、色彩・質感表現等の基礎項目

社団法人コンピュータエンターテインメント協会（2008）p.25

職業情報の非対称性

　ところで、ゲーム産業への就職を希望する学生は、どのように職業情報を獲得し、どのような職業情報を必要としているのでしょうか。CEDEC2009「ゲームのお仕事」――業界研究フェア――アンケート調査（N＝1297）をもとに、見てみましょう。

　図24.2は、「学生の職業情報の獲得経路」を示しています。これを見ると、求人

第24章　ゲーム開発者のキャリア形成

Web サイト（58.3%）と求人企業の Web サイト（57.7%）が突出して多くなっており、インターネットによる情報収集が中心となっていることがわかります。また、学校での会社説明会（37.4%）、学校の求人票（24.3%）、教員からの紹介（17.3%）に見られるように、学校経由で職業情報が獲得されていることが把握できます。

項目	割合
求人 Web サイト	58.3%
求人企業の Web サイト	57.7%
学校での会社説明会	37.4%
企業の会社説明会	25.4%
学校の求人票	24.3%
教員からの紹介	17.3%
求人情報誌	12.3%
知人の紹介	9.9%
その他	3.7%
新聞	1.6%
折込広告	1.3%

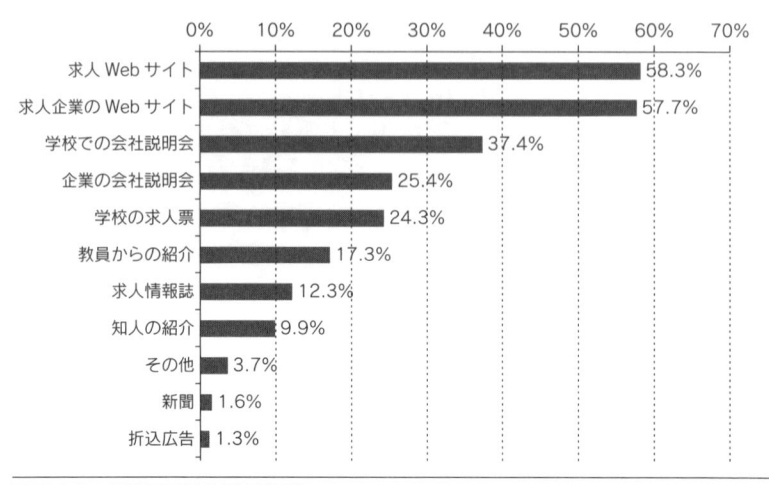

図24.2　職業情報の獲得経路
CEDEC2009「ゲームのお仕事」―業界研究フェア―アンケート調査より著者作成

　図24.3は、学生が「知りたい情報」と「実際に知ることができた情報」を示しています。これを見ると、企業理念、沿革、事業内容、資本金、従業員数、株主、役員などのいわゆる企業概要は、実際に知ることができたと示されています。ところが、採用選考基準、採用スケジュール、求める人材像、具体的な仕事内容、仕事に必要な知識・能力、仕事に必要な適性、仕事に必要な資格、仕事に必要な経験などの採用情報は、学生が知りたくても実際にそれらの情報を得ることができなかったようです。また、配属予定職種、配属予定勤務地、教育研修制度など、就職後のキャリアプランを描きにくい状況となっています。

　このように、職業情報はインターネットを中心に収集されていますが、学生が知りたい情報と実際に知ることができた情報との間にはミスマッチが生じています。このような現象は**情報の非対称性**と呼ばれています。職業情報を適切に獲得し、自らのキャリアをデザインしていくためには、インターネットを活用するだけではなく、インターンシップに参加して実際の仕事を経験してみることも有効だと思われます。

24.1 職業情報の非対称性

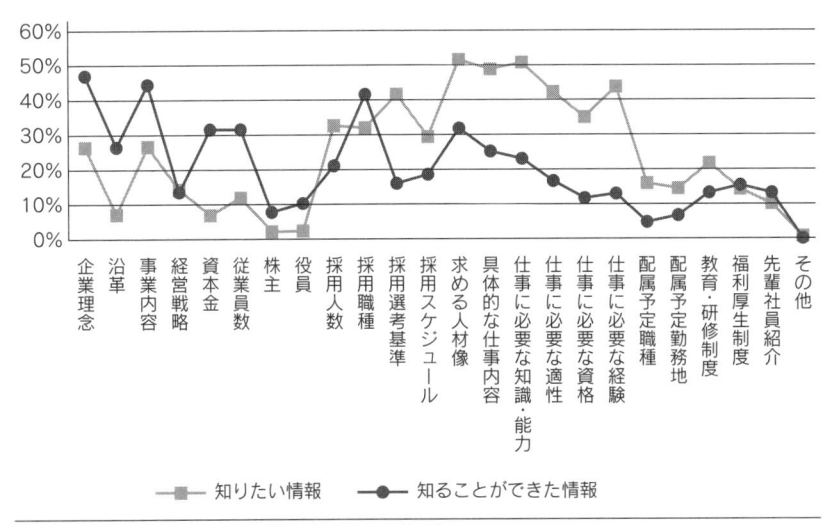

図24.3 学生が知りたい情報と知ることができた情報
CEDEC2009「ゲームのお仕事」―業界研究フェア―アンケート調査より著者作成

　米国では、産業心理学者のワナウス（Wanous）が提唱した、**RJP**（Realistic Job Preview）という人材採用理論が、人材採用における成功のポイントとして注目されています。RJPとは、入社前に、よい点やたいへんな点などを含め、できる限り現実に即した仕事の情報を求職者に提供する採用方法です。伝統的な採用方法は、企業や仕事のよりよい情報を魅力的に提供することにより、応募者や内定者の確保を行ってきましたが、RJPはリアリズムに基づいてありのままの情報を提供することにより、応募者や内定者の確保よりもむしろ人材の定着を目的としています。また、RJPには、①ワクチン効果、②役割明確化効果、③スクリーニング効果、④コミットメント効果という4つの効果があることが指摘されています（表24.4）[7]。インターンシップは、RJPの代表例として挙げられています。

表24.4　RJPの効果

効果	内容
①ワクチン効果	過剰期待を事前に緩和し入社後の幻滅感を和らげる効果
②役割明確化効果	入社後の役割期待をより明確かつ現実的なものにする効果
③スクリーニング効果	自己選択、自己決定を導く効果
④コミットメント効果	入った組織への愛着や1本化の度合いを高める効果

24.2
ゲーム会社における人材マネジメント

ゲーム開発者の採用

ゲーム産業では、開発者はどのように採用されているのでしょうか。

ゲーム会社（N＝30）に対して行った藤原（2007）をもとに、考察してみましょう（図24.4）[8]。これを見ると、内部労働市場よりも外部労働市場での開発者の獲得が顕著になっていることがわかります。たとえば、「ゲーム業界経験者を採用」（93.3%）、「外部委託（アウトソーシング）で対応」（73.3%）、「新規学卒者の採用で対応」（70.0%）となっており、外部労働市場からの獲得が多い結果となっています。それに対して、「内部開発者の教育訓練（OJT中心）」（60.0%）、「配置転換等で対応（企業主導により適材配置）」（40.0%）という内部労働市場からの獲得は、外部労働市場の獲得と比べると、低い結果を示しています。

後述するように、ゲーム産業では外部労働市場が発達しているため、開発者の勤続年数は一般的な水準と比べて短くなっており、人材の流動性が高いことがうかがえます。

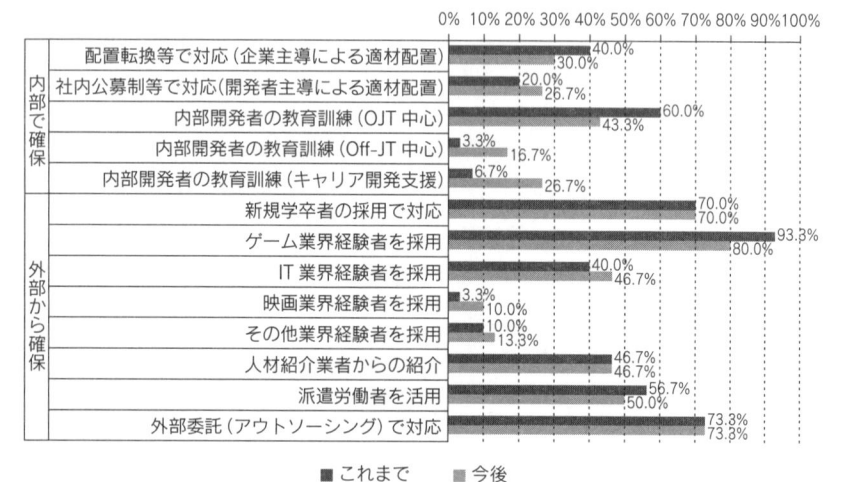

図24.4 開発者の獲得方法

ゲーム開発者の育成・配置

企業における人材育成の方法には、OJT（On the Job Training）、Off-JT（Off the Job Training）、自己啓発（キャリア形成支援）の3つがあります。**OJT**は、実際の仕事経験を通じての学習であり、仕事にコミットした状況を作り出し、目標を達成する経験を通じて学習が行われるときに、最も効果が上がると考えられています。**Off-JT**は、通常の職務から独立して行う教育訓練で、一般的には、社内集合研修の実施、外部機関主催セミナー、講座などへの派遣、出向、留学の実施、通信教育の受講などが挙げられます。また、**自己啓発（キャリア形成支援）**は、OJTやOff-JTのように、企業が主体となって実施するものとは対照的に、本人が自らの意思で自らの能力の向上を目指して自主的に行うものです。

それでは、ゲーム産業ではどのような人材育成が行われているのでしょうか。図24.5をもとに考察してみましょう。

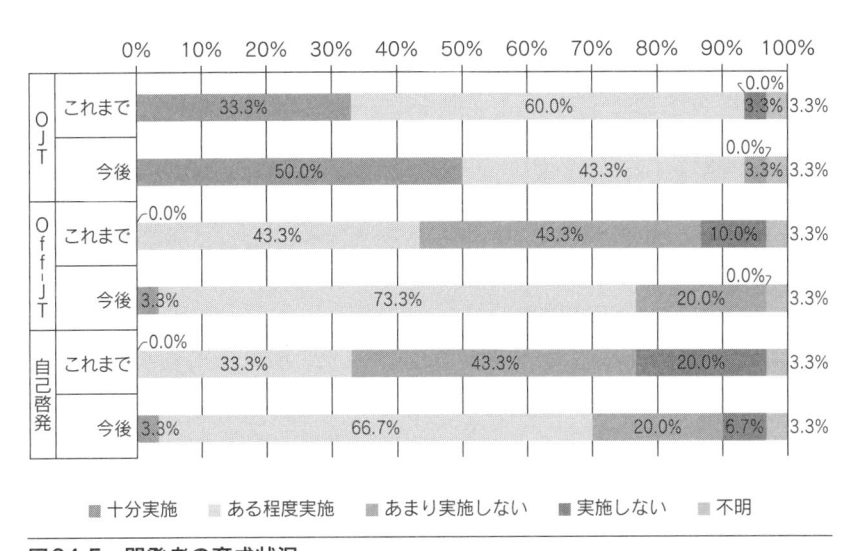

		十分実施	ある程度実施	あまり実施しない	実施しない	不明
OJT	これまで		33.3%	60.0%	0.0% / 3.3%	3.3%
OJT	今後		50.0%	43.3%	0.0% / 3.3%	3.3%
Off-JT	これまで	0.0%	43.3%	43.3%	10.0%	3.3%
Off-JT	今後	3.3%	73.3%	20.0%	0.0%	3.3%
自己啓発	これまで	0.0%	33.3%	43.3%	20.0%	3.3%
自己啓発	今後	3.3%	66.7%	20.0%	6.7%	3.3%

図24.5　開発者の育成状況

OJTは、これまで93.3%（「十分実施」＋「ある程度実施」）であったのに対して、今後も93.3%実施される予定であり、重視されていることがわかります。Off-JTは、これまで43.3%であったのに対して、今後は76.6%にまで拡大されています。自己啓発（キャリア形成支援）は、これまでは33.3%であったのに対して、70.0%に拡大

第24章　ゲーム開発者のキャリア形成

されていく見込みとなっています。

このように、ゲーム産業ではOJTを中心としつつも、Off-JTや自己啓発（キャリア形成支援）による多様な人材育成が行われていくことが示されています。

ゲーム産業を取り巻く経営環境の急激な変化を背景として、正社員を中心とした雇用システムだけでは、人的資源の効率的な活用は不可能です。また、経営戦略に基づき、人材の能力を最大限に活用するために、**戦略的人材マネジメント**（Strategic Human Resource Management、SHRM）が求められています。そこで、戦略的人材マネジメントを行う上で、人材ポートフォリオは重要な考え方の1つとなってきています。一般に、ポートフォリオとは、金融資産などの組み合わせを意味し、その最適な組み合わせの選択が問題となります。**人材ポートフォリオ**とは、内田（2006）によれば、この発想を人材マネジメントに適用し、人材を「類型化してバランスよく管理していく」手法です[9]。

波田野・守島・鳥取部（2000）にならって、運用VS創造、個人成果VS組織成果という2軸から、開発者の役割について尋ねた結果をまとめたものが図24.6です[10]。特に「契約社員」に期待される役割は多岐にわたっていますが、「個人成果に責任を持つ」ことが最も多くなっています（66.7%）。したがって、契約社員は、個人の持つ才能を十分に発揮することが期待されています。また、「派遣社員」と「アルバイト」は、「運用的な業務遂行」としての役割が期待されています（それぞれ40.0%、43.3%）。

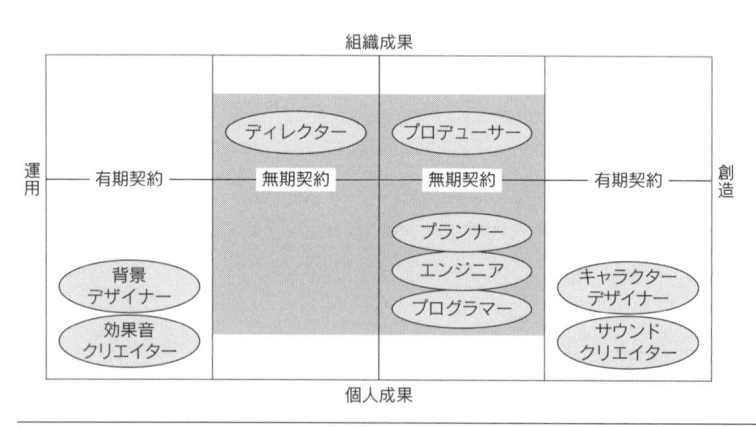

図24.6　ゲーム産業における人材ポートフォリオ

波田野・守島・鳥取部（2000）、p.29のモデルをもとに筆者作成

また、開発者の活用に対する考え方を職種別に見ると、「ノウハウ蓄積・長期雇用型」として活用されている職種は、「プロデューサー」(80.0%)、「ディレクター」(76.7%)、「プログラマー」(66.7%)、「ネットワークエンジニア」(70.0%)、「プランナー」(73.3%)であり、リーダーシップやマネジメント、高度な専門性が求められる職種が目立っています。一方で、「才能重視・短期雇用型」として活用されている職種は、「キャラクターデザイナー」(23.4%)、「背景デザイナー」(23.4%)、「効果音クリエイター」(23.4%)、「サウンドクリエイター」(20.0%)であり、グラフィックスやサウンドなどのアート領域、個人の才能に依存する職種が該当しています。

ゲーム開発者の評価・処遇

開発者に対してインターネット調査(N=477)を実施した藤原(2010)をもとに、開発者の評価・処遇の現状を見てみましょう[11]。

開発者の基本給は、「年俸制」(50.5%)が最も多くなっています。「職務給・役割給」(32.5%)が導入されつつも、「能力給」(32.3%)や「定期昇給」(26.6%)といった年功的な運用も並行して行われています。したがって、日本のゲーム産業は、年俸制による成果主義制度を導入しつつも、能力主義と職務主義の折衷・混合型の人事管理制度となっていることが指摘できます。

賞与・一時金は、「企業業績に連動した賞与・一時金」(25.6%)が最も多くなっており、いわゆるボーナスが支給されています。しかし、個人業績や開発チーム、開発タイトルに応じた賞与・一時金は、あまり支給されていない状況となっています(それぞれ10.7%、9.0%、13.2%)。

諸手当は、「通勤手当」(71.1%)は支給されていますが、「時間外手当」は36.5%の支給に留まっています。

開発者の「平均年齢」は33.79歳(SD=6.52)、「平均年収」は5,184,995円(SD=2,817,970)、「平均勤続年数」は6.59年(SD=5.70)となっています。

平均年齢は、階層別では30代が最も多く、52.6%に達しています。

年収の最小値は1,000,000円、最大値は30,000,000円、中央値は4,800,000となっています。国税庁長官官房企画課(2009)によると、平均年収は4,296,000円(平均年齢44.4歳、平均勤続年数11.5年)となっており、一般的な水準と比べると、ゲーム産業の平均年収(5,184,995円)は約89万円高く、平均年齢(33.79歳)は約11年若く、平均勤続年数(6.59年)は約5年短くなっています[12]。

第24章　ゲーム開発者のキャリア形成

平均年収をクロス集計によって見てみましょう（表24.5）。

表24.5　開発者の年収

		現在の年収		
		度数	平均値	標準偏差
年齢	20代	134	3,350,575	1,046,575
	30代	251	5,152,578	1,864,308
	40代	84	7,786,145	4,178,993
	50代	8	9,475,000	4,620,374
勤続年数	5年以下	282	4,326,455	2,310,105
	6〜10年	107	5,686,775	2,495,036
	11〜15年	52	6,843,654	3,720,327
	16〜20年	36	7,903,745	2,732,180
現在の職種	プロデューサー	53	6,925,000	3,558,799
	ディレクター	43	5,636,279	1,977,377
	プログラマー	131	4,641,390	1,796,069
	グラフィッカー	103	4,238,588	1,699,936
	プランナー	55	4,096,340	1,341,286
	サウンド	16	5,590,625	2,257,005
	デバッガー	6	2,583,333	664,580
	ネットワークエンジニア	8	5,225,000	2,034,523
	その他	62	7,186,230	4,758,974

　平均年収を年齢別に見ると、「20代」は3,350,575円、「30代」は5,152,578円、「40代」は7,786,145円、「50代」は9,475,000円となっており、年齢が上がるとともに平均年収が上昇する、年功賃金体系が示唆されます。20代と30代との平均年収の差は約180万円、40代と50代との平均年収の差は約169万円ですが、30代と40代との平均年収の差は約263万円となっており、賃金カーブの勾配がきわめて高くなっています。

　平均年収を勤続年数別に見ると、「5年以下」は4,326,455円、「6〜10年」は5,686,775円、「11〜15年」は6,843,654円、「16〜20年」は7,903,745円となっており、やはり勤続年数が長くなるほど平均年収が上昇しています。しかし、年齢別の平均年収と比べると賃金カーブの勾配はそれほど高くありません。

職種別に見ると、「プロデューサー」が最も高く6,925,000円、続いて「ディレクター」が5,636,279円、「サウンド」が5,590,625円、「ネットワークエンジニア」が5,225,000円、「プログラマー」が4,641,390円、「グラフィッカー」が4,238,588円、「プランナー」が4,096,340円、「デバッガー」が2,583,333円となっています。「その他」が高い数値（7,186,230円）を示しているのは、役員や経営者がここに多く含まれているからです。

24.3 ゲーム開発者のキャリア発達

ゲーム開発者の外的キャリア

　ゲーム開発者の外的キャリア（客観的キャリア）はどのように形成されているのでしょうか。藤原（2009）が行ったプロデューサー（N=14）に対するインタビュー調査から、考察してみましょう[13]。

　プロデューサーのキャリアパスを職種の観点から見ると、①プログラマー、グラフィッカー、プランナーという開発職経由のキャリアパスと、②営業職経由のキャリアパスという、2つのキャリアパスが存在します。

　まず、開発職経由のキャリアパスを見ると、プログラマー、グラフィッカー、プランナーという専門職として初期キャリアを形成した後、ディレクターを経て、プロデューサーに到達している点が特徴的です。また、学校卒業後にゲーム産業に参入し、その後もゲーム産業に属していることから、企業組織内部においてプロデューサー育成が行われていることが示唆されます。

　開発職経由のプロデューサーは、すべての者がゲーム開発の周辺から中核にまで携わった経験を持っており、ゲーム開発の過程を理解しています。ゲーム開発の現場を理解していることは、特に現場の状況を把握してスケジュールを管理するなど、プロジェクト全体を統括していく上で重要です。

　さらに、ディレクター経験者は、俯瞰的立場から現場を指揮する経験を有するため、ゲーム開発者のそれぞれの役割をより深く理解した上で、プロジェクト全体を統括することができます。

　次に、営業職経由のキャリアパスを見ると、営業職として初期キャリアを形成した後、ディレクターを経ずにプロデューサーに到達しています。営業職経由のプロデュ

ーサーは、自らがゲーム開発の中核的な経験を持ちませんが、営業職として、プロデューサーに必要とされるコミュニケーション能力や管理的な能力を獲得しています。そのため、ゲーム開発の経験を持たなくても、円滑な人間関係を構築しながら、現場で自らの役割を果たし、プロデューサーを担っています。

上記を要約し、開発者のキャリアパターンを抽出すると、ゲーム産業に参入後、プログラマー、グラフィッカー、プランナー、営業として初期キャリア（平均8.36年）を形成し、ディレクター（平均2.57年）を経て、プロデューサーに到達しています（図24.7）。そして、初職からプロデューサーへの到達年数は、早い者で7年、遅い者で13年ですが、平均では10.29年となっています。つまり、プロデューサーになるまでには約10年の期間を要するのです。

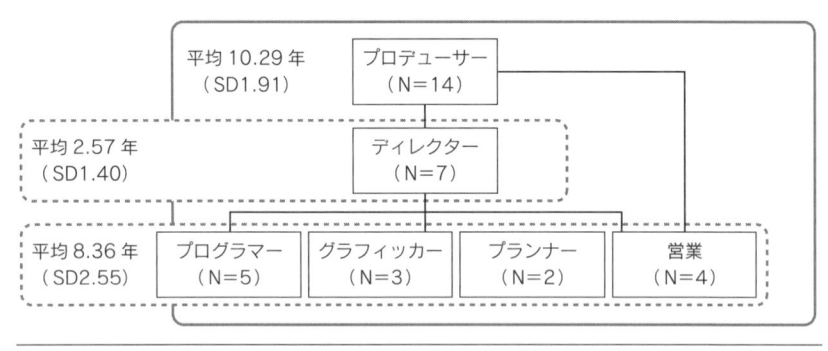

```
平均10.29年         プロデューサー
（SD1.91）          （N=14）

平均2.57年          ディレクター
（SD1.40）          （N=7）

平均8.36年   プログラマー  グラフィッカー  プランナー   営業
（SD2.55）   （N=5）       （N=3）        （N=2）     （N=4）
```

図24.7　開発者のキャリアパターン

ゲーム開発者の内的キャリア

ゲーム開発者の内的キャリア（主観的キャリア）はどのように醸成されているのでしょうか。

現役開発者のゲーム産業への関心醸成の時期は、初等中等教育、高等教育、初期キャリアの3つに整理できます。初等中等教育の時期にゲーム産業への関心が芽生えた者は、少年時代にパソコンに興味を抱き、自らプログラムを勉強してゲームを作り、パソコン少年からゲームプログラマーへの転身を図る者と、自らがプレイヤーからゲーム開発者への転身を図る者の2類型が見られ、いずれもゲームが日常生活に埋め込まれていることが参入の大きな動機づけとなっています。

そして、キャリア初期にゲーム産業への関心が芽生えた者は、元来、ゲーム産業

には興味がなかったものの、自らゲームビジネスの構造について調べたり、ゲーム関係者と情報交換することによって、ゲーム産業への関心が高まり、転職行動へと至っています。

　回顧的に意味づけられたキャリアの節目は、内的要因と外的要因に分類できます。

　まず、内的要因としては、転職と退職が挙げられ、いずれも主体的な選択であることが語られています。これらは否定的な意味ではなく、立ち止まって、自らのキャリアを振り返り、葛藤や探索をしながら将来を展望しているという意味で、肯定的な行動として捉えられます。

　次に、外的要因を見てみると、人事異動が最も多い結果となっています。いずれの者も人事異動という転機に差し掛かったときは心理的葛藤を抱えながらも、それを役割の変化として肯定的に捉えています。

　Schein（1990）は、**キャリアアンカー**（どうしても犠牲にしたくない、またほんとうの自己を象徴する、コンピタンス［有能さや成果を生み出す能力］や動機、価値観について、自分が認識していることが複合的に組み合わさったもの）という概念を提唱し、8つのカテゴリーを提示しています[14]。それらは、専門・職能別コンピタンス、全般管理コンピタンス、自律・独立、保障・安定、起業家的創造性、奉仕・社会貢献、純粋な挑戦、そして生活様式です。

　本稿ではSchein（1990）の「キャリア指向（志向）質問票」を用いて、11名のプロデューサーのキャリアアンカーを分析した結果、上記のカテゴリーのうち、起業家的創造性が最も多いカテゴリーとなりました。このカテゴリーの特徴は、「人生の早い時期からがむしゃらにこの夢を追いかけている」という点であり、ゲーム産業への関心醸成が初等中等教育期に行われており、その後もゲーム産業への強い関心を示していることと符合します。彼らは、ゲームというエンターテインメントの創造を通じた自己実現欲求が根底にあるものと思われます。

ゲーム開発者のキャリア発達プロセス

　図24.8は、開発者がプロデューサーに至るまでのキャリア発達プロセスを示したものです。開発者は、ゲーム産業への高い関心が醸成されることにより当該産業に参入しています。成長を促す経験やキャリアの節目において、状況的学習や省察的学習が行われることによって、キャリア志向が成熟していきます。開発者の成長

第24章 ゲーム開発者のキャリア形成

を促す経験は、仕事上の課題、人脈、修羅場、日常生活の中に埋め込まれています。経験から学習する姿勢が求められていると言えるでしょう。また、学校教育で獲得された知識は、ゲーム開発の現場で活かされており、知識と経験の融合が重要であることが示唆されます。

先述したとおり、プロデューサー役割を獲得するまでには初職から約10年を要します。この間に、あらゆる知識を獲得し、成長を促す経験を積み重ねていくことが必要です。

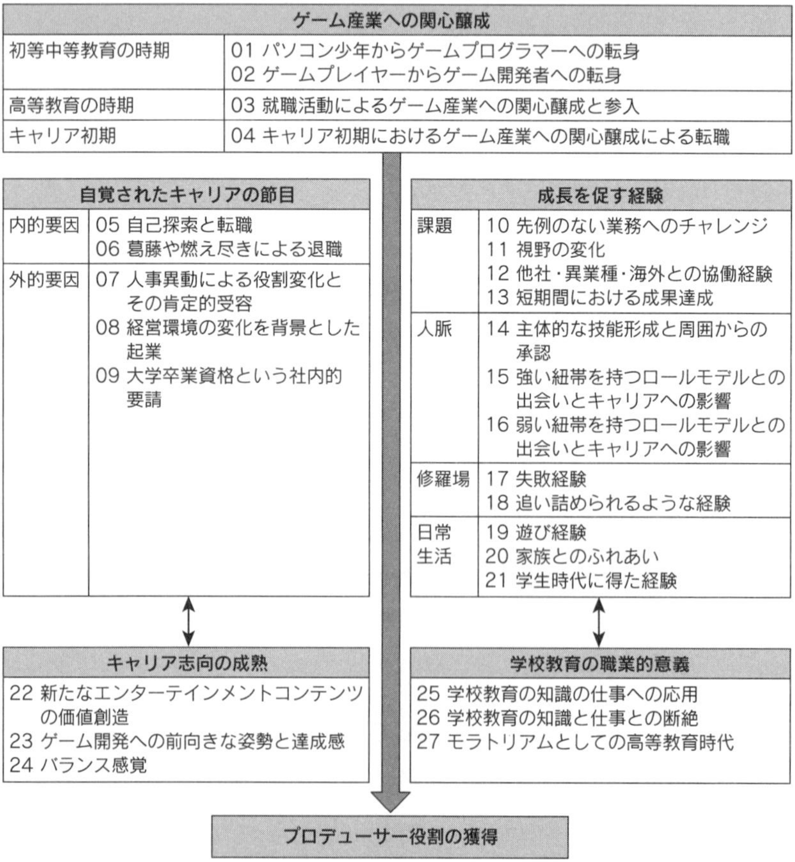

ゲーム産業への関心醸成	
初等中等教育の時期	01 パソコン少年からゲームプログラマーへの転身 02 ゲームプレイヤーからゲーム開発者への転身
高等教育の時期	03 就職活動によるゲーム産業への関心醸成と参入
キャリア初期	04 キャリア初期におけるゲーム産業への関心醸成による転職

自覚されたキャリアの節目			成長を促す経験	
内的要因	05 自己探索と転職 06 葛藤や燃え尽きによる退職		課題	10 先例のない業務へのチャレンジ 11 視野の変化 12 他社・異業種・海外との協働経験 13 短期間における成果達成
外的要因	07 人事異動による役割変化とその肯定的受容 08 経営環境の変化を背景とした起業 09 大学卒業資格という社内的要請		人脈	14 主体的な技能形成と周囲からの承認 15 強い紐帯を持つロールモデルとの出会いとキャリアへの影響 16 弱い紐帯を持つロールモデルとの出会いとキャリアへの影響
			修羅場	17 失敗経験 18 追い詰められるような経験
			日常生活	19 遊び経験 20 家族とのふれあい 21 学生時代に得た経験

キャリア志向の成熟	学校教育の職業的意義
22 新たなエンターテインメントコンテンツの価値創造 23 ゲーム開発への前向きな姿勢と達成感 24 バランス感覚	25 学校教育の知識の仕事への応用 26 学校教育の知識と仕事との断絶 27 モラトリアムとしての高等教育時代

↓

プロデューサー役割の獲得

図24.8 開発者のキャリア発達プロセス

24.4
ゲーム開発者のキャリア形成の展望

ゲーム業界団体におけるキャリア支援

　社団法人コンピュータエンターテインメント協会では、ゲーム業界の産業構造・産業規模や統計資料を交え、ゲームソフトやゲーム業界で働くことについて説明し、東京ゲームショウの紹介ビデオを上映して、ゲーム業界団体の事業について紹介を行っています。市場規模などを問う小テストを行い、小テスト終了後には丁寧な解説が行われ、ゲーム産業の理解が深まるプログラムとなっています。

　上記の「ゲーム業界学習講座」の参加者の概要は、中学3年生が最も多く（195名）、次いで中学2年生（95名）、高校2年生（91名）となっています（2008年度）。男女別では男子が300名、女子が54名となっており、圧倒的に男子学生の参加者が多くなっています。教員の参加は9名と少ないのですが、進路指導を担当する教員が本講座に参加していることは、ゲーム産業への進路を希望する学生にとっては重要です。なぜならば、高校生の進路相談相手で最も多いのが、高校の先生だからです（図24.9）[15]。高校生の進路相談相手となる高校の先生や父母などのステークホルダー（利害関係者）にも、ゲーム産業を正しく理解してもらう必要があります。

　都道府県別参加者を見ると、徳島県（47名）が最も多くなっています。次いで、神奈川県（40名）、茨城県（36名）、宮城県（33名）、新潟県（33名）、愛知県（30名）となっています。これらの県からの参加者が多い理由は、修学旅行などで都外から来訪する学生が多いためです。

　社団法人コンピュータエンターテインメント協会では、ゲーム業界学習講座の他に、ゲームに対する理解を深めてもらうために、「ゲーム研究者インタビュー」と「テレビゲームのちょっといいおはなし」を作成しています。

　ゲーム研究者インタビューは、有識者からのゲームに関するインタビューを行っており、テレビゲームのちょっといいおはなしは、企業の社会的責任（Corporate Social Responsibility、CSR）活動など、ゲームやゲーム産業の正の側面を照らし出している小冊子です。この小冊子は、東京ゲームショウや各種イベントなどで配付されており、毎年10万部ほど発行されています。

第24章　ゲーム開発者のキャリア形成

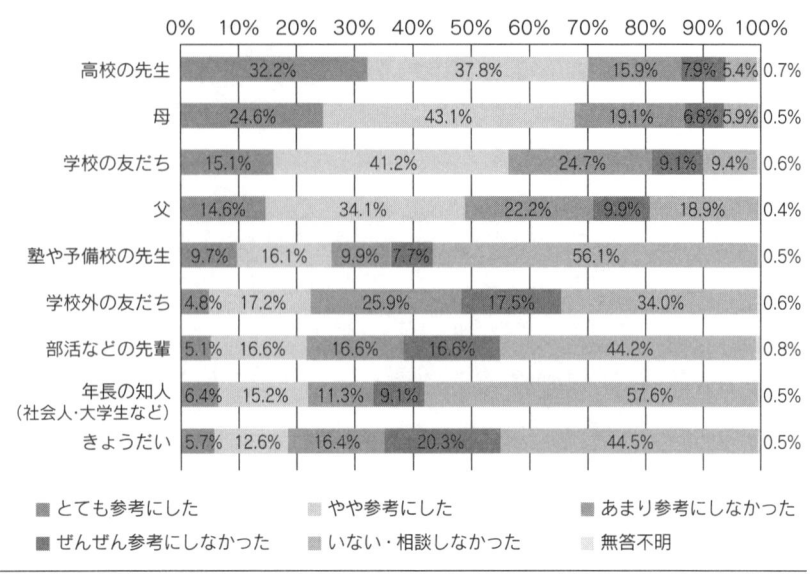

	0%	10%	20%	30%	40%	50%	60%	70%	80%	90%	100%

高校の先生　32.2%　37.8%　15.9%　7.9%　5.4%　0.7%
母　24.6%　43.1%　19.1%　6.6%　5.9%　0.5%
学校の友だち　15.1%　41.2%　24.7%　9.1%　9.4%　0.6%
父　14.6%　34.1%　22.2%　9.9%　18.9%　0.4%
塾や予備校の先生　9.7%　16.1%　9.9%　7.7%　56.1%　0.5%
学校外の友だち　4.8%　17.2%　25.9%　17.5%　34.0%　0.6%
部活などの先輩　5.1%　16.6%　16.6%　16.6%　44.2%　0.8%
年長の知人（社会人・大学生など）　6.4%　15.2%　11.3%　9.1%　57.6%　0.5%
きょうだい　5.7%　12.6%　16.4%　20.3%　44.5%　0.5%

■ とても参考にした　　　やや参考にした　　　■ あまり参考にしなかった
■ ぜんぜん参考にしなかった　　いない・相談しなかった　　無答不明

図24.9　高校生が意見を参考にした相談相手　　Benesse教育研究開発センター（2005）

産学官連携によるキャリア支援

　2006年5月24日、福岡の次代を担う産業としてゲーム産業を振興し、福岡をゲーム産業の集積地とすること、ひいてはゲームおよびデジタルコンテンツ産業の世界的開発拠点とすることを目的として、福岡ゲーム産業振興機構が設立されました。

　福岡ゲーム産業振興機構では、人材育成事業の1つとして、2006年7月より毎年2回、FUKUOKAゲームインターンシップを実施しています。このインターンシップは、ゲームクリエイターを目指す大学生、専門学校生、一般アマチュアを対象として、福岡のゲーム企業と実際の仕事を学び、今後の進路選択に役立てることを目的としています。インターンシッププログラムは、①デザイナーコース、②プログラマーコース、③プランナーコース、④デバッグプレイヤーコースの4つのコースがあり、約1ヶ月間実施されています。応募者数は増加傾向にあり、福岡県外のみならず、海外からの応募者も含まれており、約2〜6倍の競争率となっています。このインターンシップによって、インターン先のゲーム会社に就職をしている学生も輩出されています。

　また、2009年度、福岡市は九州大学に委託して、「シリアスゲーム産業育成事業」

を始動させています。この事業は、産学官の連携スキームを活用して、シリアスゲームを開発し、完成作品を広く提供することにより、福岡発シリアスゲーム産業の育成と、当該事業者にシリアスゲームに関するノウハウの蓄積を行い、事業終了後の自立につなげることを目的としています。シリアスゲームの産業化を通じて、ゲーム産業の振興を図るだけではなく、シリアスゲーム開発者の育成にも寄与しています。

ゲーム会社によるキャリア支援

　株式会社ソニー・コンピュータエンタテインメントでは、1998年より小学生・中学生・高校生を対象に会社訪問の受け入れを行っています。訪問を希望する生徒から特に質問の多い項目は、「会社の成り立ち」「ゲームソフトを発売するまでの流れ」「制作者の想い」「さまざまな仕事の紹介」です。これらを中心に学校ごとの希望に沿って、映像を交えて説明しています。会社訪問を通して、将来の進路選択だけでなく、働く中での「生きること」を考え、「今やるべきこと」を自ら発見する機会として役立ててもらうことを目的としています。2008年度には56校312名の生徒を受け入れました。

　また、社会貢献活動の一環として「キャリア教育支援プログラム～ゲームでつながる授業と仕事～」を実施しています。2006年よりNPO法人企業教育研究会と共同してゲームを題材にした授業を開発し、全国の小・中・高校にて無償で訪問授業を行っています。この活動を通して、テレビゲームコンテンツ産業について認識を持ってもらうだけでなく、青少年の健全育成にも貢献しています。

　学生に一番人気があるプログラムは、「ゲーム会社で働く人たち」です。その他に、数学や物理、算数、著作権、メディアリテラシー、ゲーム産業、ゲームシナリオなどに関するプログラムが用意されています(表24.6)。

第24章 ゲーム開発者のキャリア形成

表24.6 ソニー・コンピュータエンタテインメントのキャリア教育支援プログラム

プログラム	対象	科目
①ゲーム会社で働く人たち	小学校高学年〜中学生	キャリア教育
②ゲーム制作と数学の意外な関係	中学生	キャリア教育・数学
③ゲーム制作と物理の意外な関係	中学生〜高校生	キャリア教育・理科
④ロコロコで学ぶ分数	小学生	算数
⑤ゲームで学ぶ著作権	小学校4年生〜6年生	社会科
⑥ゲームとの付きあい方を考えよう	小学校高学年〜中学生	メディアリテラシー
⑦世界に広まる日本のゲーム産業	小学校高学年以上	社会科
⑧ゲームのシナリオを作ろう	中学生	総合学習
⑨つるかめ算の教材	小学生	算数

「ゲーム会社で働く人たち」の授業内容は以下のとおりです。

対象は、小学校高学年〜中学生で、1コマ40〜50分となっています。授業の目標は、①ゲーム会社にはゲームを作る仕事以外にもさまざまな仕事があることを知る、②ゲーム会社で働く人たちを例に「幅広い職業観」を養うことです。ゲーム開発だけがゲームの仕事ではないということを理解してもらうようなプログラムになっています。

展開計画は、①ゲーム会社にはどんな仕事があるか考える、②1つのゲームソフトにどんな仕事が関わっているか考える、③クイズ「私の仕事はなんでしょう」、④クイズの正解と解説、⑤「メッセージを聞こう」という流れになっています。ビデオ映像教材を使うことで、効率のよい授業運営と、効果的な授業内容を展開しています。

このように、ゲーム業界団体、産学官連携組織、ゲーム会社において、ゲーム開発者を目指す学生に対してキャリア支援が行われています。次代を担うゲーム開発者を目指す学生の方々は、上記のキャリア支援プログラムに参加して、ゲーム産業をより深く学んでみてはいかがでしょうか。

24.5 参考文献

[1] Benesse教育研究開発センター, "第1回子ども生活実態基本調査報告書", 2004

[2] Ernest Adams, *Break into the Game Industry: How to Get A Job Making Video Games*, McGraw-Hill/Osborne, 2003

[3] Marc Mencher, *Get in the Game! CAREERS IN THE GAME INDUSTRY*, New Riders, 2003

[4] エンタテインメント業界リサーチ編, 『エンタテインメント業界就職〈2005年版6〉ゲーム』, DAI-X出版, 2003

[5] 本田由紀, 『多元化する「能力」と日本社会：ハイパー・メリトクラシー化のなかで』, NTT出版, 2005

[6] 社団法人コンピュータエンターテインメント協会, "ゲーム産業における新卒開発者人材事業報告書", 2008

[7] 金井壽宏, 『働くひとのためのキャリア・デザイン』, PHP研究所, p.192, 2002

[8] 藤原正仁, "我が国のゲーム開発会社の人材マネジメント", 『ゲーム産業における開発者人材育成事業報告書』, 社団法人コンピュータエンターテインメント協会, pp.45〜80, 2007

[9] 内田康彦, "何を企業の中に残すべきか？", 大久保幸夫編著・リクルートワークス研究所協力『正社員時代の終焉：多様な働き手のマネジメント手法を求めて』, 日経BP, pp.71〜103, 2006

[10] 波田野匡章, 守島基博, 鳥取部真己, "戦略的HRMを生み出す「人材ポートフォリオ」", 『Works』No.40, pp.2〜29, リクルートワークス研究所, 2000

[11] 藤原正仁, "ゲーム開発者の就労意識とキャリア形成の課題", 『デジタルコンテンツ制作の先端技術応用に関する調査研究報告書』, 財団法人デジタルコンテンツ協会, 2010

[12] 国税庁長官官房企画課, "平成20年分 民間給与実態統計調査－調査結果報告－", 2009

[13] 藤原正仁, "ゲーム産業におけるプロデューサーのキャリア発達", 『キャリアデザイン研究』, Vol.5, 日本キャリアデザイン学会, pp.5〜21, 2009
[14] Schein, E. H., *Career Anchors: Discovering Your Real Values*, Jossey-Bass, John Wiley & Sons, 1990（金井壽宏訳,『キャリア・アンカー：自分の本当の価値を発見しよう』, 白桃書房, 2003）
[15] Benesse教育研究開発センター, "平成17年度経済産業省委託調査 進路選択に関する振返り調査：大学生を対象として", 2005

あとがき

　まず、この本を制作するにあたり財団法人デジタルコンテンツ協会の須藤智明氏、IGDA日本の新清士氏、三宅陽一郎氏、そして、ソフトバンク クリエイティブの品田洋介氏に多大なご助力をいただきました。ここにお礼を申し上げさせていただきます。

　この本は、デジタルゲームに関わるさまざまなムーブメントをひとつにまとめたものです。いまや単なるソフトパッケージ販売のレベルを超え、世界中で流通する文化的なコンテンツとしての側面も多分に含まれるようになったゲーム産業ですが、このムーブメントを横断的に理解するのはなかなか難しいのが現状です。それらをなんとか包括することができないか、と思い、各ジャンルの代表的な方々にご助力を仰ぎ、ここにまとめることができました。

　お断りをしておきますが、この本はあくまでも「教養書」であり、実践的なゲーム開発に直接役に立つリファレンスガイドではありません。ですが、ゲーム開発、あるいはゲームの販売に関わるありとあらゆる人々に一読していただきたい情報を盛り込んであります。本書を読むことで、ここ数年のゲーム市場動向をはじめとし、2009年から急速に普及を始めたiPhone、ソーシャルゲームをはじめ、ARG、シリアスゲーム、e-sportsなど、ゲーム開発者として知っておきたい情報を手に入れることができるのです。また、直接開発職に携わっていない人でも、これらの情報を知識として押さえておくことは、必ず役に立つことでしょう。

　第1部の「ゲーム産業の基本構造」では、ゲーム開発者をはじめ、ゲーム産業に携わる方が「自分たちのサラリーはどういう形で生み出されているのか」を意外と知らないのではないか、ということで、コンテンツ産業の経済学に明るい小山先生にご執筆をお願いしました。

　第2部の「世界のゲームシーン」では、日本の市場動向をフリーライターの池谷氏、アジア諸国の市場動向を立命館大学の中村先生、北米の市場動向を株式会社カイオスの記野氏と、それぞれの事情に詳しいお三方に詳細なデータを交えて解説していただきました。

　そして、第3部では、「ゲーム業界のトレンドシーン」と銘打って、ここ10年ほど、日本をはじめ、世界中のゲームトレンドを網羅しました。現在、IGDA(国際ゲーム開発者協会)日本では、毎月SIG(研究会)によるセミナーが行われているのをはじめ、

あとがき

　DigraJ（日本デジタルゲーム学会）においても、さまざまな公開講座が行われ、ゲーム開発者、あるいはゲーム業界志望者が多く参加しています。しかし、ほとんどのセミナーは、都内近郊で開催されるため、それ以外のエリアからの持続的な参加は難しいものがあります。そこで、CEDECや、IGDA日本をはじめ、さまざまな場所での講演や執筆を行っている、いわばそのトレンドのオーソリティの皆さんにそれぞれのトレンドについて執筆していただきました。

　本書は、すべてを一気にまとめて読むのもいいですし、個別の事例についての参考文献として使っていただくことも想定されています。また、第4部「ゲーム開発の技術と人材」に含まれるAIやプロシージャル、ミドルウェアのように、複数の章が密接に関連しているものもあります。

　各章を読み解いていくごとに、皆さんの頭の中にはさまざまなアプローチが思い浮かんでいくことでしょう。この「ゲームの教科書」が、日本の優れたゲームコンテンツ産業に携わる皆さんの一助となれば幸いです。

『デジタルゲームの教科書 知っておくべきゲーム業界最新トレンド』スーパーバイザー：**松井 悠**
（株式会社グルーブシンク 代表取締役・IGDA日本デジタルゲーム競技研究会世話人）

索引

数字, 記号

1枚絵	313
3スクリーン構想	189
α版	29
β版	29

A

A*探索法	454
A.I.	343
Admob	390
Adobe Flash	187
Age of Empire	402
Age of Empire II	217
AI	432
囲碁・将棋	450
会話	417
AlphaWolf	446
America's Army	232, 235
Android	178
AOI	131
App Store	178
ARCS	17
ARG	342
構造	350
人材	364
タイプ	347
ビジネスモデル	362
プレイヤーレベル	353
プレイヤーロール	355
要素	344
ARPG	51
Atari VCS	24, 38
au one GREE	166

B

Bink Video	389
Bioshock	212
Bonanza	451
bps	121
BYOC	250

C

C4アーキテクチャ	446
Call of Duty4	211
CERO	29
City Engine	408
CLANNAD	315
CLOUDIA	390
CoD: Modern Warfare 2	211
CRI ADX	389
CRI Sofdec	389

D

DAG	440
Damian Isla	447
Darwinia	422
DLA	411
DLC	120
DOOM	126, 142
Duncan	446
Dunia Engine	406

E

EE	44
EFIGS	195
Emotion Engine	44
Empire Earth	401
ESCO	484
e-sports	115, 249
コミュニティ	260
ビジネス	256
ESRB	200
euphoria	385, 420
EVE Online	123, 411

索引

F

Façade	419
Facebook	162
収益パターン	171
Facebook Platform	163
Facegen	378
Fallout 3	210
Flash	187, 381
Food Force	237
FPS	90
ネットワーク化	126
FSM	440
Fun	215
Future Player	361

G

Game Room	114
GameCube	44
Gears of War 2	213
GENESIS	42
GOAP	461
Graphic Synthesizer	44
GREE	166
GS	44

H

Halo Wars	402
Havok AI	387
Havok Behavior	383
Havok Destruction	380
HD（High Definition）	194
Hearts of Iron	217
HFSM	441
HLTV	263
HopeLab	242
HumanIK	386

I

IK（インバース・キネマティクス）	386
iPad	335
iPhone	178
ミドルウェア	389

J

Jeff Orikin	447
JRPG	52, 92
JSCO	484

L

LANパーティー	250
Leaf	313

M

MDAフレームワーク	331
Mega Wars	125
MELTY BLOOD	304
Microsoft Surface	335
mixi	166
mixiアプリ	166
MMOG	120
MMORPG	221
MOD	101
MOFPS	113
MOG	120
morpheme	383, 420
ms（millisecond）	122
MySpace	163

N

NEAT	444
NERO	444
NES	38
NetEase	109
NINTENDO64	43
NScripter	313, 316
NTSC/UC	194

O

Offensive	215
Off-JT	493
OJT	493
Open Screen Project	189
OpenFeint	390

510

P

P2P	101
PAL	194
PASELI	285
PC/AT互換機	140
PC9801シリーズ	141
PCG	421
PCエンジン	41
Pd	416
PlayStation	43
PlayStation 2	44
北米市場	80
PlayStation 3	45
北米市場	80
PlayStation ポータブル	46
北米市場	86
Project Ten Dollar	97
Pure Data	416

Q, R

Quake	126
Real-time Motion Retargeting	420
RJP	491
RPG	51
RTS	49
地形自動生成	400
RYOMA the secret story	361

S

Scaleform GFx	381
Scrabulous	164
Scripter3	317
Serious Games Institute	242
SG-1000	40
SimCity	408
SNES	42
SNS	162
Social Gaming	162
SpeedTree	379
Spore	416, 420
SRPG	54
SS	317

Steam	149

T

The Beast	343, 357
The Lost Ring	359
The Sims	413, 448
TINAG	346
To Heart	313
Tom Edwards	215
Torque	389
TPS	90
TRPG	48, 328
TYPE-MOON	304

U

UFOキャッチャー	275
UGC	421
Ultima	51
Ultima Online	127
Unity	389

V

VIPPERのあんたがたに挑戦します	358
Virtual U	232, 236

W

Wi-Fi	124
Wii	45
北米市場	83
Windows Phone	179
Wizardry	51
Wolfenstein 3D	142
World Champion Club Football	270
World of Warcraft	110, 148, 221

X, Z

Xbox	44
Xbox 360	45
北米市場	78
Zynga	164

索引

あ

アーケードゲーム
　市場概況 ………………………… 280
　ジャンル ………………………… 268
　歴史 ……………………………… 272
アイテム課金 ……………… 111, 152
　ソーシャルゲーム ……………… 173
　特性 ……………………………… 154
アウトラン ………………………… 273
アクションRPG …………………… 52
アクションゲーム ………………… 54
アクティブプレイヤー …………… 354
アゴーン …………………………… 331
アジャイルモデル ………………… 297
アストロノーカ …………………… 442
アタリショック …………………… 24
アドベンチャーゲーム …………… 49
アトラクター ……………………… 404
アナログゲーム …………………… 322
アバターアイテム ………………… 158
アフォーダンス …………………… 458
アフターバーナー ………………… 273
アプリ内課金 ……………………… 183
アフレコ …………………………… 198
アレア ……………………………… 331
アレックス・ランドルフ ………… 324

い

池田康隆 …………………………… 324
イシイジロウ ……………………… 315
委託 ………………………………… 27
委託販売 …………………………… 17
委託販売ショップ ………………… 305
遺伝的アルゴリズム ……………… 442
イリンクス ………………………… 331
インディーズゲーム ……………… 290
インバース・キネマティクス …… 386
インフォメーションスペシャリスト … 355

う

ウェイポイント …………………… 454
ウォーターフォールモデル ……… 296

ヴォルフガング・クラマー ……… 324
動き補完 …………………………… 132

え

影響マップ ………………………… 404
エージェント ……………… 445, 467
エクサゲーム ……………………… 231
エクサテインメント ……………… 231
エフェクター ……………………… 446
エリアオブインタレスト ………… 131
エリア分割 ………………………… 402
エレメカ …………………………… 47, 55

お

オーダー＆スタイル ……………… 457
オーディエンス …………………… 355
遅れてきた不況 …………………… 76
オシャレ魔女 ラブandベリー …… 271
オデッセイ ………………………… 38
弟切草 ……………………………… 312
オペレーター ……………………… 276
音楽, 自動生成 …………………… 416
音楽ゲーム ………………………… 91
音声収録 …………………………… 198
オントロジー ……………………… 419
オンラインゲーム ………………… 120
　韓国 ……………………………… 145
　市場 ……………………………… 103
　ローカライズ …………………… 219
オンライン流通 …………………… 149

か

カードゲーム ……………… 270, 322
階層型FSM ………………………… 441
階層型プランニング ……………… 462
海賊版 ……………………………… 100
開発機材費 ………………………… 31
開発費 ……………………… 30, 34
課金アイテム ……………………… 156
拡散律速凝集 ……………………… 411
学習曲線 …………………………… 331
格闘超人 …………………………… 216

512

掛率 ………………………………… 305
貸し倒れリスク …………………… 16
カジュアルプレイヤー …………… 354
カスタマイズ ……………………… 200
片岡とも …………………………… 317
可能性空間 …………………… 320, 331
かまいたちの夜 …………………… 312
カルチャライズ ……………… 202, 219
枯れた技術の水平思考 …………… 44
川崎晋 ……………………………… 324
韓国
　オンラインゲーム ……………… 145
　ゲームシーン …………………… 104
ガンシューティング ……………… 90
関心領域 …………………………… 132

き

企画書 ……………………………… 28
痕（きずあと） …………………… 313
基本プレイ料金無料 ……………… 153
キャラクターインタラクター …… 355
キャラクターカードゲーム ……… 329
キャリアアンカー ………………… 499
キャリア形成支援 ………………… 493
ギャルゲー ………………………… 312
救声主 ……………………………… 389
強化学習 …………………………… 445
曲線補完 …………………………… 132
吉里吉里 ……………………… 313, 317

く

クラーク・アプト ………………… 230
クライアントサーバー ……… 126, 130
クレーンゲーム …………………… 268
群知能 ……………………………… 470

け

経路探索 …………………………… 387
ゲームエンジン …………………… 370
ゲーム開発者 ……………………… 485
ゲームクリエイター ……………… 485
ゲーム制作ツール ………………… 316

ゲーム世代 ………………………… 233
ゲームセンター …………………… 277
ゲームファンタジア ミラノ …… 273
ゲームファンド …………………… 35
ゲームマーケット ………………… 323

こ

コアプレイヤー …………………… 354
コアユーザー ……………………… 70
コインオペレーション ……… 5, 284
広域ネットワーク ………………… 120
　特性 ……………………………… 122
工学 ………………………………… 432
構造化 AI …………………………… 439
甲虫王者ムシキング ……………… 271
効用 ………………………………… 413
ゴール指向 AI ……………………… 415
ゴール指向プランニング ………… 460
コミックマーケット ……………… 290
コミュニティサポーター ………… 355
コンシューマーゲーム市場 ……… 62
コンセプト・テーマ・テクニック … 333
コンテンツ産業 …………………… 34

さ

サードパーティ ……………… 24, 62
サービスタイプ ARG ……………… 349
サイクリックな FSM ……………… 440
再プランニング …………………… 465
サウンドノベル ……………… 50, 312
サターン …………………………… 43
サブサンプション ………………… 465
サムライ …………………………… 51
サンシャイン牧場 ………………… 166

し

自己金融 …………………………… 34
自己啓発 …………………………… 493
自主検閲 …………………………… 215
雫 …………………………………… 313
システム設計 ……………………… 29
下請け ……………………………… 27

索引

実況調一人称 …… 319
シミュレーションRPG …… 54
シミュレーションゲーム …… 48, 328
シムシティ …… 215
自由意志の問題 …… 435
シュピール …… 323
仕様書 …… 28
商品タイプARG …… 348
情報の非対称性 …… 490
職業情報 …… 484
　非対称性 …… 489
初心会 …… 15
シリアスゲーム …… 48, 230
　市場規模 …… 241
　社会活動 …… 242
　人材育成 …… 243
シリアスゲームズ・イニシアチブ …… 232
シリアスタイプARG …… 349
自律型エージェント …… 445
自律性 …… 435
シングルメダル …… 268
人件費 …… 32
人工知能 …… 432
人材ポートフォリオ …… 494

す
スーパーファミコン …… 42
据置機 …… 78
　シェア …… 94
鈴木銀一郎 …… 324
ステージ駆動型AI …… 436
ストーリー …… 352
ストーリースペシャリスト …… 356
ストーリーハッカー …… 356
ストリートファイターII …… 274
スペースインベーダー …… 272
スペースハリアー …… 273
スポーツ …… 248
スマートフォン …… 178
　ゲームデザイン …… 186
すれちがい通信 …… 124

せ
盛大ネットワーク …… 109
セガ・マークIII …… 40
セガ・マスターシステム …… 40
世界表現 …… 455
セカンドパーティ …… 24
接続性 …… 122
ゼビウス …… 273
セマンティック …… 419
セミプロシージャル …… 406
セルフゲームコントロールシステム …… 469
線形補完 …… 132
先行入力・先行表示 …… 133
センサー …… 446
専用型ビデオゲーム …… 268
戦略的人材マネジメント …… 494

そ
創発 …… 470
ソーシャルゲーム …… 137, 162
　アイテム課金 …… 173
　社会活動 …… 174
　収益パターン …… 171
　中国 …… 112
　特徴 …… 168
　問題点 …… 173
ソーシャルネットワーク …… 136, 162
即応プランニング …… 465

た
ダイアモンドスクエア …… 402
帯域 …… 121
　節約 …… 131
ダイクストラ法 …… 454
太鼓の達人 …… 275
対称ゲーム …… 325
代替現実ゲーム …… 342
台湾
　海賊版占有率 …… 100
　ゲームシーン …… 106
ダウンロード販売 …… 16, 20
高橋直樹 …… 316

宝探しサイト タカラッシュ!	360
タスクシステム	438
タスク分解型のアルゴリズム	472
単純反射型エージェント	438
ダンスダンスレボリューション	275

ち

遅延	121
地形解析	402
地形自動生成	400
知識表現	455
中国, ゲームシーン	108
中古ゲーム	22, 96
中点変移法	402

つ

通信対戦台	274
月姫	304

て

定額課金	152
ディストリビューター	276
ディレクターズカット版	22
テーブル型ディスプレイ	335
テーブルゲーム	322
歴史	328
テーブルゲームフェスティバル	323
テーブルトーク RPG	48, 328
テキスト管理	197
デジタルゲーム AI	432
デジタルネイティブ	233
鉄拳	275
デトラクター	404
デバッグ	29
デベロッパー	24
パブリッシャーとの関係	26
テレビゲーム 15	38
テレビゲーム 6	38
テレビテニス	38

と

東京ゲームショウ	16

同人・インディーズゲーム	290
売上	299
開発スピード	297
志向性	293
柔軟性	296
自律性	295
デバッグ	298
ユーザー	299
流通	298
同人企業	306
同人ゲーム	17
同人動的ゲーム	293
同人の同人	304
東南アジア, ゲームシーン	113
東方 Project	304
トークン	171
ときメモファンド	35
ドライブゲーム	55
ドリームキャスト	44
トレーディングカードゲーム	329
トレーニング ARG	365

な行

奈須きのこ	315
ナビゲーションメッシュ	454
日本標準職業分類	484
ニューラルネットワーク	443
人月	33
ニンジャ	51
任天堂	10
ニンテンドーDS	46
北米市場	85
ネットワークゲーム	120
ネットワークトポロジー	129
ノベルゲーム	50, 310
構成要素	310

は

バーチャファイター	275
バイオレンスゲーム	91
ハイトフィールド	402
ハイビジョン	194

515

索引

項目	ページ
パケット	131
箱庭ゲーム	412
パス検査	402
パス検索	402
パズル	352
パズルソルバー	356
長谷川五郎	324
パソコン通信	125
蜂の巣構造のデザイン	346
パックマン	273
パッケージ流通	14
花帰葬	304
パブリッシャー	25
PCゲーム	102
デベロッパーとの関係	26
パペットマスター	350
ハリウッド化	45
ハンゲーム	10, 165
版権料	33
反射	435
反射型AI	437
汎用型ビデオゲーム	268

ひ

項目	ページ
ピアツーピア	126, 129
ピーター・モリニュー	327
ビートマニア	275
ひぐらしのなく頃に	304
ビジネスデー	16
ビジュアルノベル	313
非対称ゲーム	325
ビデオゲーム	268
非電源ゲーム	322
非明示的ルール	326
ピンボール	47

ふ

項目	ページ
ファーストパーティ	24
ファイナルラップ	274
ファイルマジックPRO	389
ファミリーコンピュータ	38, 62
ファンド	35
風営法	278
プライズゲーム	268
ブラウザゲーム	112, 134, 150
ブラックボードアーキテクチャ	415, 473
プラットフォーム	4
プラットフォーム提供型	305
プランニング	461
フリーゲーム	293
プリント倶楽部	275
フルボディIK	386
振る舞いツリー	441
フロー	331
プロシージャル	379, 396
プロシージャルアニメーション	407, 420
プロシージャルシェーダ	407
プロモーションタイプARG	347

へ

項目	ページ
ベクターフィールド	402
ベンダー	269

ほ

項目	ページ
方向付けられたFSM	440
報酬	331
ボードゲーム	322
北米市場	76
ぼくらのシモキタストーリー	362
ポップンミュージック	275
堀井雄二	49
翻訳	195

ま

項目	ページ
麻雀格闘倶楽部	270
マジックサークル	331
マスター	29
マスターアップ	14, 30
マスメダル	268
マルチエージェント	445, 471
マルチシナリオ	310

み

項目	ページ
ミッション	351

ミドルウェア ･･････････････････････････････ 370
　iPhone向け ･････････････････････････ 389
　無料化 ･･････････････････････････････ 391
　歴史 ････････････････････････････････ 375
　ローハード向け ････････････････････ 388
ミニタイプARG ････････････････････････ 347
ミミクリ ･･････････････････････････････ 331

む, め

群知能 ････････････････････････････････ 470
明示的ルール ･････････････････････････ 326
名探偵コナン カード探偵団 ････････････ 359
命中判定 ･･････････････････････････････ 133
メガドライブ ･･･････････････････････････ 41
メタAI ････････････････････････････････ 469
メダルゲーム ･････････････････････････ 268

も

文字数制限 ･･･････････････････････････ 197
モデル化 ･･････････････････････････････ 446
モバゲータウン ･･･････････････････････ 165
萌やし泣き ･･･････････････････････････ 319
モンテカルロ木探索法 ･･･････････････ 450

や行

有限状態機械 ･････････････････････････ 440
ユーザー作成コンテンツ ･･････････････ 421
横井軍平 ･･･････････････････････････････ 44
予測表示 ･･････････････････････････････ 133

ら

ライセンス事業 ････････････････････････ 12
ライトユーザー ･････････････････････････ 70
ライナー・クニツィア ･････････････････ 324
ラグドール ･･･････････････････････････ 385
ラグ補償 ･･････････････････････････････ 133
ラビットホール ･･･････････････････････ 350

り

リアルイベント ･･･････････････････････ 352
リアルタイムストラテジー ･･･････････････ 49
　地形自動生成 ･････････････････････ 400

リージョン制限 ･･･････････････････････ 213
リーダー ･･････････････････････････････ 356
理学 ･･･････････････････････････････････ 432
リップシンク ･････････････････････････ 199
リハビリテインメントマシン ･･･････ 239, 243
流通 ･･･････････････････････････････････ 14
　オンライン ････････････････････････ 149
　同人・インディーズゲーム ･･････････ 298

る, れ

ルドロジー ･･･････････････････････････ 331
レアカード ･･･････････････････････････ 270
レースゲーム ･･･････････････････････････ 55
レベニューシェア ････････････････････ 276
レベルコントロール ････････････････ 399
レベルコントロールシステム ･････････ 469
レベルデザイナー ･･････････････････････ 30
連鎖プランニング ････････････････････ 461
レンダリングファーム ･･･････････････････ 32

ろ

労働省編職業分類 ･･････････････････ 484
ローカライズ ･････････････････････････ 194
　オンラインゲーム ･････････････････ 219
ローカルネットワーク ････････････････ 120
　特性 ･･････････････････････････････ 124
ローグタイプRPG ･･････････････････････ 54
ロードサイド型 ･･･････････････････････ 279
ロケテスト ･････････････････････････････ 10
ロット ･････････････････････････････････ 19
ロングテール ･･･････････････････････････ 15

わ

ワークステーション ･･････････････････ 31
渡辺製作所 ･･･････････････････････････ 304
ワンソース・マルチユース ･････････････ 96
ワンハード・マルチゲーム ･･････････････ 62
ワンハード・ワンゲーム ････････････････ 62

■ 著者紹介

スーパーバイザー
松井 悠（まつい ゆう）
株式会社グルーブシンク代表取締役

ゲームプレイヤーとして数々の大会で上位入賞を果たした後、フリーのライターとして1995年より活動を開始、数々のゲームプロモーションに携わる。2005年よりWorld Cyber Gamesの日本予選プロデューサーに着任、2009年よりIGDA日本デジタルゲーム競技研究会を立ち上げ、日本におけるデジタルゲーム競技啓蒙に取り込んでいる。国内外でのe-sportsに関する講演多数。
担当：第15章

新 清士（しん きよし）
国際ゲーム開発者協会（IGDA）日本代表

1970年生まれ。ゲーム開発者を対象とした国際NPO、国際ゲーム開発者協会（IGDA）の日本支部、国際ゲーム開発者協会日本代表。他に、ゲームジャーナリスト。立命館大学映像学部非常勤講師。米国ゲーム開発者向け専門誌「Game Developer Magazine」（09年11月号、Think Services）で「重要な成果を上げたゲーム開発者50人（The Game Developer 50）」に、エバンジェリストとして選出される。著書に『「侍」はこうして作られた』（新紀元社）。連載に、日本経済新聞電子版「ゲーム読解」。

小山 友介（こやま ゆうすけ）
芝浦工業大学システム理工学部

1973年生まれ。2001年、京都大学大学院経済学研究科博士後期課程修了。博士（経済学）。日本学術振興会特別研究員（PD）、東京工業大学助教を経て、現在、芝浦工業大学システム理工学部准教授。専門は理論経済学（経済に関するエージェントシミュレーション）とコンテンツ産業調査。代表著作：『コンテンツ産業論』（出口、田中、小山編著、東京大学出版会、2009年）,『人工市場で学ぶマーケットメカニズム―U-Mart経済学編』（塩沢、中島、松井、小山、谷口、橋本著、共立出版、2006年）。
担当：第1章～第3章

池谷 勇人（いけや はやと）
ゲームジャーナリスト

1978年生まれ。静岡大学情報学部卒。2006年よりフリーのゲームライターとして活動中。大学時代、マイクロマガジン社『ゲーム批評』にてライターデビュー、大学卒業後は株式会社にてゲーム業界紙の編集、およびアナリストを務める。現在はITmedia Gamez連載「日々是遊戯」のほか、Web系ゲーム媒体を中心に執筆を行っている。関わった書籍は

『テレビゲーム産業白書』『オンラインゲーム白書』など。
担当：第4章

記野 直子（きの なおこ）
カイオス株式会社 代表取締役

青山学院大学文学部卒業。1990年日産自動車株式会社に入社後、輸出および商標ライセンス等の海外取引を担当。1997年よりコナミ株式会社、株式会社バンダイ、株式会社ソニー・コンピュータエンタテインメントとゲーム業界に活躍の場を移し、モバイルを含むTVゲームソフトの海外展開、ゲームソフト発キャラクター展開などの取引に従事。2007年カイオス株式会社（コンサルタント、営業代行、人材派遣業）を設立。講演、執筆活動なども多数行っている。
担当：第5章、第12章

中村 彰憲（なかむら あきのり）
立命館大学映像学部准教授

1969年生まれ。専門分野は組織論・経営戦略。2002年、CEDECにて「中国ゲーム市場の現状と展望」の講演をはじめ、アジア地域のゲーム市場に関する講演多数。著作に『2003年中国ゲーム市場リポート』（翻訳・監修、エンターブレイン、2004年3月）、"Functions of Corporate Values in Cross—Cultural Business Management Cases of Japanese Production Subsidiaries in the People's Republic of China"（博士論文：名古屋大学、2003年3月）、「2003年中華圏ゲーム産業リポート」（2004年テレビゲーム産業白書、2004年4月、メディアクリエイト総研編）、『2006年中国ゲームビジネス徹底研究』（エンターブレイン、2005年）、『2005年中国ゲームビジネス徹底研究』（エンターブレイン、2005年）他多数。
担当：第6章

佐藤 カフジ（さとう かふじ）
フリーライター

1977年生まれ。1997年より株式会社ドワンゴにてネットワークゲームの基礎技術開発に携わる。以降、ネットワークプログラマーとして数タイトルの開発に参加したのち、2006年よりライター業に転身。デジタルゲームとその開発技術を主たる研究対象とし、オンラインメディア上で多数の記事を執筆する。
担当：第7章、第8章

岩間 達也（いわま たつや）
株式会社ゲームポット

2007年から2010年までゲームヤロウ株式会社にて、自社タイトル「サドンアタック」のプロ

モーションを担当。大会を中心としたユーザーコミュニティ重視のオフラインイベントを展開。また、ゲーム内広告を取り入れ、様々な企業とタイアップキャンペーンを実施。
担当：第9章

徳岡 正肇（とくおか まさとし）
ライター

アトリエサード所属。「4Gamer.net」「電撃オンライン」などでゲームレビューやイベントレポート等を執筆。海外の、比較的ニッチな PC ゲームを扱うことが多く、特に Paradox Interactive 社のストラテジーゲームを愛好する。著書に『この世界大戦がすごい!! ハーツ オブ アイアンⅡプレイレポート』（ソフトバンク クリエイティブ）がある。
担当：第10章

小野 憲史（おの けんじ）
ゲームジャーナリスト

関西大学社会学部卒。『ゲーム批評』（マイクロマガジン刊）編集長を経て、フリーランスとして活躍中。「iNSIDE」「まんたんウェブ」「GameWatch」などにニュース記事やコラムなどを執筆中。ゲームコンテンツとともに、ゲームの「誰でも使えて、使いこなせる」というユーザーインターフェイスの仕組みに関心があり、「ゲームニクス」という概念で紹介などを行っている。共著・執筆協力に『ニンテンドーDSが売れる理由』（秀和システム）、『ゲームニクスとは何か』（幻冬舎新書）がある。
担当：第11章

中田 さとし（なかた さとし）
フリーライター

1982年生まれ。慶應義塾大学総合政策学部卒業後、翻訳会社勤務を経て現在フリー。コンシューマーゲーム、PCゲームの両方を好み、Return to Castle Wolfenstein の大会企画運営や WorldCyberGames の予選スタッフなどをつとめた。海外のギルドで熱心に遊んでいたころを「海外留学」と呼ぶ。
担当：第13章

藤本 徹（ふじもと とおる）
NPO法人産学連携推進機構　主任研究員

1973年生まれ。慶應義塾大学環境情報学部卒。2004年よりシリアスゲームジャパン代表として、日本におけるシリアスゲーム普及活動を推進。立命館大学客員研究員、慶應義塾大学環境情報学部、東京工芸大学非常勤講師。著書に『シリアスゲーム』、訳書に『テレビゲーム教育論』、『デジタルゲーム学習』（いずれも東京電機大学出版局刊）など。シリアスゲームに関する論文、講演多数。デジタルゲームを利用した教育方法・学習環境デザイ

ンの研究に取り組んでいる。
担当：第14章

鴫原 盛之（しぎはら もりひろ）
フリーライター・コンテンツ文化史学会会員

1993年よりゲームライター活動を開始。その後ゲームメーカーの営業やゲームセンター店長などの職を経て、2004年よりフリーとなる。著書は『ファミダス ファミコン裏技編』（マイクロマガジン社、2006年）、『ファミダスライト ファミコン裏技編』（マイクロマガジン社、2010年）、『ゲーム職人第1集 だから日本のゲームは面白い』（マイクロマガジン社、2007年）の他、共著によるゲーム攻略本・関連書籍も多数。最近ではアーケードゲームの開発補助やテレビ番組の制作協力も行っている。
担当：第16章

七邊 信重（ひちべ のぶしげ）
東京工業大学エージェントベース社会システム科学研究センター

1976年生まれ。東京工業大学エージェントベース社会システム科学研究センター特任講師。国際ゲーム開発者協会日本（IGDA日本）同人・インディーゲーム部会世話人。コンテンツ文化史学会事務局長。日本デジタルゲーム学会（DiGRA JAPAN）編集委員。2006年、早稲田大学大学院文学研究科博士後期課程（社会学専攻）単位取得退学。東京大学大学院情報学環特任研究員、同特任助教を経て現職。専門は文化・情報社会学と社会調査法。論文に、「持続的な小規模ゲーム開発の可能性—同人・インディーズゲーム制作の質的データ分析」（『デジタルゲーム学研究』第3巻第2号）など。
担当：第17章、第18章

三宅 陽一郎（みやけ よういちろう）
株式会社フロム・ソフトウェア

1975年、兵庫県生まれ。京都大学で数学を専攻、大阪大学で物理学（物理学修士）、東京大学工学系研究科博士課程（単位取得満期退学）。2004年株式会社フロム・ソフトウェア入社。デジタルゲームにおける本格的な人工知能技術の応用を目指す。IGDA日本ゲームAI専門部会設立（世話人）、DiGRA JAPAN研究委員、デジタルコンテンツ協会技術調査委員（2007〜2009）、人工知能学会会員。CEDEC 2006「クロムハウンズにおける人工知能開発から見るゲームAIの展望」はじめ、KGC（Korea Game Conference）、筑波大学、東京大学、JAISTその他招待講演、講義多数。特集論文「デジタルゲームにおける人工知能技術の応用」（人工知能学会誌 Vol.23 No.1 2008/1）。DCS2008論文「エージェント・アーキテクチャに基づくキャラクターAIの実装」（船井賞受賞）。ブログ：「y_miyakeのゲームAI千夜一夜」http://blogai.igda.jp/（全講演資料も掲載）。メール（y.m.4160@gmail.com）。

ゲーム産業、学術研究にわたって、デジタルゲームにおけるAIの開発、および、開発者・研究者・学生の誰もが利用できる文献・教育・情報環境の整備を進めたい。
担当：第19章、第22章、第23章

八重尾 昌輝（やえお まさてる）
IGDA日本ARG専門部会

1980年生まれ。ゲーム系ジャーナリストとして活動するかたわら、IGDA日本ARG専門部会世話人、ARGニュース配信サイト「ARG情報局」管理人を務める。ARGの持つエンタテインメントの魅力に惹かれて独自に研究を続けているほか、ARGの企画・制作・運営にも携わっている。興味のある方は、メール（argjpn@gmail.com）、Twitter（ARG_INFO）、スカイプ（argjpn）までどうぞ。
担当：第20章

大前 広樹（おおまえ ひろき）
株式会社KH2O

株式会社KH2O代表取締役。南カリフォルニア大学中途退学後、ITベンチャー企業を経て株式会社フロム・ソフトウエアに入社。PlayStation 3、Xbox 360等のハイエンド向けマルチプラットフォームにおけるゲーム開発環境の設計・開発や、ミドルウェアの評価・導入などを担当する。2009年に株式会社KH2Oを立ち上げ、次世代のゲーム開発企業を目指して奮闘中。BBT大学ITソリューション学科助教。
担当：第21章

藤原 正仁（ふじはら まさひと）
東京大学大学院情報学環特任助教

2001年中央大学大学院商学研究科商学専攻博士前期課程修了（商学修士）、2006年デジタルハリウッド大学大学院デジタルコンテンツ研究科デジタルコンテンツ専攻専門職学位課程修了（デジタルコンテンツマネジメント修士（専門職））。著作に『ゲーム産業におけるプロデューサーのキャリア発達』（日本キャリアデザイン学会）、『キャリアデザイン研究』（Vol.5、pp.5～21、2009年9月）などがある。
担当：第24章

■ 素材提供・取材協力（敬称略）

永久る～ぷ
エレクトロニック・アーツ株式会社
オートデスク株式会社
オフィス新大陸
ゲームヤロウ株式会社
ステージ☆なな
フランスパン
マイクロソフト株式会社
ラッシュジャパン株式会社
ワーナー エンターテイメント ジャパン株式会社
株式会社アトラス
株式会社カプコン
株式会社コナミデジタルエンタテインメント
株式会社セガ
株式会社ソニーコンピュータエンタテインメント
株式会社ソフマップ
株式会社タイトー
株式会社チュンソフト
株式会社任天堂
株式会社ハドソン
株式会社パンカク
株式会社ビジュアルアーツ
株式会社フロム・ソフトウェア
株式会社ベクター
株式会社メッセサンオー
ABA Games
Havok株式会社
LAST WHITE
NHN Japan株式会社
Rekoo Japan 株式会社
Andrew Sorcini
Alien Chou, T客邦 www.techbang.com.tw
Kevin Meredith, Interactive Data Visualization, Inc. (IDV)
Andrew Beatty, Singular Inversions Inc.

『デジタルゲームの教科書』サポートページ
http://www.s-dogs.jp/dgame/

デジタルゲームの教科書
知っておくべきゲーム業界最新トレンド

2010年 5月4日　　初　版　第 1 刷発行
2011年 11月3日　　初　版　第 3 刷発行

著　　　者	デジタルゲームの教科書制作委員会	
スーパーバイザー	松井 悠（株式会社グルーブシンク）	
発　行　者	新田 光敏	
発　行　所	ソフトバンク クリエイティブ株式会社	
	〒 106-0032 東京都港区六本木 2-4-5	
	http://www.sbcr.jp/	
制　　　作	編集マッハ	
印　　　刷	株式会社シナノ パブリッシングプレス	
カバーデザイン	teeth	

乱丁本、落丁本は小社営業部にてお取り替えいたします。
定価はカバーに記載されております。

Printed in Japan　　ISBN978-4-7973-5882-7